"十四五"国家重点出版物出版规划重大工程

量子科学出版工程（第三辑）

Design of

Quantum Control System

丛 爽　双 丰　吴热冰　著

量子控制系统设计

中国科学技术大学出版社

内 容 简 介

本书是从实际应用角度来考虑量子系统控制过程中所涉及的有关测量、量子状态估计、反馈控制器设计及其实际应用方面内容的一本著作。探讨了测量对系统状态的影响以及借助于最优测量来对状态进行调控的可能性。在量子状态估计方面,详细给出了基于压缩传感理论的量子态参数估计的设计过程。专门应用已经建立起的量子李雅普诺夫控制理论,分别对封闭和开放量子控制系统进行控制器设计,对各种不同情况下的调控任务给出了具体的设计方案。在开放量子控制系统的设计中,着重分析了马尔科夫、非马尔科夫和随机开放量子系统的内部特性,以及相互之间的特性关系,分别就状态和算符门的制备、转移、保持等控制系统给出了专门的量子控制器设计以及量子控制系统仿真与结果的分析过程。在实际应用中,分别进行了双量子点控制系统的设计以及核磁共振量子控制系统的实用设计。

本书可作为量子物理化学、量子信息与通信以及对量子系统控制感兴趣的电子、力学工程、应用数学、计算科学、控制工程等领域的高年级本科生或研究生有关量子系统控制的教材或参考书。

图书在版编目(CIP)数据

量子控制系统设计/丛爽,双丰,吴热冰著. —合肥:中国科学技术大学出版社,2022.3
(量子科学出版工程. 第三辑)
国家出版基金项目
"十四五"国家重点出版物出版规划重大工程
ISBN 978-7-312-05379-5

Ⅰ. 量… Ⅱ. ①丛… ②双… ③吴… Ⅲ. 量子—控制系统理论 Ⅳ. ①O413 ②TP273

中国版本图书馆 CIP 数据核字(2022)第 039379 号

量子控制系统设计
LIANGZI KONGZHI XITONG SHEJI

出版	中国科学技术大学出版社
	安徽省合肥市金寨路 96 号,230026
	http://press.ustc.edu.cn
	https://zgkxjsdxcbs.tmall.com
印刷	合肥华苑印刷包装有限公司
发行	中国科学技术大学出版社
开本	787 mm×1092 mm 1/16
印张	23
字数	498 千
版次	2022 年 3 月第 1 版
印次	2022 年 3 月第 1 次印刷
定价	168.00 元

前言

　　本书是一本有关量子控制系统设计过程中涉及的测量、量子态参数估计、量子态及其算符调控的控制器设计以及实际应用等方面的合作成果。本书的第一作者致力于量子系统控制研究超过20年，是国内较早进行量子系统控制研究的研究者之一，并于2006年1月出版了适合初学者阅读的《量子力学系统控制导论》一书；2013年，又基于10多年的研究成果，以所建立起的量子李雅普诺夫控制理论为基础，合作出版了一本适合在高校或研究所探索量子系统控制理论与方法的研究者阅读的专著——《量子系统控制理论与方法》，着重从理论和数学方法上严格地推导出各种控制理论与方法的建立过程。本书的第二作者专门从事量子系统优化控制理论的研究，在量子控制、量子测量、多维信息获取等方面具有多年的研究经验。第三作者从事量子系统的可控性和控制图景拓扑等系统分析研究，以及量子系统的优化和反馈控制设计及其在核磁共振和超导量子计算等实验系统中的应用。

　　合著的这本《量子控制系统设计》专著具有三个特点：

　　一是站在整个量子控制系统的高度，从解决量子控制系统问题的角度来进行控制系统的设计，将所建立的量子控制理论与系统所要解决的问题相结合，针对量子系统在量子计算、量子信息和量子通信的实际应用中量子态和算符的操控问题，重点放在量子控制系统的设计上。本书从实际应用出发，第一次涉及了反馈控制所需要用到的量子系统的状态或参数的估计问题。研究了利用量子系统的输出测量值，间接地对量子态进行重构,获得估计的量子状态的方法和途径。从利用测量本身对状态的影响到对系统模型的影响,有针对性地从设计应用的角度,进行系统性的阐述;将最新出现的压缩传感理论引入到量子系统的状态估计中,给出基于压缩传感的量子系统状态估计设计的全过程。在有关量子系统控制器的设计方面,本书用到《量子系统控制理论与方法》一书中有关量子李雅普诺夫控制方法的第4、5、7章中所提出的理论结果,但这里是以量子控制系统中各种状态和算符操控,以及量子态保持为目标,系统地、专门地进行控制系统的设计过程,不再有占据大量篇幅的数学推导和证明。在考虑测量带来反作用的随机滤波开放量子系统的控制器设计过程中,重点介绍了目前国际上有关该系统本征态转移的研究成果。

本书的另外一个特点是:在量子系统的控制方法上,从实际系统的角度出发,以解决问题为目标,重点放在能够获得更高的控制性能上。通过利用最优测量来探讨对状态调控的可能性,使得量子测量不再总是负面的影响;基于压缩传感理论有可能使得实际实验中的量子控制系统的状态或参数估计的实现成为可能,进而实现真正的量子状态反馈控制,使得复杂的、高精度的自动量子控制系统得以实现。

目前人们最大的愿望是量子计算机的实现,其中最关键的是量子门算符的操作与实现。本书在量子算符的制备与保持方面给出了多种设计方法,并着重采用量子李雅普诺夫控制方法和最优控制理论,在考虑了实际应用装置的基础上,分别在双量子点系统和核磁共振系统中进行了具体的设计,所设计出的控制器都具有性能上的优越性和实际实现的可能性,这也是本书的第三个特点:所设计出的量子控制系统具有实际应用价值。

本书可作为量子物理化学、量子信息与通信以及对量子系统控制感兴趣的电子、力学工程、应用数学、计算科学、控制工程等领域的高年级本科生或研究生的公共课教材,《量子力学系统控制导论》可以作为参考书。阅读本书的基础是具有大学本科的量子力学导论、高等数学和代数等方面的知识,同时也需要一些量子点系统和核磁共振系统等物理系统方面的知识。控制科学与工程领域研究生的教材最好选择《量子系统控制理论与方法》,本书可以作为参考书。

本书是在大量研究成果的基础上精心选择和纂写而成的,主要集中在量子控制系统的设计过程上。全书共分为14章。

在量子计算机的发展、实现量子计算机的物理系统、基于压缩传感的量子系统状态估计、量子系统控制的研究现状,以及有关量子控制系统的概念、术语、特殊算符运算等基本知识的概论基础上,我们集中一章对基于量子李雅普诺夫控制理论的量子控制系统的设计进行了全面的介绍,在本征态之间的状态转移方面包括基于状态之间距离、偏差和基于虚拟力学量均值的量子李雅普诺夫控制律的设计;着重进行了叠加态之间的状态转移和混合态之间的状态转移方面的量子控制系统的设计，并专门给出设计过程中可能需要用到的虚拟力学量 P 的构造原则。对退化情况下目标态为对角阵以及非对角阵情况下的控制律和微扰函数的设计进行了全面的分析。这一部分的内容，实际上是《量子系统控制理论与方法》一书中第 4 章至第 7 章内容的提炼和集成。专门用一章的篇幅考虑基于最优测量的量子状态转移。设计了通过一次序列测量的最优状态转移，并分别基于瞬时测量和连续测量，调控二能级量子系统状态；对测量辅助相干控制下动力学对称系统的总体最优演化和测量控制的误差进行了分析。用两章的篇幅讨论量子态估计问题，其中一章介绍有关量子层析及量子状态估计方法方面的内容，另一章是压缩传感理论及其在量子态估计中的应用，提出了一种改进算法，并通过不同的实验展现了所提出的设计及其改进方法的优越性。我们用了 4 章来讨论有关开放量子控制系统的设计问题。其中一章是关于马尔科夫开放量子系统的相干保持控制系统的设计，首先是对三能级 Λ 型原子的相干性保持进行设计，之后拓展到对 N 能级 Ξ 型原子的相干性保持控制的设计。对于马尔科夫开放量子系统的相干保持问题，实际上是存在不可控的奇异性问题的。我们在设计中进行了重点分析。开放量子控制系统设计的另一章是关于非马尔科夫开放量子系统的特性分析及其控制，由于参数众多并且随时间变化，非马尔科夫开放量子系统表现出极其复杂的系统内部特性，人们只有清楚了解这些系统内部参数的变化对系统状态变化的影响之后，才能够设计出期望的系统性能。在非马尔科夫开放量子控制系统的设计中，我们采用的是李雅普诺夫控制方法。我们还分别对封闭以及开放量子系统的算符进行了制备。在封闭量子系统中，所制备的算符是哈德（Hadamard）门；在非马尔科夫开放量子控制系统中，由于耗散等因素的存在，在门算符的制备过程中必须同时考虑保持问题。

  本书中用了两章来讨论有关随机开放量子系统的模型与控制及其特性分析。随机开放量子系统的模型是考虑了测量对系统模型带来的反作用，同时加入了系统状态或参数估计结果的系统模型，它是能够真正实现反馈控制策略的量子系统，具有重要意义。但是由于其复杂性，目前尚处在研究的初级阶段，包括状态的估计是低维的，状态的调控也仅限于本征态。本书把相关方面的最新研究成果展现出来，并从量子控制系统设计的角度对其性能进行了分析和讨论。本书用了 4 章篇幅来对两大类量子计算机的物理可实现的实际系统的控制进行了实际控制系统的设计应用，分别采用李雅普诺夫控制方法和最优控制理论，在第 11 章和第 12 章对双量子点系统超快量子位调控的李雅普诺夫控制方法和可实际实现的超快量子位调控方法，以及第 13 章和第 14 章对核磁共振中双比特同核自旋系统的建模、时间最优控制、实验实现及量子门层析过程，给出了详细的介绍。

本书的第二作者与其合作者主要完成了第 4 章中的内容以及第 2 章中的部分内容；第三作者及其研究生完成了第 13 章、第 14 章以及第 2 章中的部分内容；其余部分由第一作者及其所指导的研究生合作完成。全书公式、图表、参考文献等的排序等工作均由第一作者完成。在此我们要特别感谢美国普林斯顿大学 Herschel Rabitz 教授与我们进行的合作研究。感谢高放副研究员和王耀雄助理研究员对本书内容做出的贡献。我们更有必要对本书所有的合作者表示感谢，他们分别是：刘建秀、温杰、杨霏、孟芳芳、杨靖北、张天明、胡龙珍、张慧、高明勇和薛晶晶。

丛　爽（中国科学技术大学）
双　丰（广西大学）
吴热冰（清华大学）

2022 年 3 月

目录

前言 —— i

第 1 章
概论 —— 001

1.1 量子计算机的发展 —— 004

1.2 实现量子计算机的物理系统 —— 005

    1.2.1 腔电子动力学 —— 005

    1.2.2 离子阱 —— 006

    1.2.3 超导电路 —— 007

    1.2.4 核磁共振 —— 008

    1.2.5 量子点 —— 008

1.3 基于压缩传感理论的量子系统状态估计 —— 009

1.4 量子系统控制的研究 —— 012

    1.4.1 量子系统的可控性及开环控制 —— 012

    1.4.2 量子系统的反馈控制 —— 014

1.4.3　量子李雅普诺夫控制方法 —— 017
1.5　本书内容安排 —— 019

第 2 章
量子系统及其控制理论基础 —— 023

2.1　量子系统基本概念 —— 024
　　2.1.1　纯态的态矢量描述 —— 024
　　2.1.2　量子系综的密度矩阵表示 —— 026
　　2.1.3　力学量与算符 —— 028
　　2.1.4　复合量子系统和状态空间的运算 —— 029
　　2.1.5　量子位和量子逻辑门 —— 031
2.2　量子系统的测量 —— 035
2.3　封闭量子系统状态演化方程 —— 036
　　2.3.1　薛定谔方程 —— 036
　　2.3.2　刘威尔方程 —— 037
2.4　量子态演化方程的图景变换 —— 038
2.5　开放量子系统的状态演化方程 —— 041
　　2.5.1　马尔科夫开放量子系统主方程 —— 043
　　2.5.2　非马尔科夫开放量子系统主方程 —— 044
　　2.5.3　非马尔科夫开放量子系统求解 —— 046
　　2.5.4　随机开放量子系统模型及其求解 —— 048
2.6　李雅普诺夫稳定性定理 —— 050

第 3 章
封闭量子控制系统的设计 —— 052

3.1　本征态之间的状态转移 —— 055
　　3.1.1　基于状态之间距离的量子李雅普诺夫控制律的设计 —— 056

  3.1.2 基于状态偏差的量子李雅普诺夫控制律的设计 —— 058

  3.1.3 基于虚拟力学量均值的量子李雅普诺夫控制律的设计 —— 060

3.2 叠加态之间的状态转移 —— 061

3.3 混合态之间的状态转移 —— 064

3.4 虚拟力学量 P 的构造原则 —— 067

3.5 退化情况下的李雅普诺夫控制律的设计 —— 068

  3.5.1 控制系统模型 —— 069

  3.5.2 微扰函数的设计 —— 070

  3.5.3 目标态为对角阵情况下的控制律设计 —— 071

  3.5.4 目标态为非对角阵情况下的控制律设计 —— 075

  3.5.5 小结 —— 075

3.6 算符 Hadamard 门的制备 —— 076

  3.6.1 量子点单个电子的数学模型 —— 077

  3.6.2 酉旋转门的标准形式 —— 078

  3.6.3 Hadamard 门的制备过程 —— 080

  3.6.4 制备 Hadamard 门的控制律设计 —— 081

  3.6.5 数值实验及结果分析 —— 082

第 4 章

基于最优测量的量子状态转移 —— 084

4.1 投影测量及其控制问题 —— 085

4.2 最优投影测量的必要条件 —— 086

4.3 通过一次序列测量的最优状态转移 —— 088

  4.3.1 纯态之间的转移 —— 089

  4.3.2 混合态和纯态间的转移 —— 091

  4.3.3 正交混合态间的转移 —— 092

4.4 基于瞬时测量调控二能级量子系统状态 —— 094

4.5 基于连续测量调控二能级量子系统状态 —— 097

4.6 测量辅助相干控制下动力学对称系统的总体最优演化 —— 101

4.7 测量控制的误差分析 —— 104

4.8 系统仿真及特性分析 —— 106

    4.8.1 无自由演化情况下本征态最优测量控制实验 —— 106

    4.8.2 考虑自由演化影响的本征态最优测量控制实验 —— 108

4.9 小结 —— 109

第 5 章
量子层析及量子状态估计方法 —— 111

5.1 量子层析 —— 114

    5.1.1 单量子比特层析 —— 115

    5.1.2 多量子比特状态层析 —— 117

    5.1.3 量子过程层析 —— 118

5.2 量子层析的优化方法 —— 119

    5.2.1 最小二乘法 —— 120

    5.2.2 量子状态的最大熵估计方法 —— 122

    5.2.3 量子状态的极大似然估计法 —— 124

    5.2.4 量子状态的贝叶斯估计方法 —— 127

附录 拉格朗日函数的构建与计算 —— 129

第 6 章
压缩传感理论及其在量子态估计中的应用 —— 131

6.1 压缩传感理论 —— 132

    6.1.1 信号的稀疏表示 —— 132

    6.1.2 编码测量 —— 133

    6.1.3 信号重构 —— 134

    6.1.4 矩阵恢复必须满足的一些假设 —— 135

6.2 信号重构算法 —— 136

6.3 基于压缩传感理论的量子态估计 —— 137

6.4 量子状态估计优化问题求解 —— 139

  6.4.1 基于压缩传感的量子状态估计问题描述 —— 140

  6.4.2 无干扰情况 —— 143

  6.4.3 有干扰情况 —— 143

6.5 交替方向乘子算法的设计与改进 —— 145

  6.5.1 ADMM 算法设计 —— 145

  6.5.2 自适应 ADMM 算法设计 —— 146

6.6 量子态估计优化算法实验及其性能对比分析 —— 148

  6.6.1 三种不同算法性能的对比实验 —— 148

  6.6.2 不同量子位下三种算法估计性能对比 —— 154

  6.6.3 有和无干扰情况下 ADMM 算法的性能对比实验 —— 156

  6.6.4 不同量子位下 ADMM 算法的优化性能分析 —— 157

  6.6.5 自适应 ADMM 算法性能的对比实验及其分析 —— 159

6.7 小结 —— 161

第 7 章
马尔科夫开放量子系统的相干保持控制 —— 163

7.1 三能级 Λ 型原子的相干性保持 —— 165

  7.1.1 系统模型与控制目标 —— 165

  7.1.2 控制场的设计及其对纯度变化的影响 —— 167

  7.1.3 奇异性问题的分析 —— 169

  7.1.4 数值仿真及其结果分析 —— 171

7.2 N 能级 Ξ 型原子的相干性保持 —— 174

  7.2.1 系统模型与相干性函数 —— 174

  7.2.2 控制变量的设计及奇异性问题分析 —— 177

7.2.3 数值仿真结果及分析 —— 179

7.3 小结 —— 181

第 8 章
非马尔科夫开放量子控制系统的设计 —— 183

8.1 非马尔科夫开放量子系统的特性分析及其控制 —— 184

    8.1.1 量子系统被控模型 —— 185

    8.1.2 参数对系统特性的影响 —— 186

    8.1.3 状态转移控制器设计 —— 191

    8.1.4 系统仿真实验及其结果分析 —— 194

8.2 非马尔科夫开放量子系统的门算符制备和保持 —— 199

    8.2.1 算符模型的描述 —— 199

    8.2.2 李雅普诺夫控制律设计 —— 200

    8.2.3 数值仿真实验及其结果分析 —— 204

第 9 章
随机开放量子系统模型与控制 —— 212

9.1 基于测量的量子系统方程及其特性分析 —— 215

    9.1.1 量子滤波器方程 —— 215

    9.1.2 随机主方程 —— 216

    9.1.3 退相干影响下的随机主方程 —— 218

    9.1.4 延时影响下的随机主方程 —— 219

9.2 随机开放量子系统的反馈控制 —— 220

    9.2.1 基于随机李雅普诺夫稳定性定理的状态转移控制 —— 220

    9.2.2 基于随机最优控制的反馈控制 —— 224

    9.2.3 退相干影响下的量子系统的控制 —— 224

9.2.4 延时影响下的系统的控制 —— 225

9.3 小结 —— 226

第 10 章
随机开放量子系统的特性分析 —— 227

10.1 随机量子系统主方程及其控制 —— 228

10.2 无控制作用下系统内部特性分析 —— 231

10.3 反馈控制作用下的系统状态转移性能分析 —— 234

    10.3.1 开关控制作用下参数 γ 对控制性能的影响 —— 234

    10.3.2 连续控制下参数 α 和 β 对控制性能的影响 —— 237

    10.3.3 两种控制作用下的控制性能对比分析 —— 238

10.4 小结 —— 240

第 11 章
基于李雅普诺夫的二能级双量子点量子位超快操纵 —— 241

11.1 二能级双量子点系统描述 —— 242

11.2 基于 LZS 干涉原理的双量子点系统量子位转移 —— 243

11.3 基于李雅普诺夫稳定性定理的控制场设计 —— 245

11.4 系统仿真实验及其结果分析 —— 246

    11.4.1 基于 LZS 干涉原理的系统仿真实验及其结果分析 —— 247

    11.4.2 基于李雅普诺夫控制方法的系统仿真实验及其结果分析 —— 249

    11.4.3 控制系统保真度性能对比研究 —— 252

11.5 两种控制方法之间的关系分析 —— 254

11.6 小结 —— 256

第 12 章
可实现的二能级双量子点操纵方案 —— 257

12.1 可实现的控制器设计 —— 258

12.2 控制场参数选择及系统仿真实验 —— 263

    12.2.1 基于 Agilent81134A 脉冲发生器的仿真实验及其结果分析 —— 264

    12.2.2 基于 Tektronix AWG70000A 脉冲发生器的仿真实验及其结果分析 —— 268

    12.2.3 控制系统保真度性能对比研究 —— 270

12.3 小结 —— 270

第 13 章
核磁共振中双比特同核自旋系统的建模及其算法设计 —— 272

13.1 核磁量子自旋控制系统 —— 276

    13.1.1 系统哈密顿量 —— 278

    13.1.2 旋转坐标系下单个自旋核子的运动模型 —— 281

    13.1.3 退相干和弛豫时间 —— 283

    13.1.4 多同核自旋控制系统模型 —— 284

    13.1.5 同核系统的近似模型 —— 285

13.2 双比特同核系统的时间最优控制设计 —— 286

    13.2.1 脉冲梯度优化算法基本原理 —— 287

    13.2.2 GRAPE 算法中的问题 —— 289

    13.2.3 同核系统演化和梯度计算方法 —— 292

    13.2.4 准确度与效率仿真比较 —— 293

第 14 章
核磁共振中双比特同核自旋系统的时间最优控制 —— 298

- 14.1 单核系统最优时间控制分析 —— 298
- 14.2 双比特同核系统局域门的最短控制时间估计 —— 300
- 14.3 局域门的时间最优控制序列搜索算法 —— 302
- 14.4 局域门的最短时间控制仿真实验 —— 304
  - 14.4.1 最短时间控制脉冲优化 —— 304
  - 14.4.2 系统和控制参数对优化结果的影响 —— 308
- 14.5 非局域门实现的邻近最优时间控制 —— 309
- 14.6 双比特同核系统的时间最优控制实验验证 —— 313
  - 14.6.1 设计双比特系统完备初始态 —— 314
  - 14.6.2 双比特量子密度矩阵重构 —— 316
  - 14.6.3 双比特量子过程 χ 矩阵重构 —— 319
  - 14.6.4 实验结果和分析 —— 321
  - 14.6.5 误差分析 —— 324
- 14.7 小结 —— 325

参考文献 —— 326

第1章

概论

在人类科学发展的历史过程中，以量子力学为核心的量子物理无疑是最深刻、最有成就的一批科学理论之一，它不仅代表了人类对微观物质世界基本规律的认识飞跃，而且它带来的技术创新直接推动了社会生产力的发展，从根本上影响了人类的物质生活。19世纪末人们已经建立了三大物理理论：牛顿力学、麦克斯韦电动力学、热力学和统计物理。当时物理学家们乐观地相信这三大经典理论能够解释万物运动的规律。但是，在20世纪初，经典物理理论常常无法解释一系列新的发现，如黑体辐射、光电效应、原子结构等等，形成了传统物理学的危机。1900年，普朗克(Planck)在分析黑体辐射实验数据时，做出了光辐射能量与频率成正比以及按照量子的而非经典连续形式辐射的假定。他首次引入量子的概念：辐射能量是"一份一份的"，是离散的而不是连续的。爱因斯坦(Einstein)最早也接受了量子的观念，他在讨论光电效应的文章中，提出光在传播过程中是波动的，而在与物质相互作用时是粒子的看法，应用光量子的概念解释光电效应获得了成功。1913年，玻尔(Bohr)提出了定态假设和量子化条件假设。普朗克、爱因斯坦和玻尔等人发展了量子理论，并为此做出了巨大的贡献。

量子力学主要用于描述微观粒子的状态及其力学特性，而经典力学主要用于描述宏观物质的状态及其力学特性,这是它们的主要差别。在人们早期研究微观粒子的过程中,由于经典力学特性并不适用于描述这些微观粒子,故提出了普朗克量子假说、爱因斯坦光量子理论以及玻尔原子理论这三种理论对这些微观粒子的力学特性进行修正,这三种基础理论也被人们称作旧量子论。旧量子论是对经典物理理论加上特定的人为修订来解释微观世界中的某些现象,人们研究微观粒子特性的过程中,这些理论仅仅能从某些特定的方面对实验现象进行有限的解释,直到量子力学逐渐发展丰富起来,才使这些问题得到彻底深入的解释。1925 年,海森堡(Heisenberg)提出了海森堡测不准原理,指出微观粒子的状态(如位置、动量等)一般不具有确定的值,而是存在一系列可能的值,这些值都将以特定的概率表现出来,玻尔指出量子力学必须使用相互排斥且相互补充的思想才能对量子现象提供一个完全的描述;1926 年,薛定谔(Schrödinger)建立起波动力学,给出了描述微观体系运动的薛定谔方程,指出粒子的状态可以用波函数进行描述;随后狄拉克(Dirac)提出狄拉克算符,给出了描述量子力学简洁、完善的数学表达形式;1929 年,海森堡与泡利(Pauli)等将量子力学与狭义相对论结合,提出相对论量子力学,逐渐地建立起现代量子场论。

经过一百多年的发展,量子论在实际应用中也取得了长足的进步和丰硕的成果。主要的成就可以分为两个方面:量子计算和量子通信。量子计算的终极目的就是设计并实现实用的量子计算机,虽然目前距离这个目标还有很长的距离,但是已经有一个初步的成果,比如在量子集成芯片上实现了单个表面等离子激元的量子干涉,研制出光学量子模拟器及实现了量子机器学习算法等。特别的,D-Wave 系统公司在 2011 年推出了世界上第一个商用量子计算机 D-Wave One;2013 年推出 512 量子位的 D-Wave Two,并被美国国家航空航天局(NASA)和谷歌(Google)公司共同购买;2018 年他们实现了第三代量子计算机——2048 量子位的 D-Wave Three。虽然对于 D-Wave 公司的产品是否是真正的量子计算机仍然存在争议,但这依然是一个可喜的进步。目前量子计算机虽然距离真正的被认可和大规模普及还有很远的路要走,但是其发展轨迹和上世纪电子计算机的发展有很多类似:首先制造出原型机,被大机构采购和使用,然后逐渐小型化和廉价化。相信在本世纪内,量子计算机可以走完电子计算机在 20 世纪的发展轨道。量子通信领域同样取得了一系列令人赞叹的成果。比如,中国目前正在修建上千公里长的量子通信"京沪干线",而且量子科学实验卫星"墨子号"已于 2018 年 8 月 16 日发射,这是人类历史上第一颗量子卫星。除此之外,中国还将建设 4 个量子通信地面站和 1 个空间量子隐形传态实验站,以此形成天地一体化的量子通信实验系统。此前,我国在 2009 年的 60 周年国庆节上的通信就已经用上了量子通信,相信在不久的将来,量子通信的研究成果会惠及更多的人。目前关于量子信息的前沿研究工作有迹象表明,量子力学的基本概念有可能改变人们对信息存储、提取和传输过程的理解,成为下一世纪高新技术建立的思想先导，从而加速信息科学的发展。

将宏观领域中的系统控制理论延伸到微观尺度下的量子领域，或将系统控制的思想扩展到不受控于经典定律而由量子效应控制的物理系统，在最近20年里逐步形成为一个重要交叉学科的研究领域，这就是量子系统控制理论，它是建立在量子系统动力学基础之上的系统控制理论。量子系统控制理论及其设计作为量子调控领域的重要基础，已经成为国际科技界的一个前沿研究方向。有关量子系统的操控研究已经有几十年的历史，物理和化学家们在分子、原子以及各种粒子的系统实验中已经积累了大量的系统理论分析与实验操纵的经验，现代技术发展和科学的需要，以及大范围领域中的控制研究包括化学反应、方法论、光学网络和计算机科学中实验实例的开发正在推动有关量子系统控制理论与实验技术的研究。迄今为止，物理实验已经表明：系统使用控制理论方法，对从量子信息处理到核磁共振的场范围内的微观粒子状态的控制有可能导致重大的改进。量子信息是当前量子控制理论与技术应用的重要领域，它包括量子计算和量子通信等重要研究方向。量子计算是当前物理以及计算机科学领域热门的研究课题。相比经典计算，量子计算具有更强的并行处理信息的能力，采用适当的量子算法可以在多项式时间尺度内解决如大数因子分解等经典难题。从本质上看，量子计算领域的很多基本问题，如量子比特初态的制备、量子逻辑门的制备、量子消相干过程的抑制等都可以归结为控制问题，因此，量子系统控制理论的研究将为量子计算的研究与实现提供强有力的理论支持。相比经典通信，量子通信具有保密性好、信道容量高等优点。因此，量子通信的研究已成为国际研究的热点，也为各国安全部门所关注。量子通信领域中的一些基本问题，如纠缠态的制备和保持，从本质上讲也可以归结为控制问题，因此，量子系统控制理论方法与设计的发展也能促进量子通信技术的进步。

量子系统自身所具有的状态相干及其消相干性、测量的塌缩性、量子纠缠性，以及量子的不可克隆原理，都使得量子系统控制理论的研究与宏观系统控制理论的研究存在巨大的差异，使得如何设计与实现量子控制系统成为一个重要的科学问题。虽然宏观系统控制理论已经成功地应用到包括航空航天载人飞船在内的极其复杂的遥控系统中，但是如何将宏观系统控制理论中已经建立的系统控制的概念和方法拓展到微观的量子系统中，对微观粒子进行调控，仍是一个具有巨大挑战性的严峻课题。尽管物理和化学家们经过几十年的不断努力，已经开发出一些具有里程碑式意义的量子调控系统的实验验证装置和量子性能展现系统，但随着在实际应用中量子系统复杂性的增加，人们越来越感觉到需要发展具有普适意义的量子系统控制理论，为实验验证与应用提供有效的控制系统的设计方法，需要借鉴宏观系统控制理论中有效的思想理念、数学分析和设计方法，同时与量子系统特有的性能及其控制目标相结合，来有效地解决量子信息、量子计算以及量子通信走向实用化过程中所遇到的困难，为量子控制系统的设计提供理论支持和科学基础。

随着科学技术的飞速发展,人类社会的重要技术正在不断跨越经典定律所描述的范围,要求人们在纳米量子级别对系统进行建模、分析和控制。特别值得一提的是,2012 年诺贝尔物理学奖授予美国物理学家维因兰德(Wineland)与法国物理学家阿罗什(Haroche),表彰他们实现了"对少量原子和离子系统的囚禁与操控","使得对单个量子体系的测量和操控成为可能的突破性实验方法"。两位科学家对于人类早已非常熟悉的光子和原子系统的精准、完全的测量和控制,将为量子计算、量子通信和量子模拟等大胆而富有远见的技术奠定基础。

1.1 量子计算机的发展

20 世纪六七十年代,人们发现经典计算机中的不可逆操作会极大地限制计算机的运行速度,增加计算机的能量消耗,加剧计算机内部芯片的发热,进而影响其集成度。同时,为提高计算机芯片性能并降低能耗,需要更小尺寸的电子元器件。根据著名的摩尔定律,近几年经典计算机的性能增长和电子元器件的发展将进入瓶颈。当组成经典计算机的核心元器件(CPU)的电子元器件尺寸缩减到 10 纳米(10^{-9}米)时,经典信息世界中的经典力学将失效,此时的电子元器件的特性使用量子力学描述可以取得非常不错的效果。目前量子计算的研究工作主要停留在理论阶段,其基本思想是基于量子力学的计算可逆操作。物理学家杜齐(Deutsch)在 1985 年提出了量子计算机的理论模型(Deutsch,1985),人们经过十多年的努力,肖(Shor)于 1994 年证实量子计算机能有效解决求解大数因子问题(Shor,1994),格鲁弗(Grover)于 1995 年证实量子计算机在解决无结构搜索空间的搜索问题上比经典计算机更有优势(Grover,1997)。近年来,量子计算机的研究工作已取得非常多的突破性进展,2001 年,人们在具有 15 个量子位的核磁共振量子计算机上成功利用 Shor 算法对 15 进行了因式分解(Vandersypen et al.,2001);2005 年,美国密歇根大学研究人员使用半导体芯片实现了离子阱(Stick et al.,2006);2007 年,加拿大的 D-Wave 系统公司宣布研制成功 16 位量子比特超导计算机,但此设备与科学界公认的能运行各种量子算法的量子计算机仍有较大的区别;2009 年,耶鲁大学制造了首个固态量子处理器;2011 年,D-Wave 系统公司发布了号称"全世界首款商用量子计算机"的 D-Wave One;2013 年,中国科学技术大学潘建伟领衔的研究小组在国际上首先实现用量子计算机求解线性方程组的实验,2018 年他们又首次实现了 18 个光量子比特纠缠。

1.2 实现量子计算机的物理系统

随着量子计算机技术的发展,世界上很多学者在量子计算机的理论和实验上进行了很多尝试,量子计算机的雏形已在不同的物理系统中得到印证。就目前的发展来看,被认可能用于实现量子计算的物理系统主要有 8 大类:① 量子点(Gross et al.,2010);② 超导电路(Winel et al.,1992;Kuzmich et al.,1998;Schleier-Smith et al.,2010);③ 离子阱(Sackett et al.,2000;Kilina et al.,2009);④ 腔电子动力学(Sackett et al.,2000);⑤ 核磁共振(Barreiro et al.,2010);⑥ 谐振子;⑦ 光子与非线性光介质;⑧ 光晶格中冷原子。我们将重点介绍腔电子动力学、离子阱、超导电路、核磁共振和量子点这 5 个可能实现量子计算机的物理系统。

1.2.1 腔电子动力学

量子电动力学(quantum electrodynamics,QED)描述了电动力学的相对量子场论,它实际上主要描述了光和物质之间的相互作用,并且是第一个完全符合量子力学和狭义相对论的理论。腔是一个光学或微波的共振系统,腔中的原子与磁场发生相互作用后,原子的能级将发生许多非常有规律的变化,如在外部磁场控制下,腔中原子的自发辐射的强度能够人为操纵,且通过实验验证了腔在极限辐射下产生拉比(Rabi)分裂的辐射谱。近些年来,随着原子冷却技术和光刻技术的长足进步,促使人们对腔中光子与原子的能量交换和质心动量交换进行了深入的研究。这一系列的研究工作都能够通过腔电子动力学进行很好的描述。

借助腔量子电动力学(cavity-QED),人们能对腔的动力学特性进行很好的理论建模,并能够按人们的期望操纵腔中光场(磁场)与原子间的相互作用强度,从而使腔的动力学演化过程按人们期望的方向进行。而腔的光场中所存储的量子信息可以通过光场与原子的相互作用传输并存储在原子中,原子中的信息可以通过光场传输到另一个原子上,且整个过程能够通过人为控制外场进行操纵,实现量子系统的受控演化,这也是量子计算的基础。整个过程的关键是实现对腔这个量子系统的人为操纵。腔量子动力学最基本的根据是腔中的光子和里德伯(Rydberg)原子能级有不同的状态,这些状态可以用于量子比特编码，当人们向腔施加特定序列的控制外场，这些状态会发生变化，表现出量子比特的改变。也正是基于这种思想，1995 年，金布尔(Kimble)研究小组设计了两量子比特的受控非门实验，验证了基于腔量子电动力学实现量子计算机的可行性(Turchette et al.，1995)；紧接着，巴兰克(Barenco)和斯利特(Sleator)利用单光子和原子编码量子比特门，基于腔量子电动力学，通过施加适当的腔场作用于原子，控制腔中原子的运动速度，改变二能级原子的能谱结构，由此原子编码的量子比特门表现出控制非门和相位转移门的特性，成功实现了两量子比特控制门操作。

腔量子动力学相较其他实现量子比特的物理系统的优势在于，它能快速精确地实现腔中光子与原子之间的信息交换，这是量子计算和量子通信的基本前提；然而，此技术实现的前提是微腔这个物理系统需要极低的温度环境，否则即使能实现光子与原子之间的信息交换，也不能实现原子与原子通过光子的信息交换，即高温下各量子门之间的连接环境非常脆弱。针对此缺陷，研究人员经过近 10 年的研究，在 2003 年，由段路明提出了基于腔量子电子动力学的计算方案，不再需要极低温度，腔就能稳定地实现各种量子门操纵(Duan et al.，2003)，这使得人们在利用腔量子电子动力学实现量子比特操纵的研究上又迈出了一大步。

1.2.2 离子阱

离子阱由静电场或磁场将带电粒子囚禁于真空中形成，人们一般利用离子阱进行质谱测量、基础物理研究以及量子系统状态控制。离子阱大致能分为泡(Paul)阱和潘林(Penning)阱(又称作四级离子阱)(Dehmelt，1967)。其中 Penning 阱常用于光谱中磁场的精确测量，而 Paul 阱常用于量子系统状态控制的研究，由 Paul 阱表示的量子系统状态的控制被认为是实现量子计算机最有潜力的物理设备之一(Blatt，Wineland，2008)，并且鲁森邦德(Rosenband)等人在 2008 年使用离子阱实现了目前最精确的原子钟(Rosenband et al.，2008)。离子阱最大的特点在于它能给处于其中的带电粒子一个无微扰动的环境，在离子阱的真空环境中，人们可以通过激光冷却技术消除其内带电离子由于多普勒效应引起的扰动和其他干扰原子之间的碰撞，为人们提供较长的时间用于观测离子阱中囚禁的带电粒子的运动状态；同时人们能够通过对离子阱进行理论建模，分析其内带电离子的各种状态，从而施加精确的控制外场进行有选择性的带电离子囚禁，排除干扰原子。离子阱的实验最早由西若克(Cirac)和佐勒(Zoller)于 1995 年提出(Cirac，Zoller，1995)，将合适的磁场、静电场或者是交变电场施加在特定构型的一种电极上因禁带电粒子，这些被囚禁的离子可以用于编码量子位，利用被囚禁离子之间的相互(排斥)作用可以进行多量子位的操纵,而实现量子门操作。在离子阱中,量子比特的两个状态通常用囚禁离子的低能级表示,通过对离子阱进行精确的理论建模,可以计算出调控系统量子位状态所需的控制场强度、频率等信息,实现人为操纵量子态演化。

离子阱相较其他实现量子比特的物理系统的优势在于离子阱的真空和无原子微扰环境能使系统的消相干时间较长,且量子位的制备和读取效率较其他系统有比较大的优势。然而,离子阱中的冷却问题非常突出,目前人们正在从设备上寻找解决办法,另外,虽然离子阱的消相干时间较长,但仍然有消相干存在,且人们对此消相干的根源仍然不太清楚。随着多年的发展,人们在离子阱的基础上又研究出了金登(Kingdon)阱(Kingdon,1923)和奥比楚(Orbitrap)阱(Oksman,1995),这些技术都使得离子阱在量子逻辑操作、量子信息和量子计算上展现出强大的潜力。

1.2.3 超导电路

约瑟夫森结由 A、B 两个超导体和 C 弱连接构成,其中弱连接 C 包含一个薄的绝缘层(superconductor-insulator-superconductor,S-I-S),通过适当的控制场(电场或磁场),A、B 两个超导体中的电流能够隧穿绝缘层 C,产生一些量子效应,这种效应叫作约瑟夫森效应。约瑟夫森效应是宏观量子效应的典型代表之一,最早由物理学家约瑟夫森(Josephson)发现,他在 1962 年首次从数学上给出了约瑟夫森结中的电流和电压之间的精确关系(Josephson,1962),并第一个预测了超导库伯对的隧穿效应。目前,超导约瑟夫森结被广泛应用在量子力学电路中,如超导量子干涉装置(superconducting quantum interference devices,简称 SQUIDS)、超导量子位和 RSFQ 数字电子技术(Strogatz,2003)。超导量子干涉装置是利用约瑟夫森效应制备的非常灵敏的磁力仪,被广泛应用于科学和工程技术中;单电子晶体由超导材料制成,其内的约瑟夫森效应非常明显,可以用于对量子系统中的元电荷进行精确的测量,进而有效地观测量子霍尔效应;RSFQ 数字电子技术基于分路约瑟夫森结制成,可以精确地用于量子系统的开关和非门控制。1994~1997 年间,沃达斯(Vourdas)等人系统地研究了超导约瑟夫森环的量子效应(Vourdas,1994;Vourdas,Spiller,1997);1999 年,乌奇(Ouchi)等人在超导约瑟夫森结中首次观测到量子相干振荡(Ouchi et al.,1999);1999~2001 年期间,研究人员利用约瑟夫森结干涉仪中的电流和磁通量信息实现了量子位编码(Loffe et al.,1999;Mooij et al.,1999;Plastina et al.,2001);2002 年,金(Jin)等人利用超导约瑟夫森结中的电荷编码量子位实现了条件逻辑门(Jin et al.,2002),与此同时,利用超导约瑟夫森结实现固态量子计算的研究工作也取得了突破性进展(Marklin et al.,2001;You et al.,2002)。

超导约瑟夫森结相较其他实现量子比特的物理系统的优势在于可以非常方便地应用超导约瑟夫森结模拟量子系统的物理特性,可利用超导约瑟夫森结实现量子电路,研究量子相干叠加态,且能方便地通过外加控制场操纵超导约瑟夫森结电路的能级结构,最大的优势在于利用超导约瑟夫森结制备的量子电路具备非常好的扩展性。

1.2.4 核磁共振

核磁共振(nuclear magnetic resonance,NMR)是处于特定磁场的原子核吸收并发射电磁辐射产生的物理现象。核磁共振最重要的特征是特殊原子的共振频率与施加的外部磁场强度成正比。在量子计算方面,核磁共振量子计算利用分子(原子)的自旋状态编码量子位,与其他实现量子计算的物理系统不同的是,核磁共振量子计算利用整个分子系统编码量子比特,系统中的分子被制备到热平衡状态,对于单比特量子位核磁共振系统,需要制备含有两个原子的分子,且每个原子的磁性不同,人们可以通过施加合适的控制外场改变这两个原子的自旋耦合状态,而达到控制量子比特的目的。1997年,杰什菲德(Gershenfed)和庄(Chuang)首次从数学上给出了利用核磁共振技术实现量子计算的可行性(Gershenfed,Chuang,1997);1998年,Chuang等人利用核磁共振技术,制备了四状态量子系统,并实现了Grover搜索算法(Chuang et al.,1998);2001年,万德斯芬(Vandersypen)等人在七量子比特(7-qubit)量子计算机上成功实现了Shor算法,且整个实验过程在室温下便能进行(Vandersypen et al.,2001)。

核磁共振技术相较其他实现量子比特的物理系统的优势在于其内的分子被制备在热平衡状态,组成分子的电子可以认为是处于独立状态,不会受其他粒子热运动的干扰,故此量子系统具有较长的消相干时间,实验条件不需要超低温,甚至可以在室温下进行。然而,从核磁共振技术用于量子计算的那天起,研究人员就认识到,由于该系统在信号和噪声之间的可扩展性非常差,故核磁共振量子计算的实际应用意义并不大(Warren,1997),且核磁共振量子计算不具备量子纠缠,而这恰恰是量子计算的核心(Menicucci,Caves,2002),目前人们普遍认为核磁共振量子计算主要还是用于模拟经典量子计算机的一种手段。

1.2.5 量子点

量子点(quantum dot,QD)是一种非常小的能够表现出量子力学特性的半导体纳米晶体，最早由叶基莫夫（Ekimov）等人于1981年提出并发展（Ekimov et al.，1985），它最大的特点在于量子点内的电子被限制在一个特定的三维空间中，且这些电子的特性介于大部分半导体材料和离散分子之间（Murray，Kagan，2000）。量子点诞生后，人们对量子点在晶体管、太阳能电池、LED显示屏、半导体激光器和量子计算方面的应用展开了大量的研究工作。目前比较流行的半导体量子点量子计算机模型是1997年由劳斯（Loss）和蒂·文森佐（Di Vincenzo）提出的Loss-DiVincenzo量子计算机，又叫自旋量子位量子计算机（Loss，Di Vincenzo，1998），其中的量子位由量子点中独立的自旋1/2原子自由度定义，且这种设备制成的量子计算机完全满足蒂·文森佐提出的量子计算机可扩展性的要求（Di Vincenzo，2000）。量子点量子计算机的另一种实现方案是利用量子点中自由价电子编码量子位，通过外加控制场操纵量子点内电子输运特性来改变量子位，实现量子计算。2003年，日本的藤泽（Fujisawa）研究小组成功地观测到半导体量子点中自由价电子的演化过程及其编码的量子位演化，并成功实现利用高速电压脉冲控制系统的能级，操纵量子比特的演化（Hayashi et al.，2003）；2013年，中科院量子信息重点实验室的曹刚等人成功地利用电脉冲实现了半导体量子点中的量子位超快转移（Cao et al.，2013）。

半导体量子点相较其他实现量子比特的物理系统的优势在于半导体量子点的制备工艺可以借鉴传统半导体行业的丰富经验，可以快速而精确地制备出人们期望的量子点尺寸、形状，最令人期待的是，一旦利用半导体量子点成功实现量子计算机，那么利用半导体材料的扩展性，可以非常快速地进行商用推广。制约半导体量子点实现量子计算的因素在于半导体量子点的消相干时间非常短。近年来人们在克服量子点消相干时间过短的问题上做了丰富的研究（Bodenhausen et al.，1980；Koppens et al.，2008；Press et al.，2010），已经实现将半导体量子点的消相干时间从纳秒级别延长到毫秒级别。

1.3 基于压缩传感理论的量子系统状态估计

从量子力学理论建立以来，如何对量子态进行测量一直是学者们主要研究的核心问题，但是由于宏观世界和微观世界的不同，很多经典力学的理论在量子中无法适用，因此长期以来，对于量子测量的问题，大批学者在理论和实践上进行了深入的研究。海森堡在1927年的时候提出了海森堡不确定性原理，也被称为量子力学的不确定性原理或测不准原理。他指出在量子力学中，试图对粒子进行测量的这一动作必定会干扰到粒子原本的运动轨迹和运动状态,因此测量会产生不确定性(Heisenberg,1927)。兰岛(Landau)和利弗席兹(Lifshitz)在1958年对这个问题再次进行解释:测量是宏观世界中的经典物体与微观世界中的量子物体之间的相互作用,测量不仅是实验者对量子物体的测量过程,无论是否有参与者对量子物体进行测量,宏观世界的相互影响都始终存在(Landau et al.,1958)。

由于测量存在这种不确定性,所以我们无法通过对量子系统的测量来获得系统的真实状态。在科学家们对量子状态测量的漫长研究过程中,1957年法诺(Fano)给出了一个新的概念:量子层析(quantum tomography),它是通过对量子状态进行估计,来解决无法对量子状态进行直接测量的困难。之所以将这种方法称为量子层析,是因为当时X射线的计算机辅助层析的CT(computer-assisted tomography)摄影术在医学领域广泛运用,而量子层析的思想来源于医学成像算法,因此将这种量子状态估计称为量子层析(Fano,1957)。法诺的方法需要制备大量相同的量子系统,并重复地测量来实现量子态估计,但他的研究只停留在理论上,并没有在实验中实现。随着量子理论的逐步完善,1969年凯勒(Cahill)和格劳伯(Glauber)将量子层析技术的研究推向了新的阶段,他们提出了一种全新的方法,通过重构量子态的密度矩阵,来恢复量子状态信息(Cahill,Glauber,1969)。学者们对重构密度矩阵这一方法进行的大量实验研究,表明了这一方法的正确性和可行性,例如,光学零差探测法测量(Vogel,Risken,1989),量子零差探测层析(Smithy et al.,1993),光子数表象辐射场密度矩阵测定(D'Ariano et al.,1994),分子振动态的层析实验(Leonhardt,1995),以及常用的斯特恩-盖拉赫(Stern-Gerlach)测量实验(D'Ariano et al.,2004),等等。

根据可观测力学量集合的不同以及测量次数的不同,我们可以将测量分为完全重构和不完全重构(Fick,Sauermann,2012),其差别在于,前者可以获得全部可观测力学量的测量精确值,因此能够通过量子层析获得精确重构值,而后者只有部分的力学量可以获得精确测量;还有一种不包含在上述情况中,由于测量信息的不全面,只能获得可观测力学量的本征态的频率,而无法获得平均值。不完全重构需要采用优化方法对测量结果进行优化,使其无限趋近于真实估计结果。目前,应用到量子状态估计的常用优化方法有以下几种:① 最小二乘法(least square);② 最大熵法(maximum entropy);③ 极大似然法(maximum likelihood estimate);④ 贝叶斯方法(Bayesian)。通过采用上述优化方法,可以进一步地进行量子状态各项参数的估计,有效地重构量子态。

在数字信息现代化革命中,人们开始越来越多地享受到各种信号处理技术和新传感技术对电子产品以及周围生活产生的重大影响,切身地感受到了信息化革命给生活带来的改变。传统的信号采样的视频、图片或者其他的数据信息都是基于香农(Shannon)理论(Shannon,1949),需要人们至少以两倍于信号的频率对信号进行采样来保证信号的质量。然而这种采样需要消耗大量的存储空间并受到频率的限制,因此人们希望能够有一种新的技术,在减少采样频率的同时,可以减少数据量的存储,能够通过软件层面的提高来降低对硬件性能的要求。

在人们对新理论的迫切需求下,2006年的时候多诺霍(Donoho)提出了具有跨时代意义的压缩传感理论(compressive senseing theory),自此之后便引发了学者们强烈的反响(Donoho,2006)。坎蒂斯(Candès)等人分别在2006年和2007年对压缩传感理论进行了进一步的理论应用研究(Candès,Tao,2006;Candès et al.,2006)和推导证明(Baraniuk,2007)。压缩传感理论使得人们可以基于少量的系统测量值,高精度重构出测量值中包含的系统原始信号,即使在测量频率小于奈奎斯特(Nyquist)频率下也能恢复出原始的稀疏信号。如果一个信号只有少量的非零元素,那么这个信号就可以简单地被认为是稀疏信号。可压缩的信号意味着可以通过另一个稀疏的信号近似趋近于原始稀疏信号,而达到恢复原始稀疏信号的效果。由于压缩传感可以直接获得压缩后的信号,所以需要的存储量小,恢复信号时的运算量也相应变小(Donoho,2006)。

基于压缩传感理论的量子状态估计算法融合了信号处理和量子控制理论两方面的内容(Gross et al.,2010)。在信号处理领域,香农采样定理一直是非常重要的理论,正是由于压缩传感理论与香农定理从根本上不同,使得它在提出后便引起了学者们的广泛关注,并延伸影响到其他的应用领域,包括量子控制领域中的量子态估计。鲍尔温(Baldwin)和刘(Liu)等学者将该方法开创性地应用于量子系统状态的估计(Banaszek et al.,2013;Liu,2012),对比传统实验方法收到了显著的效果。

在实际中,波函数或者密度算符是人们为了更好地描述量子系统的状态而定义的物理量,它们不是客观存在的物理量,而是一种人为的定义(D'Alessandro,2003)。因此,无法直接通过对波函数和密度矩阵进行测量来得到量子状态,必须建立量子系统的可观测量,然后对可观测量进行测量,将压缩传感理论应用到对状态的估计之中,通过采用压缩传感的信号测量方式重构量子态,才能有效地估计出量子态(Gross et al.,2010)。

压缩传感理论使人们可以将高维矩阵投影到低维矩阵,并能够通过测量部分矩阵来获得量子状态的估计,尤其是当系统量子位的数目增大,相应所需要的测量矩阵数目以指数增加时,基于压缩传感理论估计量子态的优越性越显突出。

1.4 量子系统控制的研究

1.4.1 量子系统的可控性及开环控制

对于很多研究学科和研究领域,理论往往是领先于实践的,并在理论的指导下,通过实际实验来实现期望的结果。不过由于量子系统的复杂性,在量子系统控制的发展过程中,实际实验技术是领先于理论的(Peirce,2003),比如早在20世纪30年代就开始使用辐射频率共振技术操纵原子。20世纪六七十年代,激光技术逐渐发展成熟,在很多实验中激光被广泛使用(Bloembergen,Yablonovitch,1978;Zewail,1980)。此后,量子系统控制的重点集中于操控单个粒子或系综的实现(Tannor,Rice,1985;Brumer,Shapiro,1986)。1983年,Huang等从理论上研究了量子系统控制,将经典控制理论推广到量子系统,讨论了量子系统的可控性(Huang et al.,1983);Ong等(1984)和Clark等(1985)分别研究了量子系统的可逆性和可观性。这三项成果是经典控制理论和量子系统相结合的标志性工作。之后,很多学者投身到量子系统可控性的研究。无论是对于经典控制理论还是对于量子控制理论,系统可控性均是一个基本问题,即只有当系统可控或者控制目标可控时,控制目的和控制律设计才能够实现。根据是否与环境存在相互作用,量子系统可以分为封闭量子系统和开放量子系统,其中开放量子系统根据环境的特性还可以进一步分为马尔科夫(Markovian)量子系统、非马尔科夫(non-Markovian)量子系统和随机开放量子系统。根据系统的维度,量子系统可以分为有限维量子系统和无限维量子系统。对于不同类型的量子系统,均需要研究其可控性。由于量子系统的状态包含多种类型,因而提出了不同的可控性概念(Ramakrishna et al.,1995;Albertini,D'Alessandro,2003;Zhang et al.,2005;Wu et al.,2006;D'Alessandro,2007;Wu et al.,2007)。对于有限维的封闭量子系统,基于李群和李代数,经典控制理论可以直接被应用并获得系统可控的条件。当系统维度很大时,可以基于图论获得系统可控的条件(Turinici,Rabitz,2001;Turinici,Rabitz,2003)。对于无限维量子系统,获得系统可控性的难度比有限维量子系统要大得多。经过多位学者的努力,也获得了一些成果(Huang et al.,1983;Lan et al.,2005;Wu et al.,2006)。对于开放量子系统,已经有结果表明只使用相干控制,有限维的马尔科夫量子系统是不可控的(Altafini,2003)。虽然如此，Yuan经过研究还是得到了二能级马尔科夫量子系统的状态可达集（Yuan，2013），即如果状态位于得到的可达集内，那么这些状态是可控的。因此，马尔科夫量子系统的所有状态虽然不是都可控，但是其中的部分状态在特定的适当控制下是可控的。另外，可以用克劳斯映射（Kraus，1983）表示的有限维开放量子系统是完全运动态可控的（Wu et al.，2007）。

系统的可控性结果只是提供了系统的控制目标能否达到的理论结果，但是并没有提供如何实现控制目标的具体方法。因此，对于可控的量子系统，如何去实现所设定的控制目标，比如驱动系统状态到一个期望的目标态，依然是一个需要研究的重要问题，这就是系统控制理论所要解决的另一个关键问题。

与宏观系统相似，最优控制理论在量子系统中得到了广泛应用。对于一个特定的量子系统控制问题，最优控制方法就是在满足系统动力学方程的前提下，在最小化性能指标的前提下，设计出最优控制律与系统参数之间的关系式。性能指标选择不同，设计出的最优控制律的关系式不同，其控制效果也不同。典型的性能指标有：限制能量并最小化时间（Khaneja et al.，2001；Sugny et al.，2007），时间限定并最小化能量（D'Alessandro，Dahleh，2001；Grivopoulos，Bamieh，2008），等等，由此可以获得实现控制目标最小化情况下的控制律。最优控制策略已经被广泛应用于物理化学中的控制量子现象（Rabitz et al.，2000；Rice，Zhao，2000；Shapiro，Brumer，2003；Rabitz et al.，2004）、激光驱动的分子反应（Peirce et al.，1988；Dahleh et al.，1996）及多个NMR实验中（Khaneja et al.，2003；Khaneja et al.，2004；Vandersypen，Chuang，2005）。对于不同的控制问题，可以优化不同的性能指标；同时，对于相同的量子最优控制问题，可以使用不同的优化方法。特别的，产生分段常数控制的迭代算法可以分为克罗托弗（Korotov）型和GRAPE型，其中Korotov型是每个时间间隔依次更新（Krotov，Feldman，1983），GRAPE型为所有时间间隔同时更新（Khaneja et al.，2005）。使用数值方法，基于庞特里亚金最大值原理极值解的显式计算，已经获得很多适用于低维系统的研究结果（Yuan，Khaneja，2005）。另外，很多最优控制问题的解为所谓的棒棒（bang-bang）控制（Boscain，Mason，2006），比如波士克恩（Boscain）等在研究二能级量子系统的状态转移最优控制问题时，限定控制律的最大幅值，根据最大幅值和能级的关系，在布洛克（Bloch）球上分析系统状态在常量控制作用下的状态轨迹，通过最小化控制时间，得到的控制律即为棒棒控制（Boscain，Chitour，2005；Boscain，Mason，2006）。同样是基于系统状态在Bloch球上的几何信息，Lou和Cong（2011）通过规划系统状态在Bloch球上的演化轨迹，限定控制律的最大幅值，设计了用于状态转移的几何控制。

在开放量子系统中存在很多的量子系统是不可控的。对于这些不可控的量子系统，可以采用的方法是引入额外的源或者特殊控制策略来改变量子系统的可控性或者增强控制量子系统的能力。通过使用新的控制策略,比如可变结构控制(variable structure control)(Dong,Petersen,2009;Dong,Petersen,2010)、非相干控制(incoherence control)等,可以在控制过程中改变量子系统的相干性,从而增强量子调控的能力。在经典控制理论中,滑模控制是可变结构控制的一种方法,而这种控制方法已经在量子系统中用于处理反馈控制的不确定性且具有潜在用于量子态制备和量子纠错的能力(Dong,Petersen,2009)。非相干控制就是在已有的控制方法中引入非相干源,这是解决相干控制局限性的自然扩展。引入非相干源的主要方式包括非相干控制场(Shapiro,Brumer,2003)、使用辅助系统及量子测量(Gong,Rice,2004;Pechen,Rabitz,2006;Roa et al.,2006;Zhang et al.,2007;Dong et al.,2008;Dong et al.,2009)。量子测量通常会破坏量子系统的相干特性,然而一些研究结果表明量子测量在某些情况下可以提高量子系统的可控性(Mendes,Man'ko,2003;Mandilara,Clark,2005)。若干基于量子测量的非相干控制已经被提出(Roa et al.,2006;Dong et al.,2008;Dong et al.,2010),在这些控制方案中,测量作为控制工具被使用。

从控制的角度看,目前大部分量子控制,包括相干控制和非相干控制都属于开环控制。此外,平均哈密顿方法(Petta et al.,2005;Damodarakurup et al.,2009)和动力学解耦(dynamical decoupling)(Viola et al.,1999;Khodjastehand,Lidar,2005;Ticozzi,Viola,2006;Uhrig,2007)也属于开环控制。开环控制虽然可以解决很多控制问题,但是依然有一定的局限性,因为高精度的自动控制的原理是负反馈闭环控制。闭环控制相对于开环控制在抗扰动的鲁棒性和性能方面都更加有优势。特别是开放量子系统与不可控环境存在相互作用,不确定性或者噪声的存在不可避免,为了获得更强的鲁棒性,此时闭环控制更有效。目前量子系统的闭环控制已经出现,包括闭环学习控制(Judson,Rabitz,1992;Zhu,Rabitz,1998;Rabitz et al.,2000)、量子反馈控制(Jacobs,2003;Handel et al.,2005;Combes,Jacobs,2006;Jordan,Korotkov,2006;Mirrahimi,Handel,2007)、LQG 控制(Doherty et al.,2000;Wiseman,Doherty,2005;Mancini,Wiseman,2007;Shaiju et al.,2007;Mabuchi,2008;Zhang,2008;Nurdin et al.,2009)等。除了开环控制和闭环控制,很多学者将经典控制理论中的若干鲁棒控制方法扩展到量子领域,如小增益定理(D'Helon,James,2006)、传递函数方法(Yanagisawa,Kimura,2003a,2003b)、H^{∞} 控制(James et al.,2008)及滑模控制(Dong,Petersen,2009)等。

1.4.2 量子系统的反馈控制

20 世纪 80 年代起,人们开始进行量子控制系统反馈控制的理论研究,如在光探测下的光共振腔的状态方程（Srinivas，Davies，1981）；描述开放量子系统状态的随机方程（Diosi，1986）；海森堡图景下的连续测量的方程（Barchielli，Lupieri，1985）；在连续测量下伴随高斯噪声的量子系统状态方程，也就是随机主方程（SME）（Belavkin，1987；Diosi，1988a，1988b；Wiseman，Milburn，1993a，1993b）。由于理解和学习这些成果要求具有较深的数学基础，加上当时实现设备及其技术上的限制，使得其研究成果仅停留在理论阶段。1994年，威斯曼（Wiseman）和米尔本（Milburn）通过一种不同的量子反馈方法，提出了如果将测量结果的一个简单函数进行反馈，量子系统的连续反馈可以用一个马尔科夫主方程描述，这种反馈方法被称为马尔科夫反馈（Wiseman，1994）。1998年，柳泽（Yanagisawa）、木村（Kimura）、道尔蒂（Doherty）和雅克布斯（Jacobs）提出了从随机主方程获得系统参数估计来实现反馈的概念（Yanagisawa，Kimura，1998；Doherty，Jacobs，1999），并指出对于线性系统，这种反馈等价于现代经典反馈控制，因此最优控制的标准结果可以应用于量子系统，这种反馈方法被称为贝叶斯反馈控制。2000年，劳埃德（Lloyd）提出了不需要明确测量的反馈控制概念（Lloyd，2000），这种反馈控制被称为相干反馈控制（coherent feedback control，CFC）（Nelson et al.，2000；Qi，Guo，2010；Jacobs et al.，2014）。相应的，人们把所有涉及明确测量的反馈控制称为基于测量的反馈控制，或者简称测量反馈控制（measurement-based feedback control，MFC）。马尔科夫反馈控制和贝叶斯反馈控制均属于基于测量的反馈控制。

在量子系统中，噪声会引起消相干。因此，与经典反馈相似，量子反馈最重要的应用之一就是抑制噪声的影响。比如将马尔科夫量子反馈控制用于抑制薛定谔猫态的消相干，可以产生和保护薛定谔猫态（Tombesi，Vitali，1995；Vitali et al.，1997；Fortunato et al.，1999）。除此之外，马尔科夫量子反馈控制还可以被用于单个二能级原子状态的稳定（Hofmann et al.，1998；Wang，Wiseman，2001）。更一般的，贝叶斯反馈控制可以被用于稳定多种微观系统的状态，这些系统包括纳米力学谐振器（nano-mechanical resonators）（Zhang et al.，2009；Woolley et al.，2010）、量子点（Goan et al.，2001；Jin et al.，2006；Oxtoby et al.，2006）以及超导量子比特（Riste et al.，2012；Vijay et al.，2012；Campagne-Ibarcq et al.，2013；Cui，Nori，2013）。基于测量的反馈控制还有很多其他重要的应用，比如量子纠错（Ahn et al.，2002；Chase et al.，2008；Keane，Korotkov，2012；Szigeti et al.，2014）、操纵量子纠缠（Hou et al.，2010；Xue et al.，2010；Stevenson et al.，2011）、量子态的区分（Guha et al.，2011）和量子参数估计（Wiseman，1995；Berry et al.，2001）等。同时，相干反馈控制也可以被用于量子纠错（Kerckhoff et al.，2010；Kerckhoff et al.，2011）、产生和控制连续变量的多点光学量子纠缠态（Yan et al.，2011）等。

特别的，如果在量子状态的还原过程中执行反馈操作，可以通过设计合适的控制律使某些特定状态全局稳定,即系统状态从任意初始态收敛到选定的目标态(Handel et al.,2005a,2005b;Altafini,2007b;Mirrahimi,Van Handel,2007;Qi et al.,2013)。通过分别单独考虑量子滤波问题和状态反馈控制问题,万斯翰德(Van Hande)等人将量子反馈控制问题作为随机非线性控制问题进行处理,并研究了使用随机李雅普诺夫方法,设计量子自旋系统的反馈控制律(Van Handel et al.,2005a)。不过万斯翰德等人的工作具有很大的局限性:使用的李雅普诺夫函数是通过数值的 SOSTOOLS 寻找得到,对于不同的量子自旋系统,均需要重新经过 SOSTOOLS 搜索,并不具有通用性;另外,考虑的系统是量子自旋系统,对于高维系统而言,由于计算复杂度随着系统维度增加,这种控制律设计方法变得不可用。为了解决有限维随机量子系统的状态稳定问题,特别是高维系统,米拉米(Mirrahimi)等人针对一个特殊的有限维系统——角动量系统,提出一种开关控制策略驱动系统状态从任意初态收敛到系统的任意一个本征态,并且根据量子状态的样本路径对提出的控制策略进行了严格的数学证明(Mirrahimi,Van Handel,2007)。2007 年,津村(Tsumura)提出使用连续反馈控制实现角动量系统的一个本征态的全局稳定的控制方案(Tsumura,2007)。更进一步,2008 年津村设计了可以使角动量系统的任意本征态全局稳定的连续控制律(Tsumura,2008)。在同一年,阿尔塔菲尼(Altafini)和蒂考慈(Ticozzi)将角动量系统推广到更一般的随机量子系统。他们考虑了一个有限维随机量子系统,根据方差的定义,结合已经使用的李雅普诺夫函数,构造了一个新的函数,并根据这个函数设计了非线性的控制律。但是,由于滤波器状态空间的对称拓扑,使得设计的控制律只能实现系统本征态的局部稳定(Altafini,Ticozzi,2008)。为了实现有限维随机量子系统的任意本征态全局稳定,葛(Ge)等人(2012)基于非平滑类李雅普诺夫理论,包括连续的类李雅普诺夫稳定定理和一个不连续的李雅普诺夫稳定定理,通过考虑滤波器状态的滑块运动,分别设计了饱和形式的开关控制和连续控制。非平滑的特性可以保证所设计的控制律能够应对滤波器状态空间的对称拓扑,从而解决了量子滤波器状态的全局稳定问题。另外一些学者还考虑了存在系统延迟时间情况下的状态稳定问题(Ge et al.,2012;Wang,James,2015)。此外,对于随机量子系统状态的稳定问题,萨马拉友(Somaraju)等(2011,2013)研究了系统维度无限的情况,吴(Vu)等人(2012a,2012b,2013)通过设计棒棒控制实现了 Bell 态和两比特及三比特最大纠缠态的全局稳定,马祖拉(Matsuna)和津村、阿米尼(Amini)等研究了离散随机量子系统的反馈控制(Matsuna,Tsumura,2010;Amini et al.,2013)。

无论是基于测量的反馈控制还是相干反馈控制,不仅在理论上得到相当程度的关注和研究,在多个实际实验中也得到广泛的应用。在量子光学中,基于测量的反馈控制被应用于自适应相位测量(Armen et al.,2002)、自适应相位估计(Higgins et al.,2007;Wheatley et al.,2010;Yonezawa et al.,2012)、纠正一个单光子态(Branczyk et al.,

2007；Gillett et al.，2010)；相干反馈控制则可以应用于噪声消除(Mabuchi，2008)、压缩光(squeezing light)(Iida et al.，2012)及经典逻辑门(Zhou et al.，2012)。对于阱离子,基于测量的反馈控制可以用于量子态的稳定(Smith et al.，2002)、Fock 态的制备(Sayrin et al.，2011)、原子态的经典反馈控制(Brakhane et al.，2012；Inoue et al.，2013；Vanderbruggen et al.，2013)及控制阱离子的运动(Fischer et al.，2002；Morrow et al.，2002；Bushev et al.，2006；Kubanek et al.，2009；Gieseler et al.，2012)。在超导电路中,基于测量的反馈控制被用于单比特状态的稳定(Castellanos-Beltran,Lehnert，2007；Yamamoto et al.，2008；Bergeal et al.，2010；Weber et al.，2014)及制备两比特间的纠缠(Riste et al.，2013)。除此之外,两种反馈控制均可以被应用于光力学和电机学中。

对于反馈网络,James 及其合作者研究了线性量子系统的反馈网络(James et al.，2008),高夫(Gough)和詹姆斯(James)基于输入输出理论构建了一个简洁方便的形式处理任意复杂的网络(Gough，James，2009)。最近,很多学者对多种控制问题研究了非线性相干反馈网络的使用(Mabuchi，2011；Kerckhoff，Lehnert，2012；Zhang et al.，2012；Liu et al.，2013)。2009 年,努尔丁(Nurdin)等人指出线性相干反馈网络可以执行线性基于测量的反馈(Nurdin et al.，2009),因此基于测量的反馈和相干反馈两者之间的关系也是目前的一个研究方向(Jacobs et al.，2014)。

1.4.3 量子李雅普诺夫控制方法

相对于其他控制方法,李雅普诺夫控制方法应用于量子系统时间较晚,2002 年才开始引入量子领域(Ferrante et al.，2002；Sugawara，2002；Vettori，2002)。此后,经过多位学者的努力,李雅普诺夫控制方法在量子系统中的应用开始得到了广泛而丰富的研究(Grivopoulos，Bamieh，2003；Mirrahimi，Rouchon，2004；Mirrahimi et al.，2005；Beauchard et al.，2007；Altafini，2007a，2007b；Kuang，Cong，2008；Wang，Schirmer，2009；Yi et al.，2009；Wang，Schirmer，2010a，2010b；Cong，Meng，2013；Shi et al.，2015)。对大部分李雅普诺夫定理应用于量子系统的工作,可以分为两大类:一类是使用李雅普诺夫方法设计控制律实现特定的控制目标;另一类是对设计的控制律进行收敛性分析,理论上验证设计的控制律是否可以实现控制目标。

对于实现控制目标的工作,李雅普诺夫控制方法已经被用于状态转移,包括封闭量子系统(Kuang，Cong，2008；Wen，Cong，2011；Yang，Cong，2012；Zhao et al.，2012)和开放量子系统(Yang et al.，2012；Cong et al.，2013)；状态跟踪(Cong，Liu，

2012；Liu et al.，2012）；量子逻辑门制备（Wen et al.，2012；Hou et al.，2014；Liu，Cong，2014）等工作。然而，并不是所有依据李雅普诺夫定理设计的控制律都可以完成控制任务，需要在理论上研究所设计控制律的收敛性。对于控制律的收敛性分析，Mirrahimi及其合作者研究了封闭量子系统本征态的收敛控制，结果表明在系统哈密顿量满足一定条件下，系统状态可收敛到目标态。在此基础上，Kuang和Cong（2010）解决了封闭量子系统本征态的收敛控制问题并研究了封闭量子系统对角混合态的收敛控制。此后，Schirmer等人分别研究了目标态具有非退化本征谱和退化本征谱时的状态收敛问题（Wang，Schirmer，2010a，2010b）。但是，上述两组研究者的工作均需要量子系统的哈密顿量满足很强的条件（强正则，全连接），为了突破这个限制，隐李雅普诺夫方法被引入量子系统控制（Beauchard et al.，2007；Zhao et al.，2012；Cong，Meng，2013）。其中，Cong和Meng（2013）基于薛定谔（Schrödinger）方程和刘威尔（Liouville）方程，研究了使用隐李雅普诺夫控制方法来解决封闭量子系统退化情况下任意目标态（本征态、叠加态及混合态）的收敛控制；而Zhao等人（2012）通过使用多个李雅普诺夫函数并设计开关控制（switching control），同样解决了封闭量子系统退化情况下的状态收敛控制问题。在解决量子系统状态收敛问题时，大部分学者使用的是拉塞尔（LaSalle）不变原理或者芭芭拉（Barbalat）引理，Wang等人另辟蹊径，通过结合自由演化和设计的控制律，解决了二能级量子系统的状态收敛控制问题（Wang et al.，2014）。

与其他控制方法类似，使用李雅普诺夫方法设计控制律的最终目的是在实际系统中使用，目前这方面的工作还没有取得显著的成果。但是，一些学者已经考虑并做了相关工作（Yi et al.，2011；Gao et al.，2015），比如Cao等人（2013）将李雅普诺夫方法应用于半导体双量子点中，设计出满足物理系统和实际脉冲发生器的控制律，实现了量子位高性能的状态转移。在经典控制理论中，李雅普诺夫控制方法属于闭环控制。当一个控制系统中的控制律是系统状态或参数的函数时，该控制系统被称为反馈控制系统，反馈控制系统一般都是闭环控制系统。李雅普诺夫控制方法需要使用被控系统的内部信息，对于量子系统，系统的输出信号或状态信号不可直接被测量或利用，在量子系统中使用李雅普诺夫控制方法时，控制器中所需要的状态信息，在目前的情况下，通常只能通过求解系统方程来获得，然后将控制律施加到实际的控制系统中，此时的控制属于闭环设计-开环实现。不过随着量子态估计成为可能，闭环控制的李雅普诺夫控制方法即将得以实现。

1.5　本书内容安排

本书将分别对封闭和开放量子控制系统进行状态与算符门制备、调控与实现的设计。在封闭量子控制系统的设计中，分别对非衰减和全连接的理想量子控制系统以及退化情况下的量子控制系统进行设计。同时分别在封闭和开放量子系统的情况下对量子门进行制备。为了能够实现开放量子控制系统，本书专门用了 3 章的篇幅来讨论与测量及量子态估计相关的问题，其中一章是基于最优测量的量子状态转移，另两章是有关量子层析及量子状态估计方法以及压缩传感理论及其在量子态估计中的应用。在开放量子控制系统控制律的设计方面，本书分别对马尔科夫开放量子系统的相干保持控制和非马尔科夫开放量子控制系统的设计进行了讨论。对于考虑测量对系统反作用的随机开放量子控制系统，由于随机开放量子系统比较复杂，本书用了两章分别讨论随机开放量子系统的模型与控制，以及随机开放量子系统的特性分析。本书用 3 章来讨论量子控制系统在实际应用中的设计与实现，其中一章是基于李雅普诺夫的二能级双量子点量子位超快操纵，另一章是专门针对实际可实现装置设计的可实现的二能级双量子点操纵方案。本书的最后一章是核磁共振中双比特同核系统最优控制。

本书共分为 14 章，具体内容安排如下：

在第 1 章里，首先对量子计算机的发展进行了概述，在候选的实现量子计算机的物理系统中，重点介绍了腔电子动力学、离子阱、超导电路、核磁共振和量子点这 5 个可能实现的量子计算机的物理系统。另外还着重介绍了目前有关基于压缩传感的量子系统状态估计研究的现状。在量子系统控制研究的概论中，就量子系统的可控性及开环控制、量子系统的反馈控制和量子李雅普诺夫控制方法进行了重点的阐述。最后给出本书内容安排。

第 2 章是量子系统及其控制理论基础。分别从量子系统的基本概念、量子系统的测量、封闭量子系统状态演化方程、量子态演化方程的图景变换、开放量子系统的状态演化方程和李雅普诺夫稳定性定理六个方面，对本书将用到的一些基础概念及其相关理论做了介绍。对量子控制系统涉及的相关概念、术语、特殊算符运算等基本知识进行定义和介绍，其中包括纯态的态矢量描述、量子系综的密度矩阵表示、力学量与算符、复合量子系统和状态空间的运算、量子位和量子逻辑门；在量子系统的测量中着重介绍了瞬时测量、连续测量和量子齐诺效应及反齐诺效应；在封闭量子系统状态演化方程中，描述了薛定谔方程和刘威尔方程;在量子态演化方程的图景变换中,分别对薛定谔图景、海森堡图景和相互作用图景进行了详细的介绍;在开放量子系统的状态演化方程中,分别介绍了马尔科夫开放量子系统主方程、非马尔科夫开放量子系统主方程、非马尔科夫开放量子系统求解、随机开放量子系统模型及其求解;最后一节是有关李雅普诺夫稳定性定理的介绍,其中包括正定和负定函数的概念、李雅普诺夫稳定性定理和拉塞尔不变性原理。

第 3 章是封闭量子控制系统的设计。这一章共分为六部分。在第一部分的本征态之间的状态转移中,重点进行了基于状态之间距离的量子李雅普诺夫控制律的设计、基于状态偏差的量子李雅普诺夫控制律的设计和基于虚拟力学量均值的量子李雅普诺夫控制律的设计。之后分别对量子控制系统中的叠加态之间的状态转移、混合态之间的状态转移和虚拟力学量 P 的构造原则进行了设计。在第五部分的退化情况下的李雅普诺夫控制律的设计中,在描述了控制系统模型的基础上,分别进行了微扰函数的设计、目标态为对角阵情况下的控制律设计和目标态为非对角阵情况下的控制律设计,并给出小结。第六部分是算符 Hadamard 门的制备,重点给出了量子点单个电子的数学模型、酉旋转门的标准形式和 Hadamard 门的制备过程,并进行了制备 Hadamard 门的控制律设计和数值实验及结果分析。

第 4 章是基于最优测量的量子状态转移。本章首先给出投影测量及其控制问题和最优投影测量的必要条件。在通过一次序列测量的最优状态转移中,设计了纯态之间的转移、混合态和纯态间的转移以及正交混合态间的转移。之后,分别基于瞬时测量和连续测量调控二能级量子系统状态;对测量辅助相干控制下动力学对称系统的总体最优演化和测量控制的误差进行了分析;在系统仿真及其特性分析中,分别进行了无自由演化情况下本征态最优测量控制实验和有自由演化的本征态测量控制实验。

第 5 章是量子层析及量子状态估计方法。本章中分别对量子层析中的单量子比特层析、多量子比特层析进行了介绍,并对量子态估计中所用到的几种常见优化方法——最小二乘法、量子状态的最大熵估计方法、量子状态的极大似然估计法和量子状态的贝叶斯估计方法进行了系统的介绍。

第 6 章是压缩传感理论及其在量子态估计中的应用。本章首先介绍了压缩传感理论,包括信号的稀疏表示、编码测量、信号重构和矩阵恢复必须满足的一些假设;然后介绍基于压缩传感理论的信号重构算法。在此基础上,重点介绍了基于压缩传感理论的量子态估计过程、量子状态估计优化问题求解及其相关性能对比实验,其中包括有和无干扰情况下基于压缩传感的量子状态估计问题、交替方向乘子算法与改进、三种不同算法性能的对比实验、有和无干扰以及不同量子位情况下算法的性能对比实验。

第 7 章是马尔科夫开放量子系统的相干保持控制。内容涉及三能级 Λ 型原子的相干性保持和 N 能级 Ξ 型原子的相干性保持。在三能级 Λ 型原子的相干性保持中,在给出系统模型与控制目标基础上,讨论了控制场的设计及其对纯度变化的影响,并进行了相关奇异性问题的分析,同时给出数值仿真及其结果分析。在 N 能级 Ξ 型原子的相干性保持中,也给出了所研究的系统模型及其相干性函数,进行了控制变量的设计及奇异性问题分析,给出了数值仿真结果及分析。最后是小结。

第 8 章是非马尔科夫开放量子控制系统的设计。主要内容是非马尔科夫开放量子系统的特性分析及其控制和非马尔科夫开放量子系统门算符的制备和保持。其中,在非马尔科夫开放量子系统的特性分析及其控制中,在分析了量子系统被控模型的基础上,分别对截断频率对衰减系数特性的影响、截断频率对系统相干性和纯度的影响、耦合系数对系统相干性和纯度的影响以及振荡频率对衰减系数特性的影响等进行了详细的特性对比分析;同时,进行了状态转移控制器设计,并进行了未加控制作用时系统状态自由演化轨迹的实验和李雅普诺夫控制作用下的系统状态转移实验。在非马尔科夫开放量子系统门算符的制备和保持中,基于算符描述的模型,进行了李雅普诺夫控制律设计和数值仿真实验及其结果分析。

第 9 章是随机开放量子系统的模型与控制。本章中分别对量子滤波器方程、随机主方程、退相干影响下的随机主方程和延时影响下的随机主方程等随机开放量子系统的模型进行了特性分析;对基于随机李雅普诺夫稳定性定理的状态转移控制、基于随机最优控制的反馈控制、退相干影响下的量子系统的控制和延时影响的系统的控制进行了特性分析;最后是小结。

第 10 章专门对随机开放量子系统在无和有施加反馈控制作用下的系统特性进行了深入分析。所考虑的是具有测量反作用的随机量子系统主方程。首先专门对没有控制作用下的系统内部特性进行了详细的分析,然后对反馈控制作用下的系统状态转移性能做了分析;分别对开关控制作用下参数 γ 对控制性能的影响、连续控制下参数 α 和 β 对控制性能的影响以及两种控制作用下的控制性能对比进行了分析;最后是小结。

第 11 章是基于李雅普诺夫的二能级双量子点量子位超快操纵。在对二能级双量子点系统进行描述的基础上,进行了基于 LZS 干涉原理的双量子点系统量子位转移以及基于李雅普诺夫稳定性定理的控制场的设计;作为性能对比,在系统仿真实验中,首先进行了基于 LZS 干涉原理的系统仿真实验及其结果分析,然后着重对所设计的李雅普诺夫控制场进行了系统仿真实验及其结果分析,并做了对控制系统保真度性能的对比研究,同时对两种控制方法之间的关系做了分析;最后是小结。

第 12 章是专门针对实际实验中装置所具有的条件,所进行的可实现的二能级双量子点操纵方案的设计,其中关键之处就是可实现的控制器的设计及其控制场参数的选择。在系统仿真实验中,分别进行了基于 Agilent 81134A 脉冲发生器和 Tektronix AWG 70000A 脉冲发生器的仿真实验及其结果分析,并对控制系统保真度性能做了对比研究。

第13章是核磁共振中双比特同核自旋系统的建模及其算法设计。在核磁量子自旋控制系统的描述中,分别对系统哈密顿量、旋转坐标系下单个自旋核子的运动模型、退相干和弛豫时间、多同核自旋控制系统模型以及同核系统的近似模型进行了分析和讨论。在此基础上,给出了脉冲梯度优化算法的基本原理,描述了GRAPE算法中的问题,设计了同核系统演化和梯度计算方法,给出了准确度与效率仿真比较。

第14章是核磁共振中双比特同核自旋系统的时间最优控制。对单核系统最优时间控制进行了分析;设计了局域门的时间最优控制序列搜索算法,分别在最短时间控制脉冲优化和系统及控制参数对优化结果的影响上进行了局域门的最短时间控制仿真实验。还进行了非局域门实现的邻近最优时间控制方面的设计,以及双比特同核系统的时间最优控制实验验证,其中包括设计双比特系统完备初始态、双比特量子密度矩阵重构、双比特量子过程 χ 矩阵重构等,进行了实验结果的性能及其误差分析。最后是小结。

第 2 章

量子系统及其控制理论基础

当微观系统的行为现象可由量子力学理论来描述而不能用经典规律来描述时,就称之为**量子效应**。量子效应在原子、分子物理,化学,光学以及许多冷凝态物质系统中具有重要作用。当一个系统的行为由量子效应所决定而不能由经典的物理规律所预言时,该系统就可被称为一个**量子系统** S。一个量子系统的**环境** B 是指所研究的量子系统之外并与系统有相互作用的全部自由度。这些被称为环境的自由度有些是属于另一些系统的,但也可能属于所研究系统本身而我们所不感兴趣,或是难以计入的另外方面的自由度。如果环境 B 的自由维度是无穷的,此环境也称为**蓄水池**(reservoir)。如果蓄水池处于热平衡态,则 B 称为**浴**或**热浴**(bath)。根据量子系统是否与环境相互作用,可以将量子系统分为**封闭量子系统**和**开放量子系统**。封闭量子系统是一个孤立的、与外界没有相互作用或能量交换的系统,这类系统的状态演化是确定性的。相对来说,对封闭量子系统的研究比较简单,因此很多的研究是以封闭量子系统为对象的。当系统与环境发生相互作用的时候,系统就不再是封闭的,而成为一个开放量子系统。开放量子系统由于与环境的相互作用,会产生诸如耗散、消相干等现象,所表现出来的系统特性及其状态的演化比封闭量子系统更复杂。根据构成的成分,量子系统又可被分为**单体**、**双体**以及**多体**

量子系统。顾名思义,单体量子系统是由不可分离的单个粒子所构成,双体及多体量子系统则由两个以及多个粒子所构成。另外,还有这样的一类量子系统,它包含了大量的粒子,为了研究方便,这些粒子被认为是孤立的,即相互之间没有相互作用,我们并不对其中单个的粒子感兴趣(或者无法区分它们),而只对它们的统计特性感兴趣,比如一个液态核磁共振系统,这类系统虽然包含了大量的粒子,但由于它们之间没有相互作用,也不与环境发生相互作用,而且我们只关心它们的统计特性,除了状态的描述方式与一般封闭系统不同外,模型的维数并没有增加,也同样按照封闭量子系统的方式进行演化,因此,尽管它实际上是一个多体量子系统,但根据模型的描述方式,仍然可以归为单体封闭量子系统的范畴。

2.1 量子系统基本概念

2.1.1 纯态的态矢量描述

一个封闭量子系统的状态可以采用希尔伯特空间 $\mathcal{H}$ 中的矢量来表示,其中 $\mathcal{H}$ 是一个复线性空间。表示量子状态的矢量称为**态矢量**(state vector)。量子力学中的"状态"不同于经典系统,对于某一个经典系统,状态通常是用来描述位置、动量等的实际可观测的物理量,而一个量子状态是无法直接被观测到的,也不能简单地与量子系统的物理量相对应起来。薛定谔(Schrödinger)于1926年提出采用**波函数**来描述一个量子系统的状态。数学上,波函数是一个量子系统的力学量和时间的函数;在物理上,波函数本身并不是力学变量,也不具有任何经典物理量的意义,通常对波函数的理解是用其来刻画具体量子力学量的各种可能值和出现这种可能值的概率,因此波函数又被称为**概率幅**或者**概率波**。

态矢量还可以用狄拉克(Dirac)符号来表述,记为 $|\psi\rangle$,这是量子态的右矢(ket vector)符号表示,其共轭矢量称为左矢(bra vector),记为 $\langle\psi|$,且有 $|\psi\rangle^* = \langle\psi|$,其中,$|\psi\rangle^*$ 为 $\langle\psi|$ 的共轭矢量。所有的右矢组成右矢空间,所有的左矢组成左矢空间,这两个空间互为对偶空间。态矢空间中两矢量 $|\psi_1\rangle$ 和 $|\psi_2\rangle$ 的内积可表示为:$|\psi_1\rangle^* |\psi_2\rangle = \langle\psi_1|\psi_2\rangle$。

与一个矢量可以用不同的坐标系表示一样,态矢量也可以用不同的"坐标系"表示。在

量子力学中,将表示态矢的具体"坐标系"称为表象。为了方便希尔伯特空间中的矢量运算,考虑空间的一组正交基$\{|e_i\rangle, i=1,\cdots,n\}$,且满足$\sum_i |e_i\rangle\langle e_i| = I$。正交基通常由希尔伯特空间中的某个力学量算符的归一化正交本征态给出,不同的正交基组对应于量子系统在不同表象下的表示。

希尔伯特空间是一个完备的内积空间,因此具有一切定义在内积空间上的运算,如加法律、数乘分配律等等,而它的一条重要性质是线性叠加原理:如果$|\psi_1\rangle$是希尔伯特空间中的一个矢量,$|\psi_2\rangle$是希尔伯特空间中的另一个矢量,那么它们的线性组合也是希尔伯特空间中的矢量。所以,若量子力学系统可处于一系列不同的可能状态$|\psi_1\rangle$,$|\psi_2\rangle$,$\cdots$,$|\psi_n\rangle$,则线性叠加态$|\psi\rangle$也是系统的一个可能态,这就是量子力学中的叠加原理(principle of superposition):

$$|\psi\rangle = c_1|\psi_1\rangle + \cdots + c_n|\psi_n\rangle = \sum_{j}^{n} c_j|\psi_j\rangle \tag{2.1}$$

其中,c_j是复常数,其模的平方$|c_j|^2$表示对系统进行测量时,得到结果处于状态$|\psi_j\rangle$的概率,也叫**布居数**(population)。

考虑到得到各个可能解的概率是完备的,因此存在关系式:

$$\sum_j |c_j|^2 = 1 \tag{2.2}$$

(2.1)式中的状态$|\psi_j\rangle$为系统自由哈密顿量的本征态,也称为系统的定态。当系统的一个状态可以用态矢量表示时,则称这个状态为**纯态**。特别的,如果λ_n为自由哈密顿量H_0的一个本征值,存在纯态$|n\rangle$,满足$H_0|n\rangle = \lambda_k|n\rangle$,则称$|n\rangle$为本征态。

量子力学的叠加原理告诉我们,如果状态$|\psi_1\rangle$和$|\psi_2\rangle$都是量子系统的可能状态,那么其线性叠加状态$|\psi\rangle = \alpha|\psi_1\rangle + \beta|\psi_2\rangle$也是该系统的一个可能状态。例如,在量子信息理论中,信息采用一个二能级量子比特(qubit)来进行编码,单量子比特的状态$|\psi\rangle$可以表示为:$|\psi\rangle = \cos\frac{\theta}{2}|0\rangle + e^{i\varphi}\sin\frac{\theta}{2}|1\rangle$,其中,$\theta \in [0,\pi]$,$\varphi \in [0,2\pi]$,$i = \sqrt{-1}$,$|0\rangle$和$|1\rangle$分别对应着经典比特的0态和1态。

出于控制的目的,我们感兴趣的希尔伯特空间往往是有限维的,即$\mathcal{H} \equiv \mathcal{C}^N$,其中$N$为正整数,并且将波函数$|\psi\rangle$等价于长度为$N$的复列向量。例如,对于$\mathcal{H} \equiv \mathcal{C}^2$,若定义$|0\rangle = [1,0]^T$以及$|1\rangle = [0,1]^T$,则空间中的任意态矢量可表示为

$$|\psi\rangle = \alpha|0\rangle + \beta|1\rangle \tag{2.3}$$

其中$\alpha, \beta \in \mathcal{C}$,并且满足$|\alpha|^2 + |\beta|^2 = 1$。

定义$|0\rangle = [1,0]^T$以及$|1\rangle = [0,1]^T$这两个态矢量的内积计算为

$$\langle 0 | 1 \rangle = \begin{bmatrix} 1 & 0 \end{bmatrix} \begin{bmatrix} 0 \\ 1 \end{bmatrix} = 0 \qquad (2.4)$$

其外积计算为

$$| 0 \rangle \langle 1 | = \begin{bmatrix} 1 \\ 0 \end{bmatrix} \begin{bmatrix} 0 & 1 \end{bmatrix} = \begin{bmatrix} 0 & 1 \\ 0 & 0 \end{bmatrix} \qquad (2.5)$$

2.1.2 量子系综的密度矩阵表示

纯态的态矢量描述方式只适用于封闭的量子系统。在实际应用中,被控量子系统通常不再是简单的封闭量子系统,而可能是开放量子系统或者**量子系综**。对于开放量子系统的状态,一般不再能够采用波函数表示的纯态形式,此时量子系统的状态可能是纯态,也可能为混合态,单位态矢的形式已经不能用来描述其状态,而需要采用密度算符或者密度矩阵 $\rho: \mathcal{H} \to \mathcal{H}$ 来描述量子系统的状态。

对混合态的描述可以引入"**纯态系综**"(pure state ensemble)的概念。一个**混合态**(包括多粒子混合态)总可以看作是非相干混合着的一串纯态(不一定正交)序列所组成的量子系综,也就是一系列纯态按一定概率 p_j 分布的集合:

$$\{ p_j, | \psi_j \rangle, j = 1, 2, \cdots, \sum_j p_j = 1 \} \qquad (2.6)$$

纯态 $| \psi_j \rangle$ 出现的概率是 p_j。

系综的密度矩阵定义为

$$\rho = \sum_j^n p_j | \psi_j \rangle \langle \psi_j | \qquad (2.7)$$

其中,密度矩阵 ρ 为一个具有非负本征值的厄米算符,即其共轭转置 $\rho^\dagger$ 等于它自身 $\rho: \rho^\dagger = \rho$。密度矩阵(算符)表示的物理含义是:量子系统以 p_j 的概率处于状态 $| \psi_j \rangle$,且根据概率完备性条件有

$$\sum_j^n p_j = 1 \qquad (2.8a)$$

或者表示成**迹运算**的形式,有

$$\mathrm{tr}(\rho) = 1 \qquad (2.8b)$$

迹运算 tr(ρ) 所表示的是对密度矩阵 ρ 的对角元素求和，因此存在关系式：

$$\mathrm{tr}(\rho) = \sum_j p_j \langle \psi_j | \psi_j \rangle = 1 \tag{2.8c}$$

关于混合态的起源，可归结为两个原因：

（1）与环境（或另一系统）B 的相互作用造成的量子纠缠（对开放量子系统而言）。当所研究系统 A 与环境 B 处于量子纠缠时，若对系统 B 做测量，将会造成 A 的关联塌缩；又或者只限于局部观察所研究系统 A，而不仔细考虑环境 B 的影响，即通常在统计平均意义上计入环境 B 对 A 的影响。两种情况的结果都呈现出所研究系统 A 的量子态，即使原来是个纯态，也因为和环境的量子纠缠而经历退相干过程，成为一个混合态。

（2）量子测量造成塌缩（对大量全同纯态的测量）。即使原先是一个孤立体系 A 的某个纯态，当实验上对大量同类体系的统一纯态进行重复测量时，将产生各种可能的塌缩，即使原先是一个相同纯态的集合，测量后也变成一个混合态的统计系综：系综内以一定的概率分布容纳着不同的纯态。

量子态的密度矩阵表示为描述状态不完全已知的量子系统状态提供了一条方便的途径。不过仅从数学表达形式(2.7)式上，我们并不能断言一个密度矩阵表示的是一个纯态，还是一个纯态系综所表示的混合态。但不管是哪一种，对该系统进行投影测量得到结果的概率分布是相同的。因此，严格来说密度矩阵是一种对应于测量结果的统计性表示形式。

由密度矩阵的定义(2.7)式可以推导出以下所述的基本性质。

对于纯态 $|\psi\rangle$，由密度矩阵 ρ 表示的纯态满足以下关系：

（1）密度矩阵 $\rho = |\psi\rangle\langle\psi|$，且是一个正定的厄米阵。

（2）密度矩阵 ρ 的迹为 1，即 $\mathrm{tr}(\rho) = 1$；密度矩阵 ρ 平方的迹也为 1，即 $\mathrm{tr}(\rho^2) = 1$。

（3）$\rho^2 = \rho$。

对于混合态的密度矩阵 ρ，满足关系式：

（4）$0 < \mathrm{tr}(\rho^2) < 1$。

对于由密度矩阵所表示的纯态和混合态的判断可以通过考察密度矩阵的秩来获得，也就是非零本征值的数量。对于纯态密度矩阵，其秩为 1，对其平方求迹也为 1：

$$\mathrm{rank}(\rho) = 1, \quad \mathrm{tr}(\rho^2) = 1 \tag{2.9a}$$

对于混合态，其秩大于 1，而对其平方求迹小于 1：

$$\mathrm{rank}(\rho) > 1, \quad \mathrm{tr}(\rho^2) < 1 \tag{2.9b}$$

如果一个系统由两个子系统 A 和 B 组成,那么 $A+B$ 系统的纯态为

$$|\psi\rangle_{AB} = \sum_{m,n} c_{mn} |m\rangle_A \otimes |n\rangle_B \tag{2.10}$$

其中,$|m\rangle_A \otimes |n\rangle_B$ 为正交归一的基矢。

$A+B$ 系统的纯态分为两类:(1) 可分离态,$|\psi\rangle_{AB} = |\psi\rangle_A \otimes |\psi\rangle_B$;(2) 不可分离态。

$A+B$ 系统的混合态分为三类:(1) 未关联态,$\rho_{AB} = \rho_A \otimes \rho_B$;(2) 可分离态,$\rho_{AB} = \sum_k \alpha_k \rho_A^k \otimes \rho_B^k, 0 \leqslant \alpha_k < 1$;(3) 不可分离态。

2.1.3 力学量与算符

量子力学的第三条假设指出:量子力学中的任何可测力学量或者可观测量都可以由线性厄米算符来表示。这里算符指的是一种运算,例如,算符 A 表示它作用于一个变量或函数 s 将其变为 $A(s)$。在量子力学中,算符的作用是进行希尔伯特空间 $\mathcal{H}$ 中的态矢量的变换。力学量由算符来表示意味着对每一个力学量 A,存在一个算符 A 使得 A 在状态 $|\psi\rangle$ 的平均值可以表示为

$$\langle A \rangle = \langle \psi | A | \psi \rangle \tag{2.11}$$

其中,$\langle A \rangle$ 表示量子系统处于状态 $|\psi\rangle$ 时,对力学量 A 进行测量所得到的测量结果。

注意:态矢量和力学量算符都是不能测量的,能够测量的只有力学量的平均值和测量值的概率分布。

量子力学中常用的几种算符有:

(1) 对易算符(commuting operator)。若两个算符 A 与 B 满足 $AB = BA$,则称这两个算符是对易的。常用对易式 $[A,B] = AB - BA$ 来表示算符 A 和 B 的对易关系。

(2) 伴随算符(adjoint operator)。算符 A 的伴随算符 $A^\dagger$ 为算符 A 的共轭转置 $(A^*)^T$,即 $A^\dagger = (A^*)^T$。

(3) 厄米算符(hermitian operator)。若算符 A 的伴随算符 $A^\dagger$ 等于算符本身,即满足 $A^\dagger = A$,则称算符 A 是厄米算符。换句话说,厄米算符是共轭转置等于其本身的算符。

(4) 幺正算符(unitary operator)。若算符 A 与其伴随算符 $A^\dagger$ 的左乘和右乘相等且等于单位阵,即满足 $A^\dagger A = AA^\dagger = I$,则称算符 A 是幺正算符。

(5) 哈密顿量算符。常用符号 H 来表示。在量子力学中,采用 H_0 表示系统自身的总能量,对有限维量子系统来说,总是存在由能量本征态 $|n\rangle$ 组成的一组完全正交基,即

$H_0|n\rangle = E_n|n\rangle$,且满足

$$H_0 = \sum_n E_n |n\rangle\langle n| \tag{2.12}$$

其中,E_n 是系统的能级,是实数。

2.1.4 复合量子系统和状态空间的运算

考虑一个由两个子系统 A 和 B 构成的双体量子系统,分别对应于 d_A 和 d_B 维的希尔伯特空间 $\mathcal{H}_A$ 和 $\mathcal{H}_B$,这个双体量子系统被称为由 A 和 B 构成的复合量子系统。为了构造出可以描述这个复合系统的状态空间,需要用到**直积运算**,也称**张量积运算**。

设 $|\varphi\rangle \in \mathcal{H}_A$,$|\phi\rangle \in \mathcal{H}_B$,用直积态 $|\varphi\rangle \otimes |\phi\rangle$ 表示相应的复合状态,简记为 $|\varphi\rangle|\phi\rangle$ 或者 $|\varphi\phi\rangle$。容易知道,所有的直积态构成的集合,只是 $\mathcal{H}_A$ 和 $\mathcal{H}_B$ 的一个笛卡儿(Cartesian)积,即由 $\mathcal{H}_A$ 中的矢量和 $\mathcal{H}_B$ 中的矢量组成的所有的有序对的集合,而不构成一个矢量空间,因为两个直积态的线性组合一般情况下并不是一个直积态。但根据量子系统的状态公设:任何量子系统都应该由相应的复矢量空间描述,为此必须假定复合系统的状态空间是由直积态张成的矢量空间。通常将直积态张成的矢量空间记作 $\mathcal{H}_A \otimes \mathcal{H}_B = \mathcal{H}_{AB}$,称为 $\mathcal{H}_A$ 和 $\mathcal{H}_B$ 的直积。

直积空间是一个双线性空间,它具有如下的运算规则。

(1) 加法:$|\varphi_1\rangle|\phi_1\rangle + |\varphi_2\rangle|\phi_2\rangle = |\varphi_2\rangle|\phi_2\rangle + |\varphi_1\rangle|\phi_1\rangle$。

(2) 数乘:$\alpha|\varphi\rangle|\phi\rangle = (\alpha|\varphi\rangle)|\phi\rangle = |\varphi\rangle(\alpha|\phi\rangle)$。

(3) 内积:$(\langle\varphi_1|\langle\phi_1|)(|\varphi_2\rangle|\phi_2\rangle) = \langle\varphi_1|\varphi_2\rangle\langle\phi_1|\phi_2\rangle$。

(4) 外积:$(|\varphi_2\rangle|\phi_2\rangle)(\langle\varphi_1|\langle\phi_1|) = (|\varphi_1\rangle\langle\varphi_1|) \otimes (|\phi_1\rangle\langle\phi_2|)$。

(5) 分配律:$(|\varphi_1\rangle + |\varphi_2\rangle)|\phi\rangle = |\varphi_1\rangle|\phi\rangle + |\varphi_2\rangle|\phi\rangle$。

现在考虑态矢量直积的矩阵表示。假设 $d_A = 3$,且 $|\varphi\rangle = [\alpha_1, \alpha_2, \alpha_3]^T$,而 $d_B = 2$,且 $|\phi\rangle = [\beta_1, \beta_2]^T$,则两个矢量的直积可表示为

$$|\varphi\rangle \otimes |\phi\rangle = \begin{bmatrix} \alpha_1 \\ \alpha_2 \\ \alpha_3 \end{bmatrix} \otimes \begin{bmatrix} \beta_1 \\ \beta_2 \end{bmatrix} = \begin{bmatrix} \alpha_1\beta_1 \\ \alpha_1\beta_2 \\ \alpha_2\beta_1 \\ \alpha_2\beta_2 \\ \alpha_3\beta_1 \\ \alpha_3\beta_2 \end{bmatrix} \tag{2.13}$$

同理，若假设 M 是个 2 维矩阵，则两个矩阵的直积 $M \otimes L$ 可表示成

$$M \otimes L = \begin{bmatrix} m_{11}L & m_{12}L \\ m_{21}L & m_{22}L \end{bmatrix} \tag{2.14}$$

直积空间的双线性保证了 $\mathcal{H}_{AB}$ 中所有的直积态都可以展开为正交直积态 $|e_j\rangle|f_k\rangle$ 的线性组合，其中 $|e_j\rangle(j=1,2,\cdots,d_A)$ 为 $\mathcal{H}_A$ 空间中的正交基，而 $|f_k\rangle(k=1,2,\cdots,d_B)$ 为 $\mathcal{H}_B$ 空间中的正交基，且 $\mathcal{H}_{AB}$ 的维数为 $\mathcal{H}_A$ 空间的维数与 $\mathcal{H}_B$ 空间的维数的乘积。若 $|\psi_{AB}\rangle$ 为 $\mathcal{H}_{AB}$ 空间中的状态，则它可以展开成

$$|\psi_{AB}\rangle = \sum_{jk} c_{jk} |e_j\rangle|f_k\rangle \tag{2.15a}$$

$$c_{jk} = (|e_j\rangle|f_k\rangle)(\langle e_j|\langle f_k|)|\psi\rangle \tag{2.15b}$$

(2.15)式的密度算符形式为

$$\rho_{AB} = \sum_{jk,lm} d_{jk,lm} |e_j\rangle\langle e_l| \otimes |f_k\rangle\langle f_m| \tag{2.16a}$$

$$d_{jk,lm} = \text{tr}(|e_j,f_k\rangle\langle e_l,f_m|\rho) \tag{2.16b}$$

若已知由 A 和 B 构成的复合系统的状态 $|\psi_{AB}\rangle$ 或者 ρ_{AB}，但我们所感兴趣的是子系统 A（或者 B）的状态，那么我们可以通过对复合系统状态的密度算符求偏迹获得表示子系统状态的约化密度算符 ρ_A（或者 ρ_B）。子系统 A 的**约化密度算符**被定义为

$$\rho_A = \text{tr}_B(\rho_{AB}) \tag{2.17}$$

其中 tr_B 是一个算符映射，称为系统 B 上的偏迹，被定义为

$$\begin{aligned} \text{tr}_B(\rho_{AB}) &= \text{tr}_B\left(\sum_{jk,lm} d_{jk,lm} |e_j\rangle\langle e_l| \otimes |f_k\rangle\langle f_m|\right) \\ &= \sum_{jk,lm} d_{jk,lm} |e_j\rangle\langle e_l| \text{tr}(|f_k\rangle\langle f_m|) \\ &= \sum_{jk,lm} \delta_{km} d_{jk,lm} |e_j\rangle\langle e_l| \end{aligned} \tag{2.18}$$

定义偏迹运算是为了在子系统 A 上进行投影测量时，能够给出正确的测量统计量，也就是说，求偏迹得到的只是子系统 A 对应于正确测量结果的密度算符表示，并不能给出子系统 A 的全部信息，比如与子系统 B 的关联关系。实际上，偏迹运算将希尔伯特空间 $\mathcal{H}_{AB}$ 中的算符投影到了维数较低的子空间 $\mathcal{H}_A$ 中，通过(2.18)式可以很容易地看出，对应于同一个约化密度算符 ρ_A 的 ρ_{AB} 可以有很多个。

2.1.5 量子位和量子逻辑门

在量子计算中,量子位(qubit)是量子信息的基本单元。量子位是一个双态量子系统,如光子的偏振态,这里的两个状态对应于垂直偏振和水平偏振。经典信息世界中信息的表示位元是"非0即1",而量子信息中的信息位元是可以"又0又1"的,这种特性奠定了量子计算的基础。单量子位有两个本征态,采用狄拉克向量表示为$|0\rangle$和$|1\rangle$,一个纯态量子位可以表示为两个本征态的线性叠加态,即量子位的状态$|\psi\rangle$能用$|0\rangle$和$|1\rangle$的线性组合表示为

$$|\psi\rangle = \cos\left(\frac{\theta}{2}\right)|0\rangle + e^{i\varphi}\sin\left(\frac{\theta}{2}\right)|1\rangle$$

其中,θ与φ均为实数。

在对(2.3)式中状态$|\psi\rangle$进行测量时,得到状态$|0\rangle$的概率$\alpha = \cos^2(\theta/2)$,得到状态$|1\rangle$的概率$\beta = \sin^2(\theta/2)$,且有$\alpha + \beta = 1$。根据单量子位的此特性,其可能的状态可以形象地用Bloch球进行描述。Bolch球能完备地描述二维希尔伯特空间中的任意相干叠加态,如图2.1(a)所示;经典信息如数字化信息的脉冲信号描述如图2.1(b)所示,其中"1"表示有脉冲,"0"表示无脉冲。由图2.1(b)可知,经典信息仅仅用Bloch球的南北极就能完全表示,剩余的部分不能表示任何的经典信息。但对量子位表示的信息而言,Bolch球面的每一点均表示量子位的纯态,Bloch球内的所有点表示量子位的混合态。量子位的纯

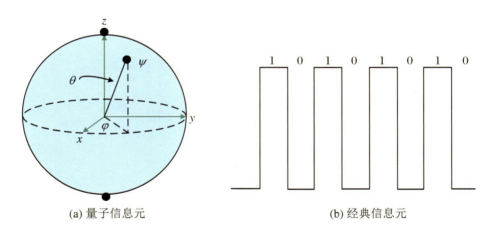

(a) 量子信息元　　　　　　　(b) 经典信息元

图2.1　量子信息元与经典信息元

态由 θ 可以遍历 Blcoh 球面的所有点,量子位的混合态由 θ 和 φ 能遍历 Bloch 球内的所有点。

由量子位又可以引导出量子门,所有量子信息的处理过程都可以表示为量子逻辑门操作,实际上就是对这些量子位对应的量子态进行幺正演化操作。在量子信息中最基本的门操作可以按照量子逻辑门的数量来进行划分。

在单比特门操作中,常用的门操作有:恒等门 I,非门 X、Y 操作和相位反转门(Z 门);Hadamard 门(H 门)、$\pi/8$ 门(T 门)和相位门(S 门);绕 x、y 和 z 轴的旋转门操作 $R_x(\theta)$、$R_y(\theta)$ 和 $R_z(\theta)$。对于一个任意的门操作,都可以通过这些门的组合进行表示。

$$I \equiv \sigma_0 = |0\rangle\langle 0| + |1\rangle\langle 1| = \begin{pmatrix} 1 & 0 \\ 0 & 1 \end{pmatrix}$$

$$X \equiv \sigma_1 = |0\rangle\langle 1| + |1\rangle\langle 0| = \begin{pmatrix} 0 & 1 \\ 1 & 0 \end{pmatrix}$$

$$Y \equiv \sigma_2 = -i|0\rangle\langle 1| + i|1\rangle\langle 0| = \begin{pmatrix} 0 & -i \\ i & 0 \end{pmatrix}$$

$$Z \equiv \sigma_3 = |0\rangle\langle 0| - |1\rangle\langle 1| = \begin{pmatrix} 1 & 0 \\ 0 & -1 \end{pmatrix}$$

$$H = \frac{1}{\sqrt{2}}[(|0\rangle + |1\rangle)\langle 0| + (|0\rangle - |1\rangle)\langle 1|]$$

$$T = |0\rangle\langle 0| + e^{i\pi/4}|1\rangle\langle 1|$$

$$S = |0\rangle\langle 0| + e^{i\pi/2}|1\rangle\langle 1|$$

$$R_x(\theta) = \begin{pmatrix} \cos\frac{\theta}{2} & -i\sin\frac{\theta}{2} \\ -i\sin\frac{\theta}{2} & \cos\frac{\theta}{2} \end{pmatrix}$$

$$R_y(\theta) = \begin{pmatrix} \cos\frac{\theta}{2} & -\sin\frac{\theta}{2} \\ \sin\frac{\theta}{2} & \cos\frac{\theta}{2} \end{pmatrix}$$

$$R_z(\theta) = \begin{pmatrix} e^{-i\theta/2} & 0 \\ 0 & e^{i\theta/2} \end{pmatrix}$$

在 2 位量子门中使用最广泛的门操作是控制非门(CNOT 门):

$$|00\rangle \rightarrow |00\rangle, \quad |01\rangle \rightarrow |01\rangle, \quad |10\rangle \rightarrow |10\rangle, \quad |11\rangle \rightarrow |10\rangle$$

由 H 门和 T 门能组合出任意单量子位的旋转门;单量子位旋转门和 CNOT 门的组

合可以表示任意多量子位的逻辑门,所以 CNOT 门、H 门和 T 门构成了量子信息中的普适门。

量子逻辑门是具有幺正性质的量子算符,在量子计算机中的作用相当于传统电子计算机中的晶体管的作用,对信息进行处理从而完成各种计算。量子计算机的计算能力比传统电子计算机有指数级的提升,因此对于一些需要复杂计算的任务和领域具有重要的意义。为了实现量子计算,作为其重要组成部分,量子逻辑门的制备是首要的工作,因而很多学者对这项工作展开了研究(Montangero et al., 2007;West et al., 2010;de Fouquieres, 2012;Economou, 2012;Twardy, Olszewski, 2013;Tai et al., 2014;Zu et al., 2014)。

在量子计算中,一组门是通用的是指所有的酉运算均可由仅包含这组门的量子线路实现。事实上,有两组这样的通用门:Hadamard 门,相位门,CNOT 门及 $\pi/8$ 门;Hadamard 门,相位门,CNOT 门及 Toffoli 门。因此,在制备量子逻辑门时,并不需要穷尽所有的幺正算符,只要制备出两组通用门中的任意一组即可。

在量子计算的模型中,比如核磁共振,一般采用核子的自旋来表示量子比特(或量子位),自旋向上和向下分别对应经典计算中的 0 和 1 逻辑。通过对系统施加控制,实现期望的量子演化,也就是实现期望的量子逻辑门。量子计算本质上就是一系列量子逻辑门的组合,如果能够实现任意的量子逻辑门,那么就能实现任意的量子算法。巴伦科(Barenco)和本恩特(Bennett)等人从理论上证明了单量子比特逻辑门和双量子比特的控制非门可以组合出任意的量子计算(Barenco et al., 1995)。在核磁共振的量子计算中,单量子位的逻辑门等价于单个核自旋在其自身的希尔伯特空间的旋转变换(Jones, 1969),如图 2.2 所示,单比特的量子态在 Bloch 球面上运动,而其逻辑门就是球面上的旋转操作。

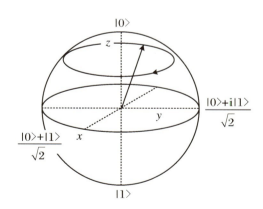

图 2.2 核子自旋沿着静磁场方向的进动

单比特的量子门可以表示成任意的旋转门形式：

$$U_{\text{rot}} = \exp[-i(\theta_x S_x + \theta_y S_y + \theta_z S_z)] \tag{2.19}$$

常用的旋转操作有绕 x（或者 y、z）轴旋转 $90°$ 和 Hadamard 门：

$$R_{x,y,z}(90°) = \exp\left(-i\frac{\pi}{2}S_{x,y,z}\right) \tag{2.20}$$

$$H = \frac{1}{\sqrt{2}}\begin{bmatrix} 1 & 1 \\ 1 & -1 \end{bmatrix} \tag{2.21}$$

其中 Hadamard 门等价于沿着 $x+z$ 方向旋转 $180°$：

$$H = \exp\left(i\frac{\pi}{2}\right)\exp\left[-i\pi\frac{1}{\sqrt{2}}(S_x + S_z)\right] \tag{2.22}$$

在核磁共振中，可以通过设计脉冲的功率、宽度和相位来实现单比特自旋系统的任意角度和任意旋转轴的旋转门。

双量子比特量子门可分为两种情况。

一种是两个量子比特之间无相互作用的局域门，也就是两个量子位分别独立的单量子比特操作：

$$U_{\text{local}} = U_{\text{rot}}^1 \otimes U_{\text{rot}}^2 \tag{2.23}$$

如常用的局域旋转操作：

$$U_f = R_{x,y,z}(\theta_1) \otimes R_{x,y,z}(\theta_2) = \exp(-i\theta_1 S_{x,y,z}) \otimes \exp(-i\theta_2 S_{x,y,z}) \tag{2.24}$$

它能同时将两个自旋分别绕 x（或者 y、z）轴旋转角度 θ_1 和 θ_2。容易理解全部局域门 U_{local} 构成的集合并不是双量子比特演化的全部空间 SU(4)，而是其子空间 SU(2)$\otimes$SU(2)。

另一种涉及两个核自旋之间的相互耦合作用，也就是 SU(4) 子空间 $\frac{\text{SU}(4)}{\text{SU}(2)\otimes\text{SU}(2)}$ 中的操作，这些操作实现通过其中的一个自旋比特去控制另一个自旋比特，如控制非门：

$$U_{\text{CNOT}} = \begin{bmatrix} 1 & 0 & 0 & 0 \\ 0 & 1 & 0 & 0 \\ 0 & 0 & 0 & 1 \\ 0 & 0 & 1 & 0 \end{bmatrix} \tag{2.25}$$

它实现通过第一个量子位控制第二个量子位的翻转操作。

尽管在量子计算中非局域门是计算中更加关键的操作，但是对于同核自旋系统来讲，非局域门的实现除了定常的自由演化外还需要局域门操作，因而局域门的时间最优控制问题才是双比特同核量子操作的核心。尤其是两个自旋的旋转操作差别很大的时候，局域门的实现消耗时间会很长，而一些量子算法的实现涉及大量的局域门操作，所以缩短每一个局域门操作的时间是提高总的计算效率的有效手段。

2.2 量子系统的测量

量子测量可以分为两类：**瞬时冯·诺依曼测量**和**连续测量**。量子系统的一个典型特征是施加在其上的量子测量会不可避免地影响与系统相关的动力学。该效应最著名的表现就是不确定原理。量子测量的影响会直接作用在被测系统上。冯·诺依曼测量公理指出：任何测量都会突然改变系统状态（瞬时测量）并将它投影到被测力学量的本征态上（测量公设）。测量引起不可逆变化，导致系统状态相干性的消失：密度矩阵的非对角元素产生衰减，或波函数振幅的相位产生随机变化。

1. 瞬时测量

在瞬间完成的一系列的测量是理想测量。假设可观测力学量 $Q = \sum_i q_i P_i$，其中，P_i 是由 Q 的本征态构成的投影算符，q_i 为对应的本征值，并满足 $P_i P_j = \delta_{ij} P_i$ 和 $\sum_i P_i = I$，其中 I 为单位矩阵。

对系统实施 Q 测量之后，系统状态 ρ 瞬间变为 ρ'：

$$\rho' \equiv \mu_Q(\rho) = \sum_k P_k \rho P_k \tag{2.26}$$

其中 μ_Q 表示测量操作。

一个投影算符 P 必定满足 $P = P^2$，其谱分解可以写为 $P = q_0 P_0 + q_1 P_1$，其中两个本征值分别为 $q_0 = 0, q_1 = 1$ 时，两者对应的投影算符分别为 $P_0 = 1 - P, P_1 = P$。根据(2.26)式对算符 $Q = P$ 的观测，密度矩阵 ρ 将变化（转移）到 ρ'：

$$\rho' = \mu_P(\rho) = P_0 \rho P_0 + P_1 \rho P_1 \tag{2.27a}$$
$$= \rho - [P, [P, \rho]] \tag{2.27b}$$

所以，$[P, [P, \rho]]$ 就是以投影算符 P 瞬时测量之后被"踢出"的量，也是密度矩阵 ρ 测量后变化的量。

2. 连续测量

关于连续测量有两个等价的理论形式,一个是基于受限路径积分(RPI),另一个是基于系统主方程(MEs)。这里我们给出关于单一被观测量的连续测量的主方程形式:

$$\dot{\rho} = -\mathrm{i}[H,\rho] - \frac{1}{2}\kappa[A,[A,\rho]] \tag{2.28}$$

其中,H 是哈密顿量,A 是测量算符,κ 为观测强度。

(2.28)式类似于存在系统与环境相互作用时系统的演化方程。

3. 量子齐诺效应和反齐诺效应

量子齐诺效应是由米斯拉(Misra)和苏达山(Sudarshan)首先提出的(Misra,Sudarshan,1997),并被二能级系统的拉比(Rabi)振荡器重复测量下的实验所验证。简单而言,重复快速地观测或者连续观测系统的状态会阻止系统随时间的演化,这就是量子齐诺效应(QZE)。一个时变可观测投影测量可以将一个量子态以100%的概率向另一个量子态进行转移,这就是**量子反齐诺效应**(QAZE)。

2.3 封闭量子系统状态演化方程

量子系统的状态存在两种演化方式,一种是确定性演化,另一种是随机性演化。确定性演化是针对封闭量子系统而言,这时量子系统状态的演化可以由薛定谔方程来描述。当量子系统与环境或其他系统有相互作用时,比如对量子系统的状态进行测量,这种相互作用往往造成量子带来反作用(back-action),从而给量子状态的演化引入随机性,使方程成为随机开放量子系统。

2.3.1 薛定谔方程

一个微观粒子的量子状态用波函数来描述,粒子的任何一个力学量的平均值以及它取各种可能测量值的概率都完全确定,接下来的问题是量子态如何随时间进行演化?薛定谔于1926年提出的波动方程成功地解决了这个问题。应该强调的是,薛定谔方程是量子力学最基本的方程,其地位与牛顿方程在经典力学中的地位相当,应该认为是量子力学的一个基本假设,并不能从什么更根本的假定来证明它。它的正确性,归根结底只能靠实践来检验。

根据量子力学原理,封闭量子系统状态 $|\psi(t)\rangle$ 的演化由薛定谔方程描述为

$$i\hbar \frac{\partial}{\partial t}|\psi(t)\rangle = H|\psi(t)\rangle \tag{2.29}$$

其中,H 是一个被控量子系统的内部哈密顿量,它是一个厄米(Hermit)算符;$\hbar$ 称为普朗克(Planck)常数,其值必须由实验确定。理论研究中,常常把因子 $\hbar$ 的值放入到 H 中而设置 $\hbar = 1$。

当系统没有受到任何外力作用时,系统的哈密顿量 H 一般可以写成 H_0,称为自由哈密顿量或内部哈密顿量,表征系统的能量。由于哈密顿量是一个厄米算符,故有谱分解:

$$H_0 = \sum_j E_j |j\rangle\langle j| \tag{2.30}$$

其中 E_j 是特征值(也称本征值),$|j\rangle$ 是对应的特征向量(本征向量)。状态 $|j\rangle$ 习惯上称作能量本征态,E_j 是 $|j\rangle$ 的能量。最低的能量称为系统的基态能量,相应的能量本征态称为基态。状态 $|j\rangle$ 有时称为定态是因为它们随时间变化的只是一个全局相位因子:

$$|E(t)\rangle = \exp(-iEt/\hbar)|E(0)\rangle \tag{2.31}$$

如果给定系统初始时刻 t_0 的状态为 $|\psi(t_0)\rangle$,则根据方程(2.29)式,系统在任意时刻 t 的状态为

$$\begin{aligned}|\psi(t)\rangle &= e^{-\frac{i}{\hbar}\int_{t_0}^{t} H(\tau)d\tau}|\psi(t_0)\rangle \\ &= U(t,t_0)|\psi(t_0)\rangle \end{aligned} \tag{2.32}$$

由于 $H(t)$ 是一个厄米矩阵,因而(2.32)式中的 $U(t,t_0)$ 是幺正矩阵,即 $U^\dagger(t,t_0)U(t,t_0) = I$,这意味着封闭量子系统的状态演化是幺正的。$U(t,t_0)$ 的演化方程为

$$i\hbar \dot{U}(t,t_0) = H(t)U(t,t_0) \tag{2.33}$$

特别的,当 $H(t)$ 不含时,$U(t) = e^{-iH(t-t_0)/\hbar}$。

2.3.2 刘威尔方程

薛定谔方程描述了系统状态用波函数表示时的演化行为,由于量子系统的纯态均可

以用波函数表示,故薛定谔方程可以描述纯态量子系统。然而,量子系统的混合态只能用密度矩阵表示,因此为了描述混合态量子系统,需要通过薛定谔方程得到系统状态用密度矩阵描述时的演化方程。混合态的密度矩阵表示如(2.7)式所示,其演化状态 $\rho(t)$ 对时间的一阶导数为

$$\dot{\rho}(t) = \sum_{j=1}^{n} p_j(|\dot{\psi}_j(t)\rangle\langle\psi_j(t)|) + \sum_{j=1}^{n} p_j(|\psi_j(t)\rangle\langle\dot{\psi}_j(t)|) \quad (2.34)$$

联合薛定谔方程(2.29)式,(2.34)式可以写为

$$\dot{\rho}(t) = -\frac{i}{\hbar}\sum_{j=1}^{n} p_k(H(t)|\psi_j(t)\rangle\langle\psi_j(t)|) + \frac{i}{\hbar}\sum_{j=1}^{n} p_j(|\psi_j(t)\rangle\langle\psi_j(t)|H(t))$$

$$= -\frac{i}{\hbar}H(t)\rho(t) + \frac{i}{\hbar}\rho(t)H(t)$$

$$= -\frac{i}{\hbar}[H(t),\rho(t)] \quad (2.35)$$

因此,使用密度矩阵描述系统状态时,状态的演化方程为

$$i\hbar\dot{\rho}(t) = [H(t),\rho(t)] \quad (2.36)$$

其中,$[H(t),\rho(t)] = H(t)\rho(t) - \rho(t)H(t)$ 为对易算子。

方程(2.36)式被称为刘威尔-冯·诺依曼(Liouville-von Neumann)方程,既可以描述纯态的演化,也可以描述混合态的演化。如果给定初始时刻的状态 $\rho(t_0)$,则任意时刻 t 的状态为

$$\rho(t) = U(t,t_0)\rho(t_0)U^{\dagger}(t,t_0) \quad (2.37)$$

其中,$U(t)$ 为幺正算符,满足 $U^{\dagger}(t,t_0)U(t,t_0) = U(t,t_0)U^{\dagger}(t,t_0) = I$。

刘威尔方程(2.36)式对量子状态的演化具有普适性,它既可以描述纯态,也可以描述混合态。不过,当仅对纯态进行调控时,采用薛定谔方程(2.29)式进行控制系统设计,往往比较简单和容易。

2.4　量子态演化方程的图景变换

1. 薛定谔图景

考虑一个力学量 F(不显含时)的平均值及概率分布随时间演化所满足的方程。

一个力学量 F 的平均值 $\overline{F}(t)$ 定义为

$$\overline{F}(t) = \langle \psi(t) | F | \psi(t) \rangle \tag{2.38}$$

其中 $|\psi(t)\rangle$ 为量子系统的状态,它的演化满足薛定谔方程(2.29)式。

对(2.38)式进行求导,可得平均值 $\overline{F}(t)$ 随时间的演化为

$$\begin{aligned}\dot{\overline{F}}(t) &= \langle \dot{\psi}(t) | F | \psi(t) \rangle + \langle \psi(t) | F | \dot{\psi}(t) \rangle \\ &= \frac{1}{\mathrm{i}\hbar} \langle \psi(t) | (FH - HF) | \psi(t) \rangle \\ &= \frac{1}{\mathrm{i}\hbar} \langle \psi(t) | [F, H] | \psi(t) \rangle \end{aligned} \tag{2.39}$$

可以看到力学量 F(不显含时)的平均值及概率分布随时间演化全部归因于状态 $|\psi(t)\rangle$ 随时间的演化,力学量算符 F 本身不随时间演化。这种描述方式,称为**薛定谔图景**(Schrödinger picture)。

2. 海森堡图景

在量子力学中,状态波函数本身是不能被测量的,量子系统的描述经常是通过观测算符。而与实际观测有关的是力学量的平均值和测量结果的概率分布以及它们随时间的演化,因此研究观测算符的动力学时,可让 $\overline{F}(t)$ 随时间的变化完全由力学量算符 $F(t)$ 来承担,而保持状态矢量 $\psi(t)$ 不随时间变化。这种表示方式称为**海森堡图景**(Heisenberg picture)。

为了得到海森堡图景的表达式,考虑任意时刻的系统状态 $|\psi(t)\rangle$ 满足:

$$|\psi(t)\rangle = U(t,0) |\psi(0)\rangle \tag{2.40}$$

其中,$U(t,0)$ 是一个幺正矩阵,称为状态转移矩阵,或者称为时间演化算符,其满足 $U(0,0) = I$。

状态转移矩阵是把一个量子体系在时刻 t 的状态 $|\psi(t)\rangle$ 与初始状态 $|\psi(0)\rangle$ 联系起来的一种连续变换,状态转移矩阵随时间的变化满足

$$\mathrm{i}\hbar \frac{\partial}{\partial t} U(t) = H_0 U(t,0)$$

若令

$$F(t) = U^{\dagger}(t,0) F U(t,0) \tag{2.41}$$

并将(2.40)式代入(2.38)式以及(2.39)式中,分别可得

$$\overline{F}(t) = \langle \psi(0) \mid U^{\dagger}(t,0) F U(t,0) \mid \psi(0) \rangle$$
$$= \langle \psi(0) \mid F(t) \mid \psi(0) \rangle \tag{2.42}$$

$$\frac{\mathrm{d}}{\mathrm{d}t}\overline{F}(t) = \frac{1}{\mathrm{i}\hbar} \langle \psi(0) \mid U^{\dagger}(t,0)[F,H]U(t,0) \mid \psi(0) \rangle$$
$$= \frac{1}{\mathrm{i}\hbar} \langle \psi(0) \mid [F(t),H] \mid \psi(0) \rangle$$
$$= \langle \psi(0) \mid \left(\frac{\mathrm{d}}{\mathrm{d}t}F(t)\right) \mid \psi(0) \rangle \tag{2.43}$$

在(2.43)式中使用了等式 $U^{\dagger}(t,0)HU(t,0) = H$。

从(2.42)式以及(2.43)式可以看到,在海森堡图景中,力学量平均值及其随时间的变化是由力学量算符随时间变化引起的,而状态矢量不随时间变化。力学量算符的变化遵守海森堡方程:

$$\frac{\mathrm{d}}{\mathrm{d}t}F(t) = \frac{1}{\mathrm{i}\hbar}[F(t),H] \tag{2.44}$$

在薛定谔图景中,由于力学量不随时间变化,力学量完全集的共同本征态(作为希尔伯特空间的基矢)也不随时间变化,进而任何一个力学量在这组基矢之间的矩阵元也不随时间变化,但描述量子体系状态的矢量(在各基矢方向上的投影或分量)是随时间改变的。与此相反,海森堡图景中,描述量子体系状态的矢量是不随时间变化的,但由于力学量随时间演化,力学量完全集的共同本征态随时间改变,而且任何一个力学量在这一组运动的各基矢之间的矩阵元也随时间演化。

3. 相互作用图景

在薛定谔图景以及海森堡图景中,描述体系状态的矢量变化以及力学量算符的变化是由系统的哈密顿量决定的,其中,系统的哈密顿量又可以分为(子)系统的自由哈密顿量 H_0 以及系统与环境、外加控制场或者子系统之间的相互作用哈密顿量 H_{int}:

$$H = H_0 + H_{\mathrm{int}} \tag{2.45}$$

但在某些时候,我们感兴趣的是相互作用哈密顿量在系统状态演化中所起的作用,为此考虑:

$$\mid \phi(t) \rangle = \mathrm{e}^{\mathrm{i}H_0 t/\hbar} \mid \psi(t) \rangle \tag{2.46}$$

将(2.46)式代入薛定谔方程(2.29)式中可得

$$\mid \dot{\phi}(t) \rangle = \frac{1}{\mathrm{i}\hbar} \widetilde{H}_{\mathrm{int}} \mid \varphi(t) \rangle \tag{2.47}$$

其中 $\widetilde{H}_{\mathrm{int}} = \mathrm{e}^{\mathrm{i}H_0 t/\hbar} H_{\mathrm{int}} \mathrm{e}^{-\mathrm{i}H_0 t/\hbar}$。

同理,若令

$$\widetilde{F}(t) = \mathrm{e}^{-\mathrm{i}H_0 t/\hbar} F(t) \mathrm{e}^{\mathrm{i}H_0 t/\hbar} \tag{2.48}$$

则可得

$$\frac{\mathrm{d}}{\mathrm{d}t}\widetilde{F}(t) = \frac{1}{\mathrm{i}\hbar}[\widetilde{F}(t),\hat{H}_{\mathrm{int}}] \tag{2.49}$$

其中 $\hat{H}_{\mathrm{int}} = \mathrm{e}^{-\mathrm{i}H_0 t/\hbar} H_{\mathrm{int}} \mathrm{e}^{\mathrm{i}H_0 t/\hbar}$。

从(2.47)式和(2.49)式可以看到,变换后的方程中相当于只有相互作用哈密顿量,而没有系统的自由哈密顿量。若系统自由哈密顿量是一个对角矩阵,它在系统状态的演化中起到的作用是增加一个局部相位因子,那么,相互作用图景变换相当于是进行了一个旋转变换,将系统变换到一个旋转的坐标系表象中,这在很多时候是很方便的。比如在π脉冲动力学的求解过程中就用到了相互作用图景变换,还有采用控制理论设计控制场的过程中,利用相互作用图景变换可以将系统方程转化为关于系统状态与控制量的齐次双线性系统,可以很容易地推导出控制律的函数表达式。

2.5 开放量子系统的状态演化方程

虽然(2.29)式和(2.36)式描述的量子系统处理起来非常简便,但是并非所有的系统都是孤立的,不可避免地要与环境发生作用而变成开放量子系统。开放量子系统是与环境有耦合或相互作用的量子系统。环境是指除了要研究的量子系统 S 外,与系统有相互作用的全部自由度,包括其他系统以及所研究的系统中不感兴趣的部分。现实中的大多数量子系统都不可避免地与同类量子系统、热浴或者测量仪器存在一定程度上的耦合,因此现实中的大多数量子系统都是开放量子系统。开放量子系统与环境的耦合可以影响量子系统状态原来幺正的演化方式,引入非幺正的演化,这种影响最明显的特点是引起原量子系统状态的纯度降低、相干性的消失,称为**消相干**或者能量的**耗散**。量子状态的纯度一般定义为

$$pu \equiv \mathrm{tr}(\rho^2) \tag{2.50}$$

一个量子纯态的纯度为1,而混合态的纯度小于1。纯度的降低使得系统状态由原来的纯态变为混合态,纯度越小表示状态的混合程度越大,当纯度最小为 $1/n$ 的时候状

态处于极大混合态 I/n。

相干性是指状态密度矩阵非对角元素的值,表示的是状态局部相位的有序性。消相干使得状态密度矩阵的非对角元素的值发生变化,如相位消相干过程使得非对角元素的值逐渐消失变为零。系统能量的耗散是指系统的布居数分布发生不受控制的变化,比如粒子的自激辐射,使得粒子从激发态或者某个相干叠加态自发地跃迁到基态。消相干和系统能量耗散的作用使得量子系统的状态难以长时间地处于相干叠加态或者原来的状态,由此导致的后果便是量子系统向环境的信息流失或概率泄漏。因此保持量子系统状态的纯度、相干性以及抑制能量的耗散在量子信息过程以及相干控制等领域有重要的应用价值。比如量子隐形传态(quantum teleportation)需要长时间处于纠缠态的共享的量子比特对;又如作为许多量子算法的基本特征的量子并行性来源于量子状态的相干叠加,而量子计算操作大多数是由幺正演化算子来完成的,并且需要大量计算有效的量子算法需要耗费的时间在微观尺度上也比较长。所以,量子系统控制的一个重要目的就是针对开放的量子系统保持其状态纯度,抑制系统的消相干,保持状态相干性,从而保持量子系统原有的信息。

消相干与耗散作用根据其对量子系统产生的影响大致可分为三类:**振幅消相干**(**耗散**)、**相位消相干**和**去极化消相干**。振幅消相干能够引起系统的能量耗散,即能量从量子系统中向环境流失,例如原子与真空态耦合所引起的自激辐射,就是一个振幅消相干现象。振幅消相干的一个显著特点是引起系统相干叠加态的各本征态的几率幅的变化,在自激辐射后,系统最终将处于基态。相位消相干则是纯粹的量子力学性质的噪声过程,与振幅消相干不同,它不会引起系统的能量损失。一个发生相位消相干的量子系统,它的能量本征态不会随时间变化,但却会积累一个正比于特征值的相位。当系统演化一段时间后,有关这个量子相位的部分信息:能量本征态之间的相对相位,会被丢失。用密度矩阵来说明,则是对角线元素不变,而非对角线元素的期望值会随时间衰减到零。比如当一个光子通过波导传播发生的随机散射的情形。去极化消相干改变量子状态的极化特性,它既能引起系统能量的变化,也会引起能量本征态之间相对相位的变化。以单量子比特为例,去极化消相干使得单量子比特最终处于完全混合态 $I/2$。

开放量子系统的演化包括两种演化方式:一种是连续形式的演化,另一种是离散形式的演化。前一种演化由刘威尔微分方程来描述,后一种由克劳斯(Kraus)超算符的形式来表示。实际上,如果将测量设备与量子系统的相互作用考虑在内,测量也可以认为是一种开放量子系统的状态演化,只是测量引起的塌缩使得它具有随机性。

2.5.1 马尔科夫开放量子系统主方程

在许多实际应用中,量子系统由于与环境的信息能量交换作用会引起耗散、扩散以及消相干等物理现象,并且还会存在环境的记忆效应。严格来说,开放量子系统中子系统与环境相互作用的过程是一个非马尔科夫物理过程,但是当环境的记忆时间尺度远远小于系统状态演化的时间尺度时,可以忽略环境的记忆效应将系统近似为马尔科夫系统。

在开放量子系统中,马尔科夫过程的模型由量子动力学半群,即林德布拉德(Lindblad)结构的约化密度矩阵的主方程来描述:

$$\frac{\mathrm{d}}{\mathrm{d}t}\rho(t) = \frac{1}{\mathrm{i}\hbar}[H_0, \rho(t)] + \mathcal{L}(\rho(t)),$$

$$\mathcal{L}(\rho(t)) = \sum_k \gamma_k \left[\mathcal{L}_k \rho(t) \mathcal{L}_k^\dagger - \frac{1}{2}\{\mathcal{L}_k^\dagger \mathcal{L}_k, \rho(t)\} \right] \tag{2.51}$$

其中,$(1/\mathrm{i}\hbar)[H_k, \rho(t)]$是封闭系统的状态演化方程,因此主导控制的幺正演化部分;$\mathcal{L}(\rho(t))$描述系统的耗散动力学,且关于ρ是线性的,是Lindblad算符;系数$\gamma_k > 0$代表系统与环境的耦合,是开放系统中不同衰减模式的松弛速率的函数。

在忽略了环境记忆效应后,上述马尔科夫过程可以按照量子动力学半群的理论来理解,在该条件下,马尔科夫过程可以由一个单参数半群映射来描述,且该映射是保迹、完全正定的。这是Lindblad方程的一大优势,能够保证系统演化过程中密度矩阵表示一个物理态。

在此基础上,可以得到开放系统的状态满足一个一阶微分方程:

$$\frac{\partial}{\partial t}\rho(t) = \mathcal{L}[\rho(t)] \tag{2.52}$$

此式又被称为量子主方程。

(2.52)式中的$\mathcal{L}[\cdot]$是刘威尔超算符,它可以分成三个部分:

$$\mathcal{L}[\rho(t)] = \mathcal{L}_\mathrm{H}[\rho(t)] + \mathcal{L}_\mathrm{D}[\rho(t)] + \mathcal{L}_\mathrm{M}[\rho(t)] \tag{2.53}$$

其中,$\mathcal{L}_\mathrm{H}[\rho(t)]$表示哈密顿量部分对动力学的贡献,是幺正演化部分,也是封闭量子系统状态演化的动力学部分:

$$\mathcal{L}_\mathrm{H}[\rho(t)] = -\frac{\mathrm{i}}{\hbar}[H, \rho(t)] \tag{2.54}$$

这里 $[A,B]$ 表示对易运算:$AB-BA$。$\mathcal{L}_D[\rho(t)]$ 以及 $\mathcal{L}_M[\rho(t)]$ 是非厄米的超算符,分别表示系统与环境相互作用造成的耗散部分,以及测量对动力学的影响。

当所要研究的量子系统 S 与其他系统或环境 B 相互耦合时,可以将所研究的系统和环境组成的整体看成一个孤立系统,使其在希尔伯特空间由张量积空间 $H=H_S\otimes H_B$ 组成,总的哈密顿形式为 $H=H_S\otimes I_B+H_B\otimes I_S+H_I$。实际中往往只需要考虑子系统 S 的动力学行为,可以通过统计性地排除环境的影响得到子系统 S 的演化方式,即

$$i\hbar\dot{\rho}_S(t)=\mathrm{tr}_B([H_0,\rho(t)])$$

其中的密度矩阵 ρ_S 也叫约化密度矩阵。

此时子系统和环境进行能量交换而变成开放的,其状态也不再是幺正形式下的演化。

在相互作用图景下,从总系统的动力学方程推导出开放系统的动力学方程,主要是执行几个近似。第一个近似是玻恩近似。这个近似要求系统与环境之间是弱耦合,且系统状态不受相互作用的影响,即不随时间变化,这样总系统的状态为 $\rho(t)=\rho_S(t)\otimes\rho_B$。第二个近似是马尔科夫近似,通过用当前时间的状态替换掉延迟时间的状态将量子主方程局部时间化,即 $\rho_S(s)\rightarrow\rho_S(t)$,这个近似要求与热浴的关联时间 τ_B 远小于系统的松弛时间 τ_R,即 $\tau_B\ll\tau_R$。最后执行旋波近似,即快速振荡项被忽略,这个近似要求系统的演化时间远大于系统的松弛时间,即 $\tau_R\ll\tau_S$。经过这些近似,可以得到 $\mathcal{L}$ 的第一标准型:

$$\mathcal{L}\rho_S=-\mathrm{i}[H,\rho_S]+\sum_{i,j=1}^{N^2-1}a_{ij}\left(F_i\rho_S F_j^\dagger-\frac{1}{2}\{F_j^\dagger F_i,\rho_S\}\right) \tag{2.55}$$

参数 a_{ij} 组成一个矩阵,将其对角化,对角元素为 γ_k 且 $F_i=\sum_{k=1}^{N^2-1}u_{ki}A_k$,就可以得到 $\mathcal{L}$ 的对角形式:

$$\mathcal{L}\rho_S=-\mathrm{i}[H,\rho_S]+\sum_{k=1}^{N^2-1}\gamma_k\left(A_k\rho_S A_k^\dagger-\frac{1}{2}\{A_k^\dagger A_k,\rho_S\}\right) \tag{2.56}$$

式中 A_k 为 Lindblad 算符。

采用 $\mathcal{L}$ 的对角形式,开放系统状态满足的方程就称为 Lindblad 方程。

2.5.2 非马尔科夫开放量子系统主方程

在很多实际的应用中,如固态物理系统以及纳米材料中,环境的记忆和反馈时间相

对于系统动力学改变的时间尺度来说不可忽略,使得马尔科夫近似失效,此时需要能够精确描述系统动力学的非马尔科夫型主方程。

获得非马尔科夫动力学表示系统的常用方法是投影技术,主要有两类:NZ(Nakajima-Zwanzig)投影算子技术和时间无卷积(time-convolutionless,TCL)投影算子技术。

通过NZ投影算子技术可以得到一个关于约化密度矩阵$\rho(t)$的时间非局域的积分微分方程(Breuer,Petruccione,2002):

$$\frac{\partial}{\partial t}\rho(t) = \int_{t_0}^{t} \mathrm{d}s \mathcal{K}(t,s)\rho(s) \quad (2.57)$$

其中,$\mathcal{K}(t,s)$记忆内核是相关子空间的一个超算符。

(2.57)式虽然是关于系统动力学的精确描述,但是记忆内核并不容易求取,且积分微分方程的数值解也不容易获得,因此较少使用。

通过时间无卷积投影算子技术,通过消除NZ方程中的积分项,可以得到一个精确的时间局域的一阶微分方程:

$$\frac{\mathrm{d}}{\mathrm{d}t}\rho(t) = \mathcal{L}(t)\rho(t) \quad (2.58)$$

(2.58)式是一个时间局域的方程。在任意时刻t,系统状态$\rho(t)$的变化只依赖其本身,生成子$\mathcal{L}(t)$保存了状态的历史记录,其形式可能比较繁琐,但是动力学方程却是很规则的。在(2.58)式中,生成子$\mathcal{L}(t)$和时间有关,对应的动力学映射并不一定生成动力学半群。在要求系统状态保迹和保厄米的情况下,(2.58)式的最一般形式可以表示为(Breuer,2004)

$$\frac{\mathrm{d}}{\mathrm{d}t}\rho(t) = -\frac{\mathrm{i}}{\hbar}[H_0,\rho(t)] + \frac{1}{2}\sum_k \gamma_k(t)([\mathcal{L}_k(t)\rho(t),\mathcal{L}_k^{\dagger}(t)] \\ + [\mathcal{L}_k(t),\rho(t)\mathcal{L}_k^{\dagger}(t)]) \quad (2.59)$$

其中,算子$\mathcal{L}_k(t)$、系数$\gamma_k(t)$都是时间相关的。当$\gamma_k(t) \geqslant 0$时,生成子$\mathcal{L}(t)$对每一个$t>0$都是Lindblad型的。

(2.59)式的一个重要特征是$\gamma_k(t)$可以为负,表征环境的记忆效应导致信息或者能量从环境流向了量子系统,此时生成子$\mathcal{L}(t)$不再是保正定的。如果模型描述不够精确,演化过程中系统状态有可能是非正定,从而是非物理的。

NZ主方程和TCL主方程虽然都是对系统的精确描述,但鉴于非马尔科夫系统的复杂性,一般情况下也只能用于简单量子系统如玻色子系统或二能级系统。除此之外,常用的描述非马尔科夫量子系统的主方程还包括Redfield主方程、Fokker-Planck主方程、HPZ型主方程以及能够自然保证系统完全正定的后马尔科夫主方程等。

2.5.3 非马尔科夫开放量子系统求解

虽然采用非马尔科夫主方程能够精确描述系统的动力学演化，但是很难获得其方程中状态的精确解，这给理论研究带来了困难。目前的研究阶段只有一些简单的开放系统模型存在精确解，例如 Jaynes-Cummings 模型、量子布朗运动模型、一些纯退相干模型等。实际上，许多物理系统都可以用二能级量子系统来描述，比如金刚石中单个氮空位中心的电子自旋、光学晶格中的玻色-爱因斯坦凝聚等，也有一些系统可以通过忽略高能激发用二能级系统来近似。

以非马尔科夫二能级自旋量子系统为研究对象，采用时间无卷积形式来建立非马尔科夫主方程，给出其系统状态精确解的求解过程，模型求解问题可以归为常微分方程初值问题，求解过程中需要用到龙格-库塔（Runge-Kutta）法求解常微分初值问题：

$$\begin{cases} y'(x) = f(x,y) \\ y(x_0) = y_0 \end{cases}, \quad a \leqslant x \leqslant b \tag{2.60}$$

对 $y(x+h)$ 在 x 点做泰勒（Taylor）展开：

$$\begin{aligned} y(x+h) &= y(x) + hy'(x) + \frac{h^2}{2!}y''(x) + \cdots \\ &\quad + \frac{h^p}{p!}y^{(p)}(x) + \frac{h^{(p+1)}}{(p+1)!}y^{(p+1)}(x+\theta h) \\ &= y(x) + hy'(x) + \frac{h^2}{2!}y''(x) + \cdots + \frac{h^p}{p!}y^{(p)}(x) + T \end{aligned} \tag{2.61}$$

其中，$0 \leqslant \theta \leqslant 1$，$T = O(h^{p+1})$。

取 $x = x_n$，$p = 2$，则有

$$\begin{aligned} y(x_{n+1}) &= y(x_n) + hy'(x_n) + \frac{h^2}{2!}y''(x_n) + T_{n+1} \\ &= y(x_n) + hf(x_n, y(x_n)) + \frac{h^2}{2!}[f_x(x_n, y(x_n)) \\ &\quad + f_y(x_n, y(x_n))f(x_n, y(x_n))] + T_{n+1} \end{aligned} \tag{2.62}$$

截断 T_{n+1} 可得到 $y(x_{n+1})$ 的近似值 y_{n+1} 的计算公式为

$$y_{n+1} = y_n + h\left[f(x_n, y_n) + \frac{h}{2!}(f_x(x_n, y_n) + f_y(x_n, y_n)f(x_n, y_n))\right] \tag{2.63}$$

(2.63)式为二阶欧拉(Euler)方法,精度优于一阶,但是在计算 y_{n+1} 时需要计算 f、f_x、f_y 在 (x_n,y_n) 点的值,故此法不可取。龙格-库塔法设想用 $f(x,y)$ 在点 $(x_n,y(x_n))$ 和 $(x_n+ah,y(x_n)+bhf(x_n,y(x_n)))$ 处函数值的线性组合:

$$c_1 f(x_n,y(x_n)) + c_2 f(x_n+ah,y(x_n)+bhf(x_n,y(x_n))) \quad (2.64)$$

逼近(2.63)式中的 $f(x_n,y_n)+\dfrac{h}{2!}(f_x(x_n,y_n)+f_y(x_n,y_n)f(x_n,y_n))$,得到数值公式:

$$y_{n+1} = y_n + h[c_1 f(x_n,y_n) + c_2 f(x_n+ah,y_n+bhf(x_n,y_n))] \quad (2.65)$$

或者更一般地写成

$$\begin{cases} y_{n+1} = y_n + h(c_1 k_1 + c_2 k_2) \\ k_1 = f(x_n,y_n) \\ k_2 = f(x_n+ah,y_n+bhk_1) \end{cases} \quad (2.66)$$

将(2.64)式在 $(x_n,y(x_n))$ 点展开,得

$$\begin{aligned} & c_1 f(x_n,y(x_n)) + c_2 [f(x_n,y(x_n)) + ahf_x(x_n,y(x_n)) \\ & + bhf_y(x_n,y(x_n))f(x_n,y(x_n)) + O(h^2)] \\ & = (c_1+c_2)f(x_n,y(x_n)) + \frac{h}{2}[2c_2 a f_x(x_n,y(x_n)) \\ & + 2c_2 bhf_y(x_n,y(x_n))f(x_n,y(x_n)) + O(h^2)] \end{aligned} \quad (2.67)$$

将(2.67)式与(2.62)式比较,当 c_1,c_2,a,b 满足:

$$\begin{cases} c_1+c_2 = 1 \\ 2c_2 a = 1 \\ 2c_2 b = 1 \end{cases} \quad (2.68)$$

时有最好的逼近效果,此时(2.62)式减去(2.67)式的局部截断误差为 $O(h^2)$。

方程组(2.68)式含有四个未知数和三个方程,显然有无数组解。

若取 $c_1=0, c_2=1, a=\dfrac{1}{2}, b=\dfrac{1}{2}$,则有二阶的龙格-库塔公式:

$$\begin{cases} y_{n+1} = y_n + hk_2 \\ k_1 = f(x_n,y_n) \\ k_2 = f(x_n+h/2, y_n+hk_1/2) \end{cases} \quad (2.69)$$

从龙格-库塔公式的推导过程可以看到,二阶龙格-库塔公式的局部截断误差为 $O(h^3)$,是二阶精度的计算公式。可以采用类似的思想来建立高阶的龙格-库塔公式,得到局部

截断误差为 $O(h^5)$ 的四阶龙格-库塔公式：

$$\begin{cases} y_{n+1} = y_n + \dfrac{h}{6}(k_1 + 2k_2 + 2k_3 + k_4) \\ k_1 = f(x_n, y_n) \\ k_2 = f\left(x_n + \dfrac{h}{2}, y_n + \dfrac{h}{2}k_1\right) \\ k_3 = f\left(x_n + \dfrac{h}{2}, y_n + \dfrac{h}{2}k_2\right) \\ k_4 = f(x_n + h, y_n + hk_3) \end{cases} \tag{2.70}$$

在常用的 MATLAB 工具箱中，有二阶或四阶的龙格-库塔公式可以调用。在量子系统的仿真实验中，为了保证较高的精度，一般对非马尔科夫主方程的求解采用的是四阶龙格-库塔法。

2.5.4 随机开放量子系统模型及其求解

为了能够更好地控制量子系统，常常需要通过测量来从被控系统中提取信息。量子力学中的测量理论与经典力学系统有着本质的差异，这是因为在量子系统中，测量会对被测系统造成不可逆的破坏。在量子力学中，可观测量用希尔伯特空间的厄米算符来表示，并且海森伯不确定性原理指出：人们无法同时对两个非对易观测量进行精确测量。一种被广泛应用的测量模型是投影测量或者称为冯·诺依曼测量，不过投影测量经常被视为是瞬时的，只有当测量的强度（即测量装置与被测系统之间的耦合强度）足够大，且测量的时间尺度比其他所有相关时间尺度都要短得多时，才可以认为模型是合理的。然而，这对于描述连续监测下被控量子系统的情况并不适用。在量子反馈控制中，连续获取反馈信息以调整系统的演化轨迹是十分重要的，因此，对于量子反馈控制而言，连续测量理论是十分必要的，并且已有实验结果证明连续测量对于固态量子比特是可以实现的。

在反馈控制策略中，人们通常需要持续地监测被控量子系统以获取反馈信息。考虑在真空环境下连续测量的量子反馈控制系统，记 t 时刻的量子系统状态为 ρ_t，则量子滤波方程或称随机主方程的一般表达形式为（Robert，2013）

$$\begin{cases} \mathrm{d}\rho_t = -\dfrac{\mathrm{i}}{\hbar}[H_t, \rho_t]\mathrm{d}t + \mathcal{D}(L, \rho_t)\mathrm{d}t + \sqrt{\eta}\mathcal{H}(L, \rho_t)\mathrm{d}W_t \\ \rho_0 = \rho(0) \end{cases} \tag{2.71}$$

其中，$H_t = H_0 + u_t H_u$ 为总哈密顿量，H_0 为系统自由哈密顿量，H_u 为控制哈密顿量，u_t 是随时间变化的外部控制场；η 是测量效率，且满足 $0 < \eta \leqslant 1$；L 是测量算符，系统信号通过此测量信道被检测，由测量引起的反作用效应则通过此信道反馈给量子系统；W_t 为具有随机特性的随机过程，也被称作"新息"。

$\mathcal{D}(L, \rho_t)$ 和 $\mathcal{H}(L, \rho_t) \mathrm{d}W_t$ 分别体现了测量反作用效应中的确定性漂移部分和随机耗散部分，其中，$\mathcal{D}(L, \rho_t)$ 为开放量子系统中常见的 Lindblad 算子：

$$\mathcal{D}(L, \rho_t) \equiv L\rho_t L^\dagger - \frac{1}{2}(L^\dagger L \rho_t + \rho_t L^\dagger L) \tag{2.72}$$

$\mathcal{H}(L, \rho_t)$ 是状态更新算子：

$$\mathcal{H}(L, \rho_t) = L\rho_t + \rho_t L^\dagger - \mathrm{tr}((L + L^\dagger)\rho_t)\rho_t \tag{2.73}$$

真空环境下的 W_t 就是标准的实值维纳（Wiener）过程，代表着对测量白噪声的建模，$\mathrm{d}W_t$ 作为标准维纳过程的增量，其期望 $E(\mathrm{d}W_t) = 0$，方差 $E((\mathrm{d}W_t)^2) = \mathrm{d}t$，且满足关系式：

$$\mathrm{d}W_t = \mathrm{d}y_t - \sqrt{\eta}\,\mathrm{tr}(\rho_t(L + L^\dagger))\mathrm{d}t \tag{2.74}$$

其中 y_t 是测量输出。

从所给出的随机量子系统主方程(2.71)式至(2.74)式可以看出：与确定性的开放量子系统模型相比，随机量子系统主方程多了一个随机耗散部分项，并且这个项的大小是由测量效率 η 值的大小来确定的。值得注意的是，(2.71)式仅仅代表着一类比较典型的随机主方程，由于测量过程的不同，还存在许多其他类型的随机主方程。

因为存在随机项，所以在随机微分方程的求解过程中需要用到 Itô 公式。求解思路如下：

被控对象的随机微分方程(2.71)式可以写成

$$\mathrm{d}\rho_t = f(\rho_t)\mathrm{d}t + g(\rho_t)\mathrm{d}W_t \tag{2.75}$$

其中，$f(\rho_t) = -\mathrm{i}u_t[F_y, \rho_t] - \frac{1}{2}[F_z, [F_z, \rho_t]]$，$g(\rho_t) = \sqrt{\eta}(F_z\rho_t + \rho_t F_z - 2\mathrm{tr}(F_z\rho_t)\rho_t)$。

由 Itô 公式，得

$$\rho_t = \rho_{t_0} + \int_{t_0}^{t} f(\rho_s)\mathrm{d}s + \int_{t_0}^{t} g(\rho_s)\mathrm{d}W(s), \quad 0 \leqslant t \leqslant T \tag{2.76}$$

为了得到数值解,需要将时间区间$[0,T]$离散,选取自然数 N 以确定步长 $\delta = \dfrac{T}{N}$,得到离散的时间点:$0 = \tau_0 < \tau_1 < \cdots < \tau_N = T$,则根据龙格-库塔法可得

$$\rho_{n+1} = \rho_n + f(\rho_n)\delta + g(\rho_n)\Delta W_n + \dfrac{1}{2\sqrt{\delta}}[g(\rho_n + f(\rho_n)\delta + g(\rho_n)\sqrt{\delta}) - g(\rho_n)]((\Delta W_n)^2 - \delta) \tag{2.77}$$

其中,$\Delta W_n = W_{\tau_{n+1}} - W_{\tau_n}$,且满足 $\Delta W_n \sim N(0,\delta)$,$1 \leqslant n \leqslant N$。

2.6 李雅普诺夫稳定性定理

判断一个动力学系统在其平衡态是否稳定的李雅普诺夫稳定性定理,又称为间接法,它是在采用能量观点分析稳定性的基础上建立起来的,无需直接求解出系统微分方程解的具体形式,仅借助一个所构造的李雅普诺夫函数所具有的特性,就能够判断出系统平衡态的稳定性。

在李雅普诺夫稳定性定理中,需要构造一个半正定的李雅普诺夫函数,并通过计算判定所构造的李雅普诺夫函数对时间的一阶导数的正负定性来得出系统在其平衡点是否稳定或渐近稳定的结论,所以需要用到正负定性、正负定函数及其判定方法。

正定函数和半正定函数 设 $V(x)$ 是定义在状态空间原点邻域 R 内的标量函数,当其满足下列条件时称其为正定函数:(1) $V(x)$ 在域 R 内连续,且关于 x 有连续的一阶偏导数;(2) $V(0) = 0$;(3) $V(x) > 0$,$x \neq 0$,$x \in R$。若条件(3)改为 $V(x) \geqslant 0$,$x \neq 0$,$x \in R$,则称 $V(x)$ 为半正定函数。

负定函数和半负定函数 设 $V(x)$ 是定义在状态空间原点邻域 R 内的标量函数,当其满足下列条件时称其为负定函数:(1) $V(x)$ 在域 R 内连续,且关于 x 有连续的一阶偏导数;(2) $V(0) = 0$;(3) $V(x) < 0$,$x \neq 0$,$x \in R$。若条件(3)改为 $V(x) \leqslant 0$,$x \neq 0$,$x \in R$,则称 $V(x)$ 为半负定函数。

正定函数和负定函数 $V(x,t)$ 设 $V(x,t)$ 是定义在状态空间原点邻域 R 内时间 $t \geqslant t_0$ 的标量函数,且在邻域 R 内关于 x 有连续的一阶偏导数,$W(x)$ 是定义在同一邻域 R 内的正定函数,如果对于 $t \geqslant t_0$,$t_0 \in (-\infty, +\infty)$,有:(1) $V(0,t) = 0$,$V(x,t) \geqslant W(t)$,则 $V(x,t)$ 为正定函数;(2) $V(0,t) = 0$,$V(x,t) \leqslant -W(t)$,则 $V(x,t)$ 为负定函数。

考虑一般的时变系统 $\dot{x} = f(x,t)$,其中,x 是定义在 D 上的变量,不失一般性,设点 x_e 是系统平衡点,其平衡态的稳定性由下面的定理给出。

李雅普诺夫稳定性定理 若 D 内存在一个正定函数 $V(x,t)$:(1) 如 $\dot{V}(x,t)$ 为半负定函数,则 x_e 为李雅普诺夫意义下的稳定平衡态;(2) 如 $\dot{V}(x,t)$ 为负定函数,则 x_e 为一致渐近稳定平衡态。

在量子控制系统设计过程中,根据李雅普诺夫稳定性定理设计的控制律总能保证系统至少是稳定的,该控制律设计方法的关键在于选出合适的李雅普诺夫函数。在研究被控系统全局稳定性或者收敛性问题时,常常需要结合拉塞尔不变性原理。拉塞尔于 1960 年发现了李雅普诺夫函数与 Birkhoff 极限集之间的关系,给出了李雅普诺夫理论的统一认识。在拉塞尔不变性原理中用到了不变集合的概念,这里我们仅就常微分方程介绍拉塞尔的不变性原理。

对于一个自治系统:

$$\dot{x} = f(x) \tag{2.78}$$

定义集合 $M \in \mathbf{R}^n$ 为 (2.78) 式轨线的正向不变集,若 $\forall x_0 \in M, x(t,t_0,x_0) \subset M(t \geqslant t_0)$;称当 $t \to \infty$ 时,$x(t,t_0,x_0) \to M$,若 $\exists p \in M$ 和 $t_n \to \infty (n \to \infty)$,使 $\| x(t,t_0,x_0) - p \| \to 0$。

拉塞尔不变性原理 设 D 是一有界闭集,从 D 内出发的 (2.78) 式的解 $x(t,t_0,x_0) \subset D$(停留在 D 中),若 $\exists V(x): D \to \mathbf{R}$,具有连续一阶偏导数,使 $\dot{V}(x) \leqslant 0$;又设 $E \triangleq \{x : \dot{V}(x) = 0, x \in D\}$,$M \subset E$ 是最大不变集,则当 $t \to \infty$ 时,有 $x(t,t_0,x_0) \to M$。特别的,若 $M = \{0\}$,则 (2.78) 式的平凡解渐近稳定。

拉塞尔不变性原理理论上更一般,且不要求函数 $V(x)$ 正定,是李雅普诺夫稳定性定理的一个广义化,一方面放宽了函数 $V(x)$ 的条件,允许用更大一类函数来判断系统的渐近稳定特性;另一方面也可以判断一个集合而不仅仅是一个平衡点的稳定性。但最大不变集的构造一般比较复杂。

第 3 章

封闭量子控制系统的设计

随着科学技术的不断发展,已经发展出各种不同类型的量子系统控制的设计方法,每一种控制方法都有其适用范围或被控制对象。量子李雅普诺夫控制方法已经发展了十多年,并且具有设计简单、适用范围广的特点。本章将重点介绍量子李雅普诺夫控制方法在量子控制系统设计中的应用。

量子李雅普诺夫控制方法基于李雅普诺夫的间接稳定性定理,该定理最初的目的是用来判定一个动力学系统是否在平衡点稳定。之所以称为"间接",是因为该定理不需要通过求解动力学系统的微分方程,仅需要满足定理给出的判定条件就可以得出所研究的动力学系统是否在平衡点稳定的结论,判定过程简单、方便。之后,人们利用这个间接稳定性定理的判定条件,将其应用于控制系统的控制器设计中:根据由定理所构成的稳定性判定条件反过来求解出相应的控制律的函数表达式。因为是在保证系统稳定的条件下设计出的控制器,所以所设计出的控制器至少使控制系统稳定。因为设计方法相对简单,不需要迭代,并且获得的是一个解析表达式,使得基于李雅普诺夫的控制方法广泛地应用于实际工程技术中。

基于李雅普诺夫稳定性定理控制方法的基本思想:对于一个自治的动力学系统 $\dot{X}=$

$f(x)$，构造一个李雅普诺夫函数 $V(x)$，$V(x)$ 是一个定义在相空间 $\Omega=(x)$ 上的可微标量函数，且 $\forall x\in\Omega$，满足 $V(x)\geq 0$。保证系统稳定的条件是 $\dot{V}(x)\leq 0$。当系统 $\dot{X}=f(x)$ 中没有外加控制量时，$\dot{V}(x)\leq 0$ 满足意味着该系统在平衡点是稳定的。当系统 $\dot{X}=f(x)$ 中包含外加控制量 u 时，人们可以利用系统稳定性条件 $\dot{V}(x,u)\leq 0$ 求解出在此式成立情况下的控制律 u 的表达式，由此设计出保证控制系统稳定的控制律。

由李雅普诺夫控制方法的基本思想及其设计过程可以看出，基于李雅普诺夫控制方法设计控制律的关键是李雅普诺夫函数 $V(x)$ 的构造。因为如果 $V(x)$ 构造得不合适，就可能得不到期望的关系式 $\dot{V}(x)\leq 0$，也就设计不出保证控制系统稳定的控制律。只要能够构造出一个合适的 $V(x)\geq 0$，同时 $\dot{V}(x)\leq 0$ 成立，就能够成功地设计出一个基于李雅普诺夫控制方法的控制律。必须强调的是：从系统控制理论的角度来看，李雅普诺夫稳定性定理中的条件只是一个充分条件，不是必要条件。换句话说，只要能够根据李雅普诺夫稳定性定理中的条件设计出控制律，就一定是一个保证控制系统稳定的控制律，但是如果找不到这样一个 $V(x)\geq 0$ 的李雅普诺夫函数来使 $\dot{V}(x)\leq 0$，也不能说该控制系统不稳定，只能说该设计方法对该控制系统不适用。

当把基于李雅普诺夫的控制方法应用于量子系统的控制中时，仅仅从该方法本身来说，就存在明显的不足之处：

(1) 根据该控制方法设计出的控制律一般只是保证系统的稳定控制。一个系统的稳定控制意味着控制系统在控制器的作用下不发散。换句话说，闭环控制系统的控制误差在一个很小的有限范围内。但是不论控制系统的误差多么小，该误差不为零。对于一个宏观世界中的系统来说，控制的性能指标一般是给出一个期望的控制误差值，只要根据此性能指标设计出一个保证控制系统稳定的、控制系统输出误差小于给定的性能指标的控制律即可。但是，对于一个量子系统来说，所控制的状态一般是概率，即达到期望目标的概率值。当把概率作为一个控制性能指标时，只有以零误差作为控制目标，才能够保证系统以 1 的概率趋近或收敛到目标，任何不等于零的误差，在实际量子系统的应用中就有可能达不到期望的目标。只有误差为零的系统控制才被称为收敛控制。所以，为了能够确保量子控制系统的确定性，仅仅设计出稳定的控制律往往是不行的，必须设计出收敛的控制律。这就要求在应用李雅普诺夫的控制方法对量子系统进行控制律设计时，必须满足保证控制系统渐近稳定的条件：$\dot{V}(x)<0$，不能仅满足保证控制系统稳定的条件：$\dot{V}(x)\leq 0$。这表明对于量子系统的控制律设计的要求变得更加苛刻。

(2) 由于基于李雅普诺夫的控制律一般是通过保证控制系统稳定的条件 $\dot{V}(x)=0$ 求出的，这种做法导致基于李雅普诺夫的控制方法实际上是一种局部最优控制，不是全局最优控制。系统控制理论告诉我们：对于稳定量子系统，其状态轨迹的路径朝系统能量下降方向移动，并停止在能量的极小值上。李雅普诺夫函数实际上就是一种能量函数。该方法引入李雅普诺夫函数 $V(x)$，且在保证系统稳定条件下的控制设计是通过求李雅普诺夫函数对时间的一阶导数，并通过令 $\dot{V}(x)=0$ 来求得控制律，等价于构造一个与李雅普诺夫函数相同的性能指标，求其极小情况下的控制，从这个角度来说，基于李雅普诺夫方法的控制就是一种局部最优控制。

为了更清晰地认识李雅普诺夫方法的特性，我们将其与最优控制方法相比较。最优控制方法是基于最优化理论，通过对某一性能指标 $J(X)$ 的最优化来获得控制律。性能指标函数的选择范围广，形式灵活，因此能被应用于各种系统控制问题中，不过最优控制的求解过程比较复杂，一般需要对黎卡迪微分方程进行迭代求解，所要求的计算量较大。量子李雅普诺夫控制方法本质上可以看成是性能指标函数为 $V(\rho)$ 或 $V(\psi)$ 时，使用消元法的最优控制。同时，利用李雅普诺夫方法可以避免对黎卡迪微分方程的求解，这是因为在求解过程中，作为约束条件的系统状态演化方程不是通过以拉格朗日乘子的形式引入到性能函数中，而是利用消元法，通过李雅普诺夫函数的导数引入，李雅普诺夫方法的控制律是通过使李雅普诺夫函数单调变化来实现的，每个时刻的控制场都由当时的系统状态决定，并立即反馈回被控量子系统，这样就避免了最优控制中的迭代计算。因此，量子李雅普诺夫方法的优点是：设计出来的控制律不会使闭环系统发散（或者振荡），而总是能够趋向于某个状态或者状态集，另外，它的控制律形式比较简单，计算量也小。相对于最优控制，李雅普诺夫方法的不足之处在于李雅普诺夫函数的形式有限制，没有最优控制中的性能指标那样灵活多样，而且李雅普诺夫函数的选择对控制效果有很大影响，因此，如何选择一个合适的李雅普诺夫函数是该方法的核心问题之一。一般来说，不同的李雅普诺夫函数的选取会导致不同的控制律以及不同的控制效果。根据具体的几何或物理意义来构造李雅普诺夫函数是一种不错的办法。

本章分为两部分内容：第一部分分别根据两个状态间的距离、两个状态间的偏差、一个虚拟力学量的均值选择李雅普诺夫函数，进行本征态、叠加态或混合态之间状态转移的控制器的设计及其特性分析。第二部分内容是通过引入隐李雅普诺夫函数来放宽第一部分控制器设计中所要求满足的条件，使得量子李雅普诺夫控制方法更加适合实际系统的应用。

我们仅处理有限维量子系统，并假定所考虑的系统是可控的。对于纯态量子系统的状态，我们将满足 $|\psi_1\rangle = \mathrm{e}^{\mathrm{i}\theta}|\psi_2\rangle$ 的两个单位态矢 $|\psi_1\rangle$ 和 $|\psi_2\rangle$ 称为等价态矢。所有等价态矢的集合构成一个态矢等价类。物理上，等价态矢具有相同的观测意义，为了避免等价类中全局相位带来的麻烦，我们将忽略等价状态间的全局相位，并将同一个等价类中的所有状态都看作同一个状态。物理上，系统的内部哈密顿量 $H_0 = \mathrm{diag}[\lambda_1, \lambda_2, \cdots, \lambda_N]$ 的本征值（或谱值）λ_j 表示该量子系统所具有的能量值（或称能级），而 $\omega_{jl} = \lambda_j - \lambda_l$ 则表示该量子系统能级间跃迁的玻尔（Bohr）频率（或称跃迁频率）。本章中还将用到以下概

念:若一个量子系统的所有能级互不相同,则称该量子系统为**非退化的**;若一个量子系统的所有玻尔频率互不相同,则称该量子系统**没有退化跃迁**;若存在 $k' \in \{1,2,\cdots,m\}$,使 $(H_{k'})_{jl} \neq 0, j < l \in \{1,2,\cdots,N\}$ 成立,则称该量子系统是**完全连通**的。

3.1 本征态之间的状态转移

一个封闭量子系统的状态转移调控包括纯态和混合态,纯态中包括本征态和叠加态。量子纯态的状态演化及其控制可以采用薛定谔方程,混合态的状态调控必须采用刘维尔方程。也可以采用刘维尔方程进行纯态调控,不过当采用薛定谔方程对纯态进行调控时,设计过程更加简单。不论采用哪种动力学演化方程,都存在多种李雅普诺夫函数的选取方案。下面将针对不同的李雅普诺夫函数的选取,给出相应的控制律的设计结果及其特性分析。

本征态之间的状态转移所涉及的封闭量子系统的状态演化方程为薛定谔方程:

$$\mathrm{i}\hbar |\dot{\psi}(t)\rangle = H|\psi(t)\rangle, \quad H = H_0 + H_c, \quad H_c = \sum_{k=1}^{r} H_k u_k(t) \quad (3.1)$$

其中,H_0 是未受扰动的系统内部哈密顿量;H_c 是受微扰动的系统外部控制哈密顿量;H_0 及 H_k 均为不含时的线性厄米算符,即 $H_k^\dagger = H_k (k=0,1,\cdots,r)$,这里上标"†"表示共轭转置;$u_k(t)$ 是可实现的实值标量控制函数。为简单起见,将约化普朗克常数设为1。

算符 H_0 的本征值方程为

$$H_0|\psi_n\rangle = \lambda_n|\psi_n\rangle \quad (3.2)$$

其中,λ_n 称为算符 H_0 的本征值,相应的态矢 $|\psi_n\rangle$ 称为算符 H_0 对应本征值 λ_n 的本征态。对于所有本征态 $|\psi_n\rangle$,张成一个希尔伯特空间,即有下式成立:

$$|\psi\rangle = \sum_n c_n |\psi_n\rangle \quad (3.3)$$

其中,$c_n \in \mathbf{C}$,且 $\sum_n c_n = 1$,$|c_n|$ 表示量子处在本征态 $|\psi_n\rangle$ 的概率。

量子系统控制研究的问题之一就是状态转移问题,即给定初态和终态,如何寻找一个可实现的控制作用使系统从初态转移至终态。方程(3.1)式所描述的系统模型在形式上是一个双线性系统,可以借助于经典控制领域中的双线性系统控制方法对其进行控制,如最优控制方法、李雅普诺夫方法等。这里采用李雅普诺夫方法来设计控制律。

3.1.1 基于状态之间距离的量子李雅普诺夫控制律的设计

当目标态$|\psi_f\rangle$为本征态时,该目标态是系统内部哈密顿量的一个本征态,满足系统的本征方程:

$$H_0|\psi_f\rangle = \lambda_f|\psi_f\rangle \tag{3.4}$$

可以选取希尔伯特-施密特(Hilbert-Schmidt)距离函数作为李雅普诺夫函数:

$$V_1 = \frac{1}{2}(1 - |\langle\psi_f|\psi\rangle|^2) \tag{3.5}$$

其中,$|\langle\psi_f|\psi\rangle|^2$代表被控状态$|\psi\rangle$到目标态$|\psi_f\rangle$的转移概率,当$|\psi\rangle$被完全驱动至$|\psi_f\rangle$时,有$V_1 = 0$成立。

计算V_1对时间的一阶导数为

$$\dot{V}_1 = \frac{1}{2}(-\langle\psi_f|\dot{\psi}\rangle\langle\psi|\psi_f\rangle - \langle\psi_f|\psi\rangle\langle\dot{\psi}|\psi_f\rangle)$$

$$= -\operatorname{Re}\left[\langle\psi|\psi_f\rangle\langle\psi_f|(-\mathrm{i})\left(H_0 + \sum_{k=1}^{r}u_k H_k\right)|\psi\rangle\right]$$

$$= -\sum_{k=1}^{r}u_k \cdot \operatorname{Im}[\langle\psi|\psi_f\rangle\langle\psi_f|H_k|\psi\rangle]$$

$$= -\sum_{k=1}^{r}u_k \cdot |\langle\psi|\psi_f\rangle| \cdot \operatorname{Im}[\mathrm{e}^{\mathrm{i}\angle\langle\psi|\psi_f\rangle}\langle\psi_f|H_k|\psi\rangle]$$

为了保证$\dot{V}_1 \leqslant 0$,可以将控制场的函数形式设计为

$$u_k = K_k f_k(\operatorname{Im}[\mathrm{e}^{\mathrm{i}\angle\langle\psi|\psi_f\rangle}\langle\psi_f|H_k|\psi\rangle]), \quad k = 1,\cdots,r \tag{3.6}$$

其中,K_k为可调控制幅度,为正实数;$f_k(x_k)$的函数形式应满足$f_k(x_k)x_k \geqslant 0$。显然,当$u_k = f_k(x_k)$的图像单调过平面x_k-u_k的原点且位于第一、三象限时满足上述要求。此时,$u_k x_k = 0$等价于$x_k = 0$。

对量子系统(3.1)式所设计出的控制律(3.6)式实际上是在$\dot{V}_1 = 0$的条件下获得的。李雅普诺夫控制方法实际上是把目标态构造成李雅普诺夫函数的极小点。系统状态在外加控制律的作用下,从任意初始状态开始沿着李雅普诺夫函数的负梯度方向运动,直到李雅普诺夫函数的极小点停止下来。李雅普诺夫函数的极小点就是使$\dot{V}_1 = 0$的点。

当然,目标本征态肯定是李雅普诺夫函数的一个极小点。但是,对量子系统而言,系统所有的本征态,都能够使$\dot{V}_1=0$,换句话说,系统所有的本征态都是李雅普诺夫函数的一个极小点。所以,仅根据$\dot{V}_1=0$设计出的控制器是不能保证控制系统一定收敛到期望的目标本征态,系统完全可能被转移到系统的其他本征态上。这就是将李雅普诺夫控制方法应用到量子系统中所遇到的一个特有的必须解决的棘手问题。这个问题在数学上的表现就是保证控制系统稳定的理论由拉塞尔不变集理论给出:只要满足条件$\dot{V}_1\leq 0$,那么控制系统的状态一定能够收敛到由$\dot{V}_1=0$的所有状态所组成的最大不变集合中,但是具体收敛到不变集合中的哪一个状态是不能保证的。换句话说,在$\dot{V}_1=0$的条件下,系统是有可能收敛到系统的任何一个平衡态,也就是量子系统的任何一个本征态,但不能保证收敛到的那个平衡态一定是期望的目标态。在量子系统控制律的设计中,必须保证最终收敛到期望的目标态而不是其他的平衡态。解决此问题的思路一般有两种:一种是将$\dot{V}_1=0$时的所有平衡态都求解出来,然后再通过对控制参数的设计,将初始状态放在李雅普诺夫函数中最靠近目标态的位置;第二种解决问题的方法是通过增加限制条件来不断缩小$\dot{V}_1=0$中的平衡态,最好使最大不变集中仅包含一个目标态,这样,系统状态一旦进入不变集合,就一定收敛到目标态上。

通过深入研究,现已获得的本征态之间状态转移控制律设计过程为:考虑在(3.6)式的控制场作用下的系统(3.1)式,并假定目标态$|\psi_f\rangle$是H_0的一个本征态。若H_0关于目标态具有非退化谱,则闭环系统的最大不变集是$S^{2N-1}\bigcap E_1$,$E_1=\{|\psi\rangle:\langle\psi_f|H_k|\psi\rangle=0(k=1,\cdots,r)\}$。如果$\langle\psi_f|H_k|\psi\rangle=0(k=1,\cdots,r)$的所有解均在目标态$|\psi_f\rangle$的等价类内,那么闭环系统关于目标态$|\psi_f\rangle$是渐近收敛的;如果存在$\langle\psi_f|H_k|\psi\rangle=0(k=1,\cdots,r)$的一个解不在目标态$|\psi_f\rangle$的等价类内,那么只能保证闭环系统关于目标态$|\psi_f\rangle$是李雅普诺夫意义上收敛的,或者说闭环系统关于$S^{2N-1}\bigcap E_1$是渐近收敛的。

换句话说,对本征态进行转移控制,在选择基于距离的李雅普诺夫函数(3.5)式的情况下,进行量子控制系统中控制律的设计,所设计出的(3.6)式控制律可以收敛到期望目标态的条件为:

(1) $\dot{V}_1=0$。

(2) $i|\dot{\psi}(t)\rangle=H_0|\psi(t)\rangle$。

(3) $\langle\psi_f|(\lambda_k^l I-H_k)|\psi\rangle=0(k=1,\cdots,r;\lambda_k^l\in\mathbf{R})$。

(4) H_0关于目标态具有非退化谱。

其中,条件(1)为保证控制系统稳定的李雅普诺夫稳定定理必须满足的条件,条件(2)为系统自身演化方程,条件(3)是系统终态必须满足的本征方程,条件(4)意味着系统内部哈密顿量必须是非退化的。

在理论上进行收敛控制的研究所获得的定理,就是保证控制系统收敛情况下,系统或控制器参数必须满足的条件。设计者只要根据这些条件来设计控制律,就一定能够达到控制目标。这就是理论研究成果的应用所在:正确的理论能够指导人们进行有效的高性能控制律的设计。

3.1.2 基于状态偏差的量子李雅普诺夫控制律的设计

本小节将给出选择基于系统状态的偏差来作为李雅普诺夫函数,进行控制律设计的过程及其特性分析。

被控封闭量子系统模型仍为(3.1)式,李雅普诺夫函数选为基于系统状态偏差的函数:

$$V_2 = \frac{1}{2}\langle \psi - \psi_f \mid \psi - \psi_f \rangle \tag{3.7}$$

其中,$|\psi_f\rangle$为目标态,且服从条件$H_0|\psi_f\rangle = \lambda_f|\psi_f\rangle$的约束。

事实上,(3.7)式中的$\langle \psi - \psi_f \mid \psi - \psi_f \rangle$也是系统状态空间中被控状态$|\psi\rangle$与目标态$|\psi_f\rangle$间的欧几里得距离的平方。通过简单的计算,可以将(3.7)式简化为

$$V_2 = 1 - \mathrm{Re}\langle \psi_f \mid \psi \rangle \tag{3.8}$$

为了处理问题上的方便性,假定系统还受到一个虚构控制量的作用,即系统的完整模型为

$$\mathrm{i}\,|\dot{\psi}(t)\rangle = (H + \omega I)\,|\psi(t)\rangle \tag{3.9}$$

其中,哈密顿量H与系统(3.1)式中的哈密顿量完全一致;ω是一个新的、虚构的、实数范围内取值的标量控制场。

可以验证,量子系统(3.9)式的解等于量子系统(3.1)式的解与全局相位因子$\mathrm{e}^{-\mathrm{i}\omega t}$之积。因此,系统模型中引入的$\omega$可以用来调节被控状态的全局相位,而不改变系统的布居分布值。换句话说,在设计计算中,虚构控制ω对于每个时刻的控制量$u_k(k=1,\cdots,r)$的数值生成是必要的;但在实际应用中,并不需要真实地加入到系统中。这就是控制量ω被称为"虚构控制"的原因。

计算V_2对时间的一阶导数为

$$\dot{V}_2 = -\mathrm{Re}(\langle \psi_f \mid [-\mathrm{i}(H_0 + \sum_{k=1}^{r} H_k u_k + \omega I)] \mid \psi \rangle)$$

$$= -\text{Im}(\langle\psi_f|(H_0 + \sum_{k=1}^{r}H_k u_k + \omega I)|\psi\rangle)$$

$$= -\text{Im}(\langle\psi_f|(H_0 + \omega I)|\psi\rangle) - \text{Im}(\langle\psi_f|\sum_{k=1}^{r}H_k u_k|\psi\rangle)$$

$$= -(\lambda_f + \omega)\text{Im}(\langle\psi_f|\psi\rangle) - \sum_{k=1}^{r}\text{Im}(\langle\psi_f|H_k|\psi\rangle)u_k \quad (3.10)$$

令 $u_0 = \lambda_f + \omega$,则(3.10)式可写为

$$\dot{V}_2 = -\text{Im}(\langle\psi_f|\psi\rangle)u_0 - \sum_{k=1}^{r}\text{Im}(\langle\psi_f|H_k|\psi\rangle)u_k \quad (3.11)$$

为了保证 $\dot{V}_2 \leqslant 0$,可以设计控制场的函数形式满足(Mirrahimi et al.,2005; Kuang,Cong,2008)

$$\lambda_f + \omega = u_0 = K_0 f_0(\text{Im}(\langle\psi_f|\psi\rangle)) \quad (3.12)$$

$$u_k = K_k f_k(\text{Im}(\langle\psi_f|H_k|\psi\rangle)), \quad k = 1,2,\cdots,r \quad (3.13)$$

其中,$K_k > 0 (k = 0,1,2,\cdots,r)$,函数 $y_k = f_k(x_k)$ 的图像单调过平面 $x_k - y_k$ 的原点且位于第一或第三象限。

此时的控制系统可以写为

$$i|\dot{\psi}\rangle = (H_0 + H_1 u_1 + \omega I)|\psi\rangle \quad (3.14)$$

同样,考虑在(3.12)式和(3.13)式中控制场作用下的系统(3.14)式,并假定目标态 $|\psi_f\rangle$ 是 H_0 的一个本征态,选择基于偏差的李雅普诺夫函数来对量子系统进行控制律的设计。控制系统能够收敛到期望的目标态的结论为:如果 H_0 具有非退化谱,那么闭环系统的最大不变集是 $S^{2N-1} \bigcap E_2, E_2 = \{|\psi\rangle: \langle\psi_f|H_1|\psi\rangle = 0, \text{Im}(\langle\psi_f|\psi\rangle) = 0\}$;如果联立方程 $\langle\psi_f|H_1|\psi\rangle = 0$ 和 $\text{Im}(\langle\psi_f|\psi\rangle) = 0$ 的所有解都在目标态 $|\psi_f\rangle$ 的等价类内,则闭环系统关于目标态是渐近收敛的;如果至少存在联立方程 $\langle\psi_f|H_1|\psi\rangle = 0$ 和 $\text{Im}(\langle\psi_f|\psi\rangle) = 0$ 的一个解不在目标态 $|\psi_f\rangle$ 的等价类内,则只能保证闭环系统关于目标态是李雅普诺夫意义上收敛的,或者说闭环系统关于 $S^{2N-1} \bigcap E_2$ 是渐近收敛的。

用通俗的话来解释控制器设计过程中的原则,基于偏差的李雅普诺夫函数的量子控制器设计的过程必须满足的条件为:

(1) $\langle\psi_f|H_1|\psi\rangle = 0$。

(2) $\text{Im}(\langle\psi_f|\psi\rangle) = 0$。

(3) $i|\dot{\psi}(t)\rangle = (H + \omega I)|\psi(t)\rangle$。

(4) H_0 具有非退化谱。

人们需要根据这四个条件来设计基于偏差的李雅普诺夫控制律,才有可能达到期望控制目标。

3.1.3 基于虚拟力学量均值的量子李雅普诺夫控制律的设计

基于观测量平均形式的李雅普诺夫函数更具灵活性,因为其中的虚拟力学量可以根据具体的控制要求灵活构造,增加了调节控制律的一个自由度。假定厄米算符 P 是系统的一个力学量,根据量子理论,只要系统处在 P 的一个本征态上,那么 P 的平均值就是 P 对应于该本征态的本征值。由此,可以尝试把 P 的平均值作为李雅普诺夫函数,即构造李雅普诺夫函数为(Kuang,Cong,2008;Grivopoulos,Bamieh,2003)

$$V_3 = \langle \psi | P | \psi \rangle \tag{3.15}$$

其中,P 是厄米算符。P 具有以下特点:P 的最大本征值对应的本征矢是 V_3 的极大值点;最小本征值对应的本征矢是极小值点;其他态矢量是鞍点。

P 所具有的特性告诉我们:假设 P 的一个较小的本征值为 P_f,对应于 P_f 的本征矢为目标态 $|\psi_f\rangle$,则 $V_3 = \langle \psi | P | \psi \rangle$ 在 $|\psi\rangle = |\psi_f\rangle$ 处的取值为 P_f。这样,当所设计的控制场使 V_3 连续减小到 P_f 的时候,系统状态就有可能被驱动到 $|\psi_f\rangle$。至于是否能驱动到目标态上,还需要理论上进一步的分析。这一思路将被用来设计控制场,并构造相应的虚拟力学量 P。

同样考虑被控系统(3.1)式,期望的目标态仍然是系统内部哈密顿量的一个本征态,满足 $H_0 |\psi_f\rangle = \lambda_f |\psi_f\rangle$,李雅普诺夫函数 V_3 对时间的导数为

$$\begin{aligned} \dot{V}_3 &= \langle \dot{\psi} | P | \psi \rangle + \langle \psi | P | \dot{\psi} \rangle \\ &= \mathrm{i} \langle \psi | (H_0 + \sum_{k=1}^{r} H_k u_k) P | \psi \rangle - \mathrm{i} \langle \psi | P(H_0 + \sum_{k=1}^{r} H_k u_k) | \psi \rangle \\ &= \mathrm{i} \langle \psi | [H_0, P] | \psi \rangle + \mathrm{i} \langle \psi | \sum_{k=1}^{r} [H_k, P] u_k | \psi \rangle \\ &= \mathrm{i} \langle \psi | [H_0, P] | \psi \rangle + \mathrm{i} \sum_{k=1}^{r} \langle \psi | [H_k, P] | \psi \rangle u_k \end{aligned}$$

为了设计虚拟力学量 P,令 P 满足

$$[H_0, P] = 0 \tag{3.16}$$

为了使 $\dot{V}_3 \leqslant 0$,设计控制量满足

$$u_k = -K_k f_k(i\langle\psi|[H_k,P]|\psi\rangle), \quad k=1,\cdots,r \tag{3.17}$$

其中，$K_k>0$，用以调节控制幅度；函数 $y_k=f_k(x_k)$ 的图像单调过平面 x_k-y_k 的原点且位于第一、三象限。

经过类似的分析，可以总结出系统(3.1)式在 $|\psi_f\rangle$ 满足(3.2)式的约束条件，并在控制律(3.17)式作用下有效收敛到目标态的条件是：

(1) $[H_0,P]=0$。

(2) $\omega_{i'j'}\neq\omega_{lm},(i',j')\neq(l,m)$。

(3) $P_l\neq P_m, l\neq m$。

其中，$\omega_{lm}=\lambda_l-\lambda_m$ 是 H_0 的能级差，$\lambda_l(l=1,\cdots,N)$ 是对应于 H_0 的本征矢 $|\lambda_l\rangle$ 的本征值，$P_l(l=1,\cdots,N)$ 是对应于 P 的本征矢 $|\lambda_l\rangle$ 的本征值。那么闭环系统的最大不变集是 $S^{2N-1}\bigcap E_3, E_3=\{|\psi\rangle:\langle\lambda_l|\rho|\lambda_m\rangle\langle\lambda_m|H_k|\lambda_l\rangle=0, k=1,\cdots,r;l,m\in\{1,\cdots,N\}\}$，$\rho=|\psi\rangle\langle\psi|$。

从设计控制系统的控制律使系统状态到达目标本征态的条件中可以看出：条件(1)和(3)是用来构造 P 的，条件(2)则表明 H_0 是非衰减的。

3.2 叠加态之间的状态转移

假设 $|\psi(t)\rangle$ 满足薛定谔方程：

$$i\hbar|\dot{\psi}\rangle = H|\psi\rangle, \quad H=H_0+H_c(t), \quad H_c(t)=\sum_{k=1}^{m}H_k u_k(t) \tag{3.18}$$

其中，H_0 为未受扰动的系统内部哈密顿量；$H_c(t)$ 为受微扰动的系统外部哈密顿量；H_0 和 H_k 均为不含时的线性厄米算符，即 $H_k^\dagger=H_k(k=0,1,\cdots,m)$，其中上标"†"表示共轭转置；$u_k(t)$ 是可实现的标量实值控制场。将普朗克常数 $\hbar$ 置为1。

算符 H_0 的本征值方程为

$$H_0|\psi_n\rangle = \lambda_n|\psi_n\rangle \tag{3.19}$$

其中，λ_n 称为算符 H_0 的本征值，相应的态矢 $|\psi_n\rangle$ 称为算符 H_0 属于本征值 λ_n 的本征态。对于所有本征态 $|\psi_n\rangle$，张成一个希尔伯特空间，即有下式成立：

$$|\psi\rangle = \sum_n c_n |\psi_n\rangle \tag{3.20}$$

其中,$c_n \in \mathbf{C}$,且 $\sum_n c_n = 1$,$|c_n|$ 表示量子处在本征态 $|\psi_n\rangle$ 的概率。

幺正变换在量子系统中起着重要的作用,正如在宏观系统中进行线性变换来简化计算一样,对量子态的操作过程可以通过幺正变换来方便设计过程。对系统(3.18)式做如下幺正变换:

$$|\psi(t)\rangle = U(t)|\widetilde{\psi}(t)\rangle \tag{3.21}$$

其中,幺正矩阵 $U(t) = \mathrm{diag}(\mathrm{e}^{-\mathrm{i}\lambda_1 t}, \mathrm{e}^{-\mathrm{i}\lambda_2 t}, \cdots, \mathrm{e}^{-\mathrm{i}\lambda_n t})$。将(3.21)式代入(3.18)式,得

$$\mathrm{i}|\dot{\widetilde{\psi}}\rangle = (\widetilde{H}_0 + \sum_{k=1}^{m} \widetilde{H}_k u_k(t) - \Lambda)|\widetilde{\psi}\rangle \tag{3.22}$$

其中,$\Lambda = \mathrm{diag}(\lambda_1, \lambda_2, \cdots, \lambda_n)$,$\widetilde{H}_0 = U^\dagger H_0 U$,$\widetilde{H}_k = U^\dagger H_k U$。由(3.19)式和(3.21)式可得

$$|\widetilde{\psi}\rangle = \sum_n \widetilde{c}_n |\widetilde{\psi}_n\rangle \tag{3.23}$$

其中 $\widetilde{c}_n = \mathrm{e}^{\mathrm{i}\lambda_n t} c_n$,则 $|\widetilde{c}_n| = |c_n|$。

也就是说方程(3.22)式和(3.18)式描述了相同的物理系统。为了书写简便,在下面的讨论中将不再区分 $|\widetilde{\psi}\rangle$ 和 $|\psi\rangle$。

针对方程(3.22)式来设计控制律,李雅普诺夫函数仍然选取为基于偏差的形式:$V = \langle \psi - \psi_f | \psi - \psi_f \rangle$,$V$ 对时间的一阶导数为

$$\dot{V} = \langle \dot{\psi} | \psi - \psi_f \rangle + \langle \psi - \psi_f | \dot{\psi} \rangle \tag{3.24}$$

将方程(3.22)式左、右两边同除以 i 可得到如下形式:

$$|\dot{\psi}\rangle = -\mathrm{i}(\widetilde{H}_0 + \sum_{k=1}^{m} \widetilde{H}_k u_k(t) - \Lambda)|\psi\rangle \tag{3.25}$$

将(3.25)式代入(3.24)式,可得

$$\dot{V} = \langle \psi|(-\mathrm{i}\widetilde{H}_0 - \mathrm{i}\sum_{k=1}^{m}\widetilde{H}_k u_k(t) + \mathrm{i}\Lambda)^\dagger|\psi - \psi_f\rangle$$

$$+ \langle \psi - \psi_f|(-\mathrm{i}\widetilde{H}_0 - \mathrm{i}\widetilde{H}_k u_k(t) + \mathrm{i}\Lambda)|\psi\rangle$$

$$= 2\mathscr{I}(\langle \psi|\sum_{k=1}^{m}\widetilde{H}_k u_k(t)|\psi\rangle) - 2\mathscr{I}(\langle \psi_f|\widetilde{H}_0 + \sum_{k=1}^{m}\widetilde{H}_k u_k(t) - \Lambda|\Psi\rangle)$$

$$= -2\mathscr{I}(\langle\psi_f - \psi | \sum_{k=1}^{m}\widetilde{H}_k u_k(t) | \psi\rangle) - 2\mathscr{I}(\langle\psi_f | (\widetilde{H}_0 - \Lambda) | \psi\rangle) \quad (3.26)$$

又由于 $|\psi_f\rangle = \sum_n c_n |\psi_n\rangle$，且 $\widetilde{H}_0 |\psi_n\rangle = \lambda_n |\psi_n\rangle$，可推出 $\mathscr{I}(\langle\psi_f | (\widetilde{H}_0 - \Lambda) | \psi\rangle) = 0$，则 $\dot{V}$ 的最终表达式为

$$\dot{V} = -2\sum_{k=1}^{m} u_k(t) \mathscr{I}(\langle\psi_f - \psi | \widetilde{H}_k | \psi\rangle) \quad (3.27)$$

采用状态偏差的李雅普诺夫函数来进行控制器设计，可得控制器函数的形式为

$$u_k = K_k \mathscr{I}(\langle\psi_f - \psi | \widetilde{H}_k | \psi\rangle) \quad (3.28)$$

其中 $K_k > 0$。

V 在 u_k 的作用下不断减小，当 $|\psi\rangle = |\psi_f\rangle$ 时，减小到 0。此时 $u_k = 0$，$\dot{V} = 0$，系统将稳定在终态 $|\psi_f\rangle$。

当目标态为叠加态时所采用的控制律的设计过程与目标态为本征态时的设计方法相比较，二者既有相似之处又有区别：

第一，二者都是选取状态偏差作为李雅普诺夫函数，利用李雅普诺夫稳定性定理，通过保证李雅普诺夫函数对时间的一阶导数不大于零来获得系统的控制律，当目标终态为系统固有哈密顿量的本征态时，都能得到李雅普诺夫意义下的渐近稳定的控制结果。

第二，二者都对系统模型做了变换，目标本征态转移的控制器设计中引入了一个新的、虚构的、实数范围内取值的标量控制场 ω，系统模型中引入的 ω 可以用来调节被控状态的全局相位而不改变系统的概率分布值；在目标叠加态转移的控制器设计中，对系统模型做了幺正变换，调整了被控对象的局部相位但不改变系统的概率分布值。

第三，目标本征态转移的控制器设计中的变换不改变系统哈密顿量，而目标叠加态转移的控制器设计中的变换改变了系统哈密顿量；对比(3.13)式和(3.28)式，二者虽然表达形式相似，但(3.13)式中哈密顿量仍为系统原来的哈密顿量，而(3.28)式中 $\widetilde{H}_k$ 可能是含时的算符，实验中会比(3.13)式形式复杂。

第四，考察(3.10)式，当系统期望终态不是系统固有哈密顿量的本征态时，$\mathscr{I}\langle\psi_f | (H_0 + \omega I) | \psi\rangle$ 的符号不能确定，因此不能得到李雅普诺夫意义下的稳定的控制律；而(3.26)式中 $\mathscr{I}(\langle\psi_f | (\widetilde{H}_0 - \Lambda) | \psi\rangle)$ 恒等于 0，与目标终态 $|\psi_f\rangle$ 取值无关，所以可以通过设计控制量 u_k 来获得任意期望终态。这个结果是由目标叠加态与目标本征态所满足的本征方程不同造成的：目标本征态中系统所满足的本征方程为 $H_0 |\psi_f\rangle = \lambda_f |\psi_f\rangle$，目标叠加态中系统所满足的本征方程为 $H_0 |\psi_n\rangle = \lambda_n |\psi_n\rangle$（(3.19)式）。

3.3 混合态之间的状态转移

混合态的产生有两个原因,其一是量子系统与环境相互作用,出现耗散现象,此时密度矩阵的演化不再是幺正的;另一个原因是大量处于不同纯态的同种粒子的非相干混合,即统计平均上的混合,从这样的纯态序列系综来看一个给定的混合态,就是将这些纯态密度矩阵按给定的概率非相干相加,成为一个单一的混合态矩阵。所研究的工作仅限于不受环境影响的封闭量子系统。当系统处于与环境不发生作用的纯态时,系统的状态能够由依照薛定谔方程演化的波函数来描述,也可以用密度算符来描述系统的状态,它不仅能表示纯态也能表示混合态。

考虑由密度算子描述的 N 级量子系统,且假定所考虑的量子系统是算子可控的。在控制场的作用下,控制系统的数学模型给定为

$$\dot{\rho}(t) = -\mathrm{i}\left[H_0 + \sum_{k=1}^{m} H_k u_k(t), \rho(t)\right], \quad \rho(0) = \rho_0 \tag{3.29}$$

其中,$\rho(t)$ 是描述系统动力学演化的密度算符,H_0 是系统的内部哈密顿量,$u_k(t)$ 是外加的实值控制场,H_k 是 $u_k(t)$ 作用于系统的控制哈密顿量,H_0 和 H_k 均不含时,H_0 是一个对角阵。

由于被控系统自身的属性在很大程度上决定了控制设计的难易程度,因此结合系统自身的属性进行相应的研究是合理的。我们已经对纯态情况的收敛性进行了研究,本节讨论内部哈密顿量没有**退化跃迁**且**控制哈密顿量完全连通**的混合态系统,并将这两个条件合称为**理想条件下的量子系统**。

(3.29)式所描述的量子系统是封闭系统,其状态随时间的演化是幺正的。因此,系统在时刻 t 的状态可以记为

$$\rho(t) = X(t)\rho_0 X^{\dagger}(t), \quad X(t) \in U(N) \tag{3.30}$$

(3.30)式表明:无论(3.29)式中的控制律 $u_k(t)$ 具有什么样的形式,初始态 ρ_0 与其可达态 $\rho(t)$ 总是具有相同的谱值。这就是 ρ_0 的可达态所满足的必要条件。我们将满足 $[H_0, \rho] = 0$ 的状态 ρ 称为系统(3.29)式的平衡态。

构造李雅普诺夫函数为

$$V(\rho) = \mathrm{tr}(P\rho) \tag{3.31}$$

其中 P 是一个待构造的正定厄米算子,可以看作系统的一个虚拟力学量。

从数学表达式上看,$V(\rho)$ 是一个求迹运算;从物理意义上看,$V(\rho)$ 则代表厄米算子 P 的期望值。李雅普诺夫函数(3.31)式是我们所研究过的纯态均值李雅普诺夫函数的密度算子形式,因此更具有一般性。

对于一个给定的李雅普诺夫函数,由于其最小值点是唯一的,因此当将目标态与最小值点对应起来并且控制李雅普诺夫函数使之单调下降至其最小值时,被控状态必然被驱动至目标态上。在系统的密度算子 ρ 以幺正方式(3.30)式演化的前提下,借助 SU(N) 李代数的工具可以证明李雅普诺夫函数(3.31)式与其极值点之间的一个关系(D'Alessandro,2007):在 ρ 以幺正方式变化的前提下,若 ρ 是 $V(\rho)$ 的任一极值点,则有 $[\rho, P] = 0$ 成立;反之,若 ρ 满足 $[\rho, P] = 0$,则 ρ 一定是 $V(\rho)$ 的一个极值点。

由于李雅普诺夫函数(3.31)式随时间的变化要体现于系统的演化方程(3.29)式中,并进而体现于控制律 $u_k(t)$ 的形式上,因此,可以通过控制律的设计来保证李雅普诺夫函数随时间演化的单调性。计算李雅普诺夫函数(3.31)式对时间的一阶导数,有

$$\dot{V}(\rho) = -\mathrm{itr}([P, H_0]\rho) - \mathrm{i}\sum_{k=1}^{m} \mathrm{tr}([P, H_k]\rho) u_k \tag{3.32}$$

考虑到(3.32)式右边第一项对于控制分量的独立性和设计控制律的方便性,令

$$[P, H_0] = 0 \tag{3.33}$$

这样,为了保证李雅普诺夫函数的不断下降,可以设计下面的控制律:

$$u_k = \mathrm{i}\varepsilon_k \mathrm{tr}([P, H_k]\rho), \quad k = 1, \cdots, m \tag{3.34}$$

其中 $\varepsilon_k > 0$,用于调整控制场的幅度。

由于 H_0 是非退化的,且 $[P, H_0] = 0$,则 P 是一个对角阵。

由于在控制场(3.34)式作用下的系统(3.29)式是一个自治系统,因此可以利用拉塞尔(LaSalle)不变性原理分析系统的收敛性。拉塞尔原理保证闭环系统的任一轨线将收敛于集合 $\{\rho : \dot{V}(\rho) = 0\}$ 中的最大不变集。因此,应该刻画出满足 $\dot{V}(\rho) = 0$ 的状态 ρ 的特征,并计算 $\{\rho : \dot{V}(\rho) = 0\}$ 中的最大不变集。

本质上,满足 $\dot{V}(\rho) = 0$ 的时间点就是系统演化过程中李雅普诺夫函数(3.31)式关于时间的极值点,而对应于该时间点上的状态 ρ 就是系统演化过程中李雅普诺夫函数(3.31)式的极值状态。对于这样的极值状态,假定在控制场(3.34)式的作用下,系统自任一初始态 $\rho(0) = \rho_0$ 演化至 t_0 时刻的一个极值状态 $\rho(t_0)$ 上,则下面三个条件是等价的:

$$\dot{V}(\rho(t_0)) = 0 \tag{3.35}$$

$$\mathrm{tr}(\rho(t_0)[P, H_k]) = 0, \quad k = 1, \cdots, m \tag{3.36}$$

$$u_k(t_0) = 0, \quad k = 1, \cdots, m \tag{3.37}$$

这三个条件刻画了系统在演化的某一时刻,作为演化过程中的极值状态的特征,同时也表明:伴随着系统的演化,李雅普诺夫函数(3.31)式关于时间的极值点,就是系统演化至满足(3.36)式的状态处的时刻,也是控制场的过零时刻的极值点。由于(3.32)式~(3.34)式并不涉及具体的初始状态,因而(3.35)式~(3.37)式表征了始于所有初始态的系统演化中的极值状态。如果将控制场作用下始于所有初始态的、系统演化过程中的极值状态的集合记为 S,对系统(3.30)式,采用(3.30)式作为李雅普诺夫函数,所设计出的控制律必须满足的三个条件是:(1) $[P, H_0] = 0$;(2) 系统是非退化的;(3) 系统没有退化跃迁。

考虑(3.34)式控制场作用下的系统(3.29)式,那么下面的结论成立:(1) 若条件(1)成立,则控制系统在 S 中的最大不变集为 $E := \{\rho(0): \dot{V}(\rho(t)) = 0, t \in R\}$,其中 $\rho(t)$ ($t \in R$)是对应于初始态 $\rho(0)$ 的控制系统的轨线。(2) 若条件(1)和(2)同时成立,则结论(1)中的最大不变集可简化为 $E := \{\rho(0): \mathrm{tr}(\mathrm{e}^{iH_0 t} H_k \mathrm{e}^{-iH_0 t} [\rho(0), P]) = 0 (k = 1, \cdots, m; t \in R)\}$。(3) 若条件(1)和(3)同时成立,则结论(2)中的最大不变集中的状态 $\rho(0)$ 的第 (l, j) 个元素满足 $(H_k)_{jl}(p_l - p_j)\rho_{lj}(0) = 0 (j, l = 1, \cdots, N; k = 1, \cdots, m; j < l)$,其中 p_l 和 p_j 分别为 P 的第 l 和 j 个对角元。

同时我们还可以看出:满足条件 $\dot{V}(\rho(t)) = 0 (t \in R)$ 的状态就是满足条件 $u_k(t) = \mathrm{i}\epsilon_k \mathrm{tr}([P, H_k]\rho(t)) = 0 (k = 1, \cdots, m; t \in R)$ 的状态。换句话说,所有使 $\dot{V}(\rho(t)) = 0 (t \in R)$ 的点都是使控制律为 0 的点,或在所有的平衡点上的控制量均为零。另外,因为 H_0 是一个非退化的对角阵,所以 P 也是一个对角阵,这为 P 值的设计提供了一个条件。

系统所需要满足的三个条件实际上涵盖了系统自身的三种情况:条件(1)为没有对系统施加任何控制的情况;条件(2)要求系统是非退化的;条件(3)则要求系统是没有退化跃迁的。从这三个条件可以看出:随着系统自身条件的逐渐严格化,最大不变集中状态的具体表达式将越来越便于解析确定出来。

3.4 虚拟力学量 P 的构造原则

基于李雅普诺夫稳定性定理获得的有关状态或轨线的基本特点就是:系统在控制场作用下,始于初始态的轨线必然收敛到状态 $\dot{V}=0$ 的集合中,但不能保证收敛到集合中某一个指定的目标态上。我们可以通过增加约束条件,不断缩小集合中的状态数量。当采用基于虚拟力学量的李雅普诺夫函数时,还可以通过研究 P 的对角元素的构造来解决这一问题,保证系统能够最终稳定化在平衡态集合中一个确定的状态上。

当系统(3.29)式是理想系统,即 H_0 为一个非退化的对角矩阵,H_k 为全连接时,P 也是一个对角阵。此时,所对应的平衡态集合也是一个有限数量的离散集合。记平衡态集合 E 中的所有状态为 $\rho_1, \rho_2, \cdots, \rho_n (n < N!)$,并假定目标态是 $\rho_f \in E(\rho_0)$。根据吸引性,只要构造 P 使其满足下式:

$$\text{tr}(P\rho_f) < \text{tr}(P\rho_0) < \text{tr}(P\rho_s), \quad s = 1, \cdots, n; s \neq f \tag{3.38}$$

那么,始于初态 ρ_0 的闭环控制系统轨线必然渐近收敛至目标态 ρ_f 上。

对于宏观系统而言,人们常常希望将一个系统稳定在它的一个确定的平衡态上。但对微观系统而言,人们更希望将系统稳定在它的某一平衡态的布居上,所以我们只需通过构造 P 将系统稳定在与期望的平衡态具有相同布居的一个状态上即可。考虑到 P 的对角性,我们可以将(3.31)式写为

$$V(\rho) = \sum_{k=1}^{N} p_k \rho_{kk} \tag{3.39}$$

其中,ρ_{kk} 是 ρ 的第 (k,k) 个元素,表示系统在第 k 个本征态上的布居值。

(3.39)式和系统演化的封闭性暗示了随着 V 的下降,对应于 P 的最大和最小对角元的本征态上的布居变化率的大小,对应于目标平衡态最大对角元的 P 的对角值应取最小,而对应于目标平衡态最小对角元的 P 的对角值应取最大。P 的其他对角元可适当取值,其具体值的大小还需要通过系统仿真实验来进一步调整和确定,其中的一种调整考虑是:通过观察仿真实验中的布居变化曲线来不断调整 P 的对角值,以改变相应布居分量的变化快慢程度。另外,改变整个李雅普诺夫函数相对于时间的变化率也可改变闭环控制系统的轨线走向。考虑(3.31)式~(3.34)式可以得到

$$\dot{V}(\rho) = \sum_{k=1}^{m} \varepsilon_k \operatorname{tr}^2([P, H_k]\rho) = -4 \sum_{k=1}^{m} \varepsilon_k \left(\sum_{j<l} (p_j - p_l) \mathscr{I}(\rho_{jl}(H_k)_{lj}) \right)^2 \quad (3.40)$$

由(3.40)式可以看出:控制哈密顿量中直接耦合的能级对确定了能够影响李雅普诺夫函数变化率的 P 的对角元。因此,调整对应于直接耦合能级的 P 的对角元的相对大小即可实现对李雅普诺夫函数下降率的调节。

3.5 退化情况下的李雅普诺夫控制律的设计

在基于李雅普诺夫方法的量子系统控制的设计中,为了能够实现对量子态的控制,仅仅设计出使控制系统稳定的控制律是不行的,必须设计出使控制系统渐近稳定的收敛控制律,以便使得系统以 100% 概率或者是零误差达到目标态。根据控制系统分别为薛定谔方程或量子刘威尔方程,其研究成果可以总结为:

(1) 对于采用薛定谔方程进行目标态为本征态的转移的情况,保证控制系统收敛的条件为(Beauchardi et al., 2007; Grivopoulos, Bamieh, 2003; Kuang, Cong, 2008):

① (控制系统)强正则,即满足: $\omega_{i'j'} \neq \omega_{lm}$, $(i', j') \neq (l, m)$, $i', j', l, m \in \{1, 2, \cdots, N\}$,其中, $\omega_{lm} = \lambda_l - \lambda_m$, λ_l 是内部哈密顿量 H_0 对应于本征态 $|\varphi_l\rangle$ 的本征值。强正则意味着内部哈密顿量不同的能级差的值是不相等的,即内部哈密顿量的谱是非退化的(Cong, Kuang, 2007; Mirrahimi et al., 2005)。

② (a) 选择状态距离和状态偏差为李雅普诺夫函数时,条件为:所有不同于目标态的本征态 $|\varphi_i\rangle$ 和目标态 $|\varphi_f\rangle$ 直接连接,即满足: $\langle\varphi_i|H_k|\varphi_f\rangle \neq 0$, $|\varphi_i\rangle \neq |\varphi_f\rangle$ ($k = 1, \cdots, r$),或(b) 选择虚拟力学量均值为李雅普诺夫函数时,设计控制律使系统渐近稳定必须满足的条件为:系统内部哈密顿量 H_0 的任意两个本征态直接连接。

(2) 对于采用量子刘威尔方程进行目标态为对角阵的转移的情况,保证控制系统收敛的条件为:

① 强正则。

② 控制哈密顿量 H_k 全连接,即 $\forall j \neq l$, H_k 的第 j 行第 l 列元素 $(H_k)_{jl} \neq 0$ (Wang, Schirmer, 2010; Kuang, Cong, 2010)。

③ 系统内部哈密顿量 H_0 和所设计的虚拟力学量 P 对易。

④ 虚拟力学量 P 的特征值互不相等(Kuang, Cong, 2008; Grivopoulos, Bamieh, 2003)。

一般将控制系统满足条件①和②的情况称为非退化情况。

在实际系统中,能够满足非退化情况条件的量子系统是非常少的,大部分实际系统是不满足的,比如耦合两自旋系统和一维振荡器(D'Alessandro,2007)。

本节将在量子刘威尔方程下,通过采用李雅普诺夫的量子控制方法,给出多控制哈密顿系统退化情况下,目标态为叠加态和混合态的状态转移的收敛控制问题,进而达到实现封闭量子系统退化情况下从任意初态到与其幺正等价的任意目标态的完全转移目的。思路为:在选择虚拟力学量均值为李雅普诺夫函数的基础上,通过在控制律中引入隐函数微扰解决退化问题,同时消除非退化情况下控制系统能收敛到给定的目标态对初始态的限制条件;其次基于李雅普诺夫理论来设计控制律,并基于 LaSalle 不变性原理来分析控制系统的收敛性,找出使控制系统收敛到期望目标态的条件,收敛性与控制系统的目标态以及控制律有关,其中,将具体分析如何使控制系统的收敛条件得到满足、如何构造虚拟力学量等问题。

3.5.1 控制系统模型

所考虑的控制系统为如下量子刘威尔方程:

$$i\dot{\rho}(t) = \left[H_0 + \sum_{k=1}^{r} H_k u_k(t), \rho(t)\right], \quad \rho(0) = \rho_0 \quad (3.41)$$

其中,$\rho(t)$ 是密度算符,H_0 是内部哈密顿,$H_k(k=1,\cdots,r)$ 是控制哈密顿,$u_k(t)(k=1,\cdots,r)$ 是控制律。

为了解决退化情况下控制系统的收敛问题,已有的手段是在控制律中引入微扰控制项,即在控制系统(3.41)式的控制律 $u_k(t)(k=1,\cdots,r)$ 中引入微扰项 $\gamma_k(t)$,此时控制系统变为

$$i\dot{\rho}(t) = \left[H_0 + \sum_{k=1}^{r} H_k(\gamma_k(t) + v_k(t)), \rho(t)\right], \quad \rho(0) = \rho_0 \quad (3.42)$$

其中,$\gamma_k(t) \in \mathbf{R}(k=1,\cdots,r)$ 为解决控制系统退化情况下的收敛问题所引入的控制律;$v_k(t)$ 为基于李雅普诺夫稳定性理论所需设计的控制律;$u_k(t) = \gamma_k(t) + v_k(t)$ 是需要设计的总的控制律。

控制目标是:通过设计控制律 $u_k(t) = \gamma_k(t) + v_k(t)$ 来使控制系统能从任意一个初态 ρ_0 完全转移到任意的一个与 ρ_0 幺正等价的期望目标态 ρ_f。这是由于在封闭量子系统中,系统状态的演化是幺正的。

本节采用基于虚拟力学量均值的量子李雅普诺夫控制方法。所谓虚拟力学量是指该力学量可能并不是一个如坐标、动量、角动量或能量等具有物理意义的可观测量，而是人们用来设计的一个线性厄米算符。为了解决退化情况，需要在控制律中引入微扰函数 $\gamma_k(t)$，具体的李雅普诺夫函数选为

$$V(\rho) = \mathrm{tr}(P_{\gamma_1,\cdots,\gamma_r}\rho) \tag{3.43}$$

其中，虚拟力学量 $P_{\gamma_1,\cdots,\gamma_r} = f(\gamma_1(t),\cdots,\gamma_r(t))$ 是关于微扰 $\gamma_k(t)$ 的函数，方便起见，写成 $P_{\gamma_1,\cdots,\gamma_r}$，$P_{\gamma_1,\cdots,\gamma_r}$ 正定。

3.5.2 微扰函数的设计

控制系统引入微扰函数 $\gamma_k(t)$ 后，将使原系统中的内部哈密顿 H_0 变成 $H_0 + \sum_{k=1}^{r} H_k \gamma_k(t)$，所以 $H_0 + \sum_{k=1}^{r} H_k \gamma_k(t)$ 成为控制系统(3.42)式新的内部哈密顿，通过设计微扰 $\gamma_k(t)$ 可以使加入微扰后的控制系统满足强正则和全连接条件，成为非退化情况。一般情况下，习惯在内部哈密顿的本征基上描述系统，即控制系统模型的内部哈密顿为对角阵的形式。记 $H_0 + \sum_{k=1}^{r} H_k \gamma_k(t)$ 的本征值和本征向量分别为 $\lambda_{n,\gamma_1,\cdots,\gamma_r}$ 和 $|\varphi_{n,\gamma_1,\cdots,\gamma_r}\rangle (1 \leqslant n \leqslant N)$，记 $U = (|\varphi_{1,\gamma_1,\cdots,\gamma_r}\rangle, |\varphi_{2,\gamma_1,\cdots,\gamma_r}\rangle, \cdots, |\varphi_{N,\gamma_1,\cdots,\gamma_r}\rangle)$，那么，在新的内部哈密顿 $\left(H_0 + \sum_{k=1}^{r} H_k \gamma_k\right)$ 的本征基上所描述的系统为

$$\mathrm{i}\dot{\hat{\rho}}(t) = \left[\hat{H}_0 + \sum_{k=1}^{r} \hat{H}_k(\gamma_k(t) + v_k(t)), \hat{\rho}(t)\right] \tag{3.44}$$

其中，$\hat{\rho} = U^\dagger \rho U$，$\hat{H}_0 = U^\dagger H_0 U$，$\hat{H}_k = U^\dagger H_k U$。相应的，目标态 ρ_f 变成 $\hat{\rho}_f = U^\dagger \rho_f U$，$U$ 是关于微扰 $\gamma_k(t)$ 的函数。

为了使加入微扰后的控制系统满足控制系统收敛的条件，成为非退化情况，引入微扰 $\gamma_k(t)$ 后，控制系统(3.42)式和(3.44)式需要满足以下两个假设条件：(1) 强正则：$\omega_{l,m,\gamma_1,\cdots,\gamma_r} \neq \omega_{i,j,\gamma_1,\cdots,\gamma_r}$，$(l,m) \neq (i,j)$，$i,j,l,m \in \{1,2,\cdots,N\}$，$\omega_{l,m,\gamma_1,\cdots,\gamma_r} = \lambda_{l,\gamma_1,\cdots,\gamma_r} - \lambda_{m,\gamma_1,\cdots,\gamma_r}$。(2) 全连接：$\forall j \neq l$，(3.44)式中的 $\hat{H}_k$ 的第 j 行第 l 列元素 $(\hat{H}_k)_{jl} \neq 0$。

此时，系统(3.44)式状态的演化过程为：随着李雅普诺夫函数 V 的不断下降，通过设

计合适的控制律,控制系统(3.44)式逐渐收敛到 $\hat{\rho}_f$。所设计的微扰 $\gamma_k(t)(k=1,\cdots,r)$ 应当逐渐收敛到 0,且为了解决退化情况,$\gamma_k(t)(k=1,\cdots,r)$ 的收敛速度要慢于控制系统(3.44)式收敛到 $\hat{\rho}_f$ 的速度。另外,为了使控制系统能收敛到目标态 ρ_f,需设计 $\gamma_k(\rho_f)=0$。

在非退化情况下,为了使控制系统能收敛到期望的目标态 ρ_f,使用了限制条件(3.38)式:$\mathrm{tr}(P\rho_f)<\mathrm{tr}(P\rho_0)<\mathrm{tr}(P\rho_s)(s=1,\cdots,n;s\neq f)$。此式的等价写法为:$V(\rho_f)<V(\rho_0)<V(\rho_\mathrm{other})$,其中 ρ_other 是 $E_1=\{\rho|\dot{V}(\rho)=0\}$ 中除目标态外的其他稳定状态。该条件与虚拟力学量 P 以及初始状态有关。在实际应用中,初始态和目标态是不能任意选取的,且所提出的限制条件 $V(\rho_f)<V(\rho_0)<V(\rho_\mathrm{other})$ 不是一个显式表达式,所以根据该条件来选取初始态也是比较困难的。因此需要放宽条件,消除对初始态的限制。实际上,加上 $V(\rho_f)<V(\rho_0)<V(\rho_\mathrm{other})$ 这个限制是因为 $E_1=\{\rho|\dot{V}(\rho)=0\}$ 集合中不止包含目标态。在对该条件的研究中已经指出 $\dot{V}(\rho)=0\Leftrightarrow u_k(t)=0(k=1,\cdots,r)$,所以当不加该限制时,随着李雅普诺夫函数 $V(t)$ 的不断下降,系统状态演化到某个 ρ_other,此时所有的控制律满足:$u_k(t)=0(k=1,\cdots,r)$,系统状态将停留在此处不再进一步演化。

为了在解决退化情况问题的同时能够消除控制系统收敛到期望目标态对初始态的限制,需要设计出微扰函数 $\gamma_k(t)$ 对于 $k=1,\cdots,r$,至少存在一个 $\gamma_k(\rho)\neq0,\rho\neq\rho_f$,$\gamma_k(\rho_f)=0$。这样可使除目标态外的其他态处的控制律都不为 0,当系统演化到不变集中除了目标态以外的其他平衡态时,由于有控制作用,系统可以继续向前演化,直到到达目标态。

基于以上分析,同时考虑到在李雅普诺夫控制方法下,系统状态的演化依赖于 $V(t)$ 的不断下降,故可设计微扰 $\gamma_k(t)\geq0$ 且为 $V(t)$ 的单调增函数:

$$\begin{aligned}\gamma_k(\rho)&=C_k\cdot\theta_k(V(\rho)-V(\rho_f))\\&=C_k\cdot\theta_k(\mathrm{tr}(P_{\gamma_1,\cdots,\gamma_r}\rho)-\mathrm{tr}(P_{\gamma_1,\cdots,\gamma_r}\rho_f)),\quad k=1,\cdots,r\end{aligned}\quad(3.45)$$

其中,$C_k\geq0$ 是比例系数,且对于 $k=1,\cdots,r$,至少有一个 $C_k>0$。函数 $\theta_k(\cdot)$ 满足 $\theta_k(0)=0$;对于任意的 $s>0$,则 $\theta_k(s)>0,\theta'_k(s)>0$。若 $C_k=0,\gamma_k(\rho)=0$。若 $C_k>0$,$\theta_k\in C^\infty(\mathbf{R}^+;[0,\gamma_k^*])$,$k=1,\cdots,r$,$\gamma_k^*$ 为一正常数,满足:$\theta_k(0)=0$,对于任意 $s>0$,$\theta_k(s)>0,\theta'_k(s)>0,\|\theta'_k\|_{m_1}<1/2C^*C_k$,$C^*=1+C,C=\max\{\|\partial P_{\gamma_1,\cdots,\gamma_r}/\partial\gamma_k\|_{m_1}$ $(k=1,\cdots,r)\}$。

3.5.3 目标态为对角阵情况下的控制律设计

本节将根据李雅普诺夫稳定性理论来设计控制律 $v_k(t)$,主要思想是:设计控制律使李雅普诺夫函数的一阶导数 $\dot{V}(t) \leqslant 0$。由于微扰 $\gamma_k(t)$ 是隐函数，实际上在求使 $\dot{V}(t) \leqslant 0$ 的控制律时非常困难。本节为了便于求解和简单起见，对于某些 k，令 $\gamma_k(t) = \gamma(t)$；而对于其他 k，令 $\gamma_k(t) = 0$。即令

$$\gamma_n(t) = \gamma(t), \quad C_n = 1, \quad n = k_1, \cdots, k_m;$$
$$C_n = 0, \quad n \neq k_1, \cdots, k_m, \quad 1 \leqslant k_1, \cdots, k_m \leqslant r \tag{3.46}$$

此时可将 $V(\rho) = \text{tr}(P_{\gamma_1, \cdots, \gamma_r}\rho)$ 写为 $V(\rho) = \text{tr}(P_\gamma \rho)$，其中 P_γ 是关于 $\gamma(t)$ 的函数。由(3.42)式和(3.43)式可得李雅普诺夫函数的一阶导数为

$$\dot{V} = -\,\text{itr}\Big(\big[P_\gamma, H_0 + \sum_{n=k_1}^{k_m} H_n \gamma(t)\big]\rho\Big)$$
$$-\,\text{i}\sum_{k=1}^{r} v_k(t)\text{tr}([P_\gamma, H_k]\rho) + \dot{\gamma}\,\text{tr}((\partial P_\gamma/\partial \gamma)\rho) \tag{3.47}$$

(3.47)式右边第一项 $-\,\text{itr}\big(\big[P_\gamma, H_0 + \sum_{n=k_1}^{k_m} H_n \gamma(t)\big]\rho\big)$ 是个漂移项。由于该漂移项的正负性难以判断，所以很难设计控制律来确保 $\dot{V} \leqslant 0$。根据已有的经验，可以通过令 $\big[P_\gamma, H_0 + \sum_{n=k_1}^{k_m} H_n \gamma(t)\big] = 0$ 来消除该漂移项，则(3.47)式变为

$$\dot{V} = -\,\text{i}\sum_{k=1}^{r} v_k(t)\text{tr}([P_\gamma, H_k]\rho) + \dot{\gamma}\,\text{tr}((\partial P_\gamma/\partial \gamma)\rho) \tag{3.48}$$

另一方面，(3.48)式中的微扰函数的一阶导数项 $\dot{\gamma}$ 是隐函数，得不到显式的表达式，简单的办法是消除该项。对(3.45)式求导，可得

$$\dot{\gamma}(t) = \theta' \cdot \Big(\text{tr}((\partial P_\gamma/\partial \gamma)\dot{\gamma}(t)(\rho - \rho_f)) - \text{i}\sum_{k=1}^{r} v_k \text{tr}([P_\gamma, H_k]\rho)\Big) \tag{3.49}$$

可求出 $\dot{\gamma}(t) = \dfrac{\text{i}\theta' \sum_{k=1}^{r} v_k \text{tr}([P_\gamma, H_k]\rho)}{\theta'\text{tr}((\partial P_\gamma/\partial \gamma)(\rho - \rho_f)) - 1}$，代入(3.49)式，可得

$$\dot{V} = -\,\frac{1 + \theta'\text{tr}((\partial P_\gamma/\partial \gamma)\rho_f)}{1 - \theta'\text{tr}((\partial P_\gamma/\partial \gamma)(\rho - \rho_f))} \sum_{k=1}^{r} \text{itr}([P_\gamma, H_k]\rho) v_k(t) \tag{3.50}$$

为使 $\dot{V} \leqslant 0$，可以通过令(3.50)式中右边每项都小于等于 0 来获得控制律 $v_k(t)$：

$$v_k(t) = K_k f_k(\text{itr}([P_\gamma, H_k]\rho)), \quad k = 1, \cdots, r \tag{3.51}$$

其中 $K_k > 0$，函数 $y_k = f_k(x_k)$ 是过平面 x_k-y_k 的坐标原点和第一、三象限的单调增

函数。

(3.51)式就是根据李雅普诺夫稳定性定理在李雅普诺夫函数选择为(3.43)式时为控制系统(3.42)式设计出来的控制律。

为解决退化情况问题引入隐函数微扰,并且根据李雅普诺夫稳定性定理设计出来的控制律(3.51)式仅能使控制系统稳定,并不能保证系统一定收敛到期望的目标态。要想使得所设计的控制系统状态能够完全转移,必须要对系统进行进一步的分析来得到使系统能够收敛的条件,此条件可以指导人们设计出保证系统状态完全转移的控制律。

控制系统(3.42)式在引入微扰控制 $\gamma_n(t) = \gamma(t), C_n = 1, n = k_1, \cdots, k_m; C_n = 0, n \neq k_1, \cdots, k_m (1 \leq k_1, \cdots, k_m \leq r)$ 和(3.51)式所示的 $v_k(t)$ 的控制作用下,所形成的控制系统收敛到集合 $E = \{\rho e^{i\theta} | (\rho)_{lj} = 0; \theta \in \mathbf{R}; 1 \leq l, j \leq N\}$ 的条件是:

(1) $\omega_{l,m,\gamma_1,\cdots,\gamma_r} \neq \omega_{i,j,\gamma_1,\cdots,\gamma_r}$, $(l,m) \neq (i,j)$, $i,j,l,m \in \{1,2,\cdots,N\}$, $\omega_{l,m,\gamma_1,\cdots,\gamma_r} = \lambda_{l,\gamma_1,\cdots,\gamma_r} - \lambda_{m,\gamma_1,\cdots,\gamma_r}$, $\lambda_{l,\gamma_1,\cdots,\gamma_r}$ 为 $(H_0 + \sum_{k=1}^{r} H_k \gamma_k)$ 对应于特征向量 $|\varphi_{l,\gamma_1,\cdots,\gamma_r}\rangle$ 的特征值。

(2) $\forall j \neq l, \hat{H}_k = U^H H_k U$ 的第 j 行第 l 列元素 $(\hat{H}_k)_{jl} \neq 0$,其中 $U = (|\varphi_{1,\gamma_1,\cdots,\gamma_r}\rangle, |\varphi_{2,\gamma_1,\cdots,\gamma_r}\rangle, \cdots, |\varphi_{N,\gamma_1,\cdots,\gamma_r}\rangle)$。

(3) $[P_\gamma, H_0 + \sum_{n=k_1}^{k_m} H_n \gamma(t)] = 0 \ (1 \leq k_1, \cdots, k_m \leq r)$。

(4) $\forall l \neq j (1 \leq l, j \leq N), (P_\gamma)_{ll} \neq (P_\gamma)_{jj}$,其中 $(P_\gamma)_{ll}$ 为 P_γ 的第 l 行第 l 列元素。

若满足条件(1)~(4),则控制系统(3.42)式将会收敛到一个对角阵。记 $E_1 = \{\rho | (\rho)_{lj} = 0; \theta \in \mathbf{R}; 1 \leq l, j \leq N\}$,$E_1$ 中的 ρ 记为 ρ_s。并设初始态 ρ_0 的本征值为 $\lambda_{01}, \lambda_{02}, \cdots, \lambda_{0N}$。因为封闭量子系统状态的演化是幺正的,所以在演化过程中,$\rho(t)$ 的谱是不变的,对角阵 ρ_s 的对角元素为初始态 ρ_0 本征值 $\lambda_{01}, \lambda_{02}, \cdots, \lambda_{0N}$ 的各种排列。所以 $E_1 = \{\rho | (\rho)_{lj} = 0; \theta \in \mathbf{R}; 1 \leq l, j \leq N\}$ 中含有有限个元素。在非退化情况下,本节引入隐函数微扰 $\gamma_k(t)$,为了使系统能够收敛到目标态 ρ_f,只需设计 P_γ 使 ρ_f 对应的李雅普诺夫函数最小,对初始态无任何限制,即

$$V(\rho_f) < V(\rho_{\text{other}}) \tag{3.52}$$

ρ_{other} 为 E_1 中除目标态 ρ_f 外的其他态。这样当系统状态演化到 ρ_{other} 时,$\dot{V} = 0$,控制律 $v_k(t) = 0$。但由于所设计的控制律至少存在一个 $k = 1, \cdots, r$,使 $\gamma_k(t) \neq 0$,所以系统不会停留在 ρ_{other} 而会继续向前演化,直到到达目标态,此时,所有的控制律 $v_k(t)$ 和 $\gamma_k(t)$ 为 0。所以若目标态为对角阵,控制系统若满足上述中的四个条件和(3.52)式所示的条件,则系统可以从任意的具有与目标态同谱的初始态收敛到目标态。

一般而言,最大混合态不考虑作为初始态,这是因为:(1) 最大混合态没有任何信息含量,常被称为垃圾态。(2) 即使考虑了该初始态,由上面的分析可以看出,当初始态 ρ_0 为最大混合态 $\rho_0 = I/N$ 时,$\lambda_{01} = \lambda_{02} = \cdots = \lambda_{0N}$,$E_1$ 中只有 I/N,即初始态本身。

当系统不满足跃迁非退化和全连接条件时,设计控制系统首先通过一个微扰控制隐函数 $\gamma_k(t)$ 来满足条件(1)和(2)。这两个条件和哈密顿 H_0 和 $H_k(k=1,\cdots,r)$ 有关,还和微扰有关。当一个系统根据实际的物理背景建模之后,H_0 和 $H_k(k=1,\cdots,r)$ 是确定的,通过要设计的合适微扰控制量 $\gamma_k(t)$,这两个条件一般情况下是可以满足的,这是引入微扰的目的之一。为了简便起见,将微扰设计为 $\gamma_n(t)=\gamma(t),C_n=1,n=k_1,\cdots,k_m;C_n=0,n\neq k_1,\cdots,k_m(1\leqslant k_1,\cdots,k_m\leqslant r)$ 的一种形式。一般情况下,通过选择合适的 $k_1,\cdots,k_m$ 和 $\gamma(t)$,这种形式的微扰在大部分情况下是可以解决退化问题,使(1)和(2)两个条件成立的。在实际应用中,需要根据具体的实验仿真结果来调整 $k_1,\cdots,k_m$ 和 $\gamma(t)$ 的具体形式以及各个控制参数。

条件(3) $\left[P_\gamma, H_0+\sum_{n=k_1}^{k_m}H_n\gamma(t)\right]=0$ 意味着需设计 P_γ 和 $H_0+\sum_{n=k_1}^{k_m}H_n\gamma(t)$ 拥有相同的本征向量,记为 $|\phi_{j,\gamma}\rangle(j=1,\cdots,N)$。设计 P_γ 的本征值是常数,不随 $\gamma(t)$ 的变化而变化,而本征向量随着 $\gamma(t)$ 的变化而变化。设 P_γ 的特征值为 $P_1,P_2,\cdots,P_N$,则 P_γ 可表示为

$$P_\gamma = \sum_{j=1}^{N} P_j |\phi_{j,\gamma}\rangle\langle\phi_{j,\gamma}| \tag{3.53}$$

条件(4) $\forall l\neq j,(P_\gamma)_{ll}\neq(P_\gamma)_{jj}$,通过设计合适的 $P_1,P_2,\cdots,P_N$ 是可以满足的。实际上,通常 H_0 是对角阵,所以 H_0 的本征向量为 $[1,0,0,\cdots,0]^T,[0,1,0,\cdots,0]^T,\cdots$,$[0,0,0,\cdots,1]^T$。而微扰 $\gamma(t)$ 比较小,若取 $P_l\neq P_j(\forall l\neq j;1\leqslant l,j\leqslant N)$,且设计 $P_1,P_2,\cdots,P_N$ 不要太靠近,一般是可以使条件(4)成立的。

那么如何设计 P_γ 来确保(3.52)式成立?对于目标态 ρ_f 为对角阵 $\rho_f=\mathrm{diag}\{\rho_{f11},\rho_{f22},\cdots,\rho_{fNN}\}$ 的情况,记 P_γ 的第 i 行第 j 列元素为 $(P_\gamma)_{ij}$,具体设计过程为:
(1) 若 $\rho_{fii}<\rho_{fjj},1\leqslant i,j\leqslant N$,设计 $(P_\gamma)_{ii}>(P_\gamma)_{jj}$;
(2) 若 $\rho_{fii}=\rho_{fjj},1\leqslant i,j\leqslant N$,设计 $(P_\gamma)_{ii}\neq(P_\gamma)_{jj}$;
(3) 若 $\rho_{fii}>\rho_{fjj},1\leqslant i,j\leqslant N$,设计 $(P_\gamma)_{ii}<(P_\gamma)_{jj}$,
则 $V(\rho_f)<V(\rho_{\mathrm{other}})$ 成立。

由于 $(P_\gamma)_{ij}$ 是关于微扰的时变函数,不容易设计。所以在做实验时,一般采用的设计原则为:若 $\rho_{fii}<\rho_{fjj},1\leqslant i,j\leqslant N$,设计 $P_i>P_j$;若 $\rho_{fii}=\rho_{fjj},1\leqslant i,j\leqslant N$,设计 $P_i\neq P_j$;若 $\rho_{fii}>\rho_{fjj},1\leqslant i,j\leqslant N$,设计 $P_i<P_j$。且设计 $P_1,P_2,\cdots,P_N$ 不要太靠近。然后

再根据实验结果来调节参数。这样就可以确保所设计的 $\gamma_k(t)$ 和 P_γ 能够同时成立。

综上所述,当期望的目标态是对角阵时,通过设计合适的控制律 $\gamma_k(t)$、$v_k(t)$,并设计合适的虚拟力学量 P_γ 的特征值:$P_1, P_2, \cdots, P_N$,则控制系统将会从任意的一个与目标态幺正等价的初始态收敛到期望的目标态。

上述方法只能确保控制系统能收敛到对角阵目标态,当目标态为叠加态或部分非对角阵混合态时,需要做进一步的研究。

3.5.4　目标态为非对角阵情况下的控制律设计

针对目标态为叠加态或部分非对角阵混合态的情况,设计控制律采用的方法是:先通过幺正变换将非对角阵目标态 ρ_f 变为对角阵 $\tilde{\rho}_f$,然后再按照目标态为对角情况的方法设计控制律。

假设 $\tilde{\rho}_f = U_1^\dagger \rho_f U_1$,将 $\rho = U_1 \tilde{\rho} U_1^\dagger$ 代入控制系统(3.42)式,可得到新的系统模型为

$$i\dot{\tilde{\rho}}(t) = \left[\tilde{H}_0 + \sum_{k=1}^{r}\tilde{H}_k(\gamma_k(t) + v_k(t)), \tilde{\rho}(t)\right], \quad \tilde{\rho}(0) = \tilde{\rho}_0 \quad (3.54)$$

其中 $\tilde{H}_0 = U_1^\dagger H_0 U_1$,$\tilde{H}_k = U_1^\dagger H_k U_1$。

选取李雅普诺夫函数为

$$V(\tilde{\rho}) = \text{tr}(P_\gamma \tilde{\rho}) \quad (3.55)$$

采用与3.5.3节中相似的设计过程,可以获得微扰控制隐函数为

$$\gamma(t) = \theta(\text{tr}(P_\gamma \tilde{\rho}) - \text{tr}(P_\gamma \tilde{\rho}_f)) \quad (3.56)$$

控制律为

$$v_k(t) = K_k f_k(i\text{tr}([P_\gamma, \tilde{H}_k]\tilde{\rho})), \quad k = 1,\cdots,r \quad (3.57)$$

所有的公式中都必须代入经过相应变换后的各个变量。

3.5.5　小结

本节对量子封闭系统的状态转移控制,分别选取李雅普诺夫函数为基于状态距离、状态之间偏差以及虚拟力学量来进行控制律的设计。在控制任务为纯态之间的调控时,

采用薛定谔方程来进行控制器设计较为简单和方便。刘威尔方程可以适用于包括纯态和混合态在内的封闭量子系统任意状态之间的制备和转移的调控。基于状态距离和偏差的李雅普诺夫函数本质上的特性和性能是相似的。由于多了一个可调参数，采用基于虚拟力学量的李雅普诺夫函数进行控制器的设计具有更大的可调范围和灵活性，所获得的控制性能也更加优越，当然其设计过程也较复杂。在量子李雅普诺夫控制方法的设计中，为了实现收敛而不仅仅是稳定的、能够使系统在外加控制的作用下以 1 的概率准确收敛到期望的目标态，除了需要满足李雅普诺夫稳定性定理要求的 $\dot{V}=0$ 外，还必须加上其他一些附加约束条件。例如，对本征目标态，需要同时满足系统的本征方程 $H_0|\psi_f\rangle=\lambda_f|\psi_f\rangle$；对于虚拟力学量的设计，需要同时满足 P 与系统内部哈密顿量对易的条件 $[H_0,P]=0$，等等。所有附加条件的目的都是为了要不满足使控制系统渐近稳定的条件 $\dot{V}<0$，也就是收敛，因为 $\dot{V}<0$ 意味着稳定域 $\dot{V}=0$ 中只有一个目标态为稳定状态；要不就是为了通过联立几个等式求解出 $\dot{V}=0$ 中所有的稳定点，然后再一一剔除，来保证控制系统能够从给定的初始状态收敛到期望的目标态。在所有的限制条件中，一部分是用于求解 $\dot{V}=0$ 中所有的稳定态，一部分是为了求解控制器中的参数，还有一部分是对被控系统本身的要求，这些要求一般的设计者往往不太注意，那就是被控系统内部的自由哈密顿量 H_0 必须是非衰减的，系统控制哈密顿量 H_c 必须是全连接的。当所需要设计的量子系统不满足这两个要求时，采用引入隐李雅普诺夫函数 $\gamma_k(t)$ 的设计方法，才有可能使量子李雅普诺夫控制方法有效。这一点十分重要。从这一点上来看，量子李雅普诺夫控制方法应用成为量子隐李雅普诺夫控制方法，因为引入隐李雅普诺夫函数 $\gamma_k(t)$ 后的量子李雅普诺夫控制器的设计方法适用于各种情况，系统哈密顿量可以是任意情况，目标态也可以为本征态、叠加态和混合态的情况。只是人们在对一个具体的量子系统进行控制器设计的应用过程中，需要首先分析一下被控系统内部的自由哈密顿量以及外加控制的哈密顿量情况，根据需要进行调控的状态是本征态、叠加态或混合态之间或相互之间的具体情况，来选择适当的系统控制模型和李雅普诺夫函数的类型，判断并决定是否需要引入隐李雅普诺夫函数，进而设计出合理的控制律的函数。当然，如果需要在实际系统中对设计出的控制律函数进行实现，还需要加上控制信号发生器等实验仪器的特性参数和限制，来设计出实验仪器可以实现的控制律。

3.6 算符 Hadamard 门的制备

在量子计算中，状态是携带信息的载体，而处理信息时需要量子逻辑门，量子逻辑门

是具有幺正性的量子算符。每一个量子位都是一个向量,它可以是一个量子态,比如本征态$|0\rangle$或$|1\rangle$;而任何一个量子门都是一个矩阵,所以一个量子门的制备或操控比量子态的操控要复杂。

制备量子逻辑门,就是通过对系统施加合适的控制律(通过磁场、脉冲或者激光等方式),使系统在控制律作用下演化,施加控制的作用相当于系统状态经过量子逻辑门操作的作用,即通过施加控制完成量子逻辑门对状态的操作。需要注意的是,控制律的设计和状态是无关的。因此,制备量子逻辑门的关键就是对不同的系统如何施加以及施加何种形式的控制律,才能实现对应的量子逻辑门对状态的操作,即控制律的设计是制备量子逻辑门的主要工作。为了设计制备量子逻辑门的控制律,有很多控制律设计方法被采用,其中比较常见的两种是基于最优控制理论设计控制律(Khaneja et al.,2002;Roloff et al.,2009;Schirmer,2009;Schulte-Herbruggen et al.,2011;de Fouquieres,2012;Floether et al.,2012)和动力学解耦方法(Biercuk et al.,2009;West et al.,2010;Peng et al.,2011;Bermudez et al.,2012)。

本节将进行量子系统算符的制备。基于量子力学的基本原理研究和设计的量子计算机,由于其计算能力可以成指数倍数地增长(Sajeed et al.,2010),更快地执行计算任务,因而成为解决棘手数学问题的理想工具(Barone et al.,2002)。量子计算机使用量子逻辑门代替传统电子计算机中的晶体管来执行逻辑运算,因此为了实现从理论到应用的过渡,实现量子计算机的第一步就是量子逻辑门的制备。哈达玛(Hadamard)门广泛用于量子计算中,是量子计算中最重要的门之一(Shi,2003)。Hadamard门也是实现量子算法的通用门之一(Nielson,Chuang,2000),许多量子算法使用Hadamard门作为第一步,用来初始化状态,并加上随机信息。Hadamard门的作用是将一个量子位变换为两个量子位的相干叠加。由于量子计算机驱动程序的动力很多来自基于叠加的活动,因此Hadamard门对量子计算机的实现是至关重要的。本节将使用李雅普诺夫方法设计封闭量子系统的Hadamard门。

3.6.1 量子点单个电子的数学模型

在量子系统中,基本信息单位是量子位。一个双态量子系统就是一个量子位,常选用一对特定的标准正交基$\{|0\rangle,|1\rangle\}$张成,定义在二维的希尔伯特空间,即

$$\mathcal{H} = \mathrm{span}\{|0\rangle,|1\rangle\} \tag{3.58}$$

在单个量子点中,对单个量子位的操作可以通过采用对电子的局部脉冲电磁场获得

(Burkard et al., 1999)。对于一个量子点的单个电子,其波函数为

$$|\varphi(t)\rangle = \psi_1(t)|0\rangle + \psi_2(t)|1\rangle \tag{3.59}$$

其中,$\psi_1(t)$ 和 $\psi_2(t)$ 满足概率完备性:

$$|\psi_1(t)|^2 + |\psi_2(t)|^2 = 1 \tag{3.60}$$

$\psi(t)$ 满足薛定谔方程:

$$\begin{cases} i\hbar|\dot{\psi}(t)\rangle = H(t)|\psi(t)\rangle, & t > 0 \\ |\psi(0)\rangle = |\psi_0\rangle \in \mathcal{H} \end{cases} \tag{3.61}$$

其中,$H(t)$ 为系统哈密顿量,可以表示成

$$H(t) = \hbar \cdot \Omega(t) \cdot \sigma \tag{3.62}$$

这里 $\Omega(t)$ 和 σ 分别为外部控制场和对电子的旋转操作,被定义为(Burkard et al., 2002)

$$\Omega(t) = \mu_B g(t) B(t) \tag{3.63}$$

$$\sigma = \sigma_x e_x + \sigma_y e_y + \sigma_z e_z \tag{3.64}$$

(3.63)式中的 μ_B 和 $g(t)$ 分别为半导体材料的玻尔磁子和有效 g 因子;(3.64)式中的 e_x、e_y 和 e_z 分别为 x、y、z 方向的单位向量,σ_x、σ_y 和 σ_z 为泡利矩阵。这样就得到了一个量子点的单个电子的数学模型。

3.6.2 酉旋转门的标准形式

酉旋转门是原子分子和光学装置中单比特门的一种常见形式,可以直接应用单一控制场制备。由于 Hadamard 门不能直接使用单一控制场实现,因此为了制备 Hadamard 门,首先需要将 Hadamard 门分解成若干酉旋转门的标准形式的组合,然后应用单一控制场制备分解得到的酉旋转门。为了得到酉旋转门的标准形式,选择下面的控制场(Chen et al., 2003):

$$\Omega(t) = \Omega(t)e(\varphi), \quad t \in [0, T] \tag{3.65}$$

其中,标量 $\Omega(t)$ 和矢量 $e(\varphi)$ 分别满足:

$$\int_0^T \Omega(t) dt = \theta, \quad \theta \in [0, 2\pi] \tag{3.66}$$

$$e(\varphi) = \cos\varphi \cdot e_x + \sin\varphi \cdot e_y \tag{3.67}$$

为了抑制产生积累相变的洛伦兹力的不利影响，设定下面对磁场方向的约束：

$$\Omega(t) \cdot e_z = 0 \tag{3.68}$$

将(3.65)式代入(3.62)式中，则 $H(t)$ 可以改写成

$$H(t) = \hbar \cdot \Omega(t) e(\varphi) \cdot \sigma \tag{3.69}$$

其中

$$e(\varphi) \cdot \sigma = \begin{bmatrix} 0 & \cos\varphi - \mathrm{i}\sin\varphi \\ \cos\varphi + \mathrm{i}\sin\varphi & 0 \end{bmatrix} = \widetilde{H}(\varphi) \tag{3.70}$$

由于(3.69)式中的哈密顿量在不同的时间是对易的，即

$$\begin{aligned}
[H(t_1), H(t_2)] &= [\hbar \cdot \Omega(t_1)e(\varphi) \cdot \sigma, \hbar \cdot \Omega(t_2)e(\varphi) \cdot \sigma] \\
&= \hbar \cdot \Omega(t_1)\Omega(t_2)[e(\varphi) \cdot \sigma, e(\varphi) \cdot \sigma] \\
&= 0
\end{aligned} \tag{3.71}$$

基于(3.69)式，量子系统的时间演化算符 $U(T)$ 为(Nejad，Mehmandoost，2010)

$$\begin{aligned}
U(T) &= \mathrm{e}^{-\mathrm{i}\int_0^T H(t)\mathrm{d}t/\hbar} \\
&= \mathrm{e}^{-\mathrm{i}\theta e(\varphi) \cdot \sigma}
\end{aligned} \tag{3.72}$$

考虑到(3.70)式中矩阵的特征值为 ± 1，$U(T)$ 可写为

$$\begin{aligned}
U(T) &= \frac{1}{2}\mathrm{e}^{-\mathrm{i}\theta}[1+\widetilde{H}(\varphi)] + \frac{1}{2}\mathrm{e}^{\mathrm{i}\theta}[1-\widetilde{H}(\varphi)] \\
&= \begin{bmatrix} \cos\theta & -\mathrm{i}\mathrm{e}^{-\mathrm{i}\varphi}\sin\theta \\ -\mathrm{i}\mathrm{e}^{\mathrm{i}\varphi}\sin\theta & \cos\theta \end{bmatrix} \\
&= U(\theta,\varphi)
\end{aligned} \tag{3.73}$$

这就是单一控制场可制备的酉旋转门的标准形式。

(3.73)式按参数 θ 和 φ 可分解为

$$U(T) = \begin{bmatrix} 1 & 0 \\ 0 & \mathrm{e}^{\mathrm{i}\varphi} \end{bmatrix} \begin{bmatrix} \cos\theta & \mathrm{i}\sin(-\theta) \\ \mathrm{i}\sin(-\theta) & \cos(\theta) \end{bmatrix} \begin{bmatrix} 1 & 0 \\ 0 & \mathrm{e}^{-\mathrm{i}\varphi} \end{bmatrix} \tag{3.74}$$

由(3.74)式的右式可以看出，$U(T)$ 由三个矩阵组成。这三个矩阵在 Bloch 球上所表现出的行为分别是：第一和第三这两个矩阵的作用是使在 Bloch 球上的状态绕 z 轴旋转，转过的角度分别为 φ 和 $-\varphi$；第二个矩阵的作用是使 Bloch 球上的状态绕 x 轴旋转，

转过的角度为 -2θ。

3.6.3 Hadamard 门的制备过程

量子 Hadamard 门是一个单输入单输出门,对一个量子位状态进行 Hadamard 门作用,会产生 Bloch 空间矢量坐标的两个阶段操作:旋转操作和反射操作(Nejad,Mehmandoost,2010)。一个简单的例子是:如果 Hadamard 门的输入是 $(|0\rangle+|1\rangle)/\sqrt{2}$,在第一阶段的操作中,输入状态绕 z 轴旋转 $\pi/2$,然后绕 x 轴旋转 $-\pi/2$,最后再绕 z 轴旋转 $-\pi/2$ 到达状态 $|1\rangle$,操作效果相当于输入状态 $(|0\rangle+|1\rangle)/\sqrt{2}$ 在 Bloch 球上绕 y 轴旋转 $\pi/2$,因此将这一阶段的操作统称为旋转操作;第二阶段的操作中,状态 $|1\rangle$ 绕 z 轴旋转 0,然后绕 x 轴旋转 $-\pi$,最后再绕 z 轴旋转 0 到达状态 $|0\rangle$,操作效果相当于状态 $|1\rangle$ 在 Bloch 球上以 x-y 平面反射到状态 $|0\rangle$,因此将这一阶段的操作统称为反射操作。Hadamard 门的作用主要是将一个量子位变换为两个量子位的相干叠加。例子中选择叠加态作为 Hadamard 门的输入是为了说明 Hadamard 门的两个阶段的操作,如果选择基态作为 Hadamard 门的输入,那么反射操作将不会得到体现,因此在数值仿真实验中,将选择叠加态作为 Hadamard 门的输入进行实验。

量子 Hadamard 门用矩阵表示为

$$U_H = \frac{1}{\sqrt{2}}\begin{bmatrix} 1 & 1 \\ 1 & -1 \end{bmatrix} \tag{3.75}$$

比较(3.75)式和(3.73)式可以看到,Hadamard 门不能使用单一控制场直接制备。但是,(3.75)式可以分解成两个(3.73)式中的标准矩阵,通过设计适当的控制场,经过两个阶段的操作就可以制备 Hadamard 门。

第一阶段选择 y 方向的控制场 Ω_1,满足:

$$\int_0^{T_m} \Omega_1(t)\mathrm{d}t = \frac{\pi}{4} \tag{3.76}$$

即在时间 $[0,T_m]$ 使用 Ω_1 就可以实现旋转操作。根据(3.76)式和(3.73)式,使用 Ω_1 得到的酉旋转门为

$$U_1 = \frac{1}{\sqrt{2}}\begin{bmatrix} 1 & -1 \\ 1 & 1 \end{bmatrix} = U\left(\frac{\pi}{4},\frac{\pi}{2}\right) \tag{3.77}$$

第二阶段选择 x 方向的控制场 Ω_2,满足:

$$\int_{T_m}^{T} \Omega_2(t)dt = \frac{\pi}{2} \tag{3.78}$$

即在时间$[T_m, T]$使用Ω_2就可以实现反射操作。根据(3.78)式和(3.73)式,使用Ω_2得到的酉旋转门为

$$U_2 = \begin{bmatrix} 0 & -i \\ -i & 0 \end{bmatrix} = U\left(\frac{\pi}{2}, 0\right) \tag{3.79}$$

这样,U_1和U_2的合成矩阵为Hadamard门和一个无用相因子的乘积,即

$$U_2 \cdot U_1 = U\left(\frac{\pi}{2}, 0\right) \cdot U\left(\frac{\pi}{4}, \frac{\pi}{2}\right) = e^{-i\frac{\pi}{2}} \cdot \frac{1}{\sqrt{2}} \begin{bmatrix} 1 & 1 \\ 1 & -1 \end{bmatrix} = e^{-i\frac{\pi}{2}} \cdot U_H \tag{3.80}$$

因此,可以通过制备U_1和U_2制备量子Hadamard门。

3.6.4 制备Hadamard门的控制律设计

根据3.6.3节中Hadamard门的实现过程,Hadamard门可以分解成(3.77)式和(3.79)式所示的酉旋转门,并且可以通过y方向的控制场Ω_1制备(3.77)式中的U_1,通过x方向的控制场Ω_2制备(3.79)式中的U_2。也就是说,对于一个给定的初始态$|\psi_0\rangle$,U_1作用在$|\psi_0\rangle$上相当于y方向的外加控制场Ω_1作用在初始态为$|\psi_0\rangle$的系统上,在时间$[0, T_m]$内得到中间态$|\psi_{T_m}\rangle$;然后U_2作用在$|\psi_{T_m}\rangle$上相当于x方向的外加控制场Ω_2作用在初始态为$|\psi_{T_m}\rangle$的系统上,在时间$[T_m, T]$内得到终态$|\psi_T\rangle$。将Ω_1和Ω_2依次作用在初始态为$|\psi_0\rangle$的系统上得到的结果和Hadamard门直接作用在$|\psi_0\rangle$上得到的结果相同。因此制备Hadamard门就是设计制备U_1和U_2的控制场Ω_1和Ω_2,过程示意图如图3.1所示。

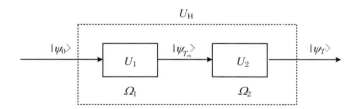

图3.1 Hadamard门制备示意图

本小节使用李雅普诺夫方法设计控制律 Ω_1 和 Ω_2。由(3.61)式及 $|\psi(t)\rangle = U(t) \cdot |\psi(0)\rangle$，$U(t)$ 满足的动力学方程是

$$\begin{cases} i\hbar \dot{U}(t) = H(\Omega(t))U(t) \\ U(0) = I \end{cases} \tag{3.81}$$

其中，$H(\Omega(t)) = \hbar \cdot \tilde{H}(\varphi)\Omega(t)$。

选择的李雅普诺夫函数为

$$\begin{aligned} V(U(t)) &= \parallel U(t) - U_f \parallel^2 \\ &= 2N - 2\mathscr{R}\,\mathrm{tr}(U(t)U_f) \end{aligned} \tag{3.82}$$

其中，$\mathscr{R}$ 表示取实部，N 为系统的维度。当 $U(t) = U_f$ 时，$V(U_f) = 0$。$V(U(t))$ 对时间的一阶导数为

$$\begin{aligned} \dot{V}(U(t)) &= -2\mathscr{R}\,\mathrm{tr}(\dot{U}(t)U_f) \\ &= \Omega(t) \cdot 2\mathscr{R}\,\mathrm{tr}(i\tilde{H}U(t)U_f) \end{aligned} \tag{3.83}$$

为使 $\dot{V}(U(t)) \leqslant 0$，设计控制场

$$\Omega(t) = -k\mathscr{R}\,\mathrm{tr}(i\tilde{H}U(t)U_f), \quad k > 0 \tag{3.84}$$

将(3.84)式代入(3.83)式中，可得

$$\dot{V} = -2k\,(\mathscr{R}\,\mathrm{tr}(i\tilde{H}U(t)U_f))^2 \leqslant 0 \tag{3.85}$$

令 U_f 分别为 U_1 和 U_2，由(3.84)式就可以得到 Ω_1 和 Ω_2。利用得到的 Ω_1 和 Ω_2 分别制备 U_1 和 U_2，进而就可以制备 Hadamard 门。

3.6.5 数值实验及结果分析

本节将通过数值实验验证设计的控制场的有效性。使用在 3.6.3 节中提到的例子，Hadamard 门的输入为 $(|0\rangle + |1\rangle)/\sqrt{2}$，第一阶段进行旋转操作，在 Bloch 球上绕着 y 轴旋转 $\pi/2$ 到达状态 $|1\rangle$，第二阶段进行反射操作，在 Bloch 球上 $|1\rangle$ 以 $x-y$ 平面反射到状态 $|0\rangle$。实验结果如图 3.2 所示，其中，横坐标为时间(time)，单位为原子单位(a.u.)；图 3.2(c)和(d)纵坐标为概率密度(probability density)。

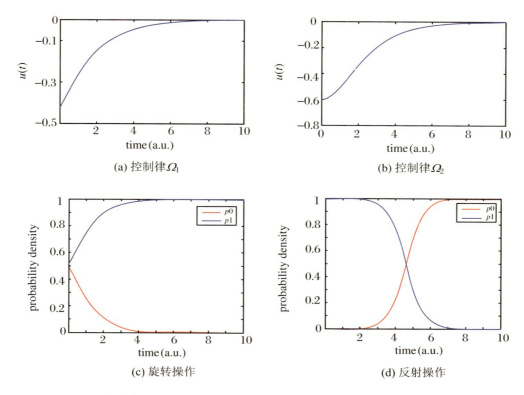

图 3.2　Hadamard 门制备实验结果

在第一阶段的旋转操作中,根据(3.70)式可以得到 $\tilde{H}(\varphi)=\tilde{H}(\pi/2)$,使用(3.84)式形式的控制场,数值仿真结果如图 3.2(a)和图 3.2(c)所示,图 3.2(c)中 $p0$ 代表状态 $|0\rangle$ 的概率密度,$p1$ 代表状态 $|1\rangle$ 的概率密度。从图 3.2(c)可以看到,在控制场的作用下状态 $|1\rangle$ 的概率密度由 0.5 趋于 1,状态 $|0\rangle$ 的概率密度由 0.5 趋于 0,说明状态由初态 $(|0\rangle+|1\rangle)/\sqrt{2}$ 变成终态 $|1\rangle$。在第二阶段的反射操作中,根据(3.70)式,有 $\tilde{H}(\varphi)=\tilde{H}(0)$。在这一阶段中,同样使用(3.84)式形式的控制场,数值仿真结果如图 3.2(b)和图 3.2(d)所示。从图 3.2(d)可以看到,在控制场的作用下状态 $|0\rangle$ 的概率密度由 1 趋于 0,状态 $|0\rangle$ 的概率密度由 0 趋于 1,说明状态由初态 $|1\rangle$ 变成终态 $|0\rangle$。综合两个控制阶段,在控制场 Ω_1 和 Ω_2 的作用下,状态由 $(|0\rangle+|1\rangle)/\sqrt{2}$ 变成 $|0\rangle$,就是 $(|0\rangle+|1\rangle)/\sqrt{2}$ 经过量子 Hadamard 门操作后的结果。内贾德(Nejad)和米赫曼杜斯特(Mehmandoost)使用最优控制对 Hadamard 门的制备问题进行了研究,与他们相比,本节得到的控制场给出了明确的数学表达形式,并且可以通过调节控制场的参数得到与 Nejad 和 Mehmandoost 的研究(Nejad,Mehmandoost,2010)相近的实验结果。

第 4 章

基于最优测量的量子状态转移

量子控制的研究一般是通过设计外加控制场,如旋转磁场或激光脉冲波形等来达到控制目标。不过,外加相干控制并不是唯一驱动系统的因素。非相干微扰,例如激光噪声、环境退相干效果、量子观测等,都会影响量子动力学系统及其状态。一般认为后几个因素会有较弱的控制效果。最近的研究表明:在某些特定情况下,被控量子动力系统可以在场噪声和退相干中保持稳定,甚至可以与它们产生合作效应。在一些特殊条件下,利用激光噪声和环境退相干能够有效地达到控制目标。通过适当地优化环境,例如非相干辐射、气体或溶液、电子云、分子或原子等,量子系统的非相干非幺正控制可以作为相干控制的一种补充,并作为控制系统哈密顿及耗散的选择操控的一种手段。

量子测量的结果及其反作用都可以用来控制量子系统的过程。在最优控制中,通过对量子系统进行选择性的测量,有可能获得希望的演化与测量结果,并利用其结果进行激光脉冲学习算法的优化设计。测量同样可以将未知混合态映射到已知目标纯态上。人们已经在利用测量对系统状态进行调控方面做出了一系列的研究成果:提出了利用量子观测的反作用,通过测量和动力学演化来实现系统控制(Vilela,Man'ko,2003);通过连续测量控制简并量子系统分支的布居数(Gong,Rice,2004);以量子观测作为非直接控制手段操纵量子动力学(Shuang et al.，2007)。实验已经证实最优控制场可以作为观测的有效合作手段来获得较好的控制效果,优化后的观测量可以实现更有效的量子动力学控制。量子观测同样可以通过破坏动力学对称性来增加量子系统的可控性。

在这些过程中,由观测引起的量子齐诺和反齐诺效应起了关键作用。对于二能级系统,当瞬时的测量是驱动系统布居转变的唯一驱动力时,可以得到任意有限测量次数下系统的最优布居控制方案。当测量次数趋于无穷时,可以得到反齐诺效应。

本章将讨论量子系统在测量作用下,对系统状态的调控作用,并对此时系统所具有的特性进行分析。本章中不考虑测量对系统模型的反作用。

4.1 投影测量及其控制问题

考虑一个由密度算符 ρ 所描述的 N 能级量子系统,设 A 是投影测量所观测到的物理量,它是一个希尔伯特空间中的厄米算符,可以分解自共轭矩阵 A 为

$$A = \sum_{i=1}^{n} a_i P_i \tag{4.1}$$

其中,a_i 为本征值,P_i 是本征空间投影算符,满足关系式:

$$P_i P_j = \delta_{ij} P_i \tag{4.2a}$$

$$\sum_{i=1}^{n} P_i = 1 \tag{4.2b}$$

选择性投影测量 A 被观测到结果 a_i 的概率为

$$p_i = \mathrm{tr} P_i \rho_0 \tag{4.3}$$

其中 ρ_0 是被测量系统状态。

选择性测量之后,系统状态塌缩为 $P_i \rho_0 P_i / p_i$(如果观测到结果 a_i 的话)。如果丢弃测量结果,那么测量就是非选择性的。测量之后系统状态为所有可能输出的平均值 $\mathcal{M}(\rho)$:

$$\mathcal{M}(\rho) = \sum_{i=1}^{n} P_i \rho_0 P_i \tag{4.4}$$

从(4.4)式可以看出:量子测量会改变系统的状态,这是测量对系统状态带来的重要

影响,并且对量子系统来说,这个结果是不可避免的。不过,人们可以利用这种测量结果来有效地调控量子动力学系统的状态。

假设在某段时间内实施了 m 次测量,第 k 次测量结果用 $M^{(k)}$ 表示,其本征值为 n_k 个投影算符 $\{P_{i_k}^{(k)}\}(i_k = 1, \cdots, n_k)$ 并满足

$$P_{ik}^{(k)} P_{jk}^{(k)} = \delta_{ikjk} P_{ik}^{(k)} \tag{4.5a}$$

$$\sum_{i_k=1}^{n_k} P_{i_k}^{(k)} = 1 \tag{4.5b}$$

如果 $\mathcal{M}^{(k)}$ 是非选择性的,那么系统状态从被测量时的状态 ρ_0 变为 $\mathcal{M}^{(k)} \rho_0 = \sum_{i_k=1}^{n_k} P_{ik}^{(k)} \rho_0 P_{ik}^{(k)}$。在实施了 m 次测量 $M^{(1)}, M^{(2)}, \cdots, M^{(m)}$ 后,最终的测量结果 ρ_f 为

$$\begin{aligned}\rho_f &= M^{(m)} M^{(m-1)} \cdots M^{(1)} \rho_0 \\ &= \sum_{i_m=1}^{n_m} \cdots \sum_{i_1=1}^{n_1} P_{i_m}^{(m)} \cdots P_{i_1}^{(1)} \rho_0 P_{i_1}^{(1)} \cdots P_{i_m}^{(m)}\end{aligned} \tag{4.6}$$

所考虑的控制问题为:通过测量将量子系统的状态从初态 ρ_0 转移到最终观测量 θ,或者希望经过多次测量后所获得的状态 ρ_f 相对于最终观测量 θ 的期望值最大。我们将控制目标确定为:选择合适的测量次数 m 及其顺序 $P_{i_k}^{(k)}(i_k = 1, \cdots, n_k; k = 1, \cdots, m)$ 来最大化目标函数:

$$\begin{aligned}&J[P_1^{(1)}, \cdots, P_{n_1}^{(1)}, \cdots, P_1^{(m)}, \cdots, P_{n_m}^{(m)}] \\ &= \mathrm{tr}\Big[\theta \sum_{i_m=1}^{n_m} \cdots \sum_{i_1=1}^{n_1} P_{i_m}^{(m)} \cdots P_{i_1}^{(1)} \rho_0 P_{i_1}^{(1)} \cdots P_{i_m}^{(m)}\Big]\end{aligned} \tag{4.7}$$

通常情况下,应当是在外加控制场作用下进行状态调控,另外,还应当考虑系统本身的自由演化的影响。为了考察投影测量本身对系统状态调控的作用和影响,我们不考虑外加控制的作用,并分别考虑有和无自由演化影响下的测量对状态调控的效果。

4.2 最优投影测量的必要条件

在 N 维希尔伯特空间中,n 个投影算符 $\{P_i\}(i = 1, \cdots, n)$(它们可以表示一次测量 $\mathcal{M}$)是正交并可交换的:

$$P_i P_j = P_j P_i = 0, \quad i \neq j \tag{4.8}$$

所以存在可以同时对角化所有投影算符的酉矩阵 U：

$$P_i = U I_i U^\dagger, \quad i = 1, \cdots, n \tag{4.9}$$

这里 $\{I_1, \cdots, I_n\}$ 是对角矩阵，其对角元素为 1 或 0，而所有 I_i 之和为 N 维空间中的单位阵：

$$\sum_{i=1}^n I_i = U^\dagger \left(\sum_{i=1}^n P_i \right) U = I \tag{4.10}$$

因为投影算符 $\{P_i\}(i=1,\cdots,n)$ 是完备的，因此量子测量可以按一系列对角矩阵 $\{I_1,\cdots,I_n\}$ 分类。在同一类中，其对应的投影算符也是等价的。一次测量 $\mathcal{M}^{(k)}$ 可以由酉矩阵 U_k 表示为

$$\rho_k = \mathcal{M}(U_k)\rho_0 = \sum_{i_k=1}^{n_k} P_{i_k}^{(k)} \rho_0 P_{i_k}^{(k)}$$

$$= \sum_{i_k=1}^{n_k} U_k I_{ik}^{(k)} U_{ik}^\dagger \rho_0 U_k I_{ik}^{(k)} U_{ik} \tag{4.11}$$

这种表示方法比 n_k 个投影算符 $\{P_{i_k}^{(k)}\}(i_k=1,\cdots,n_k)$ 的表示方法更加方便。因此，m 次测量之后的目标控制律可以写为酉矩阵的函数：

$$J[U_1 \cdots U_m] = \mathrm{tr}[\theta M(U_m), \cdots, M(U_1)\rho_0] \tag{4.12}$$

假设酉矩阵为 $U = \{U_1, \cdots, U_m\}$ 时 J 达到最大值，参数化酉矩阵的邻域 $\{\mathrm{e}^{\mathrm{i}\delta A_1} U_1, \cdots, \mathrm{e}^{\mathrm{i}\delta A_m} U_m\}$，其中 $\{\delta A_k\}$ 为任意无穷小厄米矩阵，对它进行泰勒(Taylor)展开，通过选择其一阶项近似计算 $\{U_k\}$ 变分，于是，$P_{i_k}^{(k)}$ 的变分 $\delta P_{i_k}^{(k)}$ 可以写为

$$\delta P_{i_k}^{(k)} = \delta U_k I_{ik}^{(k)} U_{ik}^\dagger + U_k I_{ik}^{(k)} \delta U_{ik}^\dagger$$

$$= \mathrm{i}\delta A_k U_k I_{ik}^{(k)} U_{ik}^\dagger - \mathrm{i} U_k I_{ik}^{(k)} U_{ik}^\dagger \delta A_k = \mathrm{i}[\delta A_k, P_{i_k}^{(k)}] \tag{4.13}$$

将 $\delta P_{i_k}^{(k)}$ 代入 δJ 中可以得到

$$\partial J = \delta \mathrm{tr}[\theta \mathcal{M}(U_m), \cdots, \mathcal{M}(U_1)\rho_0] \tag{4.14}$$

由此可以推断出获得性能指标变分 δJ 为零的条件为

$$\delta J = \mathrm{i tr} \sum_{k=1}^m \delta A_k \{ [\mathcal{M}(U_k), \cdots, \mathcal{M}(U_1)\rho_0, \mathcal{M}(U_{k+1}), \cdots, \mathcal{M}(U_m)\theta]$$

$$- [\mathcal{M}(U_{k-1}), \cdots, \mathcal{M}(U_1)\rho_0, \mathcal{M}(U_k), \cdots, \mathcal{M}(U_m)\theta] \}$$

$$\equiv 0 \tag{4.15}$$

对任意厄米矩阵$\{\delta A_k\}(k=1,\cdots,m)$等价,可以得到

$$[\mathcal{M}(U_k),\cdots,\mathcal{M}(U_1)\rho_0,\mathcal{M}(U_{k+1}),\cdots,\mathcal{M}(U_m)\theta]$$
$$=[\mathcal{M}(U_{k-1}),\cdots,\mathcal{M}(U_1)\rho_0,\mathcal{M}(U_k),\cdots,\mathcal{M}(U_m)\theta] \quad (4.16)$$

对于所有$k=1,\cdots,m$,可以获得一个连等式:

$$[\rho_0,\mathcal{M}(U_1),\cdots,\mathcal{M}(U_m)\theta]$$
$$=\cdots\cdots$$
$$=[\mathcal{M}(U_k),\cdots,\mathcal{M}(U_1)\rho_0,\mathcal{M}(U_{k+1}),\cdots,\mathcal{M}(U_m)\theta]$$
$$=\cdots\cdots$$
$$=[\mathcal{M}(U_m),\cdots,\mathcal{M}(U_1)\rho_0,\theta] \quad (4.17)$$

这些等式就是通过最优测量得到最优测量输出结果的必要条件。任何满足这些等式的测量都是目标函数上的极大、极小或驻点。

4.3 通过一次序列测量的最优状态转移

通过多次测量,可以实现二能级量子系统任意状态之间转移的最优操作过程。这个结果拓展到N能级量子系统时变得较为复杂。

原则上,从(4.16)式可以得到一次序列测量时的等式

$$[\mathcal{M}(U_k)\rho_{k-1},\theta_{m-k}]=[\rho_{k-1},\mathcal{M}(U_k)\theta_{m-k}] \quad (4.18)$$

所对应的初态和终态分别为

$$\rho_{k-1}=\mathcal{M}(U_{k-1}),\cdots,\mathcal{M}(U_1)\rho_0 \quad (4.19a)$$
$$\theta_{m-k}=\mathcal{M}(U_{k+1}),\cdots,\mathcal{M}(U_m)\theta \quad (4.19b)$$

由此揭示出多次测量问题:当初态和终态都是纯态时,多次测量优化问题等价于一系列任意混合态之间一次序列测量的问题。

为了说明测量辅助控制的特性,我们以某些可得出解析解的重要实际情况为例进行说明。

4.3.1 纯态之间的转移

考虑纯态$|\alpha\rangle$和$|\beta\rangle$之间的转移,仅靠一次由 m 个秩为 1 的序列投影算符表示的测量。那么一次序列测量下,最优测量条件(4.16)式可以简化为

$$[\mathcal{M}(U)\rho,\theta] = [\rho,\mathcal{M}(U)\theta] \tag{4.20}$$

其中 $\rho = |\alpha\rangle\langle\alpha|, \theta = |\beta\rangle\langle\beta|$。

此时目标函数 J 为

$$J = \sum_{i=1}^{m} \langle i|U^\dagger|\alpha\rangle\langle\alpha|U|i\rangle\langle i|U^\dagger|\beta\rangle\langle\beta|U|i\rangle$$

$$= \sum_{i=1}^{m} |\alpha_i|^2 |\beta_i|^2 \tag{4.21}$$

其中,$\alpha_i = \langle i|U^\dagger|\alpha\rangle, \beta_i = \langle i|U^\dagger|\beta\rangle, \langle\alpha|\beta\rangle = \sum_{i=1}^{D} \alpha_i^* \beta_i \equiv \gamma$。

分别计算(4.20)式中的矩阵元素,可得

$$(\alpha_p^*\alpha_p - \alpha_q^*\alpha_q)\beta_p^*\beta_q + (\beta_p^*\beta_p - \beta_q^*\beta_q)\alpha_p^*\alpha_q = 0, \quad 1 \leqslant p,q \leqslant m \tag{4.22}$$

从(4.22)式可以分析出:

(1) 如果有 $\alpha_p = 0$,那么有 $\alpha_q^*\alpha_q\beta_p^*\beta_q = 0$ 成立($q \neq p$)。

(2) 如果 $\beta_p = 0$,那么相应的等式对 α_q 和 β_q 不构成约束。否则有 $\alpha_q^*\alpha_q\beta_q = 0$,这意味着 $\alpha_q = 0$ 或 $\beta_q = 0$,对于任意 p 值,$\alpha_p\beta_p = 0$ 所对应的目标函数 J 也是 0。

(3) 如果 $\alpha_q \neq 0 \neq \beta_q$,这时(4.22)式可变形为

$$\frac{\alpha_p}{\alpha_q} - \frac{\alpha_q^*}{\alpha_p^*} + \frac{\beta_p}{\beta_q} - \frac{\beta_q^*}{\beta_p^*} = 0 \tag{4.23}$$

假设 $\alpha_p/\alpha_q = re^{i\varphi}, \beta_p/\beta_q = se^{i\psi}$,那么

$$(s - s^{-1})e^{i\varphi} = -(r - r^{-1})e^{i\psi} \tag{4.24}$$

可以得到 $q \neq p$ 情况下的两个可能关系式:

$$\begin{cases} (\text{i}) \ \dfrac{\alpha_p}{\alpha_q} = \dfrac{\beta_q^*}{\beta_p^*} \\ (\text{ii}) \ \dfrac{\alpha_p}{\alpha_q} = -\dfrac{\beta_p}{\beta_q} \end{cases} \tag{4.25}$$

将满足（4.25）式中（i）的参数(p,q)的集合记为$\{S_i\}$，其中S_i、$S_j(i\neq j)$参数满足（ii）。如果有超过两个这样的集合，例如$\frac{\alpha_{s_1}}{\alpha_{s_2}} = -\frac{\beta_{s_1}}{\beta_{s_2}}, \frac{\alpha_{s_1}}{\alpha_{s_3}} = -\frac{\beta_{s_1}}{\beta_{s_3}}$，则有$\frac{\alpha_{s_2}}{\alpha_{s_3}} = \frac{\beta_{s_2}}{\beta_{s_3}}$，这与假设$\frac{\alpha_{s_2}}{\alpha_{s_3}} = -\frac{\beta_{s_2}}{\beta_{s_3}}$相悖。因此，这样的等价集合的数量最多只有两个。

如果只有一个集合S_1，那么容易看出：$\alpha_i^* \beta_i = \gamma/n$，其中$n$为$(\alpha_i, \beta_i)$中非零参数对的数量，目标函数$J$的值为$\frac{|\gamma|^2}{n}$。如果有两个集合$S_1$和$S_2$，可以证明所有$\alpha_p$的形式都一致，对于$\beta_p$同样如此，每个$(\alpha_p, \beta_p)$参数对间相对相位在每个子集中都是恒定的。因此，可以将α_i和β_i写为

$$\alpha = (\underbrace{r_1 e^{i\varphi_i}, \cdots, r_1 e^{i\varphi_{n_1}}}_{S_1} \quad \underbrace{r_2 e^{i\delta_1}, \cdots, r_2 e^{i\beta_{n_2}}}_{S_2} \quad \underbrace{0, \cdots, 0}_{\text{zero part}})$$
$$\beta = (\underbrace{zr_1 e^{i\varphi_i}, \cdots, zr_1 e^{i\varphi_{n_1}}}_{S_1} \quad \underbrace{-zr_2 e^{i\delta_1}, \cdots, -zr_2 e^{i\beta_{n_2}}}_{S_2} \quad \underbrace{0, \cdots, 0}_{\text{zero part}}) \quad (4.26)$$

可以得到

$$\begin{cases} n_1 r_1^2 + n_2 r_2^2 = 1 \\ |z|^2 (n_1 r_1^2 + n_2 r_2^2) = 1 \\ z(n_1 r_1^2 - n_2 r_2^2) = \gamma \end{cases} \quad (4.27)$$

由此可以确定所对应的目标函数为零的临界点为

$$J = |z|^2 (n_1 r_1^4 + n_2 r_2^4)$$
$$= \frac{(1 \pm |\gamma|)^2}{4n_1} + \frac{(1 \mp |\gamma|)^2}{4n_2} \quad (4.28)$$

容易看出：当$n_1 = n_2 = 1$时有最大值为$\frac{1+|\gamma|^2}{2}$，此时与只有集合S_1的情况对比，其最大值取在$n_i = 2$时，可以得到全局最大值为$\frac{1+|\gamma|^2}{2}$。这就是一次序列测量下两个纯态（重叠振幅为$|\gamma|$）间最大布居的转移概率。

总的来说，两个纯态α和β之间的最大状态转移概率为

$$J_{\max} = \frac{1 + |\langle \alpha | \beta \rangle|^2}{2} \quad (4.29)$$

值得注意的是：一个N能级量子系统的最大转移概率和简单二能级系统从初态$|\alpha\rangle$到终态$|\beta\rangle$的转移概率是一样的。

4.3.2 混合态和纯态间的转移

现在考虑混合态 ρ 和纯态 $|\beta\rangle$ 间的基于最优测量的状态转移。测量仅包括两个投影算符 $P=|v\rangle\langle v|$，其补矩阵为 $Q=I-P$。因此，测量之后，量子态会被随机投影到状态 $|v\rangle$ 或它的正交子空间中。假设目标纯态为 $|1\rangle$，最初混合态为 ρ，那么测量之后，初态变为 ρ'：

$$\rho' = P\rho P + (I-P)\rho(I-P) \tag{4.30}$$

我们的目标是最大化 $\mathrm{tr}(\rho'|1\rangle\langle 1|)$。为了解决此问题，可以先通过合适的酉变换，将后面的 $(N-1)$ 基矢量进行旋转：

$$U = \begin{bmatrix} 1 & 0 \\ 0 & U' \end{bmatrix} \tag{4.31}$$

保证 $|1\rangle\langle 1|$ 不变，而将 ρ 转换为

$$\widetilde{\rho} = \begin{bmatrix} \widetilde{\rho}_{11} & \widetilde{\rho}_{12} & \widetilde{\rho}_{13} & \cdots & \widetilde{\rho}_{1N} \\ \widetilde{\rho}_{21} & \widetilde{\rho}_{22} & 0 & \cdots & 0 \\ \widetilde{\rho}_{31} & 0 & \widetilde{\rho}_{33} & 0 & \vdots \\ \vdots & \vdots & 0 & 0 \\ \widetilde{\rho} & 0 & \cdots & 0 & \widetilde{\rho} \end{bmatrix} \tag{4.32}$$

注意酉变换不会改变 $\mathrm{tr}(\rho'|1\rangle\langle 1|)$ 的最大值，即

$$\begin{aligned} \mathrm{tr}(\rho'|1\rangle\langle 1|) &= \mathrm{tr}(U^\dagger \rho' U U^\dagger |1\rangle\langle 1| U) \\ &= \mathrm{tr}(\widetilde{\rho}'|1\rangle\langle 1|) \end{aligned} \tag{4.33}$$

其中，$\widetilde{\rho}' = P'\widetilde{\rho}P' + (I-P')\widetilde{\rho}(I-P')$，$P'=U^\dagger PU$。

因此我们只需要最大化 $\mathrm{tr}(\widetilde{\rho}'|1\rangle\langle 1|)$ 即可达到最大化 $\mathrm{tr}(\rho'|1\rangle\langle 1|)$ 的目标。令 $|v\rangle = (x_1, x_2, x_3, \cdots, x_N)$，它构成投影算符 $P'=|v\rangle\langle v|$，直接计算显示：

$$\begin{aligned} \mathrm{tr}(\widetilde{\rho}'|1\rangle\langle 1|) &= \widetilde{\rho}_{11} + 2|x_1|^2(|x_1|^2 \widetilde{\rho}_{11} + \cdots + |x_N|^2 \widetilde{\rho}_{NN} - \widetilde{\rho}_{11}) \\ &\quad + (2|x_1|^2 - 1)(x_1(x_2^* \widetilde{\rho}_{21} + \cdots + x_N^* \widetilde{\rho}_{N1}) + \mathrm{c.c.}) \\ &= \frac{\widetilde{\rho}_{11}}{2} + 2\left(\left(z_1 - \frac{1}{2}\right)^*, z_2^*, \cdots, z_N^*\right) \widetilde{\rho} \left(\left(z_1 - \frac{1}{2}\right)^*, z_2^*, \cdots, z_N^*\right)^\dagger \end{aligned} \tag{4.34}$$

其中 $z_i = x_i^* x_i$。

$\left(z_1 - \dfrac{1}{2}\right)^*, z_2^*, \cdots, z_N^*$ 是 $\tilde{\rho}$ 对应最大本征值的本征矢量，当其模为 1/2 时，函数 $\mathrm{tr}(\tilde{\rho}'|1\rangle\langle 1|)$ 达到最大值 $\dfrac{\tilde{\rho}_{11} + \max\{\tilde{\lambda}_f\}}{2}$，其中 $\{\tilde{\lambda}_f\}$ 是 $\tilde{\rho}$ 的本征值。(4.31)式中的酉变换 U 不改变 ρ_{11} 和 ρ 的本征值，所以最大值为 $\dfrac{\tilde{\rho}_{11} + \max\{\tilde{\lambda}_i\}}{2}$，其中 $\{\tilde{\lambda}_i\}$ 是 ρ 的本征值。

由此可得从混合态 ρ 向纯态 $|\beta\rangle$ 转移的最大概率为

$$J_{\max} = \frac{\rho_{\max} + \langle\beta|\rho|\beta\rangle}{2} \tag{4.35}$$

此时最优投影算符 $P = |v\rangle\langle v|$ 中的矢量为

$$|v\rangle = \frac{|\rho_{\max}\rangle + |\beta\rangle}{\||\rho_{\max}\rangle + |\beta\rangle\|} \tag{4.36}$$

其中，$|\rho_{\max}\rangle$ 是 ρ 的最大本征矢量对应的本征值。

由(4.35)式可以看出：从混合态到纯态的最大状态转移概率 $J_{\max}$ 只和 $|\rho_{\max}\rangle$ 以及纯态与混合态之间的重叠部分有关。特别的是，两纯态间最大转移概率与由 N 个独立投影算符产生的最大转移概率结果一致，见 4.3.1 节中的 (4.29) 式，然而数值仿真显示这对于混合态的情况并不成立。

4.3.3 正交混合态间的转移

虽然任意两混合态间的测量辅助转移分析起来十分困难，但是对于两正交混合态 ρ 和 θ，即 $\mathrm{tr}(\rho\theta) = 0$ 之间转移的特殊情况却可以被分析。同样是在两投影算符测量下，在忽略耗散的前提下，假设初态 ρ 和目标态 θ 为对角化，即满足：

$$0 = \mathrm{tr}(\rho\theta) = \sum_{k=1}^{m} \rho_{kk}\theta_{kk} \tag{4.37}$$

其中 ρ_{kk} 和 θ_{kk} 都是非负元素。

如果 ρ_{kk} 为正，那么 θ_{kk} 必须为 0，因此所有 $\theta_{kj}(j=1,\cdots,m)$ 就要为 0。因此，初态和目标态可以分解为

$$\rho = \rho_1 I_{k_1} \oplus \cdots \oplus \rho_r I_{k_r} \oplus 0 \cdot I_{\sum l_i} \oplus 0 \cdot I_{H_0} \tag{4.38a}$$

$$\theta = 0 \cdot I_{\sum k_l} \oplus \theta_1 I_{l_1} \oplus \cdots \oplus \theta s I_{l_s} \oplus 0 \cdot I_{H_0} \qquad (4.38b)$$

其中,非零本征值 $\rho_1,\cdots,\rho_r,\theta_1,\cdots,\theta_r$ 对应本征空间 $H_1^\rho,\cdots,H_r^\rho,H_1^\theta,\cdots,H_s^\theta$,而 $\{I_{k_j},I_{l_j}\}$ 是这些空间中的独立矩阵(k_j 和 l_j 为本征值的简并结果)。另外,零本征空间由 H_0 表示。

同样,令投影算符为 $P=|v\rangle\langle v|$,目标函数为

$$\begin{aligned} J(v) &= \mathrm{tr}[(P\rho P+(I-P)\rho(I-P))\theta] \\ &= 2\langle v|\rho|v\rangle\langle v|\theta|v\rangle \end{aligned} \qquad (4.39)$$

通过引入拉格朗日算子,得到扩展的目标函数为

$$J(v,\lambda) = \langle v|\rho|v\rangle\langle v|\theta|v\rangle - \lambda(\langle v|v\rangle - 1) \qquad (4.40)$$

其中,$\rho(v)=\langle v|\rho|v\rangle$,$\theta(v)=\langle v|\theta|v\rangle$。

通过对 J 求 v 的一阶导数来获得目标函数有关 v 的极小值:

$$(\rho(v)\theta + \theta(v)\rho - \lambda I_D)|v\rangle = 0 \qquad (4.41)$$

(4.41)式表示每个临界点 $|v\rangle$ 都是矩阵 $M(v)=\rho(v)\theta-\theta(v)\rho$ 对应于本征值 λ 的本征矢量。显然,本征值可能为 $\lambda=0$ 或某些特殊值 $\rho_i\theta(v)$ 和 $\theta_j\rho(v)$。现在可通过如下情况区分临界点:

(1) 临界点为本征值 $\lambda=0$。如果这种情况下 $\rho(v)=0$,那么 $\lambda=0$ 对应的本征空间为 $H_1^\theta\oplus\cdots\oplus H_s^\theta$,而此子空间中任何单位矢量都是对应 $J=0$ 的临界点。相似的是,当 $\theta(v)=0$ 时,$H_0\oplus H_1^\rho\oplus\cdots\oplus H_r^\rho$ 中的任何单位矢量都是 $\lambda=0$ 的本征矢量,这种情况下 $J=0$。如果 $\rho(v)$ 和 $\theta(v)$ 都非零,那么 $v\in H_0$,这种情况同样有 $J=0$。

(2) 临界点为某些非零本征值的本征矢量,所有非零本征值 $\rho_i\theta(v)$、$\theta_j\rho(v)$ 彼此都不相同。这种情况下,可以发现 $v\in H_0$ 当 $\lambda=\rho_i\theta(v)$(或 $\lambda=\theta_j\rho(v)$)对应 $\theta(v)=0$(或 $\rho(v)=0$),因此有 $J=0$。

(3) 临界点为某些非零本征值 $\rho_i\theta(v)=\theta_j\rho(v)$ 的本征矢量,其本征空间为 H_i^ρ 和 H_j^θ 的直和。假设 $v=v_\rho+v_\theta$,其中 $v_\rho\in H_i^\rho$,$v_\theta\in H_j^\theta$,那么等式 $\rho_i\theta(v)=\theta_j\rho(v)$ 表明 $\|v_\rho\|^2 = \|v_\theta\|^2 = 1/2$。因此,$J=\frac{1}{2}\rho_i\theta_j$,其中对不同的 ρ_i 和 θ_j,有 r 个普遍的可能临界值。本征值 $\rho(v)$ 和 $\theta(v)$ 的退化会减少临界值的数量而不是减小临界值本身。

综上所述,两正交混合态 ρ 和 θ 之间通过测量的最大转移概率为

$$J_{\max} = \frac{1}{2}\rho_{\max}\theta_{\max} \qquad (4.42)$$

其中投影算符 $P=|v\rangle\langle v|$ 中的矢量为

$$|v\rangle = \frac{1}{\sqrt{2}}(|\rho_{\max}\rangle + |\theta_{\max}\rangle) \tag{4.43}$$

这里$|\rho_{\max}\rangle$和$|\theta_{\max}\rangle$为ρ和θ中最大本征值$\rho_{\max}$和$\theta_{\max}$对应的本征矢量。

此时,正交混合态间的最大转移概率$J_{\max}$只与$\rho_{\max}$和$\theta_{\max}$有关。特别的,如果初态和终态都是纯态,得到的最大转移概率为$1/2$,这和4.3.1节中得到的(4.29)式结果一致。

4.4 基于瞬时测量调控二能级量子系统状态

本节将推导出以瞬时测量为控制的二能级系统优化测量控制的解析结果。

控制目标是:仅仅通过测量系统状态的变化来将一个二能级量子系统从初始态$\rho_0 = |0\rangle\langle 0|$调控到最终目标态$\rho_f = |1\rangle\langle 1|$。

被观测力学量的形式为:$Q = q_1 P_1^{(Q)} + q_2 P_2^{(Q)}$,其中,$q_1$和$q_2$是本征值,$P_1^{(Q)}$和$P_2^{(Q)}$是对应投影算符。由(2.27)式可以看出测量$Q$等价于测量$P_1^{(Q)}$,因为$P_2^{(Q)} = 1 - P_1^{(Q)}$,由此可以考虑简单的投影测量。

对于m次瞬时投影观测:

$$P_k = |\psi_k\rangle\langle\psi_k| \tag{4.44a}$$

$$|\psi_k\rangle = \cos\frac{\alpha_k}{2}|0\rangle + e^{i\theta_k}\sin\frac{\alpha_k}{2}|1\rangle \tag{4.44b}$$

其中,P_k发生在时刻$T_k(k=1,\cdots,N)$。参数α_k和θ_k的取值范围分别为

$$-\frac{\pi}{2} \leqslant \frac{\alpha_k}{2} \leqslant \frac{\pi}{2} \tag{4.45a}$$

$$0 \leqslant \theta_k < \pi \tag{4.45b}$$

因此投影算符P_k不依赖于$|\psi_k\rangle$的相位。

我们的任务是优化由参数α_k和$\theta_k(k=1,\cdots,m)$所决定的投影观测算符P_k,使基于测量下的状态转移效率$Y_m[P_1,\cdots,P_m]$为最大。当目标态为$\rho_f = |1\rangle\langle 1|$时,状态转移率的公式为

$$Y_m[P_1,\cdots,P_m] = \langle 1|\rho_m|1\rangle \tag{4.46}$$

其中 ρ_m 为 m 次测量之后的密度矩阵。第 k 次演化迭代公式为

$$\rho_k = \rho_{k-1} - [P_k, [P_k, \rho_{k-1}]] \tag{4.47}$$

其中 $\rho_0 = |0\rangle\langle 0|$ 和 P_k 见（4.44a）式。

在通过测量改变系统状态的过程中，可以忽略测量间隔中系统的自由演化，因为这相当于经过了一个图景变换：

$$\rho_k = e^{iH_0 T_k} \rho_k^{(S)} e^{iH_0 T_k} \tag{4.48a}$$

$$P_k = e^{iH_0 T_k} P_k^{(S)} e^{iH_0 T_k} \tag{4.48b}$$

其中 $\rho_k^{(S)}$ 是薛定谔图景中的密度矩阵，可由下面的迭代公式计算得到：

$$\rho_k^{(S)} = e^{iH_0(T_k - T_{k-1})} \{\rho_{k-1}^{(S)} - [P_k^{(S)}[P_k^{(S)}, \rho_{k-1}^{(S)}]]\} \rho_k^{(S)} e^{iH_0(T_k - T_{k-1})}, \quad k = 1, \cdots, m \tag{4.49}$$

其中，T_k 为 k 时刻的时间；ρ_m 为第 m 次测量后的系统密度矩阵，是厄米矩阵且迹为 1。

根据（4.46）式和（4.47）式，可以求得 ρ_m 为

$$\rho_m = \begin{pmatrix} 1 - Y_m & Z_m^* \\ Z_m & Y_m \end{pmatrix} \tag{4.50}$$

其中

$$Y_k = \langle 1 | \rho_k | 1 \rangle = \frac{1}{2}(1 - \cos\alpha_1 C_{12} C_{23} \cdots C_{k-1,k} \cos\alpha_k) \tag{4.51a}$$

$$Z_k = \langle 1 | \rho_k | 0 \rangle = \frac{1}{2} e^{i\theta_k} \cos\alpha_1 C_{12} C_{23} \cdots C_{k-1,k} \sin\alpha_k \tag{4.51b}$$

系数 C_{mn} 为

$$C_{mn} = \cos\alpha_m \cos\alpha_n + \cos(\theta_m - \theta_n)\sin\alpha_m \sin\alpha_n \tag{4.52}$$

由此可以获得在 m 次测量后，基于测量下的状态转移率 Y_m 为

$$Y_m = \frac{1}{2}(1 - \cos\alpha_1 C_{12} C_{23} \cdots C_{m-1,m} \cos\alpha_m) \tag{4.53}$$

由此获得 Y_m 与变量 θ_k 和 α_k 的直接的函数关系。

由不等式（4.45b）：$0 \leqslant \theta_k < \pi$，可得：$-\pi \leqslant \theta_m - \theta_n < \pi$ 和 $1 \geqslant \cos(\theta_m - \theta_n) > -1$。为了获得 Y_m 在不考虑自由演化情况下的最优值，我们首先通过令 Y_m 关于 θ_k 的导数为 0，得到

$$\sin(\theta_k - \theta_{k-1}) = 0 \tag{4.54}$$

其中 $k = 2,\cdots,m$。

由此可得:当 θ 满足条件

$$\theta_1 = \theta_2 = \cdots = \theta_m \tag{4.55a}$$

时,Y_m 取最大值。为了设计的方便起见,取 θ_k 为 0,即

$$\theta_1 = \theta_2 = \cdots = \theta_m = 0 \tag{4.55b}$$

此时,Y_m 可以写为 α_k 的函数:

$$Y_m^{(a)} = \frac{1}{2}\left[1 - \cos\alpha_1 \cos(\alpha_2 - \alpha_1)\cdots\cos(\alpha_m - \alpha_{m-1})\cos(\pi - \alpha_m)\right] \tag{4.56a}$$

$$= \frac{1}{2}\left(1 + \prod_{k=0}^{m} \cos\varphi_k\right) \tag{4.56b}$$

其中,$\varphi_0 = \alpha_1, \varphi_1 = \alpha_2 - \alpha_1,\cdots,\varphi_{m-1} = \alpha_m - \alpha_{m-1}, \varphi_m = \pi - \alpha_m$。

容易验证函数 $f(x) = \ln\cos x$ 的二阶导数为负,所以它是一个凹函数。由不等式

$$\prod_{k=0}^{m} \cos\varphi_k \leqslant \left(\cos\frac{\pi}{m+1}\right)^m \tag{4.57}$$

可以通过凹函数的控制不等式推导得出

$$\frac{\sum_{k=1}^{M} f(x_k)}{M} \leqslant f\left(\frac{\sum_{k=1}^{M} x_k}{M}\right)$$

由(4.57)式可以看出:当 $\varphi_i (i = 1, 2,\cdots, m)$ 取值为

$$\varphi_0 = \cdots = \varphi_m = \frac{\pi}{m+1} = \varepsilon \tag{4.58}$$

其中

$$\varphi_i = \frac{\pi}{m+1} = \alpha_2 - \alpha_1 = \alpha_m - \alpha_{m-1} = \pi - \alpha_m \tag{4.58a}$$

$$\varphi_i = \frac{\pi}{m+1} = \pi - \alpha_1 = \alpha_1 - \alpha_2 = \alpha_{m-1} - \alpha_m \tag{4.58b}$$

(4.56b)式中的 $Y_m^{(a)}$ 取最大值为

$$Y_m^{(O)} = \frac{1}{2}\left[1 + \left(\cos\frac{\pi}{m+1}\right)^{m+1}\right] \tag{4.59}$$

并且,当观测次数趋于无限,即 $m \to \infty$ 时,有

$$\lim_{m \to \infty} Y_m^{(O)} = 1 \tag{4.60}$$

由此可以验证在第 2 章中所介绍的量子反齐诺效应(QAZE):一个时变可观测投影测量可以将一个量子态以 100%的概率向另一个量子态进行转移。

(4.59)式就是在选定不同的测量次数 m 下,瞬时测量对二能级量子系统状态调控所能够获得的最优转移效率公式。

4.5 基于连续测量调控二能级量子系统状态

假设可以连续测量任何时变投影算符 $P(t)$,在相互作用表象中,连续观测过程的动力学系统可以描述为

$$\dot{\rho}(t) = -\gamma \mathcal{L}(t)\rho(t) = -\gamma[P(t),[P(t),\rho(t)]] \tag{4.61}$$

其中,$\mathcal{L}(t)$ 是作用在密度矩阵上的超算符,γ 是观测强度常数。

投影算符的定义为

$$P(t) = |\psi(t)\rangle\langle\psi(t)| \tag{4.62a}$$

$$|\psi(t)\rangle = \cos\frac{\alpha(t)}{2}|0\rangle + e^{i\theta(t)}\sin\frac{\alpha(t)}{2}|1\rangle \tag{4.62b}$$

其中 $\alpha(t)$ 和 $\theta(t)$ 是时间 t 的函数。

在最终时刻 T_f 时,对于初态为 $|0\rangle$、终态为 $|1\rangle$ 的基于测量的状态转移的调控效率为

$$Y(T_f)[P(t)] = Y(T_f)[\alpha(t),\theta(t)]\langle 1|\rho(T_f)|1\rangle \tag{4.63}$$

(4.61)式为 $\alpha(t)$ 和 $\theta(t)$ 的一般函数,无法直接解出状态 $\rho(t)$ 的表达式。

首先,考虑一个简单情况,即 0 相位,且 $\alpha(t)$ 是时间的线性函数:

$$\alpha(t) = A\frac{t}{T_f} + B \tag{4.64a}$$

$$\theta(t) = 0 \tag{4.64b}$$

这时系统状态转移效率可以解出为

$$Y(T_f) = \frac{1}{2} - \frac{1}{2}e^{-\gamma'}\left\{\cos A\cosh\delta + [\gamma'\cos(2B+A) + A\sin A]\frac{\sinh\delta}{\delta}\right\} \tag{4.65}$$

其中 γ' 和 δ 为无穷小参数，定义为

$$\gamma' = \frac{1}{2}\gamma T_f \tag{4.66a}$$

$$\delta = \sqrt{\gamma'^2 - A^2} \tag{4.66b}$$

(4.65)式取得最大值的条件为

$$2B_m + A_m = \pi \tag{4.67a}$$

$$\gamma' \sin A_m = A_m \tag{4.67b}$$

此时系统状态转移效率最优取值为

$$Y^{(O)}(T_f) = \frac{1}{2}(1 - e^{-\gamma'(1+\cos A_m)} \cos A_m) \tag{4.68}$$

(4.68)式就是在连续测量情况下，所能够获得的使系统状态转移的最优效率公式。

从(4.68)式可以看出：在连续测量情况下，一个完美的全局转移只有在(4.66a)式中 γ' 接近无穷时才能达到。因此，从(4.66a)式可以看出：增加观测强度 γ 和最终时间就等同于增强了控制过程，而 QAZE 会在观测强度无限大或控制时间无限长时得到验证。

图 4.1 是依赖于投影算符中线性函数 $\alpha(t)$ 的最优系数值 A_m 和 B_m 随 γ' 变化的曲线图，其中的投影算符 $P(t)$ 被用来表征连续测量，从而控制二能级量子动力系统。在优化过程中，假设函数 $\alpha(t)$ 为线性表达式(4.64a)式，而 $\theta(t)$ 为 0 满足(4.64b)式。γ' 为无量纲量，是观测强度和观测时间的乘积，满足(4.66a)式。此最优解是全局最优。从图中我们可以得到结论：

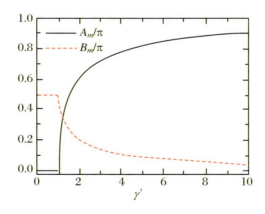

图 4.1　最优系数值 A_m 和 B_m 随 γ' 变化的曲线

$$A_m = 0, \quad 当 \gamma' < 1 \tag{4.69a}$$

$$A_m \to \pi, \quad 当 \gamma' \to \infty \tag{4.69b}$$

我们现在评估(4.64)式中线性解是否对一切可能的$\alpha(t)$和$\theta(t)$达到了最优控制效果。为了验证上述猜想，从(4.61)式开始考虑关于$\alpha(t)$和$\vartheta(t)$的变量$\rho(t)$。(4.61)式中一般变量可以写为

$$\frac{d[\delta\rho(t)]}{dt} = -\gamma[\mathcal{L}(t)\delta\rho(t) + \delta\mathcal{L}(t)\rho(t)] \tag{4.70}$$

容易验证(4.70)式的解为

$$\delta\rho(t) = -\gamma \int_0^t [\rho_\alpha(t,\tau)]\delta\alpha(\tau)d\tau \tag{4.71a}$$

$$\rho_\alpha(t,\tau) = \mathcal{U}(t,\tau)\left(\frac{d\mathcal{L}(\tau)}{d\alpha}\rho(\tau)\right) \tag{4.71b}$$

其中$\mathcal{U}(T,t)$是时间排序指数：

$$\mathcal{U}(t,\tau) = \exp_+\left(-\gamma \int_\tau^t \mathcal{L}(v)dv\right) \tag{4.72}$$

因此，$\rho_\alpha(t,\tau)$就是下面微分方程的解：

$$\frac{\partial \rho_\alpha(t,\tau)}{\partial t} = -\gamma\mathcal{L}(v)\rho_\alpha(t,\tau) \tag{4.73}$$

其中最初状态为

$$\rho_\alpha(\tau,\tau) = \frac{d\mathcal{L}(\tau)}{d\alpha}\rho(\tau) \tag{4.74}$$

显然，在(4.64)式的假设下可看出$\rho_\alpha(t,\tau)$是实数、对称且迹为零的。因此可以令

$$\rho_\alpha(t,\tau) = \begin{pmatrix} -Y_\alpha(t,\tau) & Z_\alpha(t,\tau) \\ Z_\alpha(t,\tau) & Y_\alpha(t,\tau) \end{pmatrix} \tag{4.75}$$

易得结果为

$$Y_\alpha(t,\tau) = -\frac{1}{2}\sin A\left(1 - \frac{t}{T_f}\right)\exp\left(\frac{A(t-2\tau)\cot A - t\csc A}{T_f}\right) \tag{4.76}$$

所以最终系统状态转移效率是关于$\alpha(t)$的变化量为0的：

$$\delta Y^{(O)}(T_f) = -\gamma \int_0^{T_f} Y_\alpha(T_f,\tau)\delta\alpha(\tau)dt = 0 \tag{4.77}$$

使用上述同样过程,可以证明关于相位函数 $\theta(t)$ 的最终系统状态转移效率变化量也是 0。因此,线性解是一个最优解。

除了上述理论分析,我们进一步做了数值仿真,通过进化算法来决定 $\alpha(t)$ 和 $\theta(t)$,其中控制目标是关于控制效率 Y 的最优化。优化过程是在对 $\alpha(t)$ 和 $\theta(t)$ 没有任何前提假设的情况下进行的,搜索过程中也没有考虑任何约束。为了达到此目标,我们使用了协方差矩阵的自适应进化策略(covariance matrix adaptation evolution strategy, CMA-ES)。此算法对于连续全局最优问题十分有效。曾被成功用于处理目标变量的相关性问题。

图 4.2 描述了当(4.64)式中假设不存在时,依赖于 $\alpha(t)$ 和 $\theta(t)$ 的优化最佳控制效率(yields),其中,实线为控制效率作为观测强度线性函数的解(yield of linear solution),是通过采用 CMA-ES 算法获得的演化最优调控律,可以确定此解为全局最优解,虚线为非线性解(yield of optimal solution)。从图 4.2 可以看出非线性最优解不超过线性解中的全局最优控制效率。同样,图 4.2 中无量纲量 γ' 是观测强度和观测时间的乘积(4.66a)式。

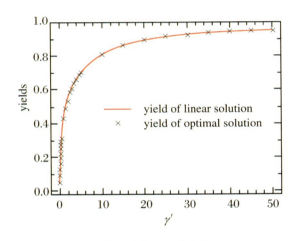

图 4.2 一般情况下依赖于 $\alpha(t)$ 和 $\theta(t)$ 的控制效率的最佳曲线

比较(4.68)式和(4.59)式可以看出:连续测量情况下状态调控最优转移率与瞬时测量情况下的最优转移率存在较大区别。不过,两者的渐近趋势值是相似的:

$$Y_m^{(O)} = 1 - \frac{\pi^2}{4m}, \quad m \to \infty \tag{4.78a}$$

$$Y^{(O)}(T_f) = 1 - \frac{\pi^2}{2\gamma T_f}, \quad \gamma T_f \to \infty \tag{4.78b}$$

因此,当 $\gamma T_f \gg 1$ 时,控制强度为 γ 的连续测量的最优转移率与 $m \simeq \gamma T_f/2$ 的一系列瞬时测量非常接近。

4.6 测量辅助相干控制下动力学对称系统的总体最优演化

本节我们考虑一个三能级量子系统,其哈密顿量 H_0 和偶极矩 μ 为

$$H_0 = \begin{pmatrix} 1 & 0 & 0 \\ 0 & 2 & 0 \\ 0 & 0 & 3 \end{pmatrix}, \quad \mu = \begin{pmatrix} 0 & 1 & 0 \\ 1 & 0 & 1 \\ 0 & 1 & 0 \end{pmatrix}$$

系统初始 $t=0$ 制备为基态 $|\psi_0\rangle = |0\rangle$。控制目标是在给定的时刻 T,使用相干电磁场 $\varepsilon(t)$ 作为控制手段,尽可能多地将布居从初态 $|0\rangle$ 转移到第一激发态 $|1\rangle$,并且在控制过程 $[0,T]$ 中仅在时刻 $t_1 \in (0,T)$ 使用一次投影测量 $P_0 = |0\rangle\langle 0|$(或者 $P_2 = |2\rangle\langle 2|$)。

系统的对称性表明,当仅有相干控制场存在的情况下,纯态系统的系数 $|\psi_t\rangle = C_0(t)|0\rangle + C_1(t)|1\rangle + C_2(t)|2\rangle$,满足下面的演化关系:

$$\left| C_0(t)C_2(t) - \frac{C_1^2(t)}{2} \right| = \left| C_0(0)C_2(0) - \frac{C_1^2(0)}{2} \right|, \quad \forall t \tag{4.79}$$

如果初态 $|\psi_0\rangle = |0\rangle$,那么 $C_1(0) = C_2(0) = 0$ 且(4.79)式变为下面的系数 $C_i(t)$ 关系:

$$C_1^2(t) = 2C_0(t)C_2(t), \quad \forall t \geq 0$$

此关系表明:在仅使用一个相干控制场的情况下,从基态 $|0\rangle$ 向激发态 $|1\rangle$ 转移布居超过50%是不可能的。

系统上的测量可能会破坏动力学对称性,从而允许超过50%的布居转移限制。控制过程包括如下三步:

(1) 系统在时间 $[0,t_1]$ 内在相干场作用下自由演化。

(2) 在时刻 $t = t_1$ 时采取非选择性测量 P_0,使系统状态按照冯·诺依曼测量假设变化。

(3) 系统在时间 (t_1, T) 内在相干场作用下再次自由演化。

(1)和(3)两步中忽略了自发辐射(spontaneous emission)情况。因此这两步中系统(电磁相干场中)可以由无弛豫项(relaxation term)的光学 Bloch 方程描述：

$$\frac{\mathrm{d}\rho(t)}{\mathrm{d}t} = -\mathrm{i}[H, \rho(t)] \quad (4.80)$$

其中的哈密顿量 $H = \Omega(t)|0\rangle\langle 1| + \Omega(t)|1\rangle\langle 2| + \mathrm{h.c.}$ 是由电磁场 $\varepsilon(t)$ 的拉比(Rabi)频率 $\Omega(t)$ 决定的。系统的对称性表明两类转移 $|0\rangle \leftrightarrow |1\rangle$ 和 $|1\rangle \leftrightarrow |2\rangle$ 的拉比频率是相同的。

不失一般性，我们仅需考虑在控制的每一步中拉比频率为常数的情形。如果拉比频率 Ω 是非时变的，那么哈密顿量为 $H \equiv H(\Omega) = \Omega|0\rangle\langle 1| + \Omega|1\rangle\langle 2| + \mathrm{h.c.}$，且(4.80)式(初始态为 $\rho(t_0) = \rho_0$)的解为 $\rho(t) = U(t-t_0)\rho_0 U^\dagger(t-t_0)$，其中 $U(\tau) = \mathrm{e}^{-\mathrm{i}\tau H(\Omega)}$。哈密顿 $H(\Omega)$ 可以写成：$H(\Omega) = \sqrt{2}|\Omega|[|0\rangle\langle\Omega| + |\Omega\rangle\langle 1|]$，其中向量 $|\Omega\rangle = [\Omega|0\rangle + \Omega^*|2\rangle]/\sqrt{2}|\Omega|$ (这里 Ω^* 表示 Ω 的复共轭)。因此有

$$\begin{cases} [H(\Omega)]^2 = 2|\Omega|^2[|1\rangle\langle 1| + |\Omega\rangle\langle\Omega|] \\ [H(\Omega)]^3 = 2|\Omega|^2 H \end{cases}$$

$$\Rightarrow \begin{cases} [H(\Omega)]^{2n} = (\sqrt{2}|\Omega|)^{2n}[|1\rangle\langle 1| + |\Omega\rangle\langle\Omega|] \\ [H(\Omega)]^{2n+1} = (\sqrt{2}|\Omega|)^{2n+1}[|1\rangle\langle\Omega| + |\Omega\rangle\langle 1|] \end{cases}$$

所以可得

$$U(\tau) = P_{\widetilde{\Omega}} + \cos(\sqrt{2}|\Omega|\tau)(|1\rangle\langle 1| + |\Omega\rangle\langle\Omega|) \\ - \mathrm{i}\sin(\sqrt{2}|\Omega|\tau)(|1\rangle\langle\Omega| + |\Omega\rangle\langle 1|) \quad (4.81)$$

其中 $P_{\widetilde{\Omega}} = I - |1\rangle\langle 1| - |\Omega\rangle\langle\Omega| = |\widetilde{\Omega}\rangle\langle\widetilde{\Omega}|$ 是向量 $|\widetilde{\Omega}\rangle = (\Omega|0\rangle - \Omega^*|2\rangle)/\sqrt{2}|\Omega|$ 产生的子空间的投影算符。

经过步骤(1)的控制，初始密度矩阵 ρ_0 被转移到 ρ_1：

$$\rho_1 = U_1 \rho_0 U_1^\dagger = |\psi_1\rangle\langle\psi_1|$$

其中，$|\psi_1\rangle = U_1|0\rangle$，$U_1 = \exp[-\mathrm{i}t_1 H(\Omega_1)]$ 是在拉比频率为 $\Omega_1 = |\Omega_1|\mathrm{e}^{\mathrm{i}\psi_1}$ 的控制场中的演化算符。

直接计算可以得到：$|\psi_1\rangle = C_0|0\rangle + C_1|1\rangle + C_2|2\rangle$，其中，$C_0 = \dfrac{\mathrm{i}\sin(\sqrt{2}|\Omega_1|t_1)}{2}$, $C_1 = \dfrac{\cos(\sqrt{2}|\Omega_1|t_1) + 1}{2}\mathrm{e}^{-\mathrm{i}\psi_1}$, $C_2 = \dfrac{\cos(\sqrt{2}|\Omega_1|t_1) - 1}{2}\mathrm{e}^{-2\mathrm{i}\psi_1}$。

在 $t = t_1$ 时刻测量投影算符 P_0 会将纯态 ρ_1 转移到密度矩阵 ρ_2：

$$\rho_2 = \mu_{P_0}(P_1) = P_0 \rho_1 P_0 + (1 - P_0)\rho_1(1 - P_0)$$
$$= |C_0|^2 P_0 + |C_1|^2 P_1 + |C_2|^2 P_2 + C_1 C_2^* |1\rangle\langle 2| + C_1^* C_2 |2\rangle\langle 1|$$

如果 $C_1 \neq 0$，那么状态 ρ_2 为混合态，且测量破坏了 $|0\rangle$ 与 $|1\rangle$ 间的相干性，但保留了 $|1\rangle$ 与 $|2\rangle$ 间的相干性。

测量之后系统密度矩阵经过自由演化（在拉比频率为 $\Omega_2 = |\Omega_2| e^{i\psi_2}$ 的相干场中），成为密度矩阵 ρ_3：

$$\rho_3 = U_2 \rho_2 U_2^\dagger$$

其中，$U_2 = \exp[-i t_2 H(\Omega_2)]$ 是相干场中的自由演化算符，且 $t_2 = T - t_1$。密度矩阵 $\rho_3 = U_2 [\mu_{P_0}(U_1 \rho_0 U_1^\dagger)] U_2^\dagger$ 可以通过 (4.81) 式来计算。

通过计算，可以得到时刻 $t = T$ 时 $|1\rangle$ 态的总布居为

$$P = \frac{1}{16}\{5 - \cos(x_1) - [1 + 3\cos(x_1)]\cos(x_2)$$
$$+ 2[2\sin(x_1/2) - \sin(x_1)]\sin(x_2)\cos(\psi_2 - \psi_1)\} \tag{4.82}$$

其中，ψ_1 和 ψ_2 满足 $\psi_2 - \psi_1 = 2\pi k\ (k = 0, \pm 1, \pm 2, \cdots)$。$x_1 = 2\sqrt{2}|\Omega_1|t_1$，$x_2 = 2\sqrt{2}|\Omega_2|t_2$，此函数的最大值为

$$x_1^* = \pm \left[2\arctan\left(\frac{\sqrt{18 + 2\sqrt{6}}}{\sqrt{6} - 1}\right) - 2\pi\right] \tag{4.83a}$$

$$x_1^* = \mp \arctan\left(\frac{\sqrt{18 + 2\sqrt{6}}}{\sqrt{6} - 1}\right) \tag{4.83b}$$

此时布居的最大值为

$$P_{\max} = \max_{\Omega_1, \Omega_2} P = 4 \times 10^{-3}(\sqrt{393 - 48\sqrt{6}} + 138 + 7\sqrt{6})$$
$$\approx 68.7\% \tag{4.84}$$

(4.84) 式就是达到 $|1\rangle$ 态的最大转移率。它的获得是通过拉比频率为 $\Omega_1 = x_1^*/(2\sqrt{2}t_1)e^{i\psi_1}$ 的相干场在 $[0, t_1]$ 时间内控制，然后 t_1 时刻测量投影算符 P_0，最后使用 Rabi 频率为 $\Omega_2 = x_2^*/(2\sqrt{2}t_2)e^{i\psi_2}$ 的相干场在 $[t_1, T]$ 时间内控制得到的，其中 $\psi_2 = \psi_1 + 2\pi k\ (k = 0, \pm 1, \pm 2, \cdots)$。

另外一个计算控制效率最大值的办法是通过著名的 SU(2) 李群的欧拉（Euler）分解。

假设系统演化分为以下三步：

$$(1) \quad \rho_1 = U_1^\dagger \rho_0 U_1 \quad (4.85a)$$

$$(2) \quad \rho_2 = \rho_1 - [P_k, [P_k, \rho_1]] \quad (4.85b)$$

$$(3) \quad \rho_3 = U_2^\dagger \rho_2 U_2 \quad (4.85c)$$

其中幺正演化的 Euler 分解为

$$U_k = \exp(\mathrm{i} a_k H_0)\exp\left(\mathrm{i}\frac{x_k}{2\sqrt{2}}u\right)\exp(\mathrm{i} b_k H_0), \quad k = 1,2 \quad (4.86)$$

这里 $a_{1,2}$、$b_{1,2}$ 和 $x_{1,2}$ 是 6 个不相关待优化变量。通过计算可知达到 $|1\rangle$ 态的总布居为

$$(\rho_3)_{11} = \frac{1}{16}[5 - \cos x_2 - \cos x_1(1 + 3\cos x_2)$$

$$+ 2\cos(a_2 + b_1)\left(\sin x_1 - 2\sin\frac{x_1}{2}\right)\sin x_2] \quad (4.87)$$

以这种方法更容易推导出(4.84)式中的总体最大控制效率。

本节分别讨论了使用瞬时和连续两种观测方式，来操纵量子动力学系统的过程。测量可以看成一种直接控制手段。通过对二能级系统和特殊的三能级系统的解析解的研究得到了控制过程的解及其上界。此结果对于任意次数的瞬时测量以及任何观测强度的连续测量都适用。随着科学技术的发展，最优观测有望得到普及实现，并成为量子动力学控制的有效工具。

4.7 测量控制的误差分析

根据 4.4 节基于瞬时测量调控二能级量子系统状态中的分析我们已知：本征态最优测量控制中一系列测量算符 $P_k = |\psi_k\rangle\langle\psi_k|$ 应当满足参数 $\theta_k = 0$ 且 α_k 为等差。当初态为 $\rho_0 = |0\rangle\langle 0|$，目标态为 $\rho_f = |1\rangle\langle 1|$ 时，在测量算符 $P_k = |\psi_k\rangle\langle\psi_k|$ 的作用下，系统沿着一条贴近 Block 球表面的纯态轨迹运动。假设第 k 次测量之前系统状态为 ρ_{k-1}，测量之后状态为 ρ_k。根据(4.47)式可得到系统状态迭代公式：

$$\rho_k = \rho_{k-1} - [P_k, [P_k, \rho_{k-1}]] \quad (4.88)$$

其中 $[P_k, [P_k, \rho_{k-1}]]$ 为第 k 次测量状态的改变量。

当 $P_k = \rho_{k-1}$ 或 $P_k = I - \rho_{k-1}$ 时，有 $[P_k, [P_k, \rho_{k-1}]] = 0$ 成立。事实上，$P_k = \rho_{k-1}$ 和 $P_k = I - \rho_{k-1}$ 两种情况是等价的，这是因为完备的投影测量算符组必然包括 P_k 与 $\rho_{k-1} = I - P_k$。而当 $k > 1$ 时，系统状态 ρ_k 并非纯态，而是接近 P_k 或 ρ_{k-1} 的混合态，不妨设：

$$\rho_k = P_k - \Delta\rho_k \tag{4.89}$$

为了让 $\Delta\rho_k$ 尽量小，需要 P_k 尽量逼近 ρ_{k-1}。

可以通过给 α_{k-1} 加上一个微小增量 ε 来构造测量算符 $P_k = |\psi_k\rangle\langle\psi_k|$ 的基矢量 $|\psi_k\rangle$：

$$\begin{aligned}|\psi_k\rangle &= \cos\frac{\beta_k}{2}|0\rangle + \sin\frac{\beta_k}{2}|1\rangle \\ &= \cos\frac{\alpha_{k-1}+\varepsilon}{2}|0\rangle + \sin\frac{\alpha_{k-1}+\varepsilon}{2}|1\rangle\end{aligned} \tag{4.90}$$

以 (4.90) 式构成 P_k 进行投影测量，根据 (4.88) 式和 (4.89) 式可以得到 $\Delta\rho_k$ 值为

$$\Delta\rho_k = \begin{vmatrix} O(\varepsilon) & \tan(\alpha_k)O(\varepsilon) \\ \tan(\alpha_k)O(\varepsilon) & -O(\varepsilon) \end{vmatrix} \tag{4.91}$$

其中，$\Delta\rho_k$ 是由 α_{k-1} 和微小增量 ε 决定的偏差矩阵，$O(\varepsilon)$ 为关于 ε 的小量，$O(\varepsilon) = \cos(\alpha_{k-1}+\varepsilon)\sin^2\frac{\varepsilon}{2}$。

当 $\varepsilon \to 0$ 时，由关系式：$\varphi_0 = \cdots = \varphi_m = \frac{\pi}{m+1} = \varepsilon$ 可知，此时有 $m \to \infty$，$\cos(\varepsilon/2) \approx 1$ 和 $\sin(\varepsilon/2) \approx 0$ 成立，且有 $\Delta\rho_k \approx 0$。此时，由 (4.89) 式可得 $\rho_k = P_k$，即在 ε 足够小的情况下，第 k 次投影测量之后，系统状态 ρ_k 与测量算符 P_k 相同。

对于其他的 ε 值情况，由 (4.88) 式可以得到第 k 次投影测量结果为

$$\begin{aligned}\rho_k &= \rho_{k-1} - [P_k, [P_k, \rho_{k-1}]] \\ &= P_{k-1} - \Delta\rho_{k-1} - [P_k, [P_k, P_{k-1} - \Delta\rho_{k-1}]] \\ &= P_{k-1} - [P_k, [P_k, P_{k-1}]] - (\Delta\rho_{k-1} - [P_k, [P_k, \Delta\rho_{k-1}]]) \\ &= P_k - \Delta\rho_k^{(0)} - \xi(\Delta\rho_{k-1})\end{aligned} \tag{4.92}$$

其中，$\Delta\rho_k^{(0)}$ 为算符 P_k 与 P_{k-1} 向 P_k 投影结果的差，$\Delta\rho_k^{(0)} = P_k - (P_{k-1} - [P_k, [P_k, P_{k-1}]])$；$\xi(\Delta\rho_{k-1})$ 表示对 $\Delta\rho_{k-1}$ 的 P_k 投影结果。

m 次瞬时投影测量后的总误差值为

$$\begin{aligned}\Delta\rho_m &= \Delta\rho_m^{(0)} + \xi(\Delta\rho_{m-1}^{(0)} + \xi(\Delta\rho_{m-2}^{(0)} + \cdots + \xi(\Delta\rho_1^{(0)} + \Delta\rho_0))\cdots) \\ &= \Delta\rho_m^{(0)} + O^{(m)}(P_m)\end{aligned} \tag{4.93}$$

其中，$O^{(m)}(P_m) = \xi(\Delta\rho_{m-1}^{(0)} + \xi(\Delta\rho_{m-2}^{(0)} + \cdots + \xi(\Delta\rho_1^{(0)} + \Delta\rho_0))\cdots)$。

因此，在 m 次瞬时投影测量后，所获得的系统状态的密度矩阵为

$$\rho_m = P_m - \Delta\rho_m = P_m - (\Delta\rho_m^{(0)} + O^{(m)}(P_m)) \tag{4.94}$$

于是，当测量算符 $P_m = \rho_f = |1\rangle\langle1|$ 时，系统终态 ρ_m 与目标态 ρ_f 之间的误差为 $\Delta\rho_m^{(0)} + O^{(m)}(P_m)$。由关系式 $\varepsilon = \dfrac{\pi}{m+1}$ 可知，最优投影测量的误差仅与测量次数 m 有关，m 越大，误差 $\Delta\rho_N^{(0)} + O^{(N)}(P_N)$ 的值越小，这也符合 4.4 节的结论。

4.8 系统仿真及特性分析

4.8.1 无自由演化情况下本征态最优测量控制实验

实验的目标为：通过一系列投影测量 P_k，使系统从给定初态 $\rho_0 = |0\rangle\langle0|$，转移到目标态 $\rho_f = |1\rangle\langle1|$。实验参数分别取为：系统初态 $\rho_0 = |0\rangle\langle0|$，目标态 $\rho_f = |1\rangle\langle1|$，投影测量算符 $P_k = |\psi_k\rangle\langle\psi_k|$，其中 $|\psi_k\rangle = \cos(\alpha_k/2)|0\rangle + \sin(\alpha_k/2)|1\rangle$；$m = 100$；$\varepsilon = \alpha_k - \alpha_{k-1} = \dfrac{\pi}{m+1}(k = 2,3,\cdots,m)$，$\alpha_1 = \dfrac{\pi}{m+1}$。根据(4.88)式计算每次测量之后的系统状态 ρ_k，将算符变换为 Bloch 球坐标，观察其状态转移轨迹；计算最终态与目标态的相似度作为状态转移效率 $Y_m = \langle1|\rho_m|1\rangle$。

无自由演化情况下，二能级量子系统本征态在最优测量控制下的实验结果如图 4.3 所示。图 4.3(a)中 $\varepsilon = \alpha_k - \alpha_{k-1} = \pi/(m+1)$，$\alpha_1 = \pi/(m+1)$，为 P_k 趋近状态 ρ_{k-1} 的情况；图 4.3(b)中 $\varepsilon = \alpha_{k-1} - \alpha_k = \pi/(m+1)$，$\alpha_1 = \pi - \pi/(m+1) = \pi m/(m+1)$，为 P_k 趋近状态 $I - \rho_{k-1}$ 的情况。经过 100 次的测量操控，状态从初态 $\rho_0 = |0\rangle\langle0|$ 转移到目标态 $\rho_f = |1\rangle\langle1|$ 的效率为 $Y_m = 97.59\%$。

通过仿真实验，对测量控制中不同的 m 值对控制性能的影响进行特性分析和讨论。改变实验中测量次数 m，状态转移效率 Y_m 随 m 的变化曲线如图 4.4 所示。图 4.4(a)为 m 取 1~100 情况下的状态转移效率；图 4.4(b)为 m 取 1~1 000 情况下的状态转移效率。不同测量次数 m 所对应的状态转移效率 Y_m 如表 4.1 所示。

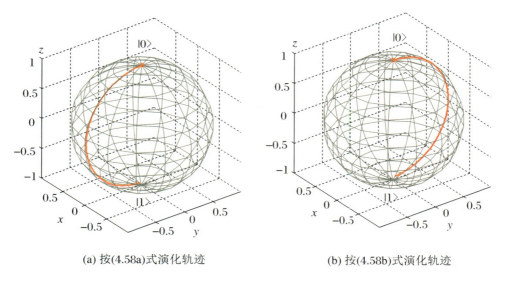

(a) 按(4.58a)式演化轨迹　　　　　　　(b) 按(4.58b)式演化轨迹

图 4.3　无自由演化情况下二能级量子系统状态从 $|0\rangle$ 到 $|1\rangle$ 的演化轨迹

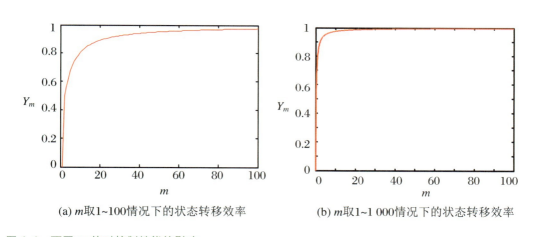

(a) m 取 1~100 情况下的状态转移效率　　　　　　(b) m 取 1~1 000 情况下的状态转移效率

图 4.4　不同 m 值对控制性能的影响

表 4.1　不同测量次数 m 所对应的状态转移效率 Y_m

m	1	5	10	50	100	200	300	500	700	1 000	∞
Y_m	50%	67.33%	80.27%	95.39%	97.59%	98.79%	99.19%	99.51%	99.65%	99.75%	1

根据(4.46)式 $Y_m[P_1,\cdots,P_m]=\langle 1|\rho_m|1\rangle$ 可以看出:当 $m=1$ 时,由(4.59)式 $Y_m^{(0)}=\frac{1}{2}\left[1+\left(\cos\frac{\pi}{m+1}\right)^{m+1}\right]$,可得相似度 $Y_1=0.5$。这是因为由(4.44a)式 $P_k=|\psi_k\rangle\langle\psi_k|$,一次测量后,有 $P_1=|\psi_1\rangle\langle\psi_1|=\begin{pmatrix}1/2 & 1/2 \\ 1/2 & 1/2\end{pmatrix}$,$|\psi_1\rangle=\frac{1}{2}|0\rangle+\frac{1}{2}|1\rangle$,再由(4.88)式有 $\rho_1=\rho_0-[P_1,[P_1,\rho_0]]=\mathrm{diag}(1/2,1/2)$,这恰好是 Bloch 球坐标 $(0,0,0)$ 点,这说明,一次测量将使系统的状态"塌缩"到最大混合态上,出现完全退相干。

由图 4.4(a)可以看出:Y_m 值随着 m 增加而增加,并逐渐逼近于1;当 $m\leqslant 20$ 时,Y_m 增加速度较快;$m=22$ 时,Y_m 首次超过 90%,为 $Y_{22}=90.32\%$,也就是说,如果以 90% 作为性能指标,那么需要至少采用 22 次的测量控制,才能达到期望的性能指标;$m=100$ 时,$Y_{100}=97.59\%$。图 4.4(b)是 m 在 $1\sim 1\,000$ 范围内 Y_m 随 m 的变化曲线,从中可以看出:随着 m 增加 Y_m 无限逼近于 1,$m=1\,000$ 时 $Y_{1\,000}=99.75\%$,控制效率超过 99% 至少需要测量 224 次。

4.8.2 考虑自由演化影响的本征态最优测量控制实验

在 4.4 节我们讨论了基于测量控制的本征态的转移,将测量视为一个瞬时过程,仅仅考虑测量对状态的影响而忽略对于系统本身的影响,然而,测量间隔中系统存在自由演化过程,本节我们将分析在有系统自由演化情况下,基于最优测量控制状态转移实验。

第一次最优测量后的系统状态 ρ_k 可由(4.88)式表示为 $\rho_k=\rho_{k-1}-[P_k,[P_k,\rho_{k-1}]]$;考虑两次测量间隔中系统状态存在自身的自由演化,设第 k 与 $k-1$ 次测量的间隔时间为 $\Delta t=t_k-t_{k-1}$,系统自由演化后的状态为 ρ'_k:$\rho'_k=U_k\rho_k U_k^\dagger=\mathrm{e}^{-\mathrm{i}H_0\Delta t}\rho_k\mathrm{e}^{\mathrm{i}H_0\Delta t}$,其中,$\rho_k$ 和 ρ'_k 分别为第 k 次测量后未经演化和经过演化的状态,$U_k=\mathrm{e}^{-\mathrm{i}H_0 T}$。之后,系统状态的转移过程分别由一次测量加上自由演化这样反复交替进行。最后,可得在最优测量和自由演化共同作用下,系统状态转移的迭代公式为

$$\rho'_k=\mathrm{e}^{-\mathrm{i}H_0\Delta t}\{\rho'_{k-1}-[P_k,[P_k,\rho'_{k-1}]]\}\mathrm{e}^{\mathrm{i}H_0\Delta t} \tag{4.95}$$

其中 $k=1,\cdots,m$。

实验中系统自由演化哈密顿为

$$H_0=\begin{bmatrix}1 & 0 \\ 0 & -1\end{bmatrix}$$

我们进行了两组实验:在固定测量次数 $m=100$,采样时间间隔分别为 $\Delta t=0.01$ 和

$\Delta t = 0.02$ 情况下,根据(4.95)式进行状态转移轨迹的实验,实验结果如图 4.5 所示。图 4.5(a)中参数 $m = 100, \Delta t = 0.01$,系统演化总时间为 $m \cdot \Delta t = 1$,状态转移效率 $Y_m = 95.14\%$;图 4.5(b)中参数 $m = 100, \Delta t = 0.02$,系统演化总时间为 $m \cdot \Delta t = 2$,状态转移效率 $Y_m = 97.55\%$。从图中可以看出:系统的状态运动轨迹及其转移效率与 m 及 Δt 相关,而最终转移效率仅仅与测量次数 m 有关。

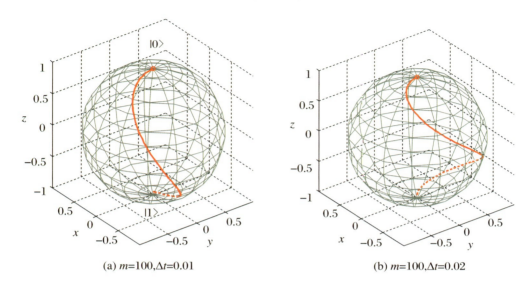

图 4.5 有自由演化下的本征态基于最优测量的状态转移控制

4.9 小 结

本章主要研究基于量子最优测量的系统转移的特性,分析测量参数选取对控制效果的影响,研究在自由演化条件下最优测量的效果,与无自由演化情况进行对比。测量控制最关键的部分是投影测量基的选取,在连续测量情况下,测量基本身接近系统状态。在二能级系统有限测量次数的情况下,给出了最优测量控制状态转移的必要条件,从理论上分析了其误差特性。对二能级系统的最优测量控制给出数值仿真结果,分析了测量次数与控制效果的关系,验证误差随测量次数增加而减小。对于自由演化条件下的情况,通过薛定谔图景与相互作用图景的转换,研究了其演化轨迹,对偏差原因与周期性波动进行了分析。全面讨论了二能级条件下,测量控制系统状态演化的特性。对于不等差参数情况进行了讨论,引出加入自由演化以及其他相干控制手段后的参数变化趋势。最后分别给出在不考虑自由演化以及有自由演化情况下,最优测量调控二能级量子系统本征态的仿真实验,来验证所推导出的结果。

第 5 章

量子层析及量子状态估计方法

在量子力学中,由于量子系统的海森堡测不准原理(Heisenberg,1927),人们无法通过测量来直接得到系统的真实状态,只能测量得到量子系统的状态在某个投影方向上塌缩的概率,这与宏观系统的特性存在本质区别,因此在量子系统中只能通过测量对量子系统的真实状态进行参数估计。为了估计出量子系统的状态,一般需要对全同量子复本进行多次测量来获得足够的信息(D'Ariano et al.,2004)。量子状态估计又叫量子状态重构,自 1933 年 Pauli 提出一个粒子的位置和动量的概率分布能否确定出该粒子的波函数的问题后,量子状态估计才逐渐引起人们的兴趣。目前,量子状态估计主要分为三个方面:(1) 对有限维量子系统初始状态的估计(D'Alessandro,2003);(2) 控制一个系综的演化并根据一个可观察量的信息实现状态估计(Silberfarb et al.,2005);(3) 基于对单个量子系统连续测量的历史记录进行的状态估计(Gambetta,Wiseman,2001),这个第三方面又被称作**量子过程估计**。

量子层析术是目前最常用的量子状态估计技术。层析(Vogel,Risken,1989)一词来源于医学中的 X 射线断层摄影术 CT(computer-assisted tomography),它是 X 射线断层摄影术在量子系统中含义的延伸。因此,量子层析的主要思想是将通常医疗成像的算法应用于量子领域,通过多个方向上的投影来重构量子态的二维或多维分布。量子层析理论最早出现于1957年,Fano首先系统地论述了根据相同制备的复本系统上的重复测量来决定量子状态的问题(Fano,1957),但由于没能找到除了位置、动量和能量以外更好的可观测量,该思想最初只停留于理论层面上。直到1969年,Cahill和Glauber在物理评论杂志上发表了题为《密度算符与准概率分布》(*Density operators and quasiprobability distributions*)(Cahill,Glauber,1969)的论文,此论文开创性地提出通过重构量子态的密度矩阵来获取量子状态信息的方法,给量子层析技术的发展奠定了坚实的理论基础。通过几十年的研究,量子层析在许多量子实验中取得了成功。1989年Vogel和Risken首次设计出了利用光学零差探测法确定量子态密度矩阵的实验(Vogel,Risken,1989),将零差探测得到的边缘概率分布进行逆氡(Radon)元素变换来得到魏格纳(Wigner)函数,从而得到密度算符的矩阵元素,这就是量子光学中非常通用的"零差层析术"。1994年,D'Ariano开发出通过实验测定光子数表象中辐射场密度矩阵的第一个准确技术(D'Ariano et al.,1994),通过简单平均零差数据的一个函数来实现,简化了氡逆变换环节。之后,D'Ariano把系统的密度算符表示为零差输出的边缘分布与一个核函数的卷积,进一步简化了这一技术。有关量子层析的一些其他成功实验还有:1990年Ashburn等对含有3个氢原子的系统进行量子层析实验,并得到简化的量子层析实验方案(Ashburn et al.,1990);1993年Smithey和Beck等成功地对量子压缩态和真空态实施了量子零差探测层析(Smithy et al.,1993);1995年Leonhardt成功地实现了分子振动态的层析实验(Leonhardt,1995),Leonhardt还根据实验数据提出有限维量子系统的层析实验方案,并推导出了魏格纳方程的离散形式。几年中,有关离子和原子的量子系统(Leibfried et al.,1996),含有四基态的铯原子内部角动量系统(Klose et al.,2001),以及利用核磁共振(NMR)技术测定1/2自旋电子态(Chuang et al.,1998)的层析实验都获得了成功。利用自发参数下转换产生纠缠光子态的层析实验在1999年也获得了实现(White et al.,1999)。随着量子层析理论研究的深入和一系列实验的成功,量子层析技术开始在量子信息学的研究中广泛应用(White,2010;Dunn et al.,1995;D'Ariano,2000;D'Ariano,Paris,1999)。目前最常用的Stern-Gerlach测量实验(D'Ariano et al.,2004)中,通过测量电子自旋来估计电子状态,便是所谓的**量子比特层析**。量子比特层析相比一般量子系统层析具有明显优势,除去了繁杂的数学计算与函数积分,避免了传统层析技术中,Wigner函数以及逆Radon变换的处理,仅需要对可观测力学量的测量统计结果进行简单线性变换,就能够得到较为准确的量子状态估计,这是一种完全观测水平上的统计测量方法。

本质上,量子层析是通过重复测量全同量子复本构成一组量子系综来重构出系统的状态。在每个量子复本中,需要测量相同的可观测力学量。被测系综上的可观察力学量的集合称为观测层次(Fick，Sauermann，2012)。按照观测层次和测量次数的不同，量子测量可分为三种情况：(1) 完全观测层次上的重构。系统的所有可观察力学量可被精确测量，这种情况下量子层析能够完全重构出量子的状态。(2) 不完全观测层次上的重构。只有系统的部分可观察量可被精确测量。(3) 测量不能提供充分的信息来准确确定出被测可观察量的平均值或概率分布，只能提供被测可观察量的本征态的出现频率。上述三种情况，只有在第一种情况下使用量子层析能够得到精确结果，后两种情况下采用量子层析进行的参数估计会产生较大误差，此时需要利用优化算法对测量所获得的数据进行优化，来得到尽量"逼近"真实参数的估计结果。

  目前最常用的优化方法有如下四种(Paris et al.，2004)：最小二乘法(LS)、最大熵(Max-Ent)法、极大似然(ML)法和贝叶斯(Bayesian)方法。其中，最小二乘法是在完全观测层次但测量次数有限的情况下，对量子层析估计结果的最小二乘逼近；最大熵法是一种无偏估计方法，在不完全观测层次下，适用于第 2 种测量情况；极大似然法，是根据已有信息得到理论上"最有可能"结果的方法，同时适用于第 2、3 两种测量情况；贝叶斯方法则是考虑到了人们对系统原本的认知，适合第 3 种情况下的状态重构。最小二乘原理出现于勒让德(Legendre)和高斯(Gauss)时代，是最常见的优化算法之一。随着人们的研究，最小二乘方法在量子状态估计问题中已有广泛应用，如借助量子态内窥镜检查对腔场量子态的重构(Bardroff et al.，1996)、俘获离子的振动量子态的重构、借助平衡和不平衡同差检测对光场量子态的重构(Opatrny et al.，1997)等。最大熵原理是由杰恩斯(Jaynes)在 1957 年提出的一种无偏的估计思想，它是利用最大熵原理对随机事件的概率分布进行推断的方法。在量子状态重构问题上，最早是在 1997 年由布泽克(Buzek)等人利用 Jaynes 最大熵原理实现了自旋量子系统状态的重构(Buzek et al.，1997)，并逐渐应用到单色光场的量子态的重构、不完全层析数据上魏格纳(Wigner)函数的重构、速核磁共振光谱的重构等方面，均得到了较好结果。极大似然思想在 19 世纪 20 年代由费希尔(Fisher)提出，随后获得广泛应用，也是量子领域中应用最多最广的优化算法。1996 年赫拉迪尔(Hradil)等人提出了一个利用极大似然原理重构量子密度矩阵的技术(Hradil，1997)，不过仅限于纯态，后来巴拉什兢(Banaszek)等人提出了一个利用最大似然方法重构密度矩阵的通用技术(Banaszek et al.，2000)。2004 年吕沃夫斯基(Lvovsky)提出了根据一组平衡同差测量来构造光学系综的密度矩阵的一个迭代期望最大化算法(Lvovsky，2004)，它避开了计算边缘概率分布的中间步骤，可直接用于测得的数据。目前，极大似然法已应用于量子相位的估计、光子数分布的估计、光学纠缠态的重构等问题(D'Ariano et al.，2004；Hradil et al.，2004)。贝叶斯原理是概率推断问题中极为重要的一种推断思想，由英国数学家托马斯·贝叶斯(Thomas Bayes)于 1763 年提出，它在量子状态估计中具有较好效果，最早由赫尔斯特罗姆(Helstrom)等人于 1976 年将贝叶斯思想引入量子态估计过程中(Helstrom，1976)。1991年琼斯(Jones)将贝叶斯思想应用于纯态量子密度矩阵的估计(Jones，1991)，2001年沙克(Schack)等人在广义测量的框架内推导了一个对纯态和混合态均适用的量子贝叶斯规则，并把他们的方法成功用于 N 个量子位的状态重构上(Schack et al.，2001)。目前为止，在 Schack 等人的努力下，已经形成一套较为成熟的量子贝叶斯规则。

本章主要有两方面内容。一是针对目前基于量子层析的量子比特系统状态估计，对其原理、步骤与使用条件进行归纳总结；在实际测量次数有限的情况下，详细给出如何采用最小二乘法优化层析结果来得到误差均方差最小结果；在不完全测量时，如何使用最大熵法、极大似然法来得到令系统熵值最大或最可能的估计；在考虑所测量系统的先验知识的情况下，如何采用贝叶斯方法得到先验知识与后验测量结合的估计结果。分析这些方法的各自特点，对比重构结果的优劣并讨论适用条件。二是进行基于压缩传感的量子态估计的设计、性能实验及其对比分析。

5.1 量子层析

在量子力学中，用密度矩阵 ρ 描述全同量子系统(比如包含大量相同分子的样品)的状态。根据密度矩阵，可以计算这个量子系统的所有可观测量的均值。相反，根据一组完备的可观测量的均值，可以计算系统状态的密度矩阵。量子态层析技术的基本原理就是测量未知的量子态的大量全同样本的一组完备的可观测量的均值来重构系统量子态 ρ。

在斯特恩-格拉克(Stern-Gerlach)测量电子自旋实验中使用量子层析术，仅需对投影测量的结果进行统计变换求出平均值，便能得到投影方向上的观测概率，也就是量子在投影方向上出现的概率。为了完整估计出量子状态，层析测量必须完整：测量内容必须选取系统希尔伯特空间上的一组完备可观测量，这样一组可观测量被称为一个 quorum。对整个 quorum 上每个可观测量 $\{\sigma_i\}$($i = 1, 2, \cdots$)的测量结果进行均值计算得到对应的概率 p_i，只要 quorum 完备便能得到密度矩阵 ρ 的估计结果，这就是量子比特层析的原理。

量子态层析技术(quantum state tomography，QST)是通过首先测量系统的一组完备的可观测物理量，然后利用这组完备信息反向构造出能够完全反映系统状态的密度矩阵。量子过程层析技术(quantum process tomography，QPT)是在量子态层析技术的基础上，首先对量子过程的一组完备初态(也就是输入态)演化的终态(也就是输出态)做量子态层析，然后利用输入输出之间的关系反向构造出量子系统演化过程（或者说量子逻辑门）的全部信息。

5.1.1 单量子比特层析

考虑一个单量子比特系统，例如 1/2 自旋电子系统，其状态可用密度矩阵 ρ 完全描述，ρ 是一个二维希尔伯特空间 $\mathbf{C}^2$ 上的厄米算符，满足归一化条件 $\mathrm{tr}\rho=1$。单量子比特层析的目标是：通过投影方向上测量所得的统计结果计算相应观测量的概率，来获得密度矩阵的估计值 $\hat{\rho}$。假设可以制备出系统的大量全同复本，这些全同复本构成一个量子系综，选用以泡利矩阵为基的**观测算符**作为投影测量方式，对此量子系统进行重复测量，来得到状态估计数据。系统密度矩阵 ρ 满足

$$\rho = \frac{1}{2}(I + \mathrm{tr}(\sigma_x\rho)\sigma_x + \mathrm{tr}(\sigma_y\rho)\sigma_y + \mathrm{tr}(\sigma_z\rho)\sigma_z) \tag{5.1}$$

其中，$\sigma_0 = I$ 是单位矩阵；σ_x、σ_y 和 σ_z 是泡利矩阵；$\mathrm{tr}(\sigma_i\rho)$ 代表系统在 σ_i 上投影的期望值。

在每个泡利矩阵上的投影测量的结果只有 $+1$ 和 -1 两种结果，此处 $+1$ 和 -1 为泡利矩阵的本征值，以 σ_x 方向为例，假设测得 $+1$ 和 -1 的次数分别为 N_+ 和 N_-，总测量次数为 N：$N = N_+ + N_-$，出现 $+$ 和 $-$ 的结果所对应的统计频率分别为 $f_+ = \dfrac{N_+}{N}$，$f_- = \dfrac{N_-}{N}$。在量子层析方法中，一般通过求频率的加权平均值来得到对参数 p_i 的估计：

$$\hat{p}_x = (+1)f_+ + (-1)f_- = \frac{N_+ - N_-}{N} \tag{5.2}$$

其中 $\hat{p}_x$ 表示对 $\mathrm{tr}(\sigma_x\rho)$ 的估计值，即

$$\hat{p}_x \approx p_x = \mathrm{tr}(\sigma_x\rho) \tag{5.3}$$

在测量次数足够大时，可以认为观测结果的平均值就是期望值，这样便将状态估计问题转化为静态参数估计问题。根据(5.2)式，同理可求出 $\mathrm{tr}(\sigma_y\rho)$ 和 $\mathrm{tr}(\sigma_z\rho)$ 的估计值 $\hat{p}_y$ 和 $\hat{p}_z$，代入估计公式(5.1)中，即可得到密度矩阵 ρ 的估计结果 $\hat{\rho}$。

需要说明的是，观测算符的选取可以是任意的，只要能够组成内积空间的一组完备可观测量就行，因为泡利矩阵构成最简单的完备可观测力学量，所以它是一种典型的观测算符。一般对于单量子比特，要获得量子态的全部信息，至少需要测量 3 对不同方向

的投影观测算符,才能完备估计出系统的真实状态。因此,采用量子层析法估计单量子系统需要至少3组测量,每组测量对应一个投影算符(泡利矩阵)方向上的大量统计结果,才能得到叠加态下的密度矩阵 ρ 的估计值。

这里需要指出,测量会破坏量子态,而获得可观测量的均值需要做很多次测量操作,所以量子态层析实验需要准备大量相同的量子态才能达到目的。以核磁共振系统中的单自旋比特为例,说明量子态层析的基本流程。单个量子比特的密度算符 ρ_{q1} 在基底 $\{I, S_x, S_y, S_z\}$ 下可表示为

$$\rho_{q1} = a_0 \frac{1}{2} I + a_x S_x + a_y S_y + a_z S_z \tag{5.4}$$

其中,a_0 表示单位算符 I 的均值;$a_\alpha = \mathrm{tr}(\rho_{q1} S_\alpha)$,$\alpha = x, y, z$,表示自旋算符 S_α 的均值。

在核磁共振系统中,可以用自由感应衰减信号(rree induction decay,FID)来表示自旋系综的均值。对系统施加射频控制磁场后,系统终态密度矩阵为 ρ_{q1},然后停止施加控制,系统会自由演化而归于热平衡态,t 时刻后探头线圈接收到的自由感应衰减信号为

$$\begin{aligned} s^I(t) &\propto \mathrm{tr}[\mathrm{e}^{-\mathrm{i}\omega_0 t S_z} \rho_{q1} \mathrm{e}^{\mathrm{i}\omega_0 t S_z} (S_x + \mathrm{i} S_y)] \\ &= \mathrm{e}^{\mathrm{i}\omega_0 t} \mathrm{tr}(S_x + \mathrm{i} S_y) \\ &= \mathrm{e}^{\mathrm{i}\omega_0 t}(a_x + \mathrm{i} a_y) \end{aligned} \tag{5.5}$$

对信号 $s^I(t)$ 进行傅里叶(Fourier)变换,在频率 ω_0 处出现一条谱线,而且在谱峰的幅值(或谱积分)的实数部分正比于 a_x,虚部部分正比于 a_y。我们还需要测量自旋算符 I 和 S_z 的均值来获得密度矩阵 ρ_{q1} 的其他矩阵元。在核磁共振里面无法测量单位算符的信号,但是根据 $\mathrm{tr}(\rho) = 1$,可以间接得到 I 的均值。

为了获得自旋算符 S_z 的均值 a_z,一般在观测 ρ_{q1} 的自由感应衰减信号之前对系统终态进行 $R_x(90°)$ 或 $R_y(90°)$ 的旋转变换的读脉冲操作,将观测量 S_z 所对应的矩阵元旋转到可直接测量的位置。在实验中依次施加 $R_x(90°)$ 或 $R_y(90°)$ 的旋转操作,那么对应接收到的自由感应衰减信号为

$$s^x(t) \propto \mathrm{e}^{\mathrm{i}\omega_0 t}(a_x - \mathrm{i} a_z) \tag{5.6a}$$

$$s^y(t) \propto \mathrm{e}^{\mathrm{i}\omega_0 t}(a_z + \mathrm{i} a_y) \tag{5.6b}$$

对这两个信号也依次进行 Fourier 变换,每个信号在频率 ω_0 处都会出现一条谱线。通过三条谱线,可以计算出

$$a_x \propto \frac{1}{2}\{\mathscr{R}[s^I(\omega_0)] + \mathscr{R}[s^x(\omega_0)]\} \tag{5.7a}$$

$$a_y \propto \frac{1}{2}\{\mathscr{I}[s^I(\omega_0)] + \mathscr{I}[s^y(\omega_0)]\} \tag{5.7b}$$

从单自旋的例子中可以看到,在对系统的终态观测之前分别施加三个旋转读脉冲 I、$R_x(90°)$、$R_y(90°)$,便可以重构密度矩阵的所有矩阵元。实际上,如果只测量两个信号 $s^I(t)$ 和 $s^x(t)$,也可以计算出密度矩阵。

通常而言,在 N 比特的量子自旋系统中,在对系统的终态观测之前加上 3^N 个局域旋转读脉冲,也就是算符 $\{I,R_{1x}(90°),R_{1y}(90°)\}\otimes\cdots\otimes\{I,R_{Nx}(90°),R_{Ny}(90°)\}$,分析接收到的自由衰减信号的频率谱线,就可以计算出系统的末态矩阵。

5.1.2 多量子比特状态层析

量子比特数为 n 情况下的量子态的参数估计可以由单量子比特状态估计扩展出来。一个多量子比特系统的希尔伯特空间的状态向量是单量子比特状态向量的张量积,因此一个 n 量子比特系统的密度矩阵估计公式为

$$\rho = \frac{1}{2^n}\sum_{i_1,i_2,\cdots,i_n}^{3} r_{i_1,i_2,\cdots,i_n}\sigma_{i_1}\otimes\sigma_{i_2}\otimes\cdots\otimes\sigma_{i_n} \tag{5.8}$$

其中,$r_{i_1,i_2,\cdots,i_n}$ 为未知参数,满足 $r_{i_1,i_2,\cdots,i_n}\geqslant 0$ 且 $\sum r_{i_1,i_2,\cdots,i_n}=1$;符号 $\otimes$ 表示张量积;$\sigma_0 = I$ 是单位矩阵,σ_{i_j} 在 $j=1,2,3$ 时,分别对应泡利矩阵 σ_x,σ_y 和 σ_z。$\sigma_{i_1}\otimes\sigma_{i_2}\otimes\cdots\otimes\sigma_{i_n}$ 表示以 n 个 σ_{i_j} 的张量积为基,参数 $r_{i_1,i_2,\cdots,i_n}$ 表示对应 $\sigma_{i_1}\otimes\sigma_{i_2}\otimes\cdots\otimes\sigma_{i_n}$ 的观测期望值:

$$r_{i_1,i_2,\cdots,i_n} = \mathrm{tr}[\rho(\sigma_{i_1}\otimes\sigma_{i_2}\otimes\cdots\otimes\sigma_{i_n})] \tag{5.9}$$

可以看出,n 量子比特情况下观测期望值 $r_{i_1,i_2,\cdots,i_n}$ 同样为密度矩阵估计的关键。一般在大量测量的情况下,观测期望值 $r_{i_1,i_2,\cdots,i_n}$ 可近似为观测频率 f_j 的加权平均:

$$r_{i_1,i_2,\cdots,i_n} \approx \sum_{k=1} c_k f_k \tag{5.10}$$

其中 c_k 为测量算符 $\sigma_{i_1}\otimes\sigma_{i_2}\otimes\cdots\otimes\sigma_{i_n}$ 的本征值 ($k=1,2,3,\cdots$),f_k 为本征值 c_k 对应的观测频率。

由量子系统密度矩阵的迹恒为 1 可知,(5.10)式中的参数 $r_{0,0,\cdots,0}=1$,因此至少需进行 4^n-1 组测量才可重构量子态的密度矩阵。例如,对于 2 量子比特的量子态,其投影算符为单量子比特中任意两个投影基的直积,共有 16 种不同情况:$\mu_0\mu_0,\mu_0\mu_1,\cdots,\mu_3\mu_3$,其中 $r_{0,0}=1$,因此需要进行 $4^n-1=16-1=15$ 组相关测量,才能确定量子态的

密度矩阵;3量子比特情况下的相关测量组数则要上升到 $4^n - 1 = 64 - 1 = 63$;依此类推,对于 n 量子比特的量子态测量组数为 $4^n - 1$ 次。

5.1.3 量子过程层析

量子态层析技术能够重构出系统的末状态的信息,根据初始状态和末状态之间的关系,能够知道控制脉冲序列所实现的量子逻辑门的部分信息。在量子态层析技术的基础上,首先对量子过程的一组完备初始态的演化终态做量子态层析,然后利用这组初始态和末态可以反向构造出量子系统演化过程的全部信息,这就是量子过程层析。为了验证所施加的控制序列是否实现了期望的目标逻辑门 U_f,需要测量实际的量子过程。

在核磁共振实验中,核子自旋系统并不能做到理想孤立,其受到环境噪声的影响。所以在量子控制中,量子自旋体系的运动在控制的驱动下实现量子逻辑门所对应的酉变换过程,还有外部的环境因素伴随其中。用数学语言来讲就是,对于一个初始的输入态 ρ_{in},在系统上施加控制实现操作 U,再进行量子态层析得到的末输出态 $\rho_{out} \neq U\rho_{in} U^{\dagger}$。为了方便全面地描述量子过程,超级算符 ε 等价描述了量子系统的动力学演化过程,其定义为输入态和输出态之间的映射:$\rho_{out} = \varepsilon(\rho_{in})$,从实验上测得 ε 便是量子过程层析。而且,可以用一组算符 $\{E_k\}$ 来表示 ε:

$$\rho_{out} = \varepsilon(\rho_{in}) = \sum_k E_k \rho_{in} E_k^{\dagger} \tag{5.11}$$

由于量子过程 ε 是不可逆的过程,根据一个输入量子态可以测量计算出其部分运算元的信息,要完整地获得全部的运算元,需要准备一组完备独立的输入态 $\{\rho_j\}_{j=1}^N$。显然它们刚好构成 4^N 维希尔伯特空间的基底,那么任意的量子态可以在基底下展开:$\rho = \sum_j c_j \rho_j$,制备任意一个输入基底态,然后进行量子操控 U,利用量子态层析技术重构对应的终态密度矩阵 $\rho' = \varepsilon(\rho_j)$。

有了完备基底的输入态和输出态,对于任意的量子态,根据超级算子的线性特性,可以得到任意的输入态,在量子操控后得到的末态密度矩阵为

$$\varepsilon(\rho) = \varepsilon\left(\sum_k c_k \rho_k\right) = \sum_k c_k \varepsilon(\rho_k) \tag{5.12}$$

基于这一点,可以说通过对 4^N 个输入基底态的终输出态进行量子态层析,就可以描述量子过程 ε 的作用。

为了在数学上清晰表述这个过程,可以选择一组基底算子 $\{\tilde{E}_m\}$,那么算子 E_k 可以

表示成

$$E_k = \sum_m e_{km}\widetilde{E}_m \qquad (5.13)$$

将量子过程对量子态的作用(5.11)式写成如下形式：

$$\varepsilon(\rho_j) = \sum_{m,n}\widetilde{E}_m\rho_j\widetilde{E}_n^\dagger\chi_{mn} \qquad (5.14)$$

其中，以 $\chi_{m,n} = \sum_k e_{km}e_{kn}^*$ 为矩阵元素组合成 χ 矩阵，显然 χ 是正定厄米矩阵，且量子过程 ε 和 χ 矩阵一一对应。后续实验都是用 χ 矩阵来表达量子过程。

在量子过程层析实验中，一般按照如下方式来计算 χ 矩阵：

(1) 将通过量子态层析得到的末态矩阵 $\varepsilon(\rho_j)$ 在密度算符基底 $\{\rho_j\}_{j=1}^{4^N}$ 下展开成

$$\varepsilon(\rho_j) = \sum_l \lambda_{jl}\rho_l \qquad (5.15)$$

其中，$\lambda_{jl} = \mathrm{tr}[\varepsilon(\rho_j)\rho_l]$。

(2) 将式(5.14)中的 $\widetilde{E}_m\rho_j\widetilde{E}_n^\dagger$ 在基底 $\{\rho_j\}_{j=1}^{4^N}$ 下展开成

$$\widetilde{E}_m\rho_j\widetilde{E}_n^\dagger = \sum_l \beta_{jl}^{mn}\rho_l \qquad (5.16)$$

(3) 联立(5.14)式和(5.15)式，由于基底 $\{\rho_j\}_{j=1}^{4^N}$ 是线性独立的，可以得到一组线性代数方程：

$$\sum_{mn}\beta_{jl}^{mn}\chi_{jl} = \lambda_{jl} \qquad (5.17)$$

这组线性方程的解就是 χ 矩阵的各个矩阵元。

5.2　量子层析的优化方法

量子层析通过代数加权平均得到对应投影方向上量子塌缩的概率，然而在实际实验中，简单的加权平均往往无法有效消除测量中噪声的影响(D'Ariano et al.，1999)，需要采用随机优化方法来根据所测量到的观测值进行状态估计。本节我们将详细分析和讨论在量子层析中使用的四种优化方法：最小二乘法、最大熵法、极大似然法和贝叶斯方法。

5.2.1 最小二乘法

最小二乘法可以在测量次数有限的情况下,有效地对量子层析结果进行优化。其核心思想是:通过对性能函数的最小化将相对独立的参数放到同一个约束下,得到总体上的最优结果。最小二乘法是一种数学优化算法,它通过最小化误差的平方和来寻找数据的最佳函数匹配。利用最小二乘法可以简便地求得未知的数据,并使得到的数据与实际数据之间误差的平方和为最小。

在物理实验中经常要观测两个有函数关系的物理量 x 与 y,根据 x、y 的许多组观测数据来确定它们之间的函数曲线关系,这就是实验数据处理中的曲线拟合问题。这类问题通常有两种情况:一种是两个观测量 x 与 y 之间的函数形式已知,但一些参数未知,需要确定未知参数的最佳估计值;另一种是 x 与 y 之间的函数关系形式未知,需要找出它们之间的关系式。后一种情况常假设 x 与 y 之间的关系是一个待定的多项式,多项式系数就是待定的未知参数,然后采用类似于前一种情况的处理方法获得参数。

考虑如下系统的参数辨识问题:

$$y_t = H_t \boldsymbol{\theta} + v_t \tag{5.18}$$

(5.18)式给出的是一个系数时不变单输入单输出系统, $y_t = [y(1), y(2), \cdots, y(t)]^T$ 为输出矢量; $v_t = [v(1), v(2), \cdots, v(t)]^T$ 为噪声矢量; $H_t = [\varphi(1), \varphi(2), \cdots, \varphi(t)]^T$ 为信息矩阵,其中信息矢量满足 $\varphi(t) = [-y(t-1), -y(t-2), \cdots, -y(t-n_a); u(t-1), u(t-2), \cdots, u(t-n_b)]$,$\{u(t)\}$ 为输入序列;矢量 $\boldsymbol{\theta} = [a_1, a_2, \cdots, a_{n_a}; b_1, b_2, \cdots, b_{n_b}]$ 为待估计的参数矢量,其中 n_a, n_b 分别表示信息矢量中含有输入和输出的数量,也即参数 a_i、b_j 对应的个数。

所谓最小二乘估计,就是利用系统的输入/输出数据 $\{u(t)\}$ 和 $\{y(t)\}$,通过使性能指标函数

$$J(\boldsymbol{\theta}) = \sum_{i=1}^{t} [y(i) - \varphi(i)\boldsymbol{\theta}]^2 = [y_t - H_t \boldsymbol{\theta}]^T [y_t - H_t \boldsymbol{\theta}] \tag{5.19}$$

取最小值,来获得参数矢量 $\boldsymbol{\theta}$ 的估计,记作 $\hat{\boldsymbol{\theta}}$。$\hat{\boldsymbol{\theta}}$ 称为参数 $\boldsymbol{\theta}$ 的最小二乘估计值。

(5.19)式对 $\boldsymbol{\theta}$ 求偏微分并使之为零,可以得到最小二乘估计结果为

$$\hat{\boldsymbol{\theta}} = (H_t^T H_t)^{-1} H_t^T y_t \tag{5.20}$$

将其中的参数 $a_1, a_2, \cdots, a_{n_a}; b_1, b_2, \cdots, b_{n_b}$ 代入(5.18)式即可得到对输出序列 $\{y(t)\}$

的最小二乘估计$\{\hat{y}(t)\}$。当噪声序列$\{v(t)\}$均值为零,且v_t和H_t统计独立时,最小二乘参数估计$\hat{\theta}$是θ的无偏估计。

在量子系统中可以使用最小二乘法方法对参数进行优化,来得到量子状态的最小二乘估计。由5.1.1节知识可知:量子层析对观测频率参数$\hat{p}_x,\hat{p}_y$和$\hat{p}_z$的估计是采用求加权平均值的办法来获得的,此方法只有当测量次数无穷大时,$\hat{p}_x$才可看作与p_x相等,这在实际应用中是不可能的,即使测量次数足够大,也会存在一定误差。这时可以通过最小二乘法,通过对有限次测量数据所获得的参数进行优化来得到最小方差下的参数估计结果。

由最小二乘原理,构造优化(5.2)式的最小二乘性能函数为

$$J(s) = \sum [p_i - \hat{p}_i]^2 = (\boldsymbol{p} - \hat{\boldsymbol{p}})^{\mathrm{T}} (\boldsymbol{p} - \hat{\boldsymbol{p}}) \tag{5.21}$$

其中,i表示x,y和z;$\boldsymbol{p}$和$\hat{\boldsymbol{p}}$分别为由频率参数p_i与$\hat{p}_i$构成的矢量。

通过令(5.20)式的偏微分为零来求出(5.21)式为最小情况下满足(5.10)式的$\boldsymbol{p}$值,即为量子参数的最小二乘估计,其值可由(5.3)式求出,然后代回(5.1)式,即可获得密度矩阵ρ的最小二乘估计$\hat{\rho}$。

在单量子比特层析中,最小二乘估计结果与量子层析结果一致,这是因为优化过程中没有考虑系统本身特性的约束。根据量子系统密度矩阵特性:$\mathrm{tr}\rho = 1$和$\mathrm{tr}(\rho^2) \leqslant 1$,容易看出:密度矩阵计算公式(5.1)式本身符合$\mathrm{tr}\rho = 1$,于是将$\mathrm{tr}(\rho^2) \leqslant 1$变形,转化为对参数的约束条件:

$$\|\boldsymbol{p}\| = \sqrt{p_x^2 + p_y^2 + p_z^2} \leqslant 1 \tag{5.22}$$

将约束(5.22)式代入(5.20)式中重新求解,有如下两种结果:第一,当满足$\|\boldsymbol{p}\| = \sqrt{p_x^2 + p_y^2 + p_z^2} \leqslant 1$时,仍然有$p_i = \hat{p}_i$,即最小二乘优化未改变量子层析估计结果;第二,当$\|\boldsymbol{p}\| = \sqrt{p_x^2 + p_y^2 + p_z^2} > 1$时,结果为$p_i = \hat{p}_i / \|\hat{\boldsymbol{p}}\|$,符合约束条件(5.22)式。

单量子比特层析的最小二乘优化原理可以方便地扩展到多量子比特层析中:对n量子比特系统((5.8)式)进行密度矩阵的重构,此时的性能指标函数变为

$$J(r) = \sum [r_{i_1,i_2,\cdots,i_n} - \hat{r}_{i_1,i_2,\cdots,i_n}]^2 \tag{5.23}$$

在使(5.23)式为最小的情况下可获得最小二乘条件下的优化参数$r_{i_1,i_2,\cdots,i_n}$,此处同样存在类似(5.22)式的约束。n量子比特系统参数共有4^n个,其中参数$r_{0,0,\cdots,0} = 1$,所以只需要对$4^n - 1$个参数进行优化,代回(5.19)式即可得到密度矩阵参数的估计。假设系统真实密度矩阵为ρ,使用最小二乘方法的估计结果为$\hat{\rho}$,选择性能指标

$$F(\hat{\rho},\rho) = \sqrt{\hat{\rho}^{\frac{1}{2}}\rho\hat{\rho}^{\frac{1}{2}}} \qquad (5.24)$$

ρ 和 $\hat{\rho}$ 差别越小，$F(\hat{\rho},\rho)$ 的值越接近 1；ρ 和 $\hat{\rho}$ 差别越大，$F(\hat{\rho},\rho)$ 的值越接近 0。性能指标 $F(\hat{\rho},\rho)$ 的值可以体现出估计结果与真实值的接近程度。

5.2.2 量子状态的最大熵估计方法

最大熵原理是由杰尼斯(Jaynes)在 1957 年提出的一种无偏的估计思想，它是利用最大熵原理对随机事件的概率分布进行推断的方法。在已知部分信息的前提下，最大熵估计方法能够对概率进行推断，并保证推断结果的随机不确定性最大。当对一个随机事件的概率分布进行预测时，预测应当满足全部已知的条件，对未知情况不做任何主观假设。这种情况下，概率分布最均匀，预测的风险最小。此时概率分布的信息熵最大，所以把这种推断的原理称为最大熵原理。

考虑某随机事件，其概率分布为 $p = \{p_1, p_2, \cdots, p_n\}$，概率分布满足约束条件：

$$\sum_{i=1}^{n} p_i = 1 \qquad (5.25)$$

$$\sum_{i=1}^{n} p_i g_r(x_i) = a_r \qquad (5.26)$$

其中，$p_i = p(X = x_i)(i = 1, 2, \cdots, n)$，$x_i$ 表示分布的第 i 种事件结果；$g_r(x_i)$ 表示结果 x_i 对应的函数值，$r = 1, 2, \cdots, m$ 表示共有 m 种不同函数；a_r 为在第 r 种函数下概率分布的期望值。

假设 p_i 为测量得到的结果，希望得到随机概率分布的最佳估计 $\hat{p}_i$。采用最大熵原理，取概率分布的熵作为目标函数：

$$H_p = -\sum_{i=1}^{n} p_i \log p_i \qquad (5.27)$$

其中，熵值 H_p 代表了此分布的不确定程度，H_p 为 0 时，表示此分布是确定的，结果只有一种；H_p 的值越大，则代表分布的不确定性越大，也就越接近真实情况。因此，令目标函数(5.27)式取得极大值时的概率分布，即为最佳估计 $\hat{p}_i$。

在采用最大熵估计方法对量子态频率参数 p_i 进行估计时，需要将(5.25)式和(5.26)式作为估计过程中的两个约束条件。为了求出使熵函数最大的概率分布，通常采用拉格朗日乘子法,将有约束的优化问题化为无约束的优化问题。引入拉格朗日乘子 $\lambda_r(i=1,2,\cdots,m)$,$\lambda_r$ 的集合表示为 $\Lambda=[\lambda_1,\lambda_2,\cdots,\lambda_m]^T$,构建拉格朗日函数 L,解出使得 L 取最大值时的概率:

$$\hat{p}_i = e^{-(\lambda_0+1)-\sum_{r=1}^{m}\lambda_r g_r(x_i)} \tag{5.28}$$

其中 $i=1,2,\cdots,n$,拉格朗日乘子 λ_i 为待定常数。

令 L 对 λ_r 的偏导数为 0 可得到一组方程,求解此方程组就能得到 λ_r 的值。(5.28)式中 $\hat{p}_i$ 为对随机事件的概率分布的最大熵估计。

对于一个单量子比特系统,根据(5.1)式,系统密度矩阵 ρ 满足

$$\rho = \frac{1}{2}(\sigma_0 + p_x\sigma_x + p_y\sigma_y + p_z\sigma_z) \tag{5.29}$$

其中,I 是单位矩阵;σ_x、σ_y 和 σ_z 是泡利矩阵;p_x、p_y、p_z 为在对应 σ_x、σ_y 和 σ_z 方向上的理论观测概率。可以看出,密度矩阵 ρ 本身就是 p_i 的一种概率分布矩阵,因此可通过对概率分布 p_i 的估计 $\hat{p}_i$ 来获得 ρ。

根据(5.27)式直接用 ρ 写出系统的熵值,即目标函数为

$$\eta[\rho] = -\mathrm{tr}(\rho\ln\rho) \tag{5.30}$$

其中,tr 表示求迹,$\ln\rho$ 表示对矩阵 ρ 的每个元素分别求对数,$\eta[\rho]$ 是量子系统的熵值。

对比(5.8)式和(5.30)式可看出:量子系统中的求迹操作 tr,就相当于一般随机事件中对包含概率值 p_i 的所有因式求和的过程,因此,量子系统的最大熵估计就是对密度矩阵 ρ 的直接估计。待估计量子状态 ρ 满足约束条件:

$$\mathrm{tr}\rho = 1 \tag{5.31}$$

$$p_i = \mathrm{tr}(\rho\sigma_i), \quad i=1,2,\cdots,m \tag{5.32}$$

其中,p_i 可以根据(5.2)式和(5.3)式求得加权平均估计值 $\hat{p}_i$,代入(5.32)式,就可得到测量结果对密度矩阵 ρ 的 m 个约束方程。

令目标函数(5.30)式在(5.31)式和(5.32)式的约束下取最大值,同样可以引入拉格朗日乘子 $\lambda_r(i=1,2,\cdots,m)$,$\lambda_r$ 的集合表示为 $\Lambda=[\lambda_1,\lambda_2,\cdots,\lambda_m]^T$,构建拉格朗日函数 L(具体构建与计算过程见附录5.1),得到量子态密度矩阵估计的结果为

$$\hat{\rho} = \frac{1}{Z}\left[\exp\left(-\sum_i \lambda_i\sigma_i\right)\right] \tag{5.33}$$

其中,归一化因子 $Z=\mathrm{tr}[\exp(-\sum_i\lambda_i\sigma_i)]$;拉格朗日乘子 λ_i 为待定常数,其值可以通过

解方程组 $p_i = \text{tr}(\rho\sigma_i) = -\frac{\partial}{\partial \lambda_i}\ln Z_{\langle\hat{\sigma}\rangle}(\lambda_1,\cdots,\lambda_m)(i=1,2,\cdots,m)$ 得到。

这样，就得到了密度矩阵的最大熵估计值 $\hat{\rho}$。

n 量子位密度矩阵的估计过程与单量子比特的情况类似，只需将投影测量改为单量子投影算符的张量积形式，即可通过(5.2)式和(5.30)式~(5.33)式来获得估计结果。

需要说明的是，在使用最大熵法估计量子系统的密度矩阵时，最关键也最繁琐的步骤，就是求拉格朗日乘子 λ_i，这是因为方程中存在的指数项求解十分困难。这里 λ_i 是求解方程组得到，而方程组中的每个方程，都包含一个测量数据，因此，对于 n 量子位系统就会存在 4^n 个方程，采用泡利测量时，则是 4^n-1 个方程。实际上，这些项在求解过程中并不需要直接求解出来，只要将带有 λ_i 的指数项一起代入估计式(5.33)式中得到最终结果即可，从而可以简化计算过程。同样可以将重构出的状态估计结果代入性能指标(5.24)式，通过计算 F 的值，获得估计结果与真实值间的接近程度来评价估计方法的性能或效率。

最大熵法是一种无偏估计方法，适用于不完全测量情况下密度矩阵的估计，它的前提是必须对给定可观察量的期望值或概率分布能进行准确的测量。为了得到那些需要的期望值，一般需要测量次数足够多。最大熵法的优点在于对不完全测量情况，也能够得到最接近真实值的无偏状态估计；缺点是拉格朗日乘子的方程组不一定有解，有时会出现无解的情况。最大熵法与量子层析法的区别在于，它可以在测量数据不完全的情况下，根据最大熵原理估计出满足约束的最优密度矩阵，而这种情况下量子层析法却无能为力。采用最大熵法估计时对系统的纯度不要求任何先验假设，它既可以用来估计纯态，也可以用来估计混合态。

5.2.3 量子状态的极大似然估计法

极大似然估计是一种参数估计方法，它通过似然函数的最大化来得到概率参数的最优估计。当某个随机事件满足某种概率分布，但其中某些具体参数不清楚时，可以利用极大似然估计法推出参数的大概值。极大似然估计的优化思想为：假设某随机实验有若干个已知结果 $\{A_1,A_2,A_3,\cdots\}$，如果在一次实验中 A_i 发生了，则可认为当时的条件最有利于 A_i 发生，所以选择使发生 A_i 的概率最大的概率分布。一般来说，事件 A_i 与系统参数 θ 有关，θ 取值不同，则 $P(A)$ 也不同。若 A_i 发生了，则认为此时的 θ 值就是 θ 的估计值，这就是极大似然思想。

设某离散型随机变量 X，其概率函数为 $p(x;\theta)$，其中 θ 是未知参数。设 $X_1, X_2,$

$\cdots, X_m$ 为取自总体 X 的样本,若已知实验结果是 $x_1, x_2, \cdots, x_m$,则事件 $\{X_1 = x_1, X_2 = x_2, \cdots, X_m = x_m\}$ 发生的概率为 $\prod_{i=1}^{m} p(X_i; \theta)$,这一概率值随 θ 的值而变化。由实验结果可以对参数 θ 进行估计,利用极大似然原理构建目标函数:

$$L(\theta) = L(x_1, x_2, \cdots, x_m; \theta) = \prod_{i=1}^{m} p(x_i; \theta) \tag{5.34}$$

其中,$L(\theta)$ 称为似然函数,参数 θ 为变量。

极大似然估计法就是在参数 θ 的可能取值范围内,选取使(5.34)式达到最大的参数值 $\hat{\theta}$ 来作为参数 θ 的估计值。由此可以看出,求总体参数 θ 的极大似然估计值的问题就是求似然函数 $L(\theta)$ 的最大值问题。这可通过求解微分方程 $\frac{\mathrm{d}L(\theta)}{\mathrm{d}\theta} = 0$ 来得出结果,为了简化计算步骤,有时也可以改成求解方程 $\frac{\mathrm{d}\ln L(\theta)}{\mathrm{d}\theta} = 0$,这是利用了函数 $\ln L(\theta)$ 与 $L(\theta)$ 具有相同增减性,且在 θ 的同一值处取得最大值的性质。如果微分方程能够得到唯一解,那么必然就是参数 θ 的极大似然估计值。有时微分方程无法得到结果,此时就需要返回(5.34)式,根据函数本身找到使之取极大值的 $\hat{\theta}$,同样是参数 θ 的极大似然估计值。

在对一个量子系统的密度矩阵 ρ 进行状态估计时,假如采用正定算符值测量(POVM)方式得到 M 种不同输出的统计数据,分别为 $N_1, N_2, \cdots, N_M$(并设 $N = \sum_{i=1}^{M} N_i$ 为总测量数据),对应的输出结果为 $G_i (G_i = |y_i\rangle\langle y_i|, i = 1, 2, \cdots, M)$,由这些测量结果估计系统的密度矩阵 ρ。

构建似然函数为

$$L(\rho) = \prod_{i=1}^{M} [\mathrm{tr}(G_i \rho)]^{n_i} = \prod_{i=1}^{M} [\langle y_i | \rho | y_i \rangle]^{n_i} \tag{5.35}$$

其中 $\mathrm{tr}(G_i \rho) = \langle y_i | \rho | y_i \rangle$ 表示测量得到结果 G_i 的概率。

对比(5.35)式与(5.34)式可看出,似然函数 $L(\rho)$ 同样是概率的乘积形式,且 ρ 作为系统参数影响输出结果 P_i 的概率 $\langle y_i | \rho | y_i \rangle$。因此,量子系统的极大似然估计就是将 ρ 作为概率参数,求出使似然函数 $L(\rho)$ 取极大值时的 ρ,就是密度矩阵的极大似然估计。因为(5.35)式中的参数 ρ 是一个矩阵,所以求解过程较为复杂,一般无法用求解微分方程的方法得到结果,只能从公式本身出发,一般有两种求解 $\hat{\rho}$ 的方法。

方法 1

使用数值迭代法求解:设置任意初始值 $\hat{\rho}^{(0)}$,例如矩阵元素相等的对角阵,代入迭代公式

$$\hat{\rho}^{(k+1)} = R(k)\hat{\rho}^{(k)} R(k) \tag{5.36}$$

其中,$R = \sum_i \frac{f_i}{\langle y_i | \hat{\rho} | y_i \rangle} | y_i \rangle \langle y_i |$,$f_i = \frac{n_i}{N}$ 为测量频率。

要保证每一步的参数 $\hat{\rho}^{(k)}$ 都满足保迹性 $\mathrm{tr}\rho = 1$ 且矩阵元素为正。通过反复迭代,直到参数 $\hat{\rho}$ 得到某固定值或者变化小于设定标准时,即可认为所得 $\hat{\rho}$ 为量子密度矩阵的极大似然估计。

方法 2

分解密度矩阵:将密度矩阵 ρ 分解为

$$\rho = T^\dagger T / \mathrm{tr}\{T^\dagger T\} \tag{5.37}$$

其中 T 为下三角矩阵,表示对密度矩阵的一个分解,这是由厄米矩阵的非负性决定的。对于 n 量子比特系统,T 中包括 4^m 个参数 $t_j(j=1,2,\cdots,4^m)$:

$$T = \begin{bmatrix} t_1 & 0 & \cdots & 0 \\ t_{2^m+1} + it_{2^m+2} & t_2 & \cdots & 0 \\ \cdots & \cdots & & 0 \\ t_{4^m-1} + it_{4^m} & t_{4^m-3} + it_{4^m-2} & \cdots & t_{2^m} \end{bmatrix} \tag{5.38}$$

将(5.37)式代入(5.34)式并化简,可得到新的似然公式为

$$L(t_j) = \sum_i \frac{(\mathrm{tr}(G_i\rho(t_j)) - N_i/N)^2}{2(\mathrm{tr}(G_i\rho(t_j)))} \tag{5.39}$$

由此,密度矩阵的估计就转化为参数 t_j 的估计,可以令(5.39)式的偏导数为零,解出此方程的解即为使得似然函数 $L(t_j)$ 取极大值的 $\hat{t}_j$。将 $\hat{t}_j$ 代入(5.37)式和(5.38)式,即可得到量子系统密度矩阵的极大似然估计 $\hat{\rho}$。

上述两种方法均可求出满足极大似然条件的 $\hat{\rho}$。相对而言,方法 1 仅需要对数据进行反复迭代,不需额外引入参数,因此应用更为广泛。方法 2 在量子系统维数较高时,引入新参数量较大,因此计算过程比较繁琐,不过当量子系统维数较低时(例如单量子位系统,参数仅有 4 个),也是一种十分简便的求解方法。

极大似然法的核心是构造似然函数,它在不完全测量情况下也能够得到状态的最佳推断。它不仅可以用于初始状态估计,还可用于量子过程估计和设备的检测等。极大似然法的优点是在估计过程中考虑到了密度矩阵的正定性和保迹性的约束条件,能得到更为合理的物理系综;缺点是估计过程中涉及非常复杂的计算,虽可应用数值计算方法进行迭代计算,但计算过程依然复杂。同样是用部分信息推断系统状态,极大似然法与最

大熵法的不同点为:极大似然法选择最可能的推断,而最大熵法由已知信息得到最无偏的估计结果。

5.2.4 量子状态的贝叶斯估计方法

贝叶斯估计方法是应用贝叶斯理论对事件的概率进行统计推断的一种方法,在推断过程中不仅使用到测量结果,还用到了人们对推断对象的提前认知。贝叶斯方法强调了事件先验概率和后验概率的联系。

贝叶斯估计方法的原理为:对于不独立的事件 A 和 B,若已知事件 A 发生的概率为 $P(A)$(称为先验概率或无条件概率),则在事件 A 发生的前提下,事件 B 发生的概率称为 B 对 A 的后验概率(也称条件概率),记为 $P(B|A)$。那么可以得到事件 A 和 B 同时发生的概率为 $P(AB) = P(B|A)P(A)$,由此便可以推断事件 B 发生的条件下,事件 A 发生的概率为

$$P(A|B) = \frac{P(A)P(B|A)}{P(B)} \tag{5.40}$$

这就是贝叶斯原理。(5.40)式被称为贝叶斯公式,它是贝叶斯原理的核心。

假设有一系列互不相容事件 $A_1, A_2, \cdots, A_n$ 并满足 $\bigcup_{i=1}^{n} A_i = \Omega (i = 1, 2, \cdots, n)$,其中 Ω 为事件空间,且 $P(\Omega) = 1$,对于任意 A_i,先验 $P(A_i)$ 已知,测得任意 A_i 发生的前提下 B 发生的概率 $P(B|A_i)$,使用贝叶斯方法可以对 A_i 的条件概率进行重新估计,即

$$P(A_i|B) = \frac{P(A_i)P(B|A_i)}{\sum_{A_i} P(A_i)P(B|A_i)} \tag{5.41}$$

这样,在不知道事件 B 发生概率的情况下,人们通过测量 B 的后验概率,就能得到对所有 A_i 后验概率的估计,这就是贝叶斯估计。人们在已知任意 A_i 先验概率的条件下,通过测量获得样本,从而可对先验概率进行调整,调整方法就是通过贝叶斯估计公式,调整结果就是后验概率 $P(A_i|B)$。因此,贝叶斯估计可以看成是一个信息收集过程,通过测量不断更新所要估计的对象。在量子系统中,通过对量子系综下的全同复本进行重复测量,选用泡利矩阵的投影测量方式,系统密度矩阵 ρ 满足

$$\rho = \int \mathrm{d}x \mathrm{d}y \mathrm{d}z \, p(x, y, z) \rho_{x,y,z} \tag{5.42}$$

其中,$\rho_{x,y,z} = \frac{1}{2}(I + x\sigma_x + y\sigma_y + z\sigma_z)$,$I$ 是单位矩阵,σ_x、σ_y、σ_z 是泡利矩阵,x、y、z 分

别为对应的系数,为待定变量;$p(x,y,z)$为先验概率分布,满足$\int p(x,y,z)\mathrm{d}x\mathrm{d}y\mathrm{d}z = 1$。

假设在z方向上测量了M次,得到$+1$和-1结果的次数分别为M_+和M_-,所以测得$+1$和-1的后验概率为$p(\pm 1|\rho_{x,y,z}) = \frac{1}{2}(1\pm z)$,其中$z$表示量子系统在$z$方向上的投影观测概率,理论上$z = \mathrm{tr}(\rho_{x,y,z}\sigma_z)$。于是,由贝叶斯方法得到对先验概率的更新:

$$p(x,y,z \mid M_+, M_-) = \xi p(x,y,z) \left(\frac{1+z}{2}\right)^{M_+} \left(\frac{1-z}{2}\right)^{M_-} \tag{5.43}$$

其中,ξ为使概率积分值为1的标准化参数。

将(5.43)式代回(5.42)式中代替$p(x,y,z)$的位置,积分所得结果即为密度矩阵的贝叶斯估计[34]。

特别的,当$M\to\infty$时,(5.42)式可以近似为$p(x,y|E_z)\delta(z-E_z)$,其中E_z为σ_z方向上的理论概率,$\frac{M_+ - M_-}{M} = E_z$,将$p(x,y|E_z)\delta(z-E_z)$代回(5.41)式中代替$p(x,y,z)$的位置,积分得到结果为$\rho = (I + E_z\sigma_z)$,才是密度矩阵的理论结果。而当$M$值有限时,近似结果会产生一定误差。不过这仅为$\sigma_z$一个方向上的重构结果,为了得到密度矩阵的完整估计,还需分别对σ_x和σ_y方向测量重构,此过程与(5.42)式和(5.43)式一致。另外,对于多量子比特,其原理与(5.42)式和(5.43)式基本相同,只是将(5.42)式中$\rho_{x,y,z}$的泡利矩阵改为张量积形式,便可得到系统密度矩阵的贝叶斯估计。需要说明的是,此处由于密度矩阵估计公式(5.41)式存在积分项,因此计算过程十分繁琐,对于单量子比特状态估计,可以使用另一简单估计方法,即直接对泡利矩阵的x、y、z三个系数进行估计。例如(5.42)式中将$p(x,y,z)$化成概率的先验分布形式$\xi\left(\frac{1+z}{2}\right)^{\Lambda_+}\left(\frac{1-z}{2}\right)^{\Lambda_-}$,这里$\Lambda_+$和$\Lambda_-$($\Lambda_+ + \Lambda_- = \Lambda$)为根据先验分布设定的测得$+1$和$-1$的次数,具体数值可以随意选取,只需满足比例。这样一来,(5.43)式化为$\xi\left(\frac{1+z}{2}\right)^{\Lambda_+ + M_+}\left(\frac{1-z}{2}\right)^{\Lambda_- + M_-}$,这可以看成一个$\beta$分布,易得这个分布的均值为$l = \frac{\Lambda_+ + M_+ + 1}{\Lambda + M + 2}$,由此可以得到参数$z$的估计:

$$z = 2\frac{\Lambda_+ + M_+ + 1}{\Lambda + M + 2} - 1 \tag{5.44}$$

同理可求出x、y的估计值,代入$\rho_{x,y,z} = \frac{1}{2}(I + x\sigma_x + y\sigma_y + z\sigma_z)$中,便得到密度矩阵的估计值。

可以说，贝叶斯估计可以看成是一个信息收集过程，通过测量不断更新所要估计的对象。既能应用于纯态，也能应用于混合态。相比于量子层析、最大熵等方法，贝叶斯方法最大的区别是利用了人们对系统的已有认知，有利于对信息的实时更新，从而得到了更准确的估计值；另外，当测量不能得到算符期望值的估计时，贝叶斯方法仍然可以得到有效的估计结果，这是其他方法做不到的。贝叶斯方法的缺点是计算过程比较复杂，且对纠缠态估计效果较差。

量子比特系统中最常用的是 1/2 自旋电子和偏振单光子，它们也是量子实验中最常用到的两类，对此类系统应用量子层析术，就是将量子投影到相互正交的每个投影方向上进行测量，通过代数加权平均得到对应投影方向上量子塌缩的概率，然后整合起来得出对状态密度矩阵的估计。本章中关于测量部分的内容，均是基于这样一个前提，即测量时能够有效制备系统的大量全同复本。可以看出，量子系统状态估计方法在数学原理上与经典状态估计并没有太大区别，根本区别在于量子系统状态本身的特殊性。围绕量子态的不同测量方式有不同的量子状态估计方式，最终导致状态估计的方法适用不同的情况。除了本章所介绍的几种量子态优化方法外，其他一些优化方法如凸优化、压缩传感、鲁棒控制等也能应用到量子态估计中。

附录　拉格朗日函数的构建与计算

在最大熵估计法中，为了求出使熵函数最大的密度矩阵，我们采用拉格朗日乘子法，将有约束方程化为无约束方程，引入拉格朗日乘子 $\lambda_i(i=1,\cdots,n)$，λ_i 的集合表示为 $\Lambda = [\lambda_1, \lambda_2, \cdots, \lambda_n]^T$，构建拉格朗日函数：

$$L(\rho, \Lambda, \gamma) = \eta[\rho] + \sum_{i=1}^{n} \lambda_i (p_i - \text{tr}(\rho \sigma_i)) + \gamma(1 - \text{tr}\rho) \tag{5.45}$$

其中 γ 为约束(5.31)式对应的参数。要令熵函数取极大值，对上式求偏导数可得

$$\frac{\partial L(\rho, \Lambda, \gamma)}{\partial \rho} = -\text{tr}(\ln\rho + I) - \text{tr}\left(\sum_{i=1}^{n} \lambda_i \sigma_i\right) - \gamma \text{tr} I = 0 \tag{5.46}$$

其中 I 表示单位矩阵，由(5.46)式得到密度矩阵的最大熵估计值为

$$\hat{\rho} = e^{-\sum_{i=1}^{n} \lambda_i \sigma_i - (\gamma+1)I} \tag{5.47}$$

这里仅仅用到了约束(5.32)式，把(5.47)式代入约束(5.31)式可以得到 $\mathrm{tr}(\mathrm{e}^{-\sum_{i=1}^{n}\lambda_i\sigma_i}\mathrm{e}^{-(\gamma+1)I}) = 1$，变形为 $\mathrm{e}^{(\gamma+1)I} = [\mathrm{tr}(\mathrm{e}^{-\sum_{i=1}^{n}\lambda_i\sigma_i})]$，定义归一化因子 $Z(\lambda_1,\lambda_2,\cdots,\lambda_n) = \mathrm{e}^{(\gamma+1)I}$，于是

$$Z(\lambda_1,\lambda_2,\cdots,\lambda_n) = \mathrm{tr}[\exp(-\sum_i \lambda_i\sigma_i)] \tag{5.48}$$

代入(5.46)式得到密度矩阵估计为

$$\hat{\rho} = \frac{1}{Z}[\exp(-\sum_i \lambda_i\sigma_i)] \tag{5.49}$$

这里，估计公式中仅有拉格朗日乘子未知，它们可以根据约束(5.32)式求出，即

$$p_i = \mathrm{tr}(\rho\sigma_i) = -\frac{\partial}{\partial \lambda_i}\ln Z_{\langle\hat{\sigma}\rangle}(\lambda_1,\lambda_2,\cdots,\lambda_n) \tag{5.50}$$

其中 p_i 近似等于 $\hat{p}_i$ 视为已知量。

(5.50)式表示 n 个方程，其中包括 n 个未知量 $\lambda_1,\lambda_2,\cdots,\lambda_n$，构成了 n 元一次方程组。解方程组得到未知量 $\lambda_1,\lambda_2,\cdots,\lambda_n$ 的值代回(5.49)式，就得到密度矩阵的最大熵估计。可以看出，只要得到力学量的平均观测期望值（可视为观测概率）p_i，我们就可以由此来构建线性方程组求出拉格朗日算子 λ_i，并得到密度矩阵估计值。

第 6 章

压缩传感理论及其在量子态估计中的应用

随着信号处理技术的发展与硬件生产工艺及能力的不断提高,人类获取和保存以及传输和解码信息的能力取得了惊人的进步。如今人们可以利用百万像素、千万像素的照相机去获取高质量的图像,利用高频率的声音采集设备获取高保真的音乐和歌剧,然后在对这些图像和声音进行压缩后,仅需要一张光盘或一个 U 盘就可以存储数百上千张这样的图像和几个小时优美的乐曲。人们可以通过各种不同的算法来对所获取的原始数据进行处理和压缩,得到想要的东西。面对如此海量的数据,怎样做才能有效率地重现所获得的这些存储的数据呢? 传统的数据获取基于香农采样定理:如果采样频率是信号带宽的两倍或以上,人们就可以完好地重建原始信号。由于这样获取的数据量过大,极其不利于存储,通常需要把所获得的数据变换到另一个域,采用保留大系数的手段,对数据进行压缩处理,使用有限的空间存储更多的数据。

多诺霍(Donoho)、坎迪斯(Candes)、陶(Tao)和龙伯格(Romberg)等人于 2010 年基于信号的稀疏表示提出了一种称为"压缩传感"(compressive sensing)的新兴的数据压缩和恢复理论,成功地实现了信号的同时采样和压缩。压缩传感理论为信号采集技术带来了革命性的突破,它以远低于传统的采样频率对信号进行采样,将嵌在高维空间中的输入信号变换成存在于维数更小的空间中的信号,在获取信号的同时就对数据进行适当的压缩,利用适当的重建算法从压缩传感数据中恢复出足够多的数据点,完成信号重建。在该理论框架下,采样速率不再取决于信号的带宽,而在很大程度上取决于两个基本准则:信号的稀疏结构以及压缩测量矩阵的不相关性。压缩传感理论指出:信号只要在某种变换基下是稀疏的,那么人们就可以通过一种压缩矩阵将高维信号投影到一个低维空间上,在压缩矩阵与变换基满足不相关的前提下,可以通过解决一个最优化问题来重构信号。

6.1 压缩传感理论

压缩传感理论主要包括三个方面:(1) 信号的稀疏表示;(2) 编码测量;(3) 重建算法。

6.1.1 信号的稀疏表示

若一个信号绝大部分元素为零,只存在少数非零元素,则称该信号是稀疏的。若信号本身不是稀疏信号,而通过某种变换基对信号进行变换后得到的系数中绝大部分的绝对值很小,此时就得到了稀疏的或近似稀疏的变换向量,这可以看作是信号的一种简单表示。上述过程也是压缩传感理论可以实现的充分条件,即信号必须是稀疏的或经过变换后是稀疏向量。

假设 X 是一个一维实值、长度为 N 的离散时域信号,x 是一个 $\mathbf{R}^N$ 空间中 $N \times 1$ 的列向量,并且可以通过某组正交基 $\Psi = [\psi_1 \ \psi_2 \cdots \ \psi_N]$ 表示为

$$X = \sum_{i=1}^{N} s_i \Psi_i \quad \text{或} \quad X = \Psi S \tag{6.1}$$

其中,S 是投影系数 $s_i = \langle X, \Psi_i \rangle$ 构成的一个 $N \times 1$ 的列向量。X 与 S 代表的是同一个信号:X 是在时域中的信号,而 S 是在 Ψ 域中的信号。

严格而言,矩阵的稀疏表示可以分为两种:(1) 矩阵元素的稀疏性,也就是矩阵非 0

元素的个数相对较少;(2)矩阵奇异值的稀疏性,换句话说,矩阵奇异值非0的个数较少,矩阵的秩相对较小。在量子态估计中主要应用到第二种情形的稀疏,即低秩矩阵的恢复。这类问题通常分为矩阵补全和矩阵恢复两大类。前者主要研究如何在数据不完整的情况下将缺失数据补充完整,也就是已知的是矩阵的部分元素;后者主要研究在某些数据受损的情况下恢复出矩阵的准确值,已知的是矩阵通过某种线性或非线性变换后的值。实际上在量子态估计的应用中,我们需要用到压缩传感理论的全部过程。

6.1.2 编码测量

编码测量是压缩传感理论核心的一部分,该过程实现了信号由高维转化到低维的目标。好的测量矩阵 Φ 的选择和构造,是更好地实现压缩传感理论中压缩与采样的关键。

人们对所获取的 N 维数据,通过某种变换压缩,将数据量 N 压缩为数据量 K,这里有 $K \leqslant N$,这样有利于存储和传输。对于接收方来说,所获得的数据 X 将是对所得到的 K 个数据解压缩的结果。人们不禁要问:是否可以直接获取压缩后的数据 X,利用 K 次线性采样,然后通过计算信号 X 和一个 $M \times N$ 维的测量矩阵 Φ 的直接左乘,来获得对信号 X 压缩后 K 个编码的测量输出值 Y:$Y = \Phi X$? 其中,Y 是一个 $M \times 1$ 的向量,Φ 中每一行可以看作是一个传感器,传感过程中与信号 X 相乘,获取信号 X 中的一部分信息。

通过编码测量,结合信号 X 的稀疏表示(6.1)式,可得压缩传感的过程为

$$Y = \Phi X = \Phi \Psi S = \Theta S \tag{6.2}$$

其中 $\Theta = \Phi \Psi$ 是一个 $M \times N$ 的传感矩阵。

在编码获取的过程中,与传统直接采样信号不同,压缩传感获取的是目标信号的线性测量 Y:$y_1 = \langle x_1, \varphi_1 \rangle, y_2 = \langle x_2, \varphi_2 \rangle, \cdots, y_K = \langle x_K, \varphi_K \rangle$ 或 $Y = \Phi X$,其中,$\langle x_i, \varphi_i \rangle$ 是两个矩阵的标准内积:$\langle X, Y \rangle = \text{tr}(X * Y)$。

压缩传感的关键部分是编码端的测量矩阵 Φ 必须与信号的稀疏变换基矩阵 Ψ 具有很大的不相关性。Φ 很大程度上和随机性(randomness)这一概念有关,对于测量矩阵 Φ 的选取,目前大部分情况下都采用满足高斯分布的白噪声矩阵、伯努利分布的 ± 1 矩阵、傅里叶随机测量矩阵、非相关测量矩阵等,因为这些矩阵的分布都具有很强的随机性,能够保证和多数正交变换基 Ψ 有很大的不相关性。

与传统的均匀采样不同,压缩传感的核心是非相关测量,也就是编码测量过程。信号 $X(N \times 1)$ 为传统采样得到的信号,它的长度为 N,而通过测量之后,可直接得到信号 $Y(M \times 1)$ 的长度为 $M(M < N)$,它们的关系为 $Y = \Phi X$。另一方面,信号 $X(N \times$

1)在正交基 Ψ 的稀疏变换下获得 K-稀疏系数矩阵 $S(N\times 1)$,相互之间的关系为:$X=\Psi S$。于是我们也可以将编码测量过程重新表述为 $Y=\Theta S$,其中传感矩阵 $\Theta=\Phi\Psi$ 同样为一个 $M\times N$ 矩阵。此时问题变为:已知线性测量 $Y=\Theta S$,通过传感矩阵 $\Theta=\Phi\Psi$ 来恢复未知向量 S。

矩阵恢复问题是压缩传感的推广。压缩传感理论是在已知信号具有稀疏性或可压缩性的条件下,对信号数据进行采集、编解码的新理论。在压缩传感中,要恢复的目标是一个向量,不过在很多实际问题中,例如图像修复、Netflix 问题、量子态估计等实际应用中,待恢复的目标通常都是用矩阵来表示的,使得对数据的理解、建模、处理和分析更为方便。然而这些数据经常面临缺失、损失、受噪声污染等问题,如何在这种情形下得到准确的原始矩阵,就是矩阵恢复所要解决的问题。压缩传感理论利用信号在一组基下的稀疏性,而矩阵恢复理论利用矩阵奇异值的稀疏性,即矩阵的低秩性,通过恢复矩阵的部分元素,或者矩阵元素通过某种线性(非线性)运算后的值,来恢复该矩阵。

6.1.3 信号重构

信号重构是指接收数据的一方将经过压缩和传输的原信号恢复出来的过程。此过程可描述为:在通过模拟信息转换过程获取得到数字信号 $Y(M\times 1)$ 之后,通过压缩矩阵 Φ,结合适当的重建算法,实现对数字信号 $X(N\times 1)$ 的重建。所以此时问题转换为:如何设计出合适的压缩矩阵(或测量矩阵)Φ。为此人们需要建立一个基于测量矩阵的数据获取体系:对于维数为 N 的信号 X,或者是 X 在域 Ψ 中的稀疏系数向量 S 进行 M 次测量。此测量实际上是定义在矩阵上的线性行为:在(6.2)式中通过 Y 求解 S 是一个线性代数问题。传统解决这类问题的方法是最小二乘法。对于压缩传感信号重建问题,理想情况下是想通过求解 l_0 范数问题来解决,但由于 l_0 范数的优化问题实际上是 NP-hard 组合问题,难以求解或者无法验证解的可靠性,于是必须将 l_0 范数变换一下,变成 l_1 范数。事实上,这个 l_1 范数问题是一个非常简单的凸优化问题,能够通过数学上许多经典的优化技巧被有效地解决。由矩阵理论知道,l_2 范数的优化问题可以转化成二次型问题,而 l_1 范数在 0 点处不可导,那么为什么不选取 l_2 范数而选用 l_1 范数呢?由(6.2)式可得恢复矩阵为:$\Theta S=Y$,其中 S 中未知数有 N 个,但只有 M 个方程,由于 $M\ll N$,因此,方程(6.2)式有无穷多解。从几何上说,$\Theta S-Y=0$ 是一个超平面,为了简化,在 2D 问题中可以认为它就是一条直线。而范数约束方面,l_0 范数是一个"十字架",因此它的最外侧也就是范数的最小值是 4 个点,所以它和直线的交点必然位于坐标轴上。l_2 范数是一个圆,因此它的最外侧边界和直线的交点也就是切线,以压倒性的概率不位于坐标轴上。

l_1 范数是一个菱形,四个角都在坐标轴上,因此它和直线的交点以压倒性的概率落在坐标轴上。这就是选择 l_1 范数的原因。

由于核范数是凸的,最小化核范数的优化问题就变为一个凸优化问题,因此必有唯一最优解。如果这种近似可以接受,那么这个优化问题自然也就解决了。

最近的研究表明:尽管在最坏的情况下,最小化诸如稀疏性或矩阵秩这样的目标函数是 NP 难的问题,但是在某些合理的假设条件下,透过优化目标函数的凸松弛替代函数,采用凸优化方法,可以精确地解出问题的最优解。而且随着维数的增加,这种成功的概率会迅速地趋于 1。相关的理论研究、算法设计和应用都正在不断地展开。目前压缩传感领域的研究工作主要集中在理论层面,Tao、Candes、Donoho 等人已经成功构建了压缩传感的理论框架,给出了传感矩阵 Φ 需满足的充分条件,即一致不确定性原理;传感矩阵的行数 M 与信号稀疏度 K 之间必须满足 $M \geqslant K\lg(N)$ 的关系等。除此之外,也有许多关于解决该理论中具体问题的研究成果,主要集中在传感矩阵 Φ 与重建算法两个大的方面。

压缩传感在量子态估计的应用中,信号重构部分为具有低秩的量子状态的矩阵恢复。

6.1.4 矩阵恢复必须满足的一些假设

压缩传感理论的内容可以概括为:当采用矩阵所表示的原始信号在某个基上是低秩的,则可利用与基矩阵非相干的测量矩阵,将原始信号的变换系数线性投影为低维观测向量,这种投影保持了精确重构信号所需的全部信息,再通过求解非线性最优化问题,就能够从低维观测向量高概率精确地重构出原始高维信号。

一般情况下,并不是所有的低秩矩阵都可以恢复,矩阵恢复不仅对矩阵本身有要求,对采样数目及采样方式都有一定的要求。在压缩理论的理论框架下,采样频率不再取决于信号的带宽,而在很大程度上取决于两个基本准则:稀疏忄生(低秩性)和非相干性。

首先是编码测量中需要选择满足 RIP 条件的矩阵作为测量矩阵 Φ。RIP 的意思为限制等距特性(restricted isometry property, RIP),又称之为一致不确定原理(uniform uncertainty principle, UUP)。等价的说法是:所有传感矩阵 Θ 对应的 s 列向量近似正交。

在压缩传感中,信号的表达是局部化的,对信号的测量是全局、非关联的:每一次测量都包含一小部分信号分量的信息;通过多次测量可以获得信号分量的位置和大小。这样测量之所以有效,依赖于信号在基表达下的稀疏性和测量之间的测不准原理。RIP 条件提供了可以从测量结果 Y 中恢复 K 稀疏可压缩信号的理论保证。但是它并没有告诉人们应该如何去恢复信号,这是压缩传感的第二个需要解决的问题:解码过程。此问题可以这样描述:已知测量结果 Y、随机测量矩阵 Φ、基矩阵 Θ,通过求解方程(6.2)式来解出长度为 N 的信号 X,或者在稀疏域中的向量 S。

换句话说,压缩传感的数据获取系统在随机测量的基础上,通过先行编程重建算法来获取元信号 X。目前对测量矩阵的研究成果相比于其他两部分还不多,很大一部分原因在于 RIP 条件的抽象性和满足该条件的复杂性。最近几年,高斯随机矩阵被广泛地应用到压缩传感中,经过证明,该矩阵很好地满足了 RIP,是观测矩阵中性能较好的一种。哈达玛矩阵、贝努利矩阵、非常稀疏矩阵和贝叶斯矩阵等观测矩阵的提出与应用丰富并发展了压缩传感中投影测量这一部分,随机滤波的提出也为压缩传感找到了新的研究方向。但是为了满足限制等容性条件,目前所提出的大多数观测矩阵还是随机矩阵,当观测矩阵是更为复杂的非确定性矩阵时,在硬件上就很难实现,这也是需要深入研究的一个热点。

6.2 信号重构算法

从数学上讲,从观测到的不完整的压缩的测量矩阵 $\Phi \in \mathbf{R}^{m \times n}$,恢复出完整的低秩矩阵 X 的优化问题可以表示为

$$\min_{X} \|X\|_*, \quad \text{s.t.} \quad Y = \Phi X \tag{6.3}$$

其中,$\|\cdot\|_*$ 为矩阵的核范数,为矩阵奇异值的和:$\|X\|_* = \operatorname{tr}\sqrt{X * X} = \sum_{i=1}^{r} \sigma_i(X)$,$r$ 是 X 的秩,$\sigma_i(X)$ 为矩阵 X 第 i 大的奇异值。$\|\cdot\|_0$ 又称为 l_0 范数:$\|X\|_{l_0} := |\{i: x_i \neq 0\}|$,指的是向量中非零元素的个数。$l_1$ 范数定义为分量的绝对值求和:$\|X\|_{l_1} := \sum_{i=1}^{n} |x_i|$。$l_2$ 范数 $\|X\|_{l_2}$ 为分量的平方和开方。∞ 范数为 $\|X\|_\infty := \max_{i,j} |x_i|$。

矩阵的低秩性是指矩阵的秩相对于矩阵的行数或列数而言很小。如果对矩阵进行奇异性分解,并把其所有奇异值排列成为一个向量,那么这个向量的稀疏性便对应于该矩阵的低秩性。低秩性可以看作是稀疏性在矩阵上的拓展。矩阵秩最小化主要是指利用原始数据矩阵的低秩性进行矩阵的重建。低秩矩阵恢复所要解决的问题是如何从较

大的但稀疏的误差中恢复出本质上低秩的矩阵。它是同时利用原始数据阵的低秩性和误差矩阵的稀疏性来恢复数据矩阵。因此,在稀疏性或低秩性之外,如何更进一步地去发现和利用数据中潜在的本质结构,对于大规模复杂的高维数据分析和处理具有举足轻重的作用。在矩阵核范数最小化过程中,计算机中最耗时的是在矩阵奇异值的分解运算上。传统的算法对一个维数为 $m \times n$ 的矩阵进行奇异值分解的计算复杂度是 $O(mn^2)$。人们已经采取不同的方法来降低其计算量:一方面采取"分而治之"的方法;另一方面采用一些随机算法,或双向随机投影来加速低秩矩阵恢复。这些算法往往需要在效率和精度上做出折中。

重构算法一般应当具备以下 5 个特性:(1) 能够适用于各种不同的采样方式;(2) 能够保证解码端重构出原始信号的误差是最小的;(3) 能够在加入噪声的实际应用情形下具有高度的鲁棒性;(4) 能够在最少采样点情况下精确地重构出原始信号;(5) 具有很好的效率,运算复杂度越低越好。但是现有的重构算法几乎都没有同时满足以上所有的条件,一般都只是在它们之间有所取舍而做个平衡。

6.3 基于压缩传感理论的量子态估计

由于量子状态无法用测量直接确定,因此需要一种能够重构量子态的方法。量子层析就是确定未知量子系统状态的数学描述方法。层析一词的意思是由目标在多角度下的投影来推导出其轮廓。量子状态层析是量子层析中的一种,其目的是对量子系统的密度矩阵进行估计。量子状态层析的过程是通过反复制备相同的量子态,并采用不同的测量方法对这些量子态进行测量,从而建立量子态的完整描述。量子状态层析是在量子测量的基础上进行的。量子测量过程能提供的信息就是测量后得到某个结果的概率值,要从这些概率值信息中完全重构出希尔伯特空间中任意的量子态,就必须保证测量算符是信息完备的,也就是说,所使用的测量算符必须能够完全张成希尔伯特算符空间。量子层析的过程就是由概率值逆变换得到密度矩阵的过程。

在多体量子系统中,执行层析的一个基本困难是指数增加的状态空间维数。一个 n 比特的量子系统,将组成 d 维量子系统的量子层析,其中 $d = 2^n$,需要 $N = O(d^2)$ 或者更多的测量配置,包括作用在过程上的输入状态,和一组输出观测到的期望值,并且所需要的物理配置是随着系统大小的变化而指数增长。例如,一个 $n = 8$ 比特离子的量子态的层析,需要 $2^8 = 65\,535$ 次测量。另外,为了获得高精度的估计结果,每一个测量都需要重复很多次，比如说 M 次，所以一共需要量子态的 $N \times M$ 次测量，这需要几个星期时间的数据后处理。很明显这是很不实际的。至今为止，过程层析仍然限制在实验上的离线计算，并且仅能够处理 2 和 3 比特量子系统。

人们希望克服这一障碍。在现实中人们感兴趣的量子态往往具有一些特殊性，比如纯态、具有对称特性的状态、局部哈密顿的基态等。在这些特殊条件下，量子态层析有可能变得更加有效。特别的，考虑纯态或接近纯态的量子态，即具有低熵的量子态。更精确地设考虑的量子态是由 r 维空间组成，这意味着密度矩阵接近于一个 r 维矩阵，其中 r 是一个很小的数值。这样的状态在很多物理系统中是存在的，例如受局部噪声影响的纯态。一个标准层析的执行是采用 d^2 或更多的测量集合，其中，对于一个 n 量子比特系统有 $d=2^n$，此时的实验配置是 $O(rd)$，相对于 d^2 的配置，由于 r 值很小，使得 $rd \ll d^2$，因而有可能使测量次数大大地减少，提高数据后处理的效率。

所以在量子态估计的应用中，对一个在本质上是低秩的量子状态，可以利用压缩传感理论，采用低于标准量子层析的 d^2 次测量配置，从不完整的测量信息中，对量子态参数进行精确的估计，从而减小实验上的复杂性。另一方面，人们还希望用于处理估计参数的算法能够仅仅通过选取 $O(rd) \ll d^2$ 个数值，就可以对参数进行精确的估计。对量子态进行快速有效的估计实际上是通过两方面来完成的：极大地减少测量上的复杂性，以及数据后处理上的高效率快速算法。

如果在量子态估计的过程中，选择泡利矩阵来作为正交基 $\Psi:\{1\ \sigma_x\ \sigma_y\ \sigma_z\}$，对待估计的系统密度矩阵 ρ 进行投影测量，由此可以获得测量数据集合的期望值（平均值）O，它与正交基之间的关系为：$\mathrm{tr}\rho(\sigma_{i_1} \otimes \cdots \otimes \sigma_{i_n})$。对于 n 量子比特，其密度矩阵 ρ 的维数为 $d \times d$，其中 $d=2^n$。设计一个测量矩阵 $A: \mathbf{C}^{d \times d} \to \mathbf{C}^m$，通过独立的采样，唯一随机地选择出 m 个测量矩阵组成传感矩阵：$A_1, A_2, \cdots, A_m$，可以获得线性测量 Y 为 $y_i = (A(\rho))_i + e_i = c\mathrm{tr}(O_i^* \rho) + e_i$，$i=1, \cdots, m$，或者：$Y = A\mathrm{vec}(\rho) + e$，其中，$A$ 是范数算符，它的行是 O_i^* 行的级联；$e_i \in \mathbf{C}^m$ 代表系统或测量过程引起的噪声；c 是范数常数，当 $E(A*A) = I$ 时，$c = d/\sqrt{m}$。

在对密度矩阵 ρ 的参数估计中，人们最常采用的是最小二乘法。待估计的密度矩阵 ρ 与测量数据之间的关系满足：$\hat{\rho} = \arg\min_{\rho} \sum_i [y_i - c\mathrm{tr}(O_i^* \rho)]^2$，密度矩阵 ρ 自身需要满足纯态条件，即 $\rho^* = \rho$, $\rho \geqslant 0$, $\mathrm{tr}(\rho) = 1$。由于 ρ 的自由度是 $O(d^2)$，即有 $d \times d$ 个待估计的参数，通常需要 $O(d^2)$ 次测量才能唯一地辨识出所有参数。不过，当所考虑的量子系统是一个纯态或接近纯态时，ρ 就变成一个由一系列秩为 $r=1$ 的本征态矢量的加权结合所组成，此时，人们的测量可能只需要 $O(rd)$ 次，而不再是 d^2 次。具有低秩的密度矩阵 ρ 可以通过压缩传感的方法被估计出：

$$\hat{\rho} = \arg\min_{\rho} \frac{1}{2} \| [y_i - c\operatorname{tr}(O_i^*\rho)] \|_2^2 + \mu \| \rho \|_*,$$
$$\text{s.t.} \quad \rho^* = \rho, \quad \rho \geqslant 0, \quad \operatorname{tr}(\rho) = 1 \tag{6.4}$$

目前的研究成果表明:对于非常少的数据,不需要对本征态甚至低秩有任何事先的假设,就可以重构出低秩量子状态,研究重点集中在随机选取的 m 的最小个数、恢复出解的误差界以及算法的计算复杂度的减少上。

在量子态投影测量中,常用的投影测量有 POVM(positive operator-valued Measurement)正算子值测量、本征态正交基等。考虑到信号越稀疏,重构信号的误差越小,我们拟采用泡利矩阵。泡利矩阵的最大好处是只有 x、y、z 三个坐标,不论量子系统的维数有多大,总是在这三个正交基上进行投影测量,系统状态的坐标正交基通过泡利矩阵的直积构成。在现有的几个量子投影测量的方法中,POVM 的测量与计算复杂;本征态正交基对于 n 个量子比特组成的 $d=2^n$ 维量子系统的一个状态的完全观测,需要 d 个基分量下的多次测量。泡利矩阵是由直角坐标组成的正交基,所以由泡利矩阵形成的正交基最简捷,所需要的测量次数也是最少的。泡利矩阵的正交基 Ψ 为 $\{1 \quad \sigma_x \quad \sigma_y \quad \sigma_z\}$,对待估计的系统密度矩阵 ρ 进行投影测量,由此可以获得测量数据集合的期望值(平均值) O,它与正交基之间的关系为:$\operatorname{tr}\rho(\sigma_{i_1} \otimes \sigma_{i_2} \otimes \cdots \otimes \sigma_{i_n})$。

我们将在具体的量子状态估计中的(1) 恢复矩阵算法的实现;(2) 辨识误差的修正;(3) 误差的上界;(4) 算法的收敛性,以及(5) 算法计算复杂度等方面进行全面的研究,重点探索量子维数的增加与测量次数和计算复杂度之间的关系,以及对参数估计性能所带来的影响,并通过与常规的量子态估计算法的效率的对比研究来揭示量子压缩感知恢复算法优势的内在本质,建立一套适合于量子态估计的量子压缩感知的恢复算法。

6.4 量子状态估计优化问题求解

基于压缩传感的量子层析算法融合了控制理论和信号处理两方面内容,在 2010 年一经提出后就引起国际学者的广泛关注。最初量子状态估计与医学中的 X 射线层析类似,因此常将量子状态估计或量子状态重构称为量子层析。由于表示量子状态的波函数不是真实的物理量,在宏观世界中无法通过直接测量来得到,必须通过对量子态的投影测量,来估计出表示量子状态几率的密度矩阵,所以量子层析是一种基于概率统计的理论,需要通过对大量测量数据求平均值来确定密度矩阵。

近几年的研究表明,基于压缩传感理论,通过将一个量子态的正交投影表示成具有低秩特性的压缩矩阵,可以减少测量次数,因而更加高效率地重构量子态。考虑纯态为待估计状态,纯态的密度矩阵为厄米矩阵,因此理论上只需要测量一半的值,这个先验信息使人们可以减少估计参数的个数。压缩传感理论可以将量子态正交投影的高维测量矩阵投影到维数很低的压缩矩阵上,只要测量矩阵满足限制等距条件(RIP),那么就可以用获得的低维压缩矩阵,对待估计的密度矩阵进行重构。因此借助于压缩传感理论,可以通过进一步减少测量次数来减少估计状态的时间,更加有利于实时量子反馈系统的设计与实现。由于采用少量的测量次数,所以估计出的状态一定存在误差,为了获得最优估计精度,需要采用优化算法来使所估计的状态误差最小化,以此方式,量子态的估计问题转变成基于压缩传感的、带有估计误差约束条件的优化问题。

6.4.1 基于压缩传感的量子状态估计问题描述

压缩传感的核心思想是对可以用低秩表示的原始信号进行随机投影获得观测值,利用信号的先验知识,采用优化方法对原始信号进行重构。在量子态估计中,原始信号为待估计密度矩阵 ρ,它可以表示为 $\rho = \sum_{i=1}^{d} p_i |\psi_i\rangle\langle\psi_i|$,$\rho \in \mathbf{C}^{d \times d}$,其中,$|\psi_i\rangle$ 为系统的波函数,p_i 表示波函数的概率,d 为密度矩阵的维数,$|\psi_i\rangle$ 的向量形式是 $\boldsymbol{\psi} = [\sqrt{p_1}|\psi_1\rangle, \sqrt{p_2}|\psi_2\rangle, \cdots, \sqrt{p_r}|\psi_d\rangle]$,与密度矩阵的关系为 $\rho = \boldsymbol{\psi} \cdot \boldsymbol{\psi}^*$。一个 n 量子位的量子系统与密度矩阵维数之间的关系为 $d = 2^n$。对量子态进行估计,首先需要选择一组正交基对状态进行投影,来获得测量矩阵 $\boldsymbol{O}^*$。正交基的选择是不唯一的。当正交基选为泡利矩阵时,测量矩阵 $\boldsymbol{O}^*$ 为

$$\boldsymbol{O}^* = \sum_{i_1, \cdots, i_n = 0}^{3} \sigma_{i_1} \otimes \sigma_{i_2} \otimes \cdots \otimes \sigma_{i_n} \tag{6.5}$$

其中,$\sigma_{i_1}, \sigma_{i_2}, \cdots, \sigma_{i_n}$ 的下标 i_n 分别取值 0、1、2、3,依次为单位矩阵 I 和泡利矩阵 σ_1、σ_2 和 σ_3,$I = \sigma_0 = \begin{bmatrix} 1 & 0 \\ 0 & 1 \end{bmatrix}$,$\sigma_1 = \begin{bmatrix} 0 & 1 \\ 1 & 0 \end{bmatrix}$,$\sigma_2 = \begin{bmatrix} 0 & -i \\ i & 0 \end{bmatrix}$,$\sigma_3 = \begin{bmatrix} 1 & 0 \\ 0 & -1 \end{bmatrix}$。测量矩阵还可以表示为 $\boldsymbol{O}^* = \{\varphi_i\}_{i=1}^{d^2}$,其中,$\varphi_i$ 为测量矩阵 $\boldsymbol{O}^*$ 的第 i 行的元素。$\boldsymbol{O}^* \in \mathbf{C}^{d^2 \times d^2}$,维数为 $d^2 = 2^n \times 2^n = 4^n$。

基于压缩传感理论,采样矩阵 $\boldsymbol{A}$ 是通过从测量矩阵 $\boldsymbol{O}^*$ 中随机选择 $M(M \ll d^2)$ 行构

成：$A = \{\varphi_i\}_{i=1}^{M}$，即采样矩阵 A 的第 i 行为测量矩阵 O^* 的第 i 行。采样矩阵 A 行数与测量矩阵 O^* 行数的比值为测量比率 η：

$$\eta = \frac{M}{d^2} \tag{6.6}$$

其中，η 也称为压缩比，η 越小，表示压缩比越大，所需要测量次数越少；M 表示随机选择测量矩阵 O^* 中 M 行，也表示估计密度矩阵 $\hat{\rho}$ 中随机测量元素的个数；d^2 为测量矩阵 O^* 的维数，也表示估计密度矩阵 $\hat{\rho}$ 总元素的个数。测量比率 η，即采样矩阵 A 行数占测量矩阵 O^* 行数的百分比，也可以表示随机测量元素的个数 M 占总测量矩阵元素个数 d^2 的百分比。

测量过程是从 $\hat{\rho}$ 中随机选择 M 个元素 $\hat{\rho}_i$ 在测量矩阵 O^* 上投影，x_i 投影获得测量值 y_i，M 个测量值 y_i 构成测量平均值 y，y_i 为列向量 y 的第 i 行，表示为

$$y_i = (A(\hat{\rho}))_i + e_i = c \cdot \text{tr}(O_i^* \hat{\rho}) + e_i, \quad i = 1, \cdots, M \tag{6.7}$$

$$y = A \cdot \text{vec}(\rho) + e \tag{6.8}$$

其中，$A \in \mathbb{C}^{M \times d^2}$，$y \in \mathbb{C}^{M \times 1}$，$e \in \mathbb{C}^{M \times 1}$，$O^* \in \mathbb{C}^{d^2 \times d^2}$，$\hat{\rho} \in \mathbb{C}^{d \times d}$，$\text{vec}(\rho) \in \mathbb{C}^{d^2 \times 1}$。$\text{vec}(\hat{\rho})$ 表示将 $\hat{\rho}$ 变成列向量；c 为归一化参数，如果 $E(A^*A) = I$，则 $c = d/\sqrt{M}$；e 是由于 M 次测量所产生的估计误差，$e = y - A\hat{\rho}$。

当系统存在测量或外部噪声产生的误差时，其归一化值的计算公式为

$$error = \frac{\|\rho^* - \hat{\rho}\|_2^2}{\|\rho^*\|_2^2} \tag{6.9}$$

在研究中真实密度矩阵 ρ^* 为

$$\rho^* = \frac{\psi \cdot \psi^*}{\text{tr}(\psi \cdot \psi^*)} \tag{6.10}$$

其中，ρ^* 为随机产生的真实密度矩阵，将真实密度矩阵 ρ^* 与估计密度矩阵 $\hat{\rho}$ 之差归一化，归一化的误差即为(6.9)式的测量误差 $error$，作为衡量系统状态估计好坏的指标之一。

当有外部干扰 S 时，系统测量平均值可以表示为

$$y_i = (A \cdot (\hat{\rho} + S))_i + e_i$$
$$= c \cdot \text{tr}(O_i^*(\hat{\rho} + S)) + e_i, \quad i = 1, \cdots, M \tag{6.11}$$

$$y = A \cdot \text{vec}(\rho + S) + e \tag{6.12}$$

其中，$S \in \mathbb{C}^{d \times d}$ 为稀疏矩阵。

对于一个 n 量子位的量子系统,密度矩阵 ρ 是一个 $d \times d$ 的矩阵,换句话说,需要估计的密度矩阵元素的个数是 d^2。标准的量子层析所需要的测量矩阵 O^* 是一个 $d^2 \times d^2$ 矩阵,随机选出的采样矩阵 A 是一个 $M \times d^2$ 矩阵,由于 $M \ll d^2$,用来对 d^2 元素进行估计用的采样矩阵所需要的测量次数要远远小于标准量子层析所需要的测量次数。虽然测量次数大减,但是,原来由 d^2 次测量所组成的 d^2 个线性方程,正好可以解出 d^2 个元素,现在变成了只有 M 个线性方程来解 d^2 个未知数,导致无数个解。压缩传感理论告诉我们:只要采样矩阵 A 满足等距限制条件(RIP):

$$(1-\delta)\|\rho\|_F \leqslant \|A\hat{\rho}\|_2 \leqslant (1+\delta)\|\rho\|_F \tag{6.13}$$

其中,$\delta \in (0,1)$ 是等距常数,那么在允许估计误差存在的情况下,就可以通过求解满足带有误差约束条件的最优范数的问题来唯一地确定 d^2 个待估计的密度矩阵元素:

$$\hat{\boldsymbol{\rho}} = \arg\min_{\boldsymbol{\rho}} \sum_i [y_i - c \cdot \text{tr}(O_i^*\boldsymbol{\rho})]^2,$$

$$\text{s.t.} \quad \boldsymbol{\rho}^* = \boldsymbol{\rho}, \quad |\boldsymbol{\rho}| \geqslant 0, \quad \text{tr}(\rho) = 1 \tag{6.14}$$

由于 $\boldsymbol{\rho}$ 的自由度为 $O(d^2)$,通常需要 $O(d^2)$ 次测量来确定系统的唯一状态。密度矩阵 $\boldsymbol{\rho}$ 是由一系列维数 r 的纯态产生,密度矩阵的核范数 $\|\boldsymbol{\rho}\|_*$ 定义为 $\|\boldsymbol{\rho}\|_* = \text{tr}(\sqrt{\boldsymbol{\rho}^*\boldsymbol{\rho}}) = \sum_{i=1}^{\min(m,n)} \sigma_i$,$\|\boldsymbol{\rho}\|_*$ 是一个可以被有效优化的优化函数,最小化核范数可以减小矩阵的秩,因此低秩的密度矩阵可以通过压缩传感方法进行估计。

因此,估计密度矩阵问题也可以表述成另外一种形式:

$$\hat{\rho} = \arg\min_{\boldsymbol{\rho}} \|\boldsymbol{\rho}\|_*,$$

$$\text{s.t.} \quad \sum_i [y_i - c \cdot \text{tr}(O_i^*\boldsymbol{\rho})]^2 \leqslant \varepsilon, \quad \boldsymbol{\rho}^* = \boldsymbol{\rho}, \quad \boldsymbol{\rho} \geqslant 0 \tag{6.15}$$

其中,$\varepsilon > 0$。

(6.14)式是通过最小化估计误差 ε 来估计真实的密度矩阵 $\boldsymbol{\rho}^*$,误差 ε 无限逼近于 0,不存在最小值。(6.15)式是对密度矩阵的核范数 $\|\boldsymbol{\rho}\|_*$ 进行优化,将估计误差 ε 作为约束条件,当估计误差满足 ε 时,最小化过程结束,所得的估计密度矩阵 $\hat{\boldsymbol{\rho}}$ 即为对真实矩阵 $\boldsymbol{\rho}^*$ 的测量。对于第一种情况,算法需要设定最大迭代次数;对于第二种情况,当误差满足 ε 时,算法停止。

根据所允许的误差值,测量次数还可以进一步地降低,压缩比 η 就是用来衡量所减少的测量次数的。比如,基于压缩传感理论对 6 个量子位的量子系统密度矩阵进行估计时,所需要的测量次数仅为 $M = \eta \cdot d^2 = 0.1 \times 4\,096 \approx 410$。很显然,测量次数越少,估计出的状态误差越大,这反过来促使人们来研究效率高和鲁棒性强的优化求解算法。

6.4.2 无干扰情况

求解量子系统状态估计可以通过最小化(6.8)式来获得,为了求解状态估计密度矩阵的最小值,需要将密度矩阵的估计问题转变为对估计误差的优化问题,然后选择一种有效的算法对其进行优化。

常见优化算法包括最小二乘法(least square)以及丹齐格(Dantzig)算法和本章重点提出的 ADMM 算法等。

当不考虑系统中存在的干扰误差情况时,可以进一步将(6.14)式和(6.15)式写成

$$\hat{\boldsymbol{\rho}} = \arg\min_{\boldsymbol{\rho}} \|\boldsymbol{\rho}\|_*,$$
$$\text{s.t.} \quad \|\boldsymbol{y} - \boldsymbol{A}\text{vec}(\boldsymbol{\rho})\|_2^2 \leqslant \varepsilon, \quad \boldsymbol{\rho}^* = \boldsymbol{\rho}, \quad |\boldsymbol{\rho}| \geqslant 0 \tag{6.16}$$

为了解决带有约束条件的(6.16)式,我们将其写为拉格朗日形式:

$$L_{\lambda_1}(\boldsymbol{\rho}, S, u') = (\|\boldsymbol{\rho}\|_* + u'^{\text{T}} \|\boldsymbol{A}\text{vec}(\boldsymbol{\rho}) - \boldsymbol{y}\| + \frac{\lambda_1}{2} \|\boldsymbol{A}\text{vec}(\boldsymbol{\rho}) - \boldsymbol{y}\|_2^2) \tag{6.17}$$

并将(6.17)式中的线性和二次项合并成下式:

$$L_{\lambda_1}(\rho, S, u) = (\|\rho\|_* + \frac{\lambda_1}{2} \|\boldsymbol{A}\text{vec}(\rho) - \boldsymbol{y} + u\|_2^2) \tag{6.18}$$

其中,$u = 1/\lambda_1 u'$,参数 $\lambda_1 > 0$ 决定算法收敛速度及迭代次数。

6.4.3 有干扰情况

在测量过程中,外部环境和测量仪器引入的噪声会对系统产生干扰,一般假定噪声为某种分布,如高斯噪声,可以通过最小二乘法对其进行优化。然而噪声会对密度矩阵的测量造成干扰,实验中我们通过人为地添加稀疏矩阵形式的外部干扰噪声,采用稀疏矩阵来构造外部干扰。

首先,当系统只有外部很小的随机噪声时,这里我们选择高斯随机噪声,满足高斯分布 $N(0, 0.001\|\boldsymbol{\rho}\|_2)$,则密度矩阵的优化问题可以写为

$$\boldsymbol{\rho} = \arg\min_{\boldsymbol{\rho}} \|\boldsymbol{y} - \boldsymbol{A}\text{vec}(\boldsymbol{\rho})\|_2 + I_C(z),$$

$$\text{s.t.} \quad \boldsymbol{\rho} = z \tag{6.19}$$

其中,$I_C(z)$ 表示随机微小噪声,C 为低维数的厄米矩阵集合。

其次,当系统外部干扰无法忽略时,采用以下几种形式对问题进行优化,我们令外部干扰为 $\boldsymbol{S}$,$\boldsymbol{S} \in \mathbf{C}^{d \times d}$。

在考虑外部干扰的情况下,(6.14)式可写为

$$\boldsymbol{\rho} = \arg\min_{\boldsymbol{\rho}} \| y - \boldsymbol{A}\text{vec}(\boldsymbol{\rho} + \boldsymbol{S}) \|_2^2,$$
$$\text{s.t.} \quad \boldsymbol{\rho}^* = \boldsymbol{\rho}, \quad |\boldsymbol{\rho}| \geqslant 0, \quad \text{tr}(\boldsymbol{\rho}) = 1 \tag{6.20}$$

其中,稀疏噪声 $\boldsymbol{S}$ 矩阵直接加在密度矩阵 $\boldsymbol{\rho}$ 上,$\boldsymbol{S}$ 的维数与密度矩阵 $\boldsymbol{\rho}$ 相同,该式通过最小化误差来估计真实密度矩阵 $\boldsymbol{\rho}^*$。

添加外部干扰后,(6.15)式可重新写为

$$\boldsymbol{\rho} = \arg\min_{\boldsymbol{\rho}} (\| \boldsymbol{\rho} \|_* + \| \boldsymbol{S} \|_1),$$
$$\text{s.t.} \quad \| y - \boldsymbol{A}\text{vec}(\boldsymbol{\rho} + \boldsymbol{S}) \|_2^2 \leqslant \varepsilon, \quad \boldsymbol{\rho}^* = \boldsymbol{\rho}, \quad |\boldsymbol{\rho}| \geqslant 0 \tag{6.21}$$

其中,$\boldsymbol{A}$ 和(6.15)式定义相同,$\boldsymbol{S}$ 为最小化稀疏噪声,误差 ε 为算法停止约束。

代入误差约束后,(6.16)式可写成

$$\boldsymbol{\rho} = \arg\min_{\boldsymbol{\rho}} (\| \boldsymbol{\rho} \|_* + I_C(\boldsymbol{\rho}) + \| \boldsymbol{S} \|_1),$$
$$\text{s.t.} \quad \| y - \boldsymbol{A}\text{vec}(\boldsymbol{\rho} + \boldsymbol{S}) \|_2^2 \leqslant \varepsilon \tag{6.22}$$

在(6.22)式中,估计误差 ε 作为约束条件,$I_C(\boldsymbol{\rho})$ 是凸集 C 上的函数,满足 $I_C(\boldsymbol{\rho}) = 0, \boldsymbol{\rho} \in C$,并且 $I_C(\boldsymbol{\rho}) = \infty, \boldsymbol{\rho} \notin C$,$C(\boldsymbol{\rho})$ 是一个厄米矩阵,满足 $\boldsymbol{\rho}^* = \boldsymbol{\rho}, |\boldsymbol{\rho}| \geqslant 0$,当采用 ADMM 算法对其优化时,可以获得两个不相关的变量集,同时满足 RIP 条件。(6.22)式的拉格朗日形式为

$$L_{\lambda_1}(\boldsymbol{\rho}, \boldsymbol{S}, u') = (\| \boldsymbol{\rho} \|_* + I_C(\boldsymbol{\rho}) + \| \boldsymbol{S} \|_1 + u'^{\text{T}} \| \boldsymbol{A}\text{vec}(\boldsymbol{\rho}) + \boldsymbol{A}\text{vec}(\boldsymbol{S}) - y \|$$
$$+ \frac{\lambda_1}{2} \| \boldsymbol{A}\text{vec}(\boldsymbol{\rho}) + \boldsymbol{A}\text{vec}(\boldsymbol{S}) - y \|_2^2) \tag{6.23}$$

其中,参数 λ_1 决定算法收敛速度以及需要迭代的次数。将上式中的线性和二次项合并成

$$L_{\lambda_1}(\boldsymbol{\rho}, \boldsymbol{S}, u) = (\| \boldsymbol{\rho} \|_* + I_C(\boldsymbol{\rho}) + \| \boldsymbol{S} \|_1$$
$$+ \frac{\lambda_1}{2} \| \boldsymbol{A}\text{vec}(\boldsymbol{\rho}) + \boldsymbol{A}\text{vec}(\boldsymbol{S}) - y + u \|_2^2) \tag{6.24}$$

其中,$u = 1/\lambda_1 u'$,参数 $\lambda > 0$。

6.5 交替方向乘子算法的设计与改进

6.5.1 ADMM 算法设计

交替方向乘子算法(alternating direction method of multipliers, ADMM)是一种具有良好鲁棒性的优化算法,可以有效优化具有外部环境干扰的量子状态估计问题。由(6.24)式中的优化问题可知,在外部有测量干扰下的系统状态估计问题带约束的 ADMM 算法的拉格朗日形式为

$$L_{\lambda_1}(\boldsymbol{\rho}, \boldsymbol{S}, \boldsymbol{u}') = (\|\boldsymbol{\rho}\|_* + I_C(\boldsymbol{\rho}) + \|\boldsymbol{S}\|_1 + \frac{\lambda_1}{2} \|\boldsymbol{A}\mathrm{vec}(\boldsymbol{\rho}) + \boldsymbol{A}\mathrm{vec}(\boldsymbol{S}) - \boldsymbol{y} + \boldsymbol{u}\|_2^2)$$

交替方向乘子算法需要分别交替对(6.24)式中需要迭代的变量 $\boldsymbol{\rho}$ 和 $\boldsymbol{S}$ 进行迭代优化。采用 ADMM 算法,通过迭代求解系统每一时刻估计的密度矩阵,迭代分为以下三个步骤:

步骤(1) 密度矩阵 $\boldsymbol{\rho}$ 的最小化。通过将外部干扰 $\boldsymbol{S}^k$ 和 $\boldsymbol{u}^k$ 代入到(6.24)式中,可以计算出新的迭代密度矩阵 $\boldsymbol{\rho}^{k+1}$:

$$\boldsymbol{\rho}^{k+1} = \arg\min_{\boldsymbol{\rho}}\{\|\boldsymbol{\rho}\|_* + I_C(\boldsymbol{\rho}) + \frac{\lambda_1}{2}\|\boldsymbol{A}\mathrm{vec}(\boldsymbol{\rho}) + \boldsymbol{A}\mathrm{vec}(\boldsymbol{S}^k) - \boldsymbol{y} + \boldsymbol{u}^k\|_2^2\} \tag{6.25}$$

为了仿真实现密度矩阵的优化,我们可以将(6.25)式写为

$$\boldsymbol{\rho}^{k+1} = \mathrm{mat}((\boldsymbol{A}^*\boldsymbol{A})^{-1}\boldsymbol{A}^*(\boldsymbol{y} - \boldsymbol{u}^k - \boldsymbol{A}\mathrm{vec}(\boldsymbol{S}))) \tag{6.26}$$

其中,mat(·)表示映射成矩阵。

步骤(2) 外部干扰 $\boldsymbol{S}$ 的最小化。用新的密度矩阵 $\boldsymbol{\rho}^{k+1}$ 和 $\boldsymbol{u}$ 更新稀疏矩阵 $\boldsymbol{S}^{k+1}$:

$$\boldsymbol{S}^{k+1} = \arg\min_{\boldsymbol{S}}\{\|\boldsymbol{S}\|_1 + \frac{\lambda_1}{2}\|\boldsymbol{A}\mathrm{vec}(\boldsymbol{\rho}^{k+1}) + \boldsymbol{A}\mathrm{vec}(\boldsymbol{S}) - \boldsymbol{y} + \boldsymbol{u}^k\|_2^2\} \tag{6.27}$$

S^{k+1} 可以写为

$$S^{k+1} = \mathrm{mat}((A^*A)^{-1}A^*(y - u^k - A\mathrm{vec}(\rho^{k+1}))) \qquad (6.28)$$

步骤(3) 更新 u：

$$u^{k+1} = u^k + \lambda(y - A\mathrm{vec}(\rho^{k+1}) - A\mathrm{vec}(S^{k+1})) \qquad (6.29)$$

其中,参数 λ 为迭代权值参数,需要在实验中确定。

迭代的停止条件可以采用误差 ε 为算法停止约束,也可以选择优化停止条件为

$$\| y - u^k - A\mathrm{vec}(\rho^{k+1}) \|_2^2 \leqslant \varepsilon_1 \| y \|_2 \qquad (6.30)$$

$$\| \rho^k - \rho^{k-1} \|_2 \leqslant \varepsilon_2, \quad \| S^k - S^{k-1} \|_2 \leqslant \varepsilon_3 \qquad (6.31)$$

其中,停止参数 ε_1、ε_2 和 ε_3 可以根据实验具体选择。

综上所述可知,ADMM算法的迭代包含以下三个步骤:

(1) ρ 的最小化: $\rho^{k+1} = \arg\min_{x} L_\lambda(\rho, u^k, y^k)$。

(2) S 的最小化: $S^{k+1} = \arg\min_{z} L_\lambda(\rho^{k+1}, S^k, u^k)$。

(3) u 的更新: $u^{k+1} = u^k + \lambda(y - A\mathrm{vec}(\rho^{k+1}) - A\mathrm{vec}(S^{k+1}))$。

6.5.2 自适应 ADMM 算法设计

本节中我们将给出一种改进的自适应ADMM算法,可以有效地解决权值 λ 的初始值选择困难。ADMM算法(6.29)式中的权值 λ 在迭代过程中有重要的作用,不同的权值对于算法的误差收敛有显著的影响。

在传统方法中,ADMM算法中的权值 λ 在实验中是固定的。实验中过大或者过小的权值 λ 对优化过程都会产生一定程度的影响。通常为了获得更好的结果,我们需要制备大量相同的量子态,然后选择不同的权值 λ,来确定哪一个权值 λ 更加适合实验中量子状态的估计。然而现实中这种方法不具有很强的操作性。在这里我们提出一种改进的自适应权值ADMM算法,能够有效地应对初始权值的选择问题,在估计过程中自动地调节权值来满足算法的需要。

改进的自适应权值ADMM算法中权值 λ 参数的变化为

$$\lambda^{k+1} = \begin{cases} 1.05\lambda^k, & error^k < error^{k-1} \\ 0.7\lambda^k, & error^k > error^{k-1} \\ \lambda^k, & others \end{cases} \qquad (6.32)$$

其中，$error^k$ 为当前的估计误差，为上一次迭代过程中的误差，λ^{k+1} 和 λ^k 分别代表了下一次和当前迭代过程中权值 λ 的大小。

自适应 ADMM 算法如下：如果估计误差有 $error^k < error^{k-1}$，意味着估计误差在下降，因此权值从 λ^k 改变为 $1.05\lambda^k$ 来增大下降的幅度。如果误差停止下降，即 $error^k > error^{k-1}$，意味着权值过大以至于导致了超调，因此我们将权值下降到 $0.7\lambda^k$。通过调整权值大小，估计误差可以保持快速下降，因此能够在更少的运算时间和迭代次数下满足估计的精度。

自适应 ADMM 算法包含以下几个步骤：

(1) $\boldsymbol{\rho}$ 的最小化：$\boldsymbol{\rho}^{k+1} = \arg\min_{\rho} L_{\lambda^k}(\boldsymbol{\rho}^k, \boldsymbol{u}^k, \boldsymbol{y}^k)$。

(2) $\boldsymbol{S}$ 的最小化：$\boldsymbol{S}^{k+1} = \arg\min_{S} L_{\lambda^k}(\boldsymbol{\rho}^{k+1}, \boldsymbol{S}^k, \boldsymbol{u}^k)$。

(3) λ 的更新：$\lambda^{k+1} = \begin{cases} 1.05\lambda^k, & error^k < error^{k-1} \\ 0.7\lambda^k, & error^k > error^{k-1} \\ \lambda^k, & others \end{cases}$。

(4) $\boldsymbol{u}$ 的更新：$\boldsymbol{u}^{k+1} = \boldsymbol{u}^k + \lambda^{k+1}(\boldsymbol{y} - \boldsymbol{A}\text{vec}(\boldsymbol{\rho}^{k+1}) - \boldsymbol{A}\text{vec}(\boldsymbol{S}^{k+1}))$。

步骤(1) 密度矩阵 $\boldsymbol{\rho}$ 最小化。第 $k+1$ 次迭代的密度矩阵 $\boldsymbol{\rho}^{k+1}$ 通过代入 k 次迭代中的 $\boldsymbol{S}^k$ 和 $\boldsymbol{u}^k$ 来确定：

$$\boldsymbol{\rho}^{k+1} = \arg\min_{\rho}\left\{\|\rho\|_* + \frac{\lambda^k}{2}\|\boldsymbol{A}\text{vec}(\boldsymbol{\rho}) + \boldsymbol{A}\text{vec}(\boldsymbol{S}^k) - \boldsymbol{y} + \boldsymbol{u}^k\|_2^2\right\} \quad (6.33)$$

其中，k 是迭代次数，数值求解可以写成

$$\boldsymbol{\rho}^{k+1} = \text{mat}((\boldsymbol{A}^*\boldsymbol{A})^{-1}\boldsymbol{A}^*(\boldsymbol{y} - \boldsymbol{u}^k - \boldsymbol{A}\text{vec}(\boldsymbol{S}^k))) \quad (6.34)$$

步骤(2) 外部干扰 $\boldsymbol{S}$ 最小化。第 $k+1$ 次迭代的干扰矩阵 $\boldsymbol{S}^{k+1}$ 通过(6.33)式中确定的 $\boldsymbol{\rho}^{k+1}$ 和第 k 次迭代中更新的 $\boldsymbol{u}^k$ 确定：

$$\boldsymbol{S}^{k+1} = \arg\min_{S}\left\{\|\boldsymbol{S}\|_1 + \frac{\lambda^k}{2}\|\boldsymbol{A}\text{vec}(\boldsymbol{\rho}^{k+1}) + \boldsymbol{A}\text{vec}(\boldsymbol{S}) - \boldsymbol{y} + \boldsymbol{u}^k\|_2^2\right\} \quad (6.35)$$

其中，干扰矩阵 $\boldsymbol{S}^{k+1}$ 可以通过如下形式进行数值求解：

$$\boldsymbol{S}^{k+1} = \text{mat}((\boldsymbol{A}^*\boldsymbol{A})^{-1}\boldsymbol{A}^*(\boldsymbol{y} - \boldsymbol{u}^k - \boldsymbol{A}\text{vec}(\boldsymbol{\rho}^{k+1}))) \quad (6.36)$$

步骤(3) 权值参数 λ 更新。计算状态估计误差，并代入(6.33)式的 $\boldsymbol{\rho}^{k+1}$ 和(6.35)式的 $\boldsymbol{S}^{k+1}$ 的值来更新权值参数 λ^{k+1}：

$$error^k = \|\boldsymbol{y} - \boldsymbol{A}\text{vec}(\boldsymbol{\rho}^k + \boldsymbol{S}^k)\|_2^2 \quad (6.37)$$

如果本次迭代估计误差小于上一次，即 $error^k > error^{k-1}$，权值参数取值 $\lambda^{k+1} =$

$1.05\lambda^k$;如果本次迭代估计误差小于上一次,即 $error^k < error^{k-1}$,权值参数取值 $\lambda^{k+1} = 0.7\lambda^k$;如果两次迭代误差相同,即 $error^k = error^{k-1}$,则有 $\lambda^{k+1} = \lambda^k$。

步骤(4) u 的更新。分别代入当前的 λ^{k+1}、ρ^{k+1}、S^{k+1} 来确定第 $k+1$ 次 u^{k+1}:

$$u^{k+1} = u^k + \lambda^{k+1}(y^{k+1} - A\text{vec}(\rho^{k+1}) - A\text{vec}(S^{k+1})) \tag{6.38}$$

以上步骤(1)到步骤(4)循环,直到满足停止条件 $error^k < \varepsilon$,迭代停止,即估计结果满足预期精度要求。

6.6 量子态估计优化算法实验及其性能对比分析

为了考察和研究基于压缩传感的不同算法对量子系统状态的估计效果,我们分别进行如下四个实验:

(1) 为了验证 ADMM 算法在估计高维密度矩阵时运算量小且估计精度高,进行 ADMM 算法与 LS、Dantzig 两种算法性能对比实验。

(2) 为了证明 ADMM 算法在抵抗外部干扰时鲁棒性较好且估计误差较小,设计了存在测量仪器环境干扰情况下,ADMM 算法与 LS、Dantzig 算法性能对比实验,验证在外部干扰下 ADMM 算法对状态估计具有较高的精度。

(3) 为了证明量子位 n 越大,ADMM 算法的优越性越强,分别在量子位为 $n=5$,$n=6$ 和 $n=7$ 的情况下,设计了 ADMM 算法与 LS、Dantzig 算法的系统状态估计性能对比及结果分析。

(4) 为了验证改进的自适应 ADMM 算法能够有效地解决 ADMM 算法的初始权值选取问题,对两种算法进行性能对比分析。

6.6.1 三种不同算法性能的对比实验

为了验证基于压缩传感的 ADMM 算法在量子系统状态估计时的优越性和鲁棒性,本节仿真实验将 ADMM 算法与最小二乘法和 Dantzig 两种算法进行对比分析,通过实验证明 ADMM 算法在密度矩阵估计时的效果显著。基于压缩传感的 ADMM 算法进行量子系统状态估计时最大的优势在于:能够通过极少量测量元素重构密度矩阵,并对系统状态做出精确估计,特别是密度矩阵十分庞大的情况下,采用ADMM算法估计系统状态优势更加明显。

量子系统每增加一个量子位,需要估计的密度矩阵元素的数目以及测量次数都会以指数形式增长,如当量子位$n=5$时,密度矩阵$\rho\in \mathbf{C}^{d\times d}$具有元素个数为$d\times d=2^5\times 2^5=1\,024$个,测量矩阵$O^*\in \mathbf{C}^{d^2\times d^2}$含有元素$d^2\times d^2=4^5\times 4^5=1\,024\times 1\,024\approx 1.05\times 10^6$个,需要测量的次数为数十万数量级;只增加一个量子位,$n=6$时,密度矩阵ρ包含元素$d\times d=2^6\times 2^6=4\,096$个,测量矩阵$O^*$的元素为$d^2\times d^2=4\,096\times 4\,096\approx 1.68\times 10^7$个,需要测量的次数为百万数量级。所以基于压缩传感的量子态估计具有非常好的优越性,而且这种优势随着量子位数目的增长、复杂性的增加而显得更加突出。

本节中我们做了两组不同的实验来分别考察ADMM算法的优越性和鲁棒性,以及压缩传感在高量子位下的优越性。实验中,测量比率在$\eta=0.1$到$\eta=0.5$之间变化,变化率为$\Delta\eta=0.05$。

MATLAB仿真中,LS和Dantzig两种优化算法可以直接调用MATLAB的cvx工具箱。由于测量比率η对密度矩阵重构有一定影响,测量比率η越大,对密度矩阵的估计精度越高,因此我们选取测量比率$\eta=0.1$到$\eta=0.5$间隔$\Delta\eta=0.05$变化。其中,测量比率$\eta=0.1$表示采样矩阵A元素的个数为测量矩阵O^*元素个数的0.1,即$N_6=0.1\times 4^{12}\approx 1.7\times 10^6$。通过迭代计算密度矩阵$\hat{\rho}$从而对真实密度矩阵$\rho^*$进行估计,观察和分析系统结果。

1. 无干扰情况下状态估计的性能对比分析

为了验证ADMM算法在估计系统状态上的优越性,我们采用基于压缩传感的ADMM算法对$n=6$的量子态进行系统状态估计,在无干扰的情况下,ADMM算法限制条件参数取值$\mathrm{abs}(A\mathrm{vec}(\rho)-y)\leqslant \varepsilon_3,\varepsilon_3=10^{-6}$,当系统估计误差小于$\varepsilon_3$时,ADMM算法迭代停止。为了显示ADMM算法的高精度,特意设置ADMM迭代停止条件为$\varepsilon_3=10^{-6}$。同时为了证明ADMM算法对高维密度矩阵估计的效果显著,我们选取了LS和Dantzig两种算法与ADMM算法进行对比。其中,LS和Dantzig算法迭代限制条件的参数选取分别为$\mathrm{abs}(\mathrm{tr}(\rho)-1)\leqslant \varepsilon_1,\varepsilon_1=0.001$和$\mathrm{abs}(A\mathrm{vec}(\rho)-y)\leqslant \varepsilon_2,\varepsilon_2=0.001$。

无干扰情况下,不同测量比率三种算法归一化估计误差对比如图6.1所示,实验中设置最大迭代次数为30次。其中,圆点、菱形和星形分别表示LS、Dantzig和ADMM三种算法,横坐标表示系统的测量比率η,纵坐标为归一化后的系统估计误差error。

从图6.1可以看出:

(1) 随着测量比率从$\eta=0.1$增加到$\eta=0.5$,三种算法系统估计误差均不断下降。

(2) 当测量比率$\eta=0.1$,即测量元素取全部元素的10%时,ADMM算法误差为

$error_{\text{ADMM}} = 0.0852$,估计精度达到 91.48%,而 LS 和 Dantzig 误差分别为 $error_{\text{LS}} = 1$ 和 $error_{\text{Dantzig}} = 0.5467$,估计精度只有 0% 和 45.33%。

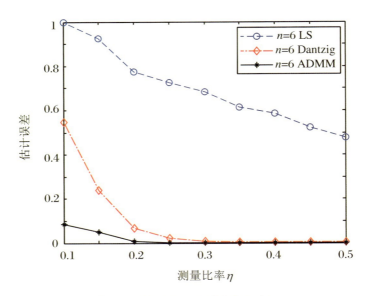

图 6.1　无干扰情况下不同测量比率 η 三种算法归一化估计误差对比

(3) 当测量比率为 $\eta = 0.2$,即测量元素取全部元素的 20% 时,ADMM 算法误差 $error_{\text{ADMM}} = 0.0087$,估计精度达到 99.13%,而 LS 和 Dantzig 误差分别为 $error_{\text{LS}} = 0.7758$ 和 $error_{\text{Dantzig}} = 0.0690$,估计精度只有 22.42% 和 93.10%。

(4) 当测量比率为 $\eta = 0.5$,即测量元素取全部元素的 50% 时,ADMM 算法误差为 $error_{\text{ADMM}} = 1.46\text{E}-6$,估计精度达到 99.9999%,而 LS 和 Dantzig 误差分别为 $error_{\text{LS}} = 0.4776$ 和 $error_{\text{Dantzig}} = 0.0036$,估计精度分别只有 52.24% 和 99.64%。

无外部干扰下三种算法系统状态估计归一化误差实验结果如表 6.1 所示。

表 6.1　无外部干扰下三种算法系统状态估计归一化误差实验结果

算法 η	0.1	0.15	0.2	0.25	0.3	0.35	0.4	0.45	0.5
LS	1	0.9257	0.7758	0.7244	0.6831	0.6126	0.5866	0.5211	0.4776
Dantzig	0.5467	0.2397	0.0690	0.0227	0.0096	0.0058	0.0056	0.0043	0.0036
ADMM	0.0852	0.0502	0.0087	0.0018	0.0016	0.0003	5.14E−5	2.38E−6	1.46E−6

从表 6.1 可以看出:

(1) 当 $\eta = 0.1$ 时,ADMM 算法比 LS 算法误差小 $\Delta error_{\text{LS-ADMM}} = 1 - 0.0852 =$

0.914 8,精度高出 91.48%,比 Dantzig 算法误差小 $\Delta error_{\text{Dantzig-ADMM}} = 0.546\,7 - 0.085\,2 = 0.461\,5$,精度高出 46.15%。

(2) 当 $\eta = 0.35$ 时,ADMM 算法比 LS 算法误差小 $\Delta error_{\text{LS-ADMM}} = 0.612\,6 - 0.000\,3 = 0.612\,3$,精度高出 61.23%,比 Dantzig 算法误差小 $\Delta error_{\text{Dantzig-ADMM}} = 0.005\,8 - 0.000\,3 = 0.005\,5$,精度高出 0.55%。

通过上述分析可以得出结论:在三种算法中,ADMM 算法对密度矩阵的估计效果最好,测量比率 η 越高,ADMM 算法估计误差越小,估计精度越高。由此可知,当系统状态估计精度固定时,选择 ADMM 算法可以在较低的测量比率 η 下满足精度要求;当测量比率 η 固定时,选择 ADMM 算法可以获得较高的估计精度。

为了进一步研究 ADMM 算法的运算效率,我们对相同量子状态采用 ADMM、LS 和 Dantzig 算法分别进行状态估计。由于不同算法限制条件有区别,迭代中停止条件设置不同,算法的迭代次数也不一样,因此为了便于比较三种算法在运行时间上的优劣,我们主要比较算法迭代一次所需要的 CPU 运行时间,以及总的 CPU 运行时间。无外部干扰下,三种算法的迭代时间如表 6.2 所示。

表 6.2 无外部干扰下三种算法的迭代时间(单位:s)

时间 算法	LS			Dantzig			ADMM		
测量比率 η	0.1	0.3	0.5	0.1	0.3	0.5	0.1	0.3	0.5
迭代次数	8	8	8	18	15	16	30	30	30
CPU 总运行时间	0.48	0.56	0.67	184.83	249.60	429.09	169.11	214.01	393.85
CPU 每次迭代时间	0.06	0.07	0.08	10.26	16.64	26.82	5.64	7.13	13.12

从表 6.2 可以看出:

(1) 当 $\eta = 0.1$ 时,ADMM 算法的迭代时间为 $t_{\text{perADMM}} = 5.64$,而最小二乘法与 Dantzig 算法的迭代时间分别为 $t_{\text{perLS}} = 0.06$ 和 $t_{\text{perADMM}} = 10.26$,其中,ADMM 算法比 Dantzig 算法快了 $\Delta t_{\text{Dantzig-ADMM}} = 10.26 - 5.64 = 4.62(\text{s})$。

(2) 当 $\eta = 0.5$ 时,ADMM 算法迭代时间为 $t_{\text{perADMM}} = 13.12$,而最小二乘法与 Dantzig 算法迭代时间分别为 $t_{\text{perLS}} = 0.08$ 和 $t_{\text{perD}} = 26.82$,ADMM 算法比 Dantzig 算法快了 $\Delta t_{\text{Dantzig-ADMM}} = 26.82 - 13.12 = 13.70(\text{s})$。

通过分析可以得出结论:ADMM 算法无论是 CPU 总运算时间还是 CPU 每次迭代时间均比 Dantzig 算法短;而 LS 算法虽然迭代时间短,但是对密度矩阵的估计精度低,运算时间短是以牺牲精度为代价的。由此可知,ADMM 算法运算效率比 Dantzig 算法高,且运算时间短。

由本节仿真实验可知:ADMM 算法在测量比率 η 很低的情况下能够估计密度矩阵,获得很高精度,同时具有较短运算时间。而 LS 算法对密度矩阵估计误差大,只能通过测量比率 η 的不断增加来使得估计误差进一步变小;Dantzig 算法能够进行密度矩阵估计,但只在测量比率 η 较高时估计效果好,且运算时间长。由此可以验证基于压缩传感的 ADMM 算法在密度矩阵估计上的优越性。

2. 有干扰情况下状态估计的性能对比分析

由于实际中存在测量或者环境导致的外部干扰,在本节实验中,为了考察 ADMM 算法的鲁棒性,我们采用基于压缩传感的 ADMM 算法对 $n=6$ 的量子态进行系统状态估计。在外界存在干扰的情况下,取外部干扰 S 个数为密度矩阵元素个数的 10%,即 $S_{\text{number}} = 0.01 \times 4^6 \approx 41$,大小为 $S_{\text{size}} = \pm 0.0100$ 范围内的随机值。实验中,ADMM 算法限制条件参数为 $\varepsilon_3 = 10^{-6}$,当系统估计误差小于 ε_3 时,ADMM 算法停止迭代。

为了证明 ADMM 算法在抵抗外界干扰上具有较强鲁棒性,我们同时选取了 LS 和 Dantzig 两种算法与 ADMM 算法进行对比,系统限制条件参数选取 $\varepsilon_1 = 0.001$ 和 $\varepsilon_2 = 0.001$。有干扰情况下,不同测量比率三种算法归一化估计误差对比如图 6.2 所示,其中,蓝色圆点、红色菱形和黑色星形分别表示 LS、Dantzig 和 ADMM 三种算法,横坐标表示系统的测量比率 η,纵坐标为估计误差 error。

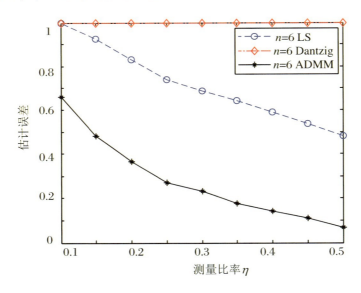

图 6.2　有干扰情况下不同测量比率 η 三种算法归一化估计误差对比

从图 6.2 可看出：

（1）量子位 $n=6$，测量比率 $\eta=0.1$ 时，ADMM 算法的误差为 $error_{ADMM}=0.6576$，估计精度达到 34.24%，而 LS 和 Dantzig 的误差分别为 $error_{LS}=1$ 和 $error_{Dantzig}=1$，估计精度为 0%，可知测量比率 η 很小时，LS 和 Dantzig 两种算法失去作用，无法估计密度矩阵。

（2）当测量比率 $\eta=0.3$ 时，ADMM 算法的误差 $error_{ADMM}=0.2335$，估计精度达到 76.65%，而 LS 和 Dantzig 的误差分别为 $error_{LS}=0.6869$ 和 $error_{Dantzig}=1$，LS 算法的估计精度为 22.42%，Dantzig 算法依然无效。

（3）当测量比率 $\eta=0.5$，测量元素取全部元素的 50% 时，ADMM 算法误差为 $error_{ADMM}=0.0695$，估计精度达到 93.95%，而 LS 和 Dantzig 的误差分别为 $error_{LS}=0.4814$ 和 $error_{Dantzig}=1$，估计精度分别只有 52.24% 和 0%。

有外部干扰下，三种算法系统状态估计误差实验结果如表 6.3 所示。

表 6.3 有外部干扰下三种算法系统状态估计误差实验结果

算法 \ η	0.1	0.15	0.2	0.25	0.3	0.35	0.4	0.45	0.5
LS	1	0.9250	0.8298	0.7409	0.6869	0.6432	0.5908	0.5362	0.4814
Dantzig	1	1	1	1	1	1	1	1	1
ADMM	0.6576	0.4808	0.3640	0.2700	0.2335	0.1752	0.1401	0.1098	0.0695

从表 6.3 可以看出：

（1）当 $\eta=0.4$ 时，ADMM 算法比 LS 算法误差小 $\Delta error_{LS-ADMM}=0.5908-0.1401=0.4507$，精度高出 45.07%，比 Dantzig 算法误差小 $\Delta error_{Dantzig-ADMM}=1-0.1401=0.8599$，精度高出 85.99%。

（2）当 $\eta=0.5$ 时，ADMM 算法比 LS 算法误差小 $\Delta error_{LS-ADMM}=0.4814-0.0695=0.4119$，精度高出 41.19%，比 Dantzig 算法误差小 $\Delta error_{Dantzig-ADMM}=1-0.0695=0.9305$，精度高出 93.05%。

由此可以得出结论，ADMM 算法随着测量比率 η 的增加，状态估计精度不断提高，而 LS 算法估计精度很低，Dantzig 算法则无法估计系统状态。由此可知，三种算法中，ADMM 算法在外界有干扰时，对密度矩阵的估计精度最高，鲁棒性能好。

为了进一步研究在外界干扰下 ADMM 算法的运算效率，我们对相同量子状态采用 ADMM、LS 和 Dantzig 三种算法分别进行状态估计。有外部干扰下，三种算法迭代时间如表 6.4 所示。

表 6.4　有外部干扰下三种算法的迭代时间(单位:s)

算法 \ 时间	LS			Dantzig			ADMM		
测量比率 η	0.1	0.3	0.5	0.1	0.3	0.5	0.1	0.3	0.5
迭代次数	8	8	8	19	19	20	30	30	30
CPU 总运行时间	0.56	0.62	0.68	197.57	342.04	435.56	192.55	329.36	400.21
CPU 每次迭代时间	0.07	0.08	0.09	10.39	18.01	21.78	6.42	10.98	13.34

从表 6.4 可以看出,由于不同算法迭代中停止条件设置不同,迭代次数有所区别。

(1) 当 $\eta=0.1$ 时,ADMM 算法迭代时间为 $t_{\text{perADMM}}=6.42$,而 LS 与 Dantzig 算法迭代时间分别为 $t_{\text{perLS}}=0.07$ 和 $t_{\text{perDantzig}}=10.39$。

(2) 当 $\eta=0.5$ 时,ADMM 算法迭代时间为 $t_{\text{perADMM}}=13.34$,而 LS 与 Dantzig 算法迭代时间分别为 $t_{\text{perLS}}=0.09$ 和 $t_{\text{perDantzig}}=21.78$。

由此可知,随着测量比率 η 逐渐升高,ADMM 算法 CPU 每次迭代运算的时间逐渐增加,运算量增大,总运算时间提高。

由本节仿真实验可知,ADMM 算法能够应对外部干扰情况,随着测量比率 η 不断提高,在 $\eta=0.5$ 时,估计精度可以达到 90% 以上。而 LS 算法对密度矩阵估计误差很大,虽然对外部干扰具有一定鲁棒性,但在满足约束条件后,误差无法进一步下降,对密度矩阵的精度估计低;Dantzig 算法在外部有干扰的情况下,误差始终为 1,无法收敛,无法对密度矩阵进行估计,鲁棒性能差。由此可以验证,基于压缩传感的 ADMM 算法在抵抗外界干扰时具有较好鲁棒性。

综合上述两个实验可以得出结论:ADMM 算法比 LS 和 Dantzig 算法估计误差小,在对密度矩阵的估计精度上有明显的提高,并在测量比率 η 很小的情况下能够对密度矩阵进行估计,运算量小。特别是当系统量子位 n 取值很大的情况下,采用 ADMM 算法对密度矩阵进行估计,在运算时间和估计精度上均有很大的优势。

6.6.2　不同量子位下三种算法估计性能对比

量子位越大时,对密度矩阵的重构困难越大,需要更大的运算量,对算法的要求更高。为了验证基于压缩传感的 ADMM 算法在量子位 n 取值越大时,估计精度越高,我们分别对比量子位 $n=5$ 和 $n=6$ 时,ADMM 算法与 LS、Dantzig 算法对系统状态的估计情况。三种算法在不同量子位下的归一化估计误差如图 6.3 所示,其中,图 6.3(a) 为无干扰情况,图 6.3(b)为有干扰情况,圆点、菱形和星形分别表示 LS、Dantzig 和 ADMM 三种算法,虚线和实线分别表示量子位取 $n=5$ 和 $n=6$,纵坐标为归一化的系统估计误差 error,横坐标表示系统的测量比率 η。

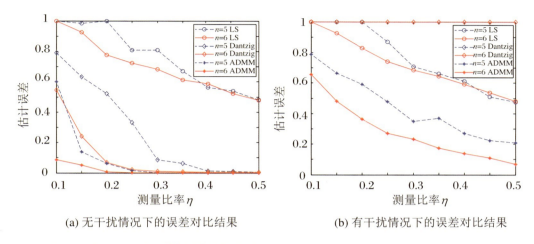

(a) 无干扰情况下的误差对比结果　　　　(b) 有干扰情况下的误差对比结果

图 6.3　当 $n=5$ 和 $n=6$ 时三种算法估计误差对比

从图 6.3(a)可以看出,在测量比率 $\eta=0.3$ 时,外部无干扰情况下,ADMM 算法在 $n=5$ 时,估计误差为 $error_5=0.0021$;$n=6$ 时,估计误差为 $error_6=0.0015$,随着量子位 n 的增加,误差降低了 $\Delta error_{5-6}=0.0021-0.0015=0.0006$。从图 6.3(b)可以看出,在测量比率 $\eta=0.3$ 时,外部有干扰情况下,ADMM 算法在 $n=5$ 时,估计误差为 $error_5=0.3505$;$n=6$ 时,估计误差为 $error_6=0.2335$,随着量子位 n 的增加,误差降低了 $\Delta error_{5-6}=0.3505-0.2335=0.1170$。由此可知,相同测量比率 η 下,无论外部有干扰或是无干扰情况,ADMM 算法在当 $n=6$ 时,估计误差均比 $n=5$ 时小,估计精度更高。LS 和 Dantzig 两种算法当 $n=6$ 时估计精度同样也比 $n=5$ 时高。通过 LS、Dantzig 和 ADMM 三种算法的对比可知,ADMM 算法在量子位 n 越大的情况下,估计误差越小,估计精度越高,对系统密度矩阵估计的效果越好。

目前量子状态估计最大的难点在于,当量子位 n 增大后,密度矩阵和测量矩阵元素个数呈指数型增长,运算量大幅上升。当量子位从 $n=5$ 变到 $n=6$ 时,单次运算迭代时间从 $ite\_time_5<0.5$ 增加到 $ite\_time_6>5.0$,单次运算迭代时间增大至十倍以上。同时,密度矩阵元素个数从 $4^5=1024$ 增加到 $4^6=4096$,测量矩阵元素从 $4^{10}\approx1.04\times10^6$ 增加到 $4^{12}\approx1.68\times10^7$,元素个数达到千万级,若 $n=7$ 则密度矩阵元素增加到 $4^7=16384$,测量矩阵元素 $4^{14}\approx2.68\times10^8$,元素个数达到几亿,若量子位 n 继续增大则运算量将达到几十亿甚至上百亿、千亿次,运算量特别庞大,因此,在研究上量子位 n 的每次增加都

6.6.3 有和无干扰情况下 ADMM 算法的性能对比实验

本节我们针对外界是否存在干扰设计了对比实验,分别在没有外界干扰下以及有外界干扰下采用 ADMM 算法对量子状态进行估计。

实验中,我们设定量子位为 $n=6$,ADMM 算法中参数为固定的 $\lambda=0.3$,采样率从 $\eta=0.1$ 到 $\eta=0.5$,间隔 $\Delta\eta=0.05$ 取 8 个不同值,算法的迭代次数设置为 30 次。在有外部干扰下,不同迭代次数估计误差变化如图 6.4 所示,无外部干扰下,误差估计情况如图 6.5 所示,其中,横坐标为 ADMM 算法迭代次数(iteration number),纵坐标为估计误差归一化值(error:$\mathrm{norm}(\rho-\rho^*)^2/\mathrm{norm}(\rho)^2$),8 条不同颜色的线分别表示 8 个不同采样率下估计误差随迭代次数的收敛情况。

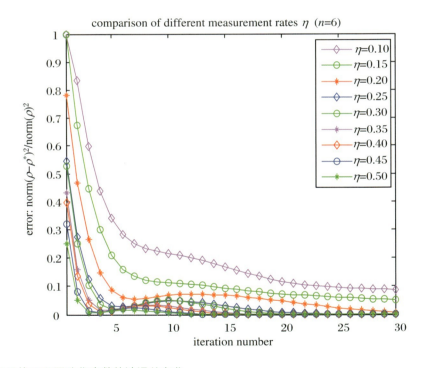

图 6.4 无干扰下不同迭代次数估计误差变化

从图 6.4 和图 6.5 我们可以看出:

(1) ADMM 算法在无干扰下,估计误差随着迭代次数的增加下降明显;在有干扰下,误差随着迭代次数增加下降缓慢。

（2）在无干扰的情况下,ADMM算法在采样率取值范围 $\eta=0.1$ 至 $\eta=0.5$ 时,密度矩阵的估计精度均可以达到90%以上。

（3）在无干扰的情况下,ADMM算法在采样率为 $\eta=0.4$ 时,估计精度能达到99.99%以上。

（4）在有干扰的情况下,ADMM算法当采样率取值大于 $\eta=0.4$ 时,估计精度可以达到90%以上。

（5）采样率 η 越高,ADMM算法在系统多次迭代后估计精度越高。同时,在估计精度固定时,需要的迭代次数越少。

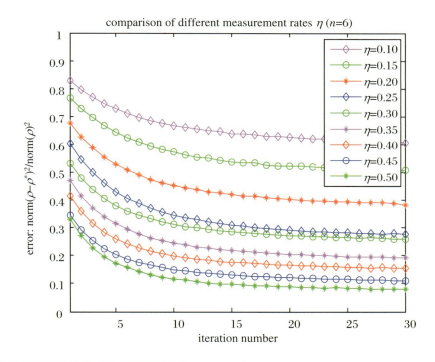

图6.5　有干扰下不同迭代次数估计误差变化

6.6.4　不同量子位下ADMM算法的优化性能分析

本节中为了比较ADMM算法在不同量子位下的优化性能,我们专门设计了不同量子位、不同采样率下估计误差的对比实验。实验比较不同量子位和不同采样率下的估计误差。

实验中,量子位分别为 $n=5$、$n=6$、$n=7$,采样率从 $\eta=0.1$ 到 $\eta=0.5$,间隔 $\Delta\eta=0.05$ 取 8 个不同值,参数值 $\lambda=0.3$。有外部干扰下,不同量子位不同采样率下估计误差对比如图 6.6 所示,其中,横坐标为采样率(measurement rate),从 $\eta=0.1$ 到 $\eta=0.5$ 间隔 $\Delta\eta=0.05$ 取 8 个不同值;纵坐标为估计误差归一化值。从图 6.6 可以看出,量子位分别取 $n=5$、$n=6$、$n=7$ 三个不同值时,相同采样率,量子位越大,估计误差越小。因此我们能够得出以下结论:

(1) 相同采样率下,量子位越大,对密度矩阵的估计误差越小。

(2) 相同量子位,采样率越大,对密度矩阵的估计误差越小。

(3) 当量子位 $n=6$,采样率 $\eta=0.45$ 时,估计精度达到 90% 以上。

(4) 当量子位 $n=7$,采样率 $\eta=0.35$ 时,估计精度达到 90%,在 $\eta=0.5$ 时达到 95% 以上。

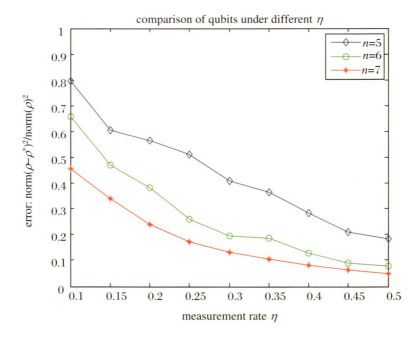

图 6.6　不同量子位不同采样率下估计误差对比

为了更详细地分析不同量子位对估计的影响,给出不同量子位不同采样率下估计误差数据对比如表 6.5 所示。不同量子位不同采样率下,ADMM 算法迭代时间如表 6.6 所示。

表 6.5　不同量子位不同采样率下估计误差对比

采样率 η	0.1	0.15	0.2	0.25	0.3	0.35	0.4	0.45	0.5
$n=5$	0.797 1	0.606 7	0.565 3	0.510 0	0.408 5	0.363 9	0.282 2	0.208 3	0.183 0
$n=6$	0.468 1	0.382 4	0.259 0	0.193 9	0.185 9	0.126 0	0.089 7	0.078 3	0.468 1
$n=7$	0.454 76	0.337 1	0.238 5	0.169 9	0.131 1	0.104 3	0.079 8	0.062 6	0.454 7

表 6.6　不同量子位 ADMM 算法迭代时间(单位:s)

量子位	$n=5$			$n=6$			$n=7$		
测量比率(η)	0.1	0.3	0.5	0.1	0.3	0.5	0.1	0.3	0.5
迭代次数	30	30	30	30	30	30	30	30	30
CPU 总运行时间(s)	10.31	13.57	15.46	214.84	273.43	304.34	7 506.6	9 377.2	10 294.3
CPU 每次迭代时间	0.34	0.45	0.52	7.16	9.11	10.15	250.22	312.57	343.14

6.6.5　自适应 ADMM 算法性能的对比实验及其分析

1. 不同参数值 λ 下误差对比

为了确定 ADMM 算法中最佳的参数值 λ，我们设计一组实验，对相同的量子系统进行状态估计，其中每次实验参数值 λ 的选取不同。系统的量子位取值 $n=6$，采样率为 $\eta=0.4$，令参数 λ 从 $\lambda=0.1$ 到 $\lambda=1.0$ 间隔 0.1 取 10 个不同值变化。不同固定参数值估计误差收敛情况对比如图 6.7 所示，其中，横坐标为固定(fixed)参数值 λ 的 10 个不同的取值，分别为 $\lambda=0.1$ 到 $\lambda=1.0$ 间隔 0.1，纵坐标为估计误差归一化值。

从图 6.7 可以看出，当参数取 $\lambda=0.3$ 时，系统估计误差最小，密度矩阵重构的效果最好，因此我们初步确定选择固定的参数值 $\lambda=0.3$ 进行接下来的实验。

2. 固定参数值 $\lambda=0.3$ 和自适应参数 λ 对比

为了比较 ADMM 算法中自适应参数值 λ 和固定参数值 λ 对状态的估计情况，我们分别设计了对比实验。取量子位 $n=6$，固定参数值 λ 选取上一步中获得的最好估计效果 $\lambda=0.3$，分别选取采样率为 $\eta=0.2$、$\eta=0.3$、$\eta=0.4$ 进行对比固定参数 λ 和自适应参数 λ 的估计误差情况。在三种采样率下，固定参数值和自适应参数值的估计误差随迭代次数的下降情况如图 6.8 所示，三种采样率下，自适应参数值 λ 随迭代次数的变化情况如图 6.9 所示，其中，图 6.8 和图 6.9 中横坐标为迭代次数，图 6.8 中纵坐标为估计误差归一化值,图6.9中纵坐标为自适应参数 λ 随迭代次数增加的变化值。

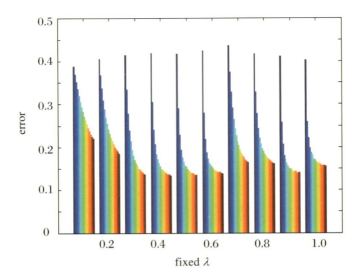

图 6.7　不同固定参数值 λ 估计误差收敛情况对比

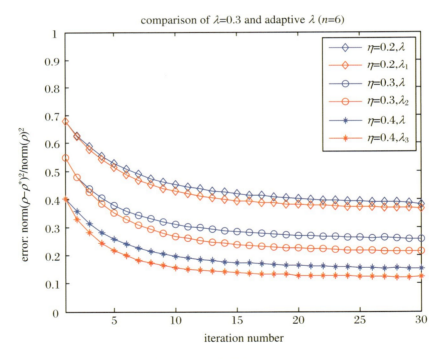

图 6.8　固定参数与自适应参数的估计误差随迭代次数变化对比

通过上述实验我们可以得出以下结论：

（1）ADMM 算法在不同采样率下，采用自适应参数值 λ 的精度比固定参数值 λ 高，估计效果好。

（2）采用自适应参数值 λ 的 ADMM 算法，在相同迭代次数的情况下，误差收敛的速度更快，估计误差更小。

（3）自适应参数值 λ 在随迭代次数增加变化到一定程度后，会在小幅范围内上下波动，不会单调递增或递减。

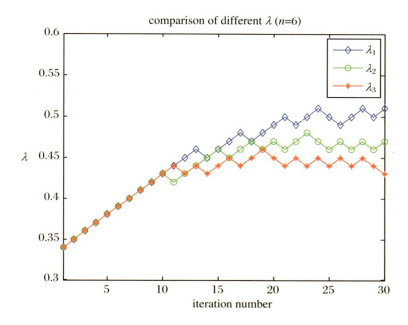

图 6.9　自适应参数 λ 变化情况

6.7　小　　结

本章在对压缩传感理论进行详细介绍的基础之上，基于压缩传感理论对量子系统状态进行估计，采用 ADMM 算法对系统密度矩阵进行重构，最小化系统状态估计误差，并与最小二乘法、Dantzig 算法进行对比，得出以下结论：在系统无外部干扰时，ADMM 算法多次迭代后,对密度矩阵的估计精度可以达到 99.99% 以上,比最小二乘法、Dantzig 算法估计精度高;在系统有外部干扰时,ADMM 算法具有较强的抗外部干扰能力,在测量比率 $\eta > 0.4$ 时,估计精度能达到 90% 以上,相比 Dantzig 算法的估计误差无法收敛,LS 算法估计精度低,ADMM 算法具有较好的鲁棒性。仿真结果表明,基于压缩传感的量子层析 ADMM 算法在估计高维密度矩阵时,能够获得较小估计误差并达到期望精度,在系统状态估计上具有一定的优越性。同时,系统的量子位数越大,基于压缩传感的量子状态估计越能发挥效果,能够通过少量的测量获得维数较低的矩阵,从而恢复密度矩阵,完成量子态的状态估计。且改进后的 ADMM 算法能够自动地处理初始权值 λ 的选择问题,不需要人为地选择合适的权值,减少了状态估计的复杂性与初始权值 λ 对状态估计的影响,保证了量子状态估计的精度。

第7章

马尔科夫开放量子系统的相干保持控制

量子系统和环境的耦合引起了系统的退相干,引起量子状态纯度的降低和相干性的消失,由此导致的后果便是量子系统向环境信息流失或概率泄漏。量子控制的一个重要的目标,便是保持状态的相干性,从而保持系统的量子信息。因此保持量子系统状态相干性在量子信息过程以及相干控制等领域有重要的应用价值。

对于单比特系统(二能级系统)这一类最简单的量子系统,李达(Lidar)等学者研究了其相干性的保持问题(Lidar et al., 2005)。考虑如下的二能级系统受控主方程模型:

$$\dot{\rho} = -\mathrm{i}[\omega\sigma_z + u_x(t)\sigma_x + u_y(t)\alpha_y, \rho] + \mathcal{L}(\rho) \tag{7.1}$$

其中,$H_0 = \sigma\omega_z$ 是自由演化哈密顿量;σ_x、σ_y 是控制哈密顿量;$u_x(t)$、$u_y(t)$ 是需要设计的控制律。选取二能级系统的密度矩阵的 Bloch 矢量表示:

$$\rho = \frac{1}{2}(I + v_x\sigma_x + v_y\sigma_y + v_z\sigma_z) \tag{7.2}$$

其中,v_x、v_y 和 v_z 为 Bloch 矢量。将方程(7.1)式转化为 Bloch 矢量的受控方程:

$$\dot{\vec{v}}(t) = (\omega M_z + u_x(t)M_x + u_y(t)M_y)\vec{v}(t) + \vec{k} + D\vec{v}(t) \tag{7.3}$$

其中

$$M_x = \begin{pmatrix} 0 & 0 & 0 \\ 0 & 0 & -1 \\ 0 & 1 & 0 \end{pmatrix}, \quad M_y = \begin{pmatrix} 0 & 0 & 1 \\ 0 & 0 & 0 \\ -1 & 0 & 0 \end{pmatrix}, \quad M_z = \begin{pmatrix} 0 & -1 & 0 \\ 1 & 0 & 0 \\ 0 & 0 & 0 \end{pmatrix} \tag{7.4}$$

而耗散矩阵 D 和非齐次向量 k 由具体的退相干过程决定。如果 $k = 0$, $\mathcal{L}(\rho)$ 被称为是 unitial 的(Altafini, 2004), 否则称其为 non-unital 的。

在二能级系统的密度矩阵的 Bloch 表示中, 考虑到 x、y 分量决定了密度矩阵的非对角元, 而密度矩阵的非对角元代表了量子态的相干性, 因此定义相干性 c 为

$$c = \sqrt{v_x^2 + v_y^2} \tag{7.5}$$

纯相位退相干情况下的耗散项为

$$\mathcal{L}(\rho) = \frac{\gamma}{2}(\sigma_z \rho \sigma_z - \rho) \tag{7.6}$$

其对应的 Bloch 表示下的耗散矩阵 D 和非齐次向量 k 表示为

$$D = \begin{pmatrix} -\gamma & 0 & 0 \\ 0 & -\gamma & 0 \\ 0 & 0 & 0 \end{pmatrix}, \quad k = \begin{pmatrix} 0 \\ 0 \\ 0 \end{pmatrix}$$

为了使得相干性 c 为常数, 可以令 $v_x(t) = v_x(0)$, $v_y(t) = v_y(0)$, 在这个条件下, 控制律可以解析得到:

$$u_x(t) = (\pm)\frac{-\gamma v_x(0) - \omega v_y(0)}{\sqrt{v_z^2(0) - 2\gamma c^2 t}}, \quad u_y(t) = (\pm)\frac{-\gamma v_y(0) + \omega v_x(0)}{\sqrt{v_z^2(0) - 2\gamma c^2 t}} \tag{7.7}$$

显然(7.7)式中的式子只有当 $v_z^2(0) - 2\gamma c^2 t > 0$ 时才成立, 也就是说当 $t < t_b$ 时, 纯相位退相干受到抑制, 相干性能够保持, 其中

$$t_b = \frac{v_z^2(0)}{2\gamma c} \tag{7.8}$$

被称为是塌缩时间。它体现了这种开环控制方法控制场有奇异性的特点。显然 t_b 与期望保持的初始相干性的值 c 有关, c 越大, 能够保持的时间就越短。此外 c 还和 $v_z(0)$ 有关, 如果 $v_z(0) = 0$, 没有控制能够阻止相干性的下降。

实际上，这个在纯度与相干性之间的交换有几何上的解释。没有控制时的相位耗散信道将 Bloch 球映射为一个椭球，其中的 z 轴作为它的主轴，副轴位于 x-y 平面上。主轴在不受控动力学中是不变的，同时副轴被压缩（相干性减小）。而控制场试图将椭球旋转使得其副轴变得尽可能与 z 轴成一条直线。在这个过程中保持副轴不被压缩。一旦压缩的程度达到控制场不能承受所要求的旋转，控制场就会发散。在这种情况下，位于 x-y 平面对称的两个初始态具有相同的塌缩时间。

从(7.8)式可以发现，一旦系统的初始态确定，对其相干性的保持时间就确定了。为了提高保持时间，可以增加能级扩展希尔伯特空间，这将使得系统的能控性提高。在更大的希尔伯特空间中，仍然考虑两个能级之间的相干性，更多能级间的干涉效应有助于相干性的保持，因此有必要考虑更高维系统的相干性保持。

7.1 三能级 Λ 型原子的相干性保持

考虑一个三能级系统中的其中两个能级之间的相干性保持。与二能级系统的情况不同的是，除了验证精确解耦策略可以用于高能级的系统相干性保持外，由于能级的增加导致影响相干性的参数更多，我们还将具体分析这些参数对于相干保持效果的影响。

7.1.1 系统模型与控制目标

考虑图 7.1 中的 Λ 型的三能级原子，其中两个基态分别标记为 $|1\rangle$ 和 $|2\rangle$，它们与一个激发态 $|e\rangle$ 相耦合，其共振频率分别为 ω_1 和 ω_2。三个能级所对应的能量本征值分别为 E_1、E_2 和 E_e，其中 $\omega_1 = (E_e - E_1)\hbar$，$\omega_2 = (E_e - E_2)/\hbar$。类似的，定义 $\omega_3 = (E_e - E_2)/\hbar$ 为能级 $|1\rangle$ 和 $|2\rangle$ 之间的原子与外场的共振频率，尽管它不对应于一个允许的跃迁频率。

为了计算方便，引入下面的符号：

$$\delta_z^{(j)} = |e\rangle\langle e| - |j\rangle\langle j|, \quad \delta_x^{(j)} = |e\rangle\langle j| + |j\rangle\langle e|,$$
$$\delta_y^{(j)} = -i|e\rangle\langle j| + i|j\rangle\langle e|,$$
$$\delta_-^{(j)} = |j\rangle\langle e|, \quad \delta_+^{(j)} = |e\rangle\langle j|, \quad j = 1,2 \tag{7.9}$$

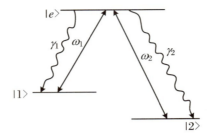

图 7.1　三能级 Λ 型原子结构

然后,这个三能级原子系统的自由哈密顿量可以写成

$$H_0 = \frac{\omega_1}{3}\delta_z^{(1)} + \frac{\omega_2}{3}\delta_z^{(2)} + \frac{\omega_3}{3}\delta_z^{(3)} \tag{7.10}$$

其中 $\delta_z^{(3)} = |1\rangle\langle 1| - |2\rangle\langle 2|$,并且常值能量项 $(E_1 + E_2 + E_e)/3$ 已经被忽略。

激发态不是稳定的,它分别以速率 γ_1 和 γ_2 向两个基态衰减,如图 7.1 所示。假设衰减过程是马尔科夫的,则衰减信道可以由 Lindblad 算符 $\delta_-^{(j)} = |j\rangle\langle e|$ $(j=1,2)$ 表征,并且 Lindbladian 项可以表示为

$$\mathcal{L}(\rho) = \frac{1}{2}\sum_{k=1,2}\gamma_k\{[\delta_-^{(k)},\rho\delta_+^{(k)}] + [\delta_-^{(k)}\rho,\delta_+^{(k)}]\} \tag{7.11}$$

用密度矩阵 ρ 表示这个原子系统的状态,它的动力学遵循马尔科夫主方程:

$$\frac{\partial \rho}{\partial t} = -\frac{\mathrm{i}}{\hbar}[H_0 + H_C, \rho] + \mathcal{L}(\rho) \tag{7.12}$$

其中 H_C 是控制哈密顿量。

不失一般性,我们将保持基态 $|1\rangle$ 和激发态 $|e\rangle$ 之间的相干性,因此其相干性函数可以定义为

$$C_1(\rho) = \sqrt{\langle \delta_x^{(1)}\rangle_\rho^2 \langle \delta_y^{(1)}\rangle_\rho^2} \tag{7.13}$$

其中 $\langle A \rangle_\rho = \mathrm{tr}(A\rho)$。

两个能级 $|1\rangle$ 和 $|e\rangle$ 的相干性的丢失是由于从高能级 $|e\rangle$ 向低能级 $|1\rangle$ 的耗散过程。因此可以在这两个能级之间施加一个经典的控制场来控制它们之间的状态转换,从而耗散过程很可能被抑制。

这里,假设线性极化场的跃迁偶极矩是实的,然后控制场在极化近似下可以表示成

（Scully et al.，1997）

$$E(t) = \varepsilon(t)\cos(\omega_d t + \phi_d) \tag{7.14}$$

该控制场作用下的控制哈密顿量的表达式为

$$H_C = \varepsilon(t)(e^{i\phi_d}|1\rangle\langle e| + e^{-i\phi_d}|e\rangle\langle 1|)\cos\omega_d t \tag{7.15}$$

其中，参数 ω_d 和 ϕ_d 分别是控制场的频率和初始相位，参数 $\varepsilon(t)$ 是控制场的波包。它们是外部场的需要设计的控制参数。

为了使相干性函数(7.13)式在整个状态演化过程中保持为常数，我们施加下面的约束条件：

$$C_1(\rho(t)) = C_1(\rho_0) \tag{7.16}$$

接下来就是设计控制参数满足(7.16)式。

7.1.2 控制场的设计及其对纯度变化的影响

这一节将设计控制场来保持三能级原子的相干性。为了分析简单，我们将在相互作用图景下分析系统的动力学，其中在希尔伯特空间中的算符 X 转换为

$$X^I = e^{iH_0 t} X e^{-iH_0 t} \tag{7.17}$$

然后，可以得到相互作用图景下的状态 $x(T)$ 的演化方程为

$$\frac{\partial \rho^I}{\partial t} = -i[H_C^I, \rho^I] + \frac{1}{2}\sum_k \gamma_k\{[\delta_-^{(k)I}, \rho^I \delta_+^{(k)I}] + [\delta_-^{(k)I}\rho^I, \delta_+^{(k)I}]\} \tag{7.18}$$

并且相干性约束条件变成

$$C_1(\rho^I(t)) = C_1(\rho_0) \tag{7.19}$$

相互作用图景变换将系统状态映射到一个旋转坐标上，即状态的局部相位是旋转的。可以验证这样的变换是不改变系统状态的布居分布和算符的平均值的。

在相互作用图景下，系统的总哈密顿量 H 变成

$$\begin{aligned}H_C^I &= e^{iH_0 t} H_C e^{-iH_0 t} = \varepsilon(t)e^{i\phi_d}|1\rangle\langle e| + \varepsilon(t)e^{i\phi_d}|e\rangle\langle 1| \\ &= \varepsilon(t)(\cos\phi_d \delta_x^{(1)} + \sin\phi_d \delta_y^{(1)})\end{aligned} \tag{7.20}$$

在变换中，用到了共振条件，即 $\omega_d = \omega_1$。进一步推导可以得到：

$$\delta_1^{(1)\mathrm{I}} = \mathrm{e}^{-\mathrm{i}\omega_1 t}\delta_-^{(1)}, \quad \delta_1^{(2)\mathrm{I}} = \mathrm{e}^{-\mathrm{i}\omega_1 t}\delta_-^{(2)} \tag{7.21}$$

因此，将(7.21)式代入(7.18)式，方程(7.18)式可以重写表示为

$$\frac{\partial \rho^{\mathrm{I}}}{\partial t} = -\mathrm{i}[H_C^{\mathrm{I}}, \rho^{\mathrm{I}}] + \frac{1}{2}\sum_{k=1,2}\gamma_k\{[\delta_-^{(k)}, \rho^{\mathrm{I}}\delta_+^{(k)}] + [\delta_-^{(k)}\rho^{\mathrm{I}}, \delta_+^{(k)}]\} \tag{7.22}$$

这就是相互作用图景的马尔科夫退相干下的被控系统动力学模型。相互作用图景变换有于问题的数学处理。变换后的系统更简洁，其中漂移项 H_0 消失了，从而大大减小了控制设计的复杂度和难度。

接下来就是设计控制场的参数 ϕ_d、$\varepsilon(t)$ 来满足相干性限制条件(7.19)式。首先推导 $\langle \delta_x^{(1)} \rangle_{\rho^{\mathrm{I}}}$ 和 $\langle \delta_y^{(1)} \rangle_{\rho^{\mathrm{I}}}$ 的运动方程。根据(7.22)式可得

$$\begin{aligned}\frac{\mathrm{d}\langle \delta_y^{(1)} \rangle_{\rho^{\mathrm{I}}}}{\mathrm{d}t} &= \mathrm{tr}(\delta_y^{(1)}\dot{\rho}^{\mathrm{I}})\\ &= \mathrm{tr}(\delta_y^{(1)}(-\mathrm{i}[H_C^{\mathrm{I}}, \rho^{\mathrm{I}}] + \mathcal{L}(\rho)))\\ &= -\mathrm{i}\mathrm{tr}([\delta_y^{(1)}, H_C^{\mathrm{I}}]\rho^{\mathrm{I}}) + \sum \mathrm{tr}(\delta_y^{(1)}\mathcal{L}(\rho))\\ &= -2\varepsilon(t)\cos\phi_d\langle \delta_z^{(1)} \rangle_{\rho^{\mathrm{I}}} - \frac{\gamma_1 + \gamma_2}{2}\langle \delta_y^{(1)} \rangle_{\rho^{\mathrm{I}}}\end{aligned} \tag{7.23}$$

同样的，可以获得 $\langle \delta_x^{(1)} \rangle_{\rho^{\mathrm{I}}}$ 的运动方程为

$$\frac{\mathrm{d}\langle \delta_x^{(1)} \rangle_{\rho^{\mathrm{I}}}}{\mathrm{d}t} = \mathrm{tr}(\delta_x^{(1)}\dot{\rho}^{\mathrm{I}}) = 2\varepsilon(t)\sin\phi_d\langle \delta_z^{(1)} \rangle_{\rho^{\mathrm{I}}} - \frac{\gamma_1 + \gamma_2}{2}\langle \delta_x^{(1)} \rangle_{\rho^{\mathrm{I}}} \tag{7.24}$$

显然，通过令相位 ϕ_d 和幅值 $\varepsilon(t)$ 为以下形式：

$$\varepsilon(t) = \frac{(\gamma_1 + \gamma_2)C_1(\rho_0)}{4\langle \delta_z^{(1)} \rangle_{\rho^{\mathrm{I}}}} \tag{7.25}$$

$$\phi_d = \begin{cases} \arctan(-\langle \delta_x^{(1)} \rangle_{\rho_0}/\langle \delta_y^{(1)} \rangle_{\rho_0}), & \langle \delta_y^{(1)} \rangle_{\rho_0} < 0 \\ \pi/2, & \langle \delta_y^{(1)} \rangle_{\rho_0} = 0 \\ \pi + \arctan(-\langle \delta_x^{(1)} \rangle_{\rho_0}/\langle \delta_y^{(1)} \rangle_{\rho_0}), & \langle \delta_y^{(1)} \rangle_{\rho_0} > 0 \end{cases} \tag{7.26}$$

可以得到 $\mathrm{d}\langle \delta_y^{(1)} \rangle_{\rho^{\mathrm{I}}}/\mathrm{d}t \equiv 0$ 和 $\mathrm{d}\langle \delta_x^{(1)} \rangle_{\rho^{\mathrm{I}}}/\mathrm{d}t \equiv 0$，这就意味着 $\langle \delta_x^{(1)} \rangle_{\rho^{\mathrm{I}}} = \langle \delta_x^{(1)} \rangle_{\rho_0}$ 和 $\langle \delta_y^{(1)} \rangle_{\rho^{\mathrm{I}}} = \langle \delta_y^{(1)} \rangle_{\rho_0}$，从而 $C_1(\rho^{\mathrm{I}}(t)) = C_1(\rho_0)$ 成立。换句话说两个状态 $|1\rangle$ 和 $|e\rangle$ 之间的相干性在控制场(7.14)式的作用下保持常数，其中控制参数由(7.25)式和(7.26)式确定。

纯度和相干性两者都是量子动力学的重要特性。前者反映了系统的整体的幺正动力学，后者反映了系统的部分动力学。因此纯度一般由相干性和密度矩阵的对角元素组成。控制不存在时的动力学情况，相干性在退相干作用下不断减小直至消失。对于受控动力学的情形，控制场通过改变纯度中其他变量的变化趋势来固定系统的相干性。一般

来说，N 维的量子系统的纯度可以定义为 $p = \dfrac{N\text{tr}(\rho^2) - 1}{N - 1}$。根据这个定义，纯态和最大混合态 I_N/N 的纯度分别为 1 和 0。对于本节的情况，纯度可以计算为

$$p = \frac{3}{2}\text{tr}(\rho^{\text{I}2}) - \frac{1}{2} = \frac{3}{2}\sum_{i,k=1,2,e}|\rho_{ik}^{\text{I}}|^2 - \frac{1}{2}$$

$$= \frac{3}{4}(\langle\delta_x^{(j)}\rangle_{\rho^{\text{I}}}^2 + \langle\delta_y^{(j)}\rangle_{\rho^{\text{I}}}^2) + \frac{1}{2}\sum_{j=1,2,3}\langle\delta_z^{(j)}\rangle_{\rho^{\text{I}}}^2 \tag{7.27}$$

其中，$\delta_x^{(3)} = |1\rangle\langle2| + |2\rangle\langle1|$，$\delta_y^{(3)} = -i|1\rangle\langle2| + i|2\rangle\langle1|$。考虑(7.13)式，(7.27)式可以表示成

$$p = \frac{3}{4}C_1^2 + \frac{3}{4}\sum_{j=2,3}(\langle\delta_x^{(j)}\rangle_{\rho^{\text{I}}}^2 + \langle\delta_y^{(j)}\rangle_{\rho^{\text{I}}}^2) - \frac{1}{2}\langle\delta_z^{(j)}\rangle_{\rho^{\text{I}}}^2 \tag{7.28}$$

因此，纯度不仅与考虑的相干性函数有关，也与 $|2\rangle$ 和 $|1\rangle$ 之间以及 $|2\rangle$ 和 $|e\rangle$ 之间的相干性有关，还和布居数分布有关。在纯相位退相干的二能级系统中，控制场以纯度下降为代价换取相干性的镇定直到纯度等于相干性。对于这里的三能级系统，这种交换在 $\langle\delta_z^{(1)}\rangle = 0$ 的某一个塌缩时间 t_b 变得不可能，因为此时控制场会发散。从(7.28)式可以看到纯度在 t_b 时可能比相干性要大。也就是说，仍然有剩余的纯度未被用来"换取"相干性的镇定。因此对于高维系统，如果只考虑 unital 的退相干信道，在相同初始条件下，相干性的保持时间要比低维的要短。而对于非 unital 信道，情况会不同，因为此时由于 $\langle\delta_z^{(1)}\rangle$ 的变化趋势不确定纯度可能会增加，因此这种交换的时间是没法确定的。因此我们必须分析 $\langle\delta_z^{(1)}\rangle = 0$ 时的时间，这个问题将在下一小节中具体分析。

7.1.3　奇异性问题的分析

本节将分析塌缩时间，即控制场发散的时间，它代表了能够保持相干性的时间。

首先，推导 $\langle\delta_z^{(1)}\rangle_{\rho^{\text{I}}}$ 的运动方程。根据(7.22)式可得

$$\frac{\text{d}\langle\delta_z^{(1)}\rangle_{\rho^{\text{I}}}}{\text{d}t} = \frac{-(\gamma_1 + \gamma_2)C_1^2(\rho_0)}{2\langle\delta_z^{(1)}\rangle_{\rho^{\text{I}}}} - (2\gamma_1 + \gamma_2)\rho_{ee}^{\text{I}} \tag{7.29}$$

其中 $\rho_{ee}^{\text{I}} = \langle e|\rho^{\text{I}}|e\rangle$。由于 $\langle\delta_z^{(1)}\rangle_{\rho^{\text{I}}}$ 的变化依赖于 ρ_{ee}^{I}，有必要推导 ρ_{ee}^{I} 的运动方程。类似的，可以得到

$$\frac{\text{d}\rho_{ee}^{\text{I}}}{\text{d}t} = \langle e|\dot{\rho}^{\text{I}}|e\rangle = \frac{-(\gamma_1 + \gamma_2)C_1^2(\rho_0)}{4\langle\delta_z^{(1)}\rangle_{\rho^{\text{I}}}} - (\gamma_1 + \gamma_2)\rho_{ee}^{\text{I}} \tag{7.30}$$

显然，方程(7.29)式和(7.30)式不是解析可解的，因此塌缩时间的解析解无法得到。尽管如此，很明显塌缩时间是与一些参数（比如 $C_0(\rho_0)$、$\langle \delta_z^{(1)} \rangle_{\rho^{\mathrm{I}}}$ 和 $p_{0,ee}$）有关的。因此弄清这些参数怎样影响塌缩时间是非常重要的，这促使我们对它进行一些定性的分析。

事实上，没有必要讨论 $\langle \delta_z^{(1)} \rangle \geqslant 0$ 的情况，因为在这种情况下，从(7.29)式和(7.30)式可以看出塌缩时间与 $C_1^2(\rho)0$ 和 $P_{0,ee}$ 成反比，与 $\langle \delta_z^{(1)} \rangle$ 成正比。

因此，接下来我们讨论 $\langle \delta_z^{(1)} \rangle < 0$ 的情况。我们在 $\langle \delta_z^{(1)} \rangle_{\mathrm{I}} - \rho_{ee}^{\mathrm{I}}$ 相平面上分析 $\langle \delta_z^{(1)} \rangle_{\mathrm{I}}$ 的运动。从(7.29)式和(7.30)式，可以很明显看出如果 $\gamma_2/\gamma_1 \ll 1$，$\mathrm{d}\langle \delta_z^{(1)} \rangle_{\mathrm{I}}/\mathrm{d}\rho_{ee}^{\mathrm{I}} \approx 2$ 成立。在这种情况下，存在很多的实数对 (c_1, c_2) 满足 $\langle \delta_z^{(1)} \rangle_{\mathrm{I}} = c_1$，$\rho_{ee}^{\mathrm{I}} = c_2$ 和 $4c_1 c_2 = -C_1^2(\rho_0)$，从而得到 $\mathrm{d}\langle \delta_z^{(1)} \rangle_{\mathrm{I}} = \mathrm{d}\rho_{ee}^{\mathrm{I}} = 0$，因此 $\langle \delta_z^{(1)} \rangle_{\mathrm{I}}$ 被保持为 c_1。实际上，这些实数对形成了在 $\langle \delta_z^{(1)} \rangle_{\mathrm{I}} - \rho_{ee}^{\mathrm{I}}$ 相平面上的曲线 $4\langle \delta_z^{(1)} \rangle_{\mathrm{I}} \rho_{ee}^{\mathrm{I}} = -C_1^2(\rho_0)$。因此，对于一些初始态，控制场使得 $\langle \delta_z^{(1)} \rangle_{\mathrm{I}}$ 变化并且保持在曲线上的一点。这些初始态构成了相平面上的区域 S_0。换句话说，在 $\gamma_2/\gamma_2 \ll 1$ 的情况下，如果系统的初始态位于区域 S_0 中，我们可以几乎永久地保持相干性。对于其他的情况，对于任意的初始态，都存在塌缩时间 t_b 满足 $\langle \delta_z^{(1)}(t_b) \rangle_{\mathrm{I}} = 0$。综上所述，奇异性问题的分析可以分为两个部分：一个是寻找 S_0，另外一个是分析不同参数对塌缩时间的影响。

对于 $\gamma_2/\gamma_1 \ll 1$ 的情况，通过分析 $\langle \delta_z^{(1)} \rangle_{\rho^{\mathrm{I}}} - \rho_{ee}^{\mathrm{I}}$ 相平面可以证明下面的结果：如果 $\langle \delta_z^{(1)}(t_b) \rangle_{\rho^{\mathrm{I}}} = -\dfrac{C_1^2(\rho_0)}{4(1-\tau)\rho_{ee}^{\mathrm{I}}(t_b)}$，那么 $\langle \delta_z^{(1)}(t) \rangle_{\rho^{\mathrm{I}}}$ 对于 $t > t_b$ 是常数，其中 $\tau = \gamma_2/(\gamma_1 + \gamma_2) \ll 1$ 任意。考虑到条件 $\rho_{11}^{\mathrm{I}}(t) + \rho_{ee}^{\mathrm{I}} \leqslant 1$，即 $\langle \delta_z^{(1)}(t_b) \rangle_{\rho^{\mathrm{I}}} \geqslant 2\rho_{ee}^{\mathrm{I}}(t) - 1$，可以得到区域 S_0 为

$$S_0 = \{\rho_0 : C_1^2(\rho_0) \leqslant \frac{1-\tau}{2}, -1 \leqslant \langle \delta_z^{(1)} \rangle_{\rho_0} - 2\rho_{0,ee} \leqslant \frac{-2C_1(\rho_0)}{\sqrt{1-\tau}},$$
$$C_1^2(\rho_0) + 4(1-\tau)\langle \delta_z^{(1)} \rangle_{\rho_0} \rho_{0,ee} \leqslant 0, \rho_{0,ee} \geqslant 0\} \tag{7.31}$$

在这种情况下，由于 $|2\rangle$ 和 $|e\rangle$ 之间的耦合很弱，量子系统接近等价于一个二能级系统。在这样的系统中，如果初始态位于 S_0，相干性几乎可以保持很久时间。而 Lidar 的工作中，二能级系统的相干性只能保持在塌缩时间之内。这个明显的不同点是因为我们的系统模型采用的是非 unital 算符 $\delta_- = |1\rangle\langle e|$，他们的模型是 unital 算符（纯相位衰减，Lindblad 算符为 δ_z）。这个不同点将由下一节的第一个数值实验所验证。在 Bloch 表示下，二能级系统相干性和纯度之间的交换可以从几何上解释。没有控制使得 Bloch 球上的任一点经耗散通道向北极点移动（Nielson et al.，2000）。这个过程可以用 Bloch 矢量的变化解释，也就是

$$(v_x, v_y, v_z) \to (v_x\sqrt{1-\Gamma}, v_y\sqrt{1-\Gamma}, v_z\sqrt{1-\Gamma} + \Gamma) \tag{7.32}$$

其中 Γ 是时变的函数。

(7.32)式表明 x-y 平面被压缩,同时 z 分量 v_z 向北极点运动。在控制作用下,x-y 平面的分量(相干性)是不变的,z 分量向南极点运动。从而控制场能够用 x-y 平面的压缩来换取 z 分量向南极点运动。因此对于所有的位于北半球的初始态,v_z 一定会变到 0。相反对于一些在南极点的初始态(比如处于 S_0 中的状态),v_z 几乎不会达到 0。

对于其他的情况,t_b 的解析表达式同样是无法得到的。类似的,我们定性地在 $\langle\delta_z^{(1)}\rangle_{\rho^{\mathrm{I}}} - \rho_{ee}^{\mathrm{I}}$ 相平面上分析 $\langle\delta_z^{(1)}\rangle_{\rho^{\mathrm{I}}}$ 的运动。在相平面上特殊的区域定义为

$$S = \left\{\rho^{\mathrm{I}} : C_1^2(\rho^{\mathrm{I}}) \leqslant \frac{1-\tau}{2}, -1 \leqslant \langle\delta_z^{(1)}\rangle_{\rho^{\mathrm{I}}} - 2\rho_{ee}^{\mathrm{I}} \leqslant \frac{-2C_1(\rho^{\mathrm{I}})}{\sqrt{1-\tau}}, \right.$$
$$\left. C_1^2(\rho^{\mathrm{I}}) + 4(1-\tau)\langle\delta_z^{(1)}\rangle_{\rho^{\mathrm{I}}}\rho_{ee}^{\mathrm{I}} \leqslant 0, \rho_{ee}^{\mathrm{I}} \leqslant 0, \rho_{ee}^{\mathrm{I}} \geqslant 0 \right\} \tag{7.33}$$

注意到如果初始态位于 S_0,则系统状态会首先在区域 S 上运动,然后离开,最终达到使得 $\langle\delta_z^{(1)}(t)\rangle_{\mathrm{I}}$ 等于 0 的点。这启示我们推测:塌缩时间依赖于初始态与区域 S 的距离,距离越远,塌缩时间越短。这个猜想不能从理论上严格地证明,我们将利用数值实验来验证该猜想。显然 S_0 的形状由 $C_1(\rho_0)$、$\langle\delta_z^{(1)}\rangle$ 和 $\rho_{0,ee}$ 等参数决定,因此塌缩时间也与这些参数有关。我们将在下一节中的数值仿真中用 $C_1(\rho_0)$ 和 τ 为例来验证该猜想。

7.1.4　数值仿真及其结果分析

为了验证所提方法的有效性,选择不同的参数做一些仿真实验,并对结果进行分析。动力学方程(7.22)式将用四阶龙格-库达(Runge-Kutta)方法来求解。

第一个仿真实验是为了验证如果初始态位于 S_0 并且 $\tau \ll 1$,所设计的控制场能够较长时间地保持系统的相干性。因此耗散系数可以选择为 $\gamma_1 = 0.1, \gamma_2 = 0.001$ 使得 $\tau \ll 1$ 满足,初始态假定为

$$\rho_0 = \begin{bmatrix} 0.21 & 0.195 - 0.195i & 0 \\ 0.195 + 0.195i & 0.78 & 0 \\ 0 & 0 & 0.01 \end{bmatrix}$$

显然它位于 S_0 中。控制场的参数是根据(7.25)式和(7.26)式设计的。动力学方程将在整个时间段 $T = 500$ 上求解,其中时间步长为 0.01。

相干性函数 $C_1(\rho^{\mathrm{I}})$ 的演化如图 7.2 所示,其中,实线对应的是在控制作用下的相干性函数,虚线对应的是没有控制时的相干性函数。从中可以看到:基态 $|1\rangle$ 和激发态 $|e\rangle$

之间的相干性在没有控制时会迅速地丢失,而在控制场的作用下可以保持相当长的时间。

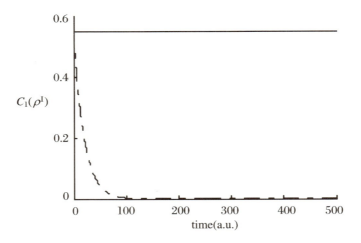

图7.2 相干性函数 $C_1(\rho^{\mathrm{I}})$ 的演化曲线

事实上,所选择的初始态的初始的布居分布主要在状态$|e\rangle$和$|1\rangle$上,并且函数速率γ_2要比γ_1小很多,因此这个三能级系统近似于一个二能级系统。此外,初始态的纯度是$p=0.8047$,初始的相干性是$C_1(\rho_0)=0.55$,与 Lidar 的研究结果(Lidar et al.,2005)相同。因此我们可以认定除了退相干信道不同外,其他的参数都是相同的。但是仿真结果是完全不同的:Lidar 的结果是相干保持时间为 8 a.u.,这与这里的 non-unital 信道的相干保持时间相比是相当短的。

第二个仿真实验是分析不同参数对塌缩时间的影响,并且验证上一节的猜想。这里将分别考虑参数 $C_1(\rho_0)$ 和 τ。

首先研究参数 $C_1(\rho_0)$ 对塌缩时间的影响。其他的参数固定为 $\tau=\dfrac{\gamma_2}{\gamma_1+\gamma_2}=\dfrac{0.1}{0.1+0.1}=0.5$,$\langle\delta_z^{(1)}\rangle_{\rho_0}=-0.5$,还有令 $C_1(\rho_0)$ 分别等于 0.5、0.6 和 0.7,其对应的初始状态分别是 $\rho_{0,1}$,$\rho_{0,2}$ 和 $\rho_{0,3}$,其中

$$\rho_{0,1}=\begin{pmatrix}0.2 & 0.25 & 0\\ 0.25 & 0.7 & 0\\ 0 & 0 & 0.1\end{pmatrix},\quad \rho_{0,2}=\begin{pmatrix}0.2 & 0.3 & 0\\ 0.3 & 0.7 & 0\\ 0 & 0 & 0.1\end{pmatrix},$$

$$\rho_{0,3}=\begin{pmatrix}0.2 & 0.35 & 0\\ 0.35 & 0.7 & 0\\ 0 & 0 & 0.1\end{pmatrix}$$

显然，这三个初始态都不在 S_0 之内，并且 $\rho_{0.1}$ 离 S_0 最近，$\rho_{0.2}$ 比 $\rho_{0.3}$ 离 S_0 要近一些。

系统仿真实验结果如图 7.3 所示，其中，实线、点线和虚线分别对应于 $C_1(\rho_0)=0.5$、0.6 和 0.7。从中我们可以看出塌缩时间与期望保持常数的初始相干性的值成反比。这表明离 $\langle\delta_z^{(1)}\rangle_1 - \rho_{ee}^{\text{I}}$ 相平面上的区域 S_0 越近，能够保持的相干时间越长。这个结果符合我们的猜想。

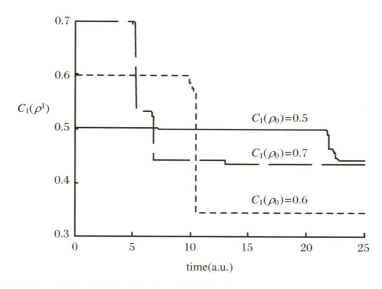

图 7.3　对应不同 $C_1(\rho_0)$ 值的相干性函数 $C_1(\rho^{\text{I}})$ 的演化曲线

其次研究参数 τ 对塌缩时间的影响。其他的参数固定为 $C_1(\rho_0)=0.4$，$\langle\delta_z^{(1)}\rangle = -0.5$。初始态假定为

$$\rho_0 = \begin{pmatrix} 0.2 & 0.3 & 0 \\ 0.3 & 0.7 & 0 \\ 0 & 0 & 0.1 \end{pmatrix}$$

从(7.31)式可以看出不同的 τ 确定了初始态是否位于区域 S_0 中，并且随着 τ 的增加初始态离 S_0 越来越近。令 τ 分别等于 0.2、0.5 和 0.6，相应的系统仿真实验结果如图 7.4 所示，其中，实线、点线和虚线分别对应于 $\tau=0.2$、0.5 和 0.6。从中可以看到随着 τ 的增加，塌缩时间变得越长。换句话说，离 $\langle\delta_z^{(1)}\rangle_1 - \rho_{ee}^{\text{I}}$ 相平面上的区域 S_0 越近，能够保持的相干时间越长。这个结果也符合我们的猜想。

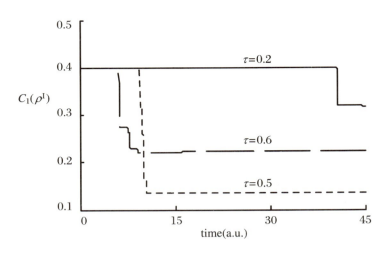

图 7.4 对应不同 τ 值的相干性函数 $C_1(\rho^I)$ 的演化曲线

在系统仿真实验中,我们展现了所设计的控制场能够保持三能级原子的相干性。同时,仿真结果表明非 unital 信道呈现出与 unital 算符不同的性质。第二个仿真实验是验证上一节对塌缩时间定性分析结果的一个猜想。并且这里必须强调的是在仿真实验中只允许一个参数变化,因为如果有两个或以上的参数变化,我们就不能测量初始态和区域 S_0 之间的距离。实际上,区域 u 的形状与四个参数 $C_1(\rho_0)$、τ、$\langle \delta_z^{(1)} \rangle_{\rho_0}$ 和 $\rho_{0,ee}$ 有关,但哪个参数起主要作用不是很清楚,因此距离量度只有在一个参数变化时有意义。

7.2　N 能级 Ξ 型原子的相干性保持

在这一节中,考虑将上一节的控制方案推广到更一般的 N 能级系统中。

7.2.1　系统模型与相干性函数

马尔科夫开放量子系统的动力学演化可以用下面的主方程描述:

$$\dot{\rho} = -\mathrm{i}[H_0 + H_c, \rho] + \mathcal{L}(\rho) \tag{7.34}$$

其中,普朗克常量 $\hbar$ 已被设定为1;量子态用约化密度矩阵 ρ 表示,它是系统动力学空间中的半正定的厄米算符并且满足 $\mathrm{tr}(\rho)=1$,H_0 被称作自由哈密顿量,而 $H_C(t)$ 是控制哈密顿量,通常它的形式为 $H_C(t) = -\vec{u}E(t)$,其中的 $\vec{u}$ 是控制场与系统的耦合算符;Lindblad 项可以写成

$$\mathcal{L}(\rho) = \sum_j \Gamma_j \mathcal{D}[L_j]\rho = \frac{1}{2}\sum_{j=1}^{N^2-1}\Gamma_j\{[L_j,\rho L_j^\dagger][L_j\rho,L_j^\dagger]\} \tag{7.35}$$

考虑一个 N 能级阶梯型的系统(如原子)如图 7.5 所示,其中能级按次序从低能级到高能级依次标记为 $|1\rangle,|2\rangle,\cdots,|N\rangle$,对应的能量本征值依次记为 $E_1,E_2,\cdots,E_N$,并且满足 $E_1 < E_2 < \cdots < E_N$。

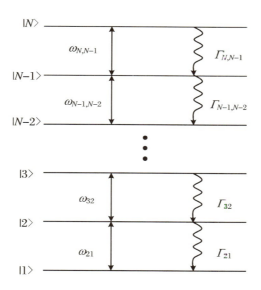

图 7.5　N 能级 Ξ 型原子结构图

为了计算方便,引入下面的符号:

$$\begin{aligned}
\sigma_z^{(m,n)} &= |m\rangle\langle m| - |n\rangle\langle n|, \\
\sigma_x^{(m,n)} &= |m\rangle\langle n| + |n\rangle\langle m|, \\
\sigma_y^{(m,n)} &= -\mathrm{i}|m\rangle\langle n| + \mathrm{i}|n\rangle\langle m|, \\
\sigma_-^{(m,n)} &= |n\rangle\langle m|, \quad \sigma_+^{(m,n)} = |m\rangle\langle n|
\end{aligned} \tag{7.36}$$

其中 $\mathrm{i}=\sqrt{-1}$。这样一来,这个 N 能级原子的自由哈密顿量就是

$$H_0 = \frac{1}{N}\sum_{m>n=1}\omega_{m,n}\sigma_z^{(m,n)} \tag{7.37}$$

其中 $\omega_{m,n}=(E_m-E_n)/\hbar$ 是能级 $|m\rangle$ 和 $|n\rangle$ 之间的跃迁频率，并且常值能量项 $\sum_{n=1}^{n} E_n/N$ 已经被忽略。

假设 $\Gamma_{m,n}$ 表示从状态 $|m\rangle$ 到状态 $|n\rangle$ 的耗散速率，并且只有相邻能级之间存在耗散，即 $m-n=1$，则表示系统耗散的 Lindblad 项可以写成

$$\mathcal{L}(\rho) = \sum_{j=2}^{N} \mathcal{D}[\sigma_-^{n,n-1}]\rho$$
$$= \frac{1}{2}\sum_{j=2}^{N}\Gamma_{j,j-1}\{[\sigma_-^{(j,j-1)},\rho\sigma_+^{(j,j-1)}][\sigma_-^{(j,j-1)}\rho,\sigma_+^{(j,j-1)}]\} \tag{7.38}$$

密度矩阵的对角元素和非对角元素分别反映了系统的布居数和相干性（Zurek，2003）。退相干对密度矩阵的影响反映在非对角元素的衰减。我们的目标就是保护密度矩阵的非对角元素不受退相干的影响。这里定义函数

$$C_{m,n}(\rho) = \sqrt{\langle\sigma_x^{(m,n)}\rangle_\rho^2 + \langle\sigma_y^{(m,n)}\rangle_\rho^2} \tag{7.39}$$

来表示能级 $|m\rangle$ 和 $|n\rangle$ 之间的相干性，其中 $\langle A\rangle=\text{tr}(A\rho)$。可以验证 $\langle\sigma_x^{(m,n)}\rangle=\langle m|\rho|n\rangle+\langle n|\rho|m\rangle=2\text{Re}(\rho_{m,n})$，$\langle\sigma_y^{(m,n)}\rangle=2\text{Im}(\rho_{mn})$，因此对于一个 N 能级系统，所有的非对角元素反映了系统的全部相干性。这里，只考虑相邻能级之间的相干性。

控制问题可以陈述如下：考虑一个如图 7.5 所示的 N 能级阶梯型原子，定义 $M=[N/2]$ 个相干性函数

$$C_{2,1}(\rho), \quad C_{4,3}(\rho), \quad \cdots, \quad C_{2M,2M-1}(\rho) \tag{7.40}$$

其中，$[A]$ 表示不大于 A 的最大整数，$C_{2j,2j-1}(\rho)$ 表示能级 $|2j\rangle$ 和 $|2j-1\rangle$ 之间的相干性。

然后我们力图设计控制场 $E(t)$ 来确保（7.40）式中所定义的所有相干性函数在整个演化过程中保持常数。于是令控制场 $E(t)$ 有 M 个分量，每个分量的频率依次为 ω_{21}，ω_{43}，$\cdots$，$\omega_{2M,2M-1}$，即

$$E(t) = \sum_{j=1}^{M}\varepsilon_j(t)\cos(\omega_{2j,2j-1}t+\phi_j) \tag{7.41}$$

其中的幅值 $\varepsilon_j(t)$ 和相位 ϕ_j 是需要设计的控制变量。

假设所有的跃迁频率都是不同的，即

$$\omega_{jk} \neq \omega_{pq}, \quad (j,k) \neq (p,q) \tag{7.42}$$

则控制哈密顿量在旋转波近似下可以表示成

$$H_C = \sum_{j=1}^{M} \varepsilon_j(t) e^{-i(\omega_{2j,2j-1}t + \phi_j)} |2j\rangle\langle 2j-1| + \text{h.c.} \tag{7.43}$$

不失一般性,已经令 $\vec{u}_{ij} = 1, \forall (i,j)$,在相互作用图景下,有

$$\begin{aligned}
H_C^I &= e^{iH_0 t} H_C e^{-iH_0 t} \\
&= \sum_{j=1}^{M} \left(e^{\frac{i}{N}(-\sum_{k=2j+1}^{N}\omega_{k,2j} + \sum_{m=1}^{2j-1}\omega_{2j,m})t} |2j\rangle\langle 2j| \left(\varepsilon_j(t) e^{-i(\omega_{2j,2j-1}t + \phi_j)}\right) |2j\rangle\langle 2j-1| \right) \\
&\quad e^{\frac{-i}{N}\left(-\sum_{k=2j}^{N}\omega_{k,2j-1} + \sum_{m=1}^{2j-2}\omega_{2j-1,m}\right)t} |2j-1\rangle\langle 2j-1| \Big) + \text{h.c.} \\
&= \sum_{j=1}^{M} \left(\varepsilon_j(t) e^{\frac{i}{N}((N-2j+1)\omega_{2j,2j-1} + (2j-1)\omega_{2j,2j-1}t + \phi_j)} |2j\rangle\langle 2j-1| + \text{h.c.}\right) \\
&= \sum_{j=1}^{M} \varepsilon_j(t) e^{-i\phi_j} |2j\rangle\langle 2j-1| + \text{h.c.} \\
&= \sum_{j=1}^{M} \varepsilon_j(t) (\cos\phi_j \sigma_x^{2j,2j-1} + \sin\phi_j \sigma_y^{(2j,2j-1)}) \tag{7.44}
\end{aligned}$$

同样可以计算得到

$$\sigma_-^{(n,n-1)I} = e^{-i\omega_{n,n-1}} \sigma_-^{n,n-1}, \quad n = 2,3,\cdots,N \tag{7.45}$$

在相互作用图景表示下,方程(7.34)式变成

$$\dot{\rho}^I = -i[H_C^I, \rho^I] + \sum_{j=2}^{N} \frac{1}{2} \Gamma_{j,j-1} \{[\sigma_-^{j,j-1}, \rho^I \sigma_+^{j,j-1}] + [\sigma_-^{j,j-1} \rho^I, \sigma_+^{j,j-1}]\} \tag{7.46}$$

控制问题可以重新描述为:设计控制变量 $\{\varepsilon_j, \phi_j, j = 1,2,\cdots,M\}$ 来保持(7.40)式中所定义的所有相干性函数为常数。

7.2.2 控制变量的设计及奇异性问题分析

为了保持(7.40)式中的相干性函数为常数,即 $C_{2j,2j-1}(\rho) = C_{2j,2j-1}(\rho_0), j = 1,2,\cdots,M$,要求相干性函数的一阶导数是 0,即 $\dot{C}_{2j,2j-1}(\rho^I) = 0$。为了找到这个问题的解,我们分析下面的 $\langle \sigma_x^{(2j,2j-1)} \rangle$ 和 $\langle \sigma_y^{(2j,2j-1)} \rangle$ 的运动方程:

$$\frac{d\langle \sigma_x^{(2j,2j-1)} \rangle_{\rho^I}}{dt} = \text{tr}(\sigma_x^{(2j,2j-1)} \dot{\rho}^I)$$

$$= \mathrm{tr}(\sigma_x^{(2j,2j-1)}(-\mathrm{i}[H_C^{\mathrm{I}},\rho^{\mathrm{I}}] + \sum_{n=2}^{N}\Gamma_{n,n-1}\mathcal{D}[\sigma_-^{(n,n-1)}]\rho^{\mathrm{I}}))$$

$$= \mathrm{tr}([\sigma_x^{(2j,2j-1)}, -\mathrm{i}H_C^{\mathrm{I}}]\rho^{\mathrm{I}}) + \sum_{j=2}^{N}\Gamma_{j,j-1}\mathrm{tr}(\sigma_x^{(2j,2j-1)}\mathcal{D}[\sigma_-^{j,j-1}]\rho^{\mathrm{I}})$$

$$= \varepsilon_n(t)\sin\phi_n\mathrm{tr}([\sigma_x^{(2j,2j-1)}, -\mathrm{i}\sigma_y^{(2j,2j-1)}]\rho^{\mathrm{I}})$$

$$+ \frac{1}{2}\sum_{n=2}^{N}\Gamma_{n,n-1}(\mathrm{tr}([\sigma_y^{(2j,2j-1)},\sigma_-^{(n,n-1)}]\rho^{\mathrm{I}}\sigma_+^{(n,n-1)})$$

$$+ \mathrm{tr}(\sigma_-^{(n,n-1)}\rho^{\mathrm{I}}[\sigma_+^{(n,n-1)},\sigma_x^{(2j,2j-1)}]))$$

$$= 2\varepsilon_j(t)\sin\phi_j\langle\sigma_z^{(2j,2j-1)}\rangle_{\rho^{\mathrm{I}}} - \frac{\Gamma_{2j,2j-1}+\Gamma_{2j-1,2j-2}}{2}\sigma_x^{(2j,2j-1)}{}_{\rho^{\mathrm{I}}} \tag{7.47}$$

同样的,可以得到

$$\frac{\mathrm{d}\langle\sigma_y^{(2j,2j-1)}\rangle_{\rho^{\mathrm{I}}}}{\mathrm{d}t} = \mathrm{tr}(\sigma_y^{(2j,2j-1)}\dot\rho^{\mathrm{I}})$$

$$= -2\varepsilon_j(t)\cos\phi_j\langle\sigma_z^{(2j,2j-1)}\rangle_{\rho^{\mathrm{I}}} - \frac{\Gamma_{2j,2j-1}+\Gamma_{2j-1,2j-2}}{2}\langle\sigma_y^{(2j,2j-1)}\rangle_{\rho^{\mathrm{I}}}$$
$$\tag{7.48}$$

结合方程(7.47)式和(7.48)式,同时考虑条件 $\dot{C}_{2j,2j-1}(\rho^{\mathrm{I}}) = 0$,得到需要的控制变量:

$$\varepsilon_j(t) = \frac{(\Gamma_{2j,2j-1}+\Gamma_{2j-1,2j-2})C_{2j,2j-1}(\rho_0)}{4\langle\sigma_z^{(2j,2j-1)}\rangle_{\rho^{\mathrm{I}}}} \tag{7.49}$$

$$\phi_n = \begin{cases} \arctan(-\langle\sigma_x^{(2j,2j-1)}\rangle_{\rho_0}/\langle\sigma_y^{(2j,2j-1)}\rangle_{\rho_0}), & \langle\sigma_y^{(2j,2j-1)}\rangle_{\rho_0} < 0 \\ \pi/2, & \langle\sigma_y^{(2j,2j-1)}\rangle_{\rho_0} = 0 \\ \pi + \arctan(-\langle\sigma_x^{(2j,2j-1)}\rangle_{\rho_0}/\langle\sigma_y^{(2j,2j-1)}\rangle_{\rho_0}), & \langle\sigma_y^{(2j,2j-1)}\rangle_{\rho_0} > 0 \end{cases} \tag{7.50}$$

容易验证控制变量为(7.49)式和(7.50)式的控制场可以使得 $\mathrm{d}\langle\sigma_y^{(2j,2j-1)}\rangle_{\rho^{\mathrm{I}}}/\mathrm{d}t = 0$ 和 $\mathrm{d}\langle\sigma_x^{(2j,2j-1)}\rangle_{\rho^{\mathrm{I}}}/\mathrm{d}t = 0$,这表明 $C_{2j,2j-1}(\rho^{\mathrm{I}}(t)) = C_{2j,2j-1}(\rho_0)$,也就是说在能级 $|2j\rangle$ 和 $|2j-1\rangle$ 之间的相干性得到保持。

上面的推导过程表明控制场中每一组变量 $\{\varepsilon_j,\phi_i\}$ 的设计是独立的。因此,可以给出下面的结论:对于方程(7.46)式描述的 N 能级原子系统,(7.40)式中的相干性函数在控制场 $E(t)$ 的作用下可以保持不变,其中 $E(t)$ 的 M 个分量的变量 $\{\varepsilon_i,\phi_i,j = 1,2,\cdots,M\}$ 由(7.49)式和(7.50)式表示。

尽管如此,同 7.1 节中一样,控制场仍然可能在某个塌缩时间 t_b 遇到奇异性问题。可以得到

$$\frac{\mathrm{d}\langle \sigma_z^{(n,n-1)}\rangle_{\rho^{\mathrm{I}}}}{\mathrm{d}t} = \frac{-(\Gamma_{n,n-1} + \Gamma_{n-1,n-2})C_{n,n-1}^2(\rho_0)}{2\langle \sigma_z^{(n,n-1)}\rangle_{\rho^{\mathrm{I}}}}$$

$$- (2\Gamma_{n,n-1}\rho_{nn}^{\mathrm{I}} - \Gamma_{n-1,n-2}\rho_{n-1,n-1}^{\mathrm{I}} - \Gamma_{n+1,n}\rho_{n+1,n+1}^{\mathrm{I}}) \quad (7.51)$$

$$\dot{\rho}_{n,n}^{\mathrm{I}}(t) = \frac{-(\Gamma_{n,n-1} + \Gamma_{n-1,n-2})C_{n,n-1}^2(\rho_0)}{2\langle \sigma_z^{(n,n-1)}\rangle_{\rho^{\mathrm{I}}}}$$

$$- \Gamma_{n,n-1}\rho_{nn}^{\mathrm{I}} + \Gamma_{n+1,n}\rho_{n+1,n+1}^{\mathrm{I}} \quad (7.52)$$

显然，(7.51)式和(7.52)式不是解析可解的，因此塌缩时间 t_b 的解析解是无法得到的。并且可以看到 $\langle \sigma_z^{(n,n-1)}\rangle_{\mathrm{I}}$ 与变量 $C_{n,-1}^2(\rho_0)$、$\rho_{n+1,n+1}^{\mathrm{I}}$、$\rho_{nn}^{\mathrm{I}}$ 及 $\rho_{n-1,n-1}^{\mathrm{I}}$ 有关，虽然我们在 7.1 节中定性分析了这些参数对塌缩时间的影响，并且得到了一个特殊的初始态所在的区域来判断塌缩时间的长度，但是对于更一般的 N 能级系统，由于动力学方程更加复杂，并且有更多的相干函数，7.1 节中的结论不再适用。

此外，Zhu 研究了控制场奇异点(Zhu et al.，1998)，并且将其分成了几类：① trivial 奇异点，即控制场的分母在连续时间段为 0；② non-trivial 奇异点，即控制场的分母在几个离散的点为 0。可见本节中的奇异点属于 non-trivial 奇异点。对于这种奇异点，又可分为两种情况：① $E(t_b) = \alpha/0, \alpha \neq 0$；② $E(t_b) = 0/0$。关于②的情况，可以利用 L'Hospital's 法则来解决奇异性问题。对本节中的情况，所设计的控制场的分量的形式为

$$\frac{(\Gamma_{2j,2j-1} + \Gamma_{2j-1,2j-2})C_{2j,2j-1}(\rho_0)\cos(\omega_{2j,2j-1}t + \phi_j)}{4\langle \sigma_z^{(n,n-1)}\rangle_{\rho^{\mathrm{I}}}}$$

因此不能确保 $\langle \sigma_z^{(n,n-1)}\rangle_{\rho^{\mathrm{I}}} = 0$ 的同时 $t_b = ((k+0.5)\pi - \phi_n)/\omega_n$。因此本节中的奇异性问题可以视为属于情况①，控制场在奇异点发散，系统不可控，这种行为将在仿真中观察到。

7.2.3 数值仿真结果及分析

为了验证所提方法的有效性，我们将选择不同的参数来进行仿真实验。动力学方程(7.46)式的求解是利用四阶龙格-库塔法来执行。

我们借用桑迪亚(Sandhya)给出的一个阶梯型原子的例子(Sandhya，2007)，其中四个能级分别被标记为 $|4\rangle$、$|3\rangle$、$|2\rangle$、$|1\rangle$。目标是同时保持 $|2\rangle$ 和 $|1\rangle$ 之间以及 $|4\rangle$ 和 $|3\rangle$ 之间的相干性，因此，可以根据(7.39)式定义两个相干性函数 $C_{21}(\rho^{\mathrm{I}})$、$C_{43}(\rho^{\mathrm{I}})$。在以下的所有仿真实验中，初始态都选择为

$$\rho_0 = \begin{pmatrix} 0.4 & 0.1 & 0 & 0 \\ 0.1 & 0.1 & 0 & 0 \\ 0 & 0 & 0.4 & 0.1 \\ 0 & 0 & 0.1 & 0.1 \end{pmatrix}$$

这意味着,初始的相干性函数为 $C_{21}(\rho_0)=0.2$, $C_{43}(\rho_0)=0.2$,初始的能级$|4\rangle$、$|3\rangle$、$|2\rangle$和$|1\rangle$的布居分布分别为 0.1、0.4、0.1 和 0.4。为了保持以上两个相干性函数,相应的控制变量$\{\varepsilon_1,\phi_1\}$、$\{\varepsilon_2,\phi_2\}$根据(7.49)式和(7.50)式得到。所进行的有和无控制情况下,相干性函数(coherence function)$C_{21}(\rho^1)$、$C_{43}(\rho^1)$所对应的演化曲线如图 7.6 所示,其中选择了两组不同的耗散系数,即 $\Gamma_{4,3}=\Gamma_{3,2}=\Gamma_{2,1}=0.1$ 和 0.01。从图 7.6 可以看出:相干性函数在没有控制时会迅速消失,而在所设计的控制作用下会保持一段时间,这表明所设计的控制变量是有效的。并且耗散系数越大,相干性能够保持的时间就越小。此外,从图 7.6 还可以看到 C_{43} 会在塌缩时间突然地下降,这个现象是控制场的奇异性造成的。

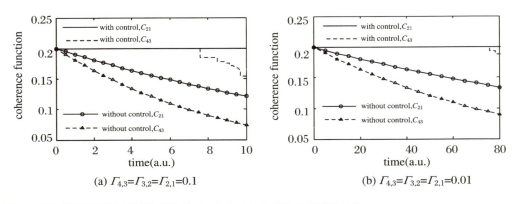

图 7.6 有和无控制情况下相干性函数 $C_{21}(\rho^1)$、$C_{43}(\rho^1)$对应的演化曲线

在 $\Gamma_{4,3}=\Gamma_{3,2}=\Gamma_{2,1}=0.1$ 和 $\Gamma_{4,3}=\Gamma_{3,2}=\Gamma_{2,1}=0.01$ 情况下,所对应的控制场的幅值(control envelope)ε_1、ε_2 如图 7.7 所示,其中分别给出了[0,76]时段的放大图。从中可以看出:ε_2 的模缓慢增大,并且其值很小,因此可以认为在这个时间段控制场是符合要求的。但是这之后它会突然发生跳变(图 7.7(a)中跳到-120),发生跳变的时刻对应于图 7.6 中 C_{43} 的跳变。因此可以认为控制场由于奇异性在发生跳变后不能有效保持系统相干性。总之,仿真结果表明控制场的变量为(7.49)式和(7.50)式时,可以保持(7.39)式中定义的相干性函数为常数,尽管控制场会在某些点发散。

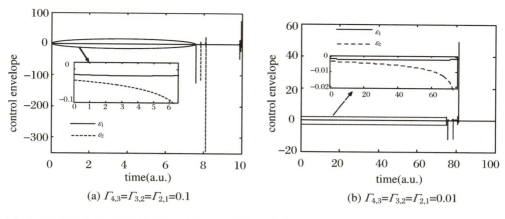

图7.7 对应不同耗散系数值控制场幅值 ε_1、ε_2 的变化曲线

虽然所提方法在理论上只有在塌缩时间不是有效的,这时控制场趋向于无穷大,但是在仿真实验中,控制场在达到塌缩时间之前变得足够大时就失效了。假设第 k 步的仿真误差为 $\delta(t_k)$,即 $\langle\sigma_z(t_k)\rangle = \langle\sigma_z(t)\rangle + \delta(t_k)$,这将产生 $\dot{C}(t_{k+1}) = \varepsilon(t_k)C(t_k) \cdot \delta(t_k)$,致使 $C(t_{k+1}) = C(t_k) + O(\varepsilon(t_k)\delta(t_k))$。如果 $\varepsilon(t_k)$ 足够小有 $C(t_{k+1}) \approx C(t_k)$ 成立,可以断定相干性得到保持。相反,如果 $\varepsilon(t_k)$ 太大,将会使 $C(t_k)$ 跳变到 $C(t_{k+1})$。然后根据(7.49)式和(7.50)式可以得到 $\dot{C}(t) = \dfrac{C^2(0) - C^2(t)}{C^2(t)}$,并且 $\{\varepsilon(t_{k+1}), \phi(t_{k+1})\}$ 将不能满足 $\dot{C}(t) = 0$,表明相干性函数不能够保持。因此,当控制场的幅值变得很大时,它不能够保持系统的相干性,这导致了相干性函数不稳定的行为发生在理论上的塌缩时间之前。

7.3 小 结

本章中,主要是利用Lidar等人提出的二能级系统中的相干性的保持策略,将其用在三能级和 N 能级系统的相干性的保持。对于一个 Λ 型的三能级原子,需要保持的是激发态和一个基态之间的相干性。我们证明了在所设计的控制场的作用下,相干性能够在塌缩时间内得到保持,针对相干性时间,分析了系统初始态和系统参数对其的影响。针对阶梯型的 N 能级原子,我们可以同时保持多个相干性函数为常数。为了能够提高相干性的保持时间,可以进一步考虑两个问题:(1) 如何保持相干性在一个范围内变化,即 $C(0)-e<C(t)<C(0)+e$,或者构造一个最优的控制问题,其中的最优目标是相干性函数的时间积分;(2) 虽然原目标是保持相干性函数 $C=\sqrt{\langle\sigma_x\rangle^2+\langle\sigma_y\rangle^2}$ 为常数,但实际上我们求解了更严格的问题,即分别控制 $\langle\sigma_x\rangle$ 和 $\langle\sigma_y\rangle$ 为常数,因此如果考虑这两个分量都能够变化同时固定 C 的情况,这种情况下无法获得控制的解析解,但如果采用数值方法求解控制场是有可能提高相干时间的。

第8章

非马尔科夫开放量子控制系统的设计

量子系统根据是否与外界环境有相互作用,可以分为封闭量子系统和开放量子系统。封闭量子系统是处于绝对零度条件或不与外界环境发生相互作用,其状态演化是幺正的量子系统。而在实际的量子信息处理和量子计算中,系统往往难以达到封闭量子系统的理想条件,会与外界环境进行相互作用而成为开放量子系统。对于忽略环境记忆效应的开放量子系统,可以通过玻恩(Born)近似或马尔科夫(Markovian)逼近得到 Lindblad 型的马尔科夫主方程,这种模型广泛应用于量子光学等很多领域(Carmichael,1993)。但在另一些情况下,比如初态的相关与纠缠、量子系统与一个具有纳米结构环境的相互作用等都会导致较长的环境记忆效应,此时的马尔科夫近似失效,系统会呈现出非马尔科夫特性,这种特性广泛存在于自旋回波(Huebl et al.,2008)、量子点(Vaz,Kyriakidis,2010)和荧光系统(Adrián,2009)中。由于具有记忆效应的非马尔科夫量子系统呈现出较复杂的系统特性,对其状态的操纵和控制也更困难。

近年来,人们关注的重点主要集中在有关非马尔科夫系统物理特性和系统模型的研究上,例如,非马尔科夫系统的动力学特性(Haikka,Maniscalco,2010;Maniscalco,Petruccione,2006;Tong et al.,2006),非马尔科夫环境下量子信道中的纠缠动力学特性(Ji, Xu, 2011; Anastopoulos et al., 2009; Maniscalco et al., 2007)以及非马尔科夫开放量子系统动力学模型(Vacchini, 2010)等。随着量子控制理论与量子信息技术的发展,有关非马尔科夫开放量子系统控制问题也开始展开。例如,采用最优控制、最优反馈控制、相干反馈控制等来抑制消相干;基于 GRAPE 算法、基于 Krotov 方法等搜索算法的最优控制寻找制备单量子门的最优控制脉冲。不过人们对非马尔科夫开放量子系统状态转移的控制研究比较少,主要有基于微扰理论的最优控制的状态转移(Escher et al., 2011)和基于 SCRAP(stark-chirped rapid adiabatic passages)技术的布居数转移(Cui et al., 2009)。对于实际中普遍存在的开放量子系统,如何操控系统的状态,使之能在环境的影响下,依然能够演化到人们期望的状态,是一项更加具有实际应用价值和挑战性的研究。从控制方法上来看,基于李雅普诺夫稳定性定理设计控制律的过程相对简单,所设计出来的控制律具有解析形式,从而能够避免迭代计算,并且可以保证系统在李雅普诺夫控制下至少是稳定的。量子李雅普诺夫控制方法已经广泛应用于封闭量子系统的状态制备与操控,例如,叠加态的制备(Cong, Zhang, 2008)、状态轨迹跟踪(Mirrahimi et al., 2005; Wang, Schirmer, 2010)、基于李雅普诺夫的最优控制(Hou et al., 2012)和开关控制(Zhao et al., 2012)的状态转移以及不同李雅普诺夫函数下系统收敛性问题研究(Kuang, Cong, 2008; Zhao et al., 2012),等等。此外,还有一些学者研究了量子李雅普诺夫控制在马尔科夫系统中的应用(Yi et al., 2009; Wang et al., 2010)。然而,就目前所知,没有发现有关量子李雅普诺夫控制应用于非马尔科夫系统状态转移方面的研究。

8.1 非马尔科夫开放量子系统的特性分析及其控制

本节期望基于李雅普诺夫稳定性定理设计控制律,来操控非马尔科夫系统纯态到纯态的状态转移。研究对象是与高温环境弱耦合的非马尔科夫开放二能级量子系统。采用时间无卷积(time-convolution-less, TCL)形式的动力学主方程,在假设相互作用哈密顿量为双线性的前提下给出控制系统模型。在固定其他参数下,分别研究了环境截断频率、耦合系数和系统振荡频率对系统衰减系数、相干性和纯度的影响,以便能够为系统仿真实验提供具有非马尔科夫特性的参数;考虑到高温环境对系统的持续加热效应使系统总能量不断增加,导致系统状态不断向着系统稳态运动,为此设计了一组基于李雅普诺夫的控制场,通过调整相应的控制参数来有效地使系统状态向期望的状态演化,在给定的转移误差允许范围内,实现非马尔科夫系统从一个给定的初态转移到期望目标态的控制任务;最后,在 MATLAB 环境下进行了两组数值仿真实验:非马尔科夫系统状态自由演化和李雅普诺夫控制下的状态转移,研究了系统自由演化轨迹的特性,通过分析实验结果,验证了所提出的量子李雅普诺夫控制方法应用于非马尔科夫系统状态转移的有效性,并分析了控制参数、截断频率参数对控制系统性能的影响。

8.1.1 量子系统被控模型

考虑二能级开放量子系统,假设系统与环境为弱耦合,且相互作用哈密顿量是双线性的,采用时间无卷积形式的非马尔科夫动力学主方程,控制系统的模型可以写成

$$\dot{\rho}_s = -\frac{\mathrm{i}}{\hbar}[H, \rho_s] + L_t(\rho_s) \tag{8.1}$$

$$L_t(\rho_s) = \frac{\Delta(t)+\gamma(t)}{2}([\sigma_- \rho_s, \sigma_-^\dagger] + [\sigma_-, \rho_s \sigma_-^\dagger])$$

$$+ \frac{\Delta(t)-\gamma(t)}{2}([\sigma_+ \rho_s, \sigma_+^\dagger] + [\sigma_+, \rho_s \sigma_+^\dagger]) \tag{8.2}$$

其中,$H = H_0 + \sum_{m=1}^{2} f_m(t) H_m$ 为受控哈密顿量;$H_0 = \frac{1}{2}\omega_0 \sigma_z$ 是系统自由哈密顿量,ω_0 为系统的振荡频率;H_m 为控制哈密顿量;$f_m(t)$ 是随时间变化的外部控制场;$H_1 = \sigma_x$,$H_2 = \sigma_y$;σ_x、σ_y、σ_z 是 Pauli 阵 σ;$\sigma_\pm = \frac{\sigma_x \pm \mathrm{i}\sigma_y}{2}$ 是产生和湮没算符。

$L_t(\rho_s)$ 描述了系统与环境的相互作用。在欧姆环境下,$L_t(\rho_s)$ 中的耗散系数 $\gamma(t)$ 和扩散系数 $\Delta(t)$ 的解析表达式可以表示为(Maniscalco et al., 2004)

$$\gamma(t) = \frac{\alpha^2 \omega_0 r^2}{1+r^2}\{1 - \mathrm{e}^{-r\omega_0 t}[\cos(\omega_0 t) + r\sin(\omega_0 t)]\} \tag{8.3}$$

$$\Delta(t) = \alpha^2 \omega_0 \frac{r^2}{1+r^2}\Big\{\coth(\pi r_0) - \cot(\pi r_c)\mathrm{e}^{-\omega_c t}[r\cos(\omega_0 t) - \sin(\omega_0 t)]$$

$$+ \frac{1}{\pi r_0}\cos(\omega_0 t)[\bar{F}(-r_c, t) + \bar{F}(r_c, t) - \bar{F}(\mathrm{i}r_0, t) - \bar{F}(-\mathrm{i}r_0, t)]$$

$$- \frac{1}{\pi}\sin(\omega_0 t)\Big[\frac{\mathrm{e}^{-v_1 t}}{2r_0(1+r_0^2)}[(r_0 - \mathrm{i})\bar{G}(-r_0, t) + (r_0 + \mathrm{i})\bar{G}(r_0, t)]$$

$$+ \frac{1}{2r_c}[\bar{F}(-r_c, t) - \bar{F}(r_c, t)]\Big]\Big\} \tag{8.4}$$

其中,常数 α 为耦合强度,$r_0 = \omega_0/(2\pi kT)$,$r_c = \omega_c/(2\pi kT)$,$r = \omega_c/\omega_0$,kT 是环境温

度，ω_c 是高频截断频率，$\bar{F}(x,t) \equiv {}_2F_1(x,1,1+x,\mathrm{e}^{-\nu_1 t})$，$\bar{G}(x,t) \equiv {}_2F_1(2,1+x,2+x,$
$\mathrm{e}^{-\nu_1 t})$，${}_2F_1(a,b,c,z)$ 是超几何分布函数（Gradshtein，Ryzhik，1994）。

在高温近似下，扩散系数的表达式 $\Delta(t)$ 可以写成（Maniscalco et al.，2004）

$$\Delta(t)^{\mathrm{HT}} = 2\alpha^2 kT \frac{r^2}{1+r^2}\left\{1 - \mathrm{e}^{-r\omega_0 t}\left[\cos(\omega_0 t) - \frac{1}{r}\sin(\omega_0 t)\right]\right\} \tag{8.5}$$

通过分析(8.3)式和(8.5)式可以得出：高温环境下耗散系数 $\gamma(t) \approx 0$，并且 $|\Delta(t)| \gg \gamma(t)$。这说明扩散系数 $\Delta(t)$ 在高温情况下对系统动力学特性的影响占据着主导性作用。马尔科夫系统和非马尔科夫系统的本质区别在于是否存在环境的记忆效应。定义衰减系数 $\beta_{1,2}(t) = \frac{\Delta(t) \pm \gamma(t)}{2}$，则两者的区别就表现在 $\beta_i(t)$ 的符号上：当 $\beta_i(t) \geqslant 0$ 时，系统主要呈现马尔科夫特性；当 $\beta_i(t) < 0$ 时，系统呈现出非马尔科夫特性。由分析可知：在高温环境下，由于有 $\gamma(t) \approx 0$，所以有 $\beta_1(t) \approx \beta_2(t) = \frac{\Delta(t)}{2} = \beta(t)$。值得注意的是：当系统处于中温或者低温环境时，高温近似条件及其结果(8.5)式将不再适用，此时 $\Delta(t)$ 的解析表达式需要重新推导，$\gamma(t)$ 将不能再忽略不计，$\beta_i(t)$ 与 $\Delta(t)$、$\gamma(t)$ 都相关。

8.1.2　参数对系统特性的影响

在高温环境下，分析控制系统(8.1)式，可以发现环境截断频率 ω_c、耦合系数 α 和系统振荡频率 ω_0 是影响系统性能的重要参数。本节将研究各参数对系统性能的影响，并引入状态相干性和纯度为系统性能指标。我们知道二能级量子系统的状态密度矩阵 ρ 与 Bloch 矢量 $\boldsymbol{r}$ 的关系为 $\rho = \frac{\boldsymbol{I} + \boldsymbol{r} \cdot \boldsymbol{\sigma}}{2}$，其中 $\boldsymbol{r} = (x,y,z) = (\mathrm{tr}(\rho\sigma_x), \mathrm{tr}(\rho\sigma_y), \mathrm{tr}(\rho\sigma_z))$，且满足 $\|\boldsymbol{r}\| \leqslant 1$，此时 $\rho = \frac{1}{2}\begin{bmatrix} 1+z & x-\mathrm{i}y \\ x+\mathrm{i}y & 1-z \end{bmatrix}$。本节在研究参数对相干性的影响时，定义相干性为 $Coh = \|x - \mathrm{i}y\| = \|x + \mathrm{i}y\| = \sqrt{x^2 + y^2}$；在研究参数对状态纯度的影响时，定义纯度为 $p = \mathrm{tr}(\rho_s^2)$，那么，纯度的变化率 $\partial p/\partial t$ 为

$$\begin{aligned} \partial p/\partial t &= 2\mathrm{tr}(\rho_s \dot{\rho}_s) \\ &= 2\mathrm{tr}(\rho_s(-\mathrm{i}[H,\rho_s] + L_t(\rho_s))) \\ &= 2\mathrm{tr}(\rho_s L_t(\rho_s)) \end{aligned} \tag{8.6}$$

将(8.2)式代入(8.6)式,则有

$$\begin{aligned}\partial p/\partial t &= 2\mathrm{tr}(\rho_s L_t(\rho_s)) \\ &\approx -4\beta(t)\mathrm{tr}(XX^\dagger - XY - YX + YY^\dagger) \\ &= -4\beta(t)\|X - Y^\dagger\|^2 = -4K\beta(t)\end{aligned} \quad (8.7)$$

其中,$X = \rho_s\sigma_-$,$Y = \rho_s\sigma_+$,$K = \|X - Y^\dagger\|^2 \geqslant 0$。

由(8.7)式可以看出,非马尔科夫系统中状态纯度的变化 $\partial p/\partial t$ 与 $\beta(t)$ 相关,并且 $\beta(t)$ 是可正可负的,即纯度的变化是非单调的。而封闭量子系统中的 $\beta(t)$ 为零,纯度是保持不变的;马尔科夫系统中的 $\beta(t)$ 是一个正值,纯度的变化是单调的。因此,纯度的变化体现出了非马尔科夫系统与封闭系统、马尔科夫系统的动力学特性的本质差异。

1. 截断频率对衰减系数特性的影响

在保持温度 kT、系统振荡频率 ω_0 不变的情况下,截断频率 ω_c 对系统动力学特性的影响体现在参数 $r = \omega_c/\omega_0$ 上,并且高温环境下有 $\beta_1(t) \approx \beta_2(t) = \frac{\Delta(t)}{2} = \beta(t)$,对(8.5)式进行整理,可得衰减系数 $\beta(t)$ 为

$$\beta(t) = \alpha^2 kT \frac{r^2}{1+r^2} + \alpha^2 kT \frac{r}{\sqrt{1+r^2}} \mathrm{e}^{-r\omega_0 t}\sin(\omega_0 t - \arctan r) \quad (8.8)$$

由(8.8)式可以发现:$\beta(t)$ 是一个随时间振荡衰减的曲线,且随着时间 t 的增加,$\beta(t)$ 逐渐衰减,最终稳定在一个正值 $\beta_M = \beta(t\to\infty) = \alpha^2 kT \frac{r^2}{1+r^2}$ 上;r 值决定了该曲线的包络线 $\Gamma(t) = \alpha^2 kT \frac{r^2}{1+r^2} + \alpha^2 kT \frac{r}{\sqrt{1+r^2}} \mathrm{e}^{-r\omega_0 t}$ 的幅值、衰减速度以及这个正值 β_M 的大小。当设置参数为 $\omega_0 = 1$,$kT = 300\omega_0$,$\alpha = 0.1$ 时,对 r 分别取 0.05、0.1、0.274 和 1,$\beta(t)$ 在 50 a.u.时间内的变化曲线如图 8.1 所示。

从图 8.1 可以发现:$r = 0.05$ 时,$\beta(t)$ 以较小的幅值在正、负值之间随时间缓慢衰减,需要较长时间($t \approx 125$ a.u.)才能达到稳定值;$r = 0.274$ 时,$\beta(t) \geqslant 0$ 恒成立,此时系统(8.1)式退化为马尔科夫系统,并能较快地($t \approx 29.18$ a.u.)振荡衰减达到稳定值;$r = 1$ 时,$\beta(t)$ 恒为正值并在更短的时间($t \approx 9.80$ a.u.)内很快衰减到稳定值。

由相关分析以及图 8.1 可知,r 取值不同,系统呈现出的动力学特性有明显的差异:当 $r < 0.274$ 时,非马尔科夫特性和马尔科夫特性交替出现,但非马尔科夫特性会随着时间演化逐渐消失,系统退化为马尔科夫系统,并且非马尔科夫特性存在时间的长短取决于 r 值的大小;当 $r > 0.274$ 时,$\beta(t)$ 会很快到运稳定值,系统主要呈现马尔科夫特性。

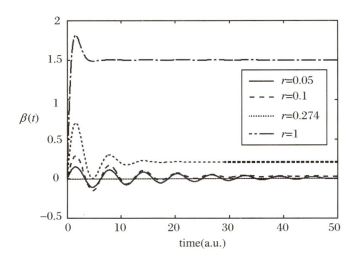

图8.1 不同 r 值下 $\beta(t)$ 的变化曲线

2. 截断频率对系统相干性和纯度的影响

由前面的分析可知 r 值直接决定了 $\beta(t)$ 的变化趋势,这里将进一步研究 r 值,也就是截断频率 ω_c 的值对状态相干性 Coh 和纯度 p 的影响。选用系统初态为叠加态 $\rho_0 = [1/3,\sqrt{2}/3;\sqrt{2}/3,2/3]$,其他参数设置与前面相同,分别为 $\omega_0 = 1$,$kT = 300\omega_0$,$\alpha = 0.1$,仿真时间为 50 a.u.,参数 $r = \omega_c/\omega_0$ 分别取值为 0.05、0.1 和 1 时,系统相干性 Coh 和纯度 p 随时间的变化曲线如图 8.2 所示,其中,实线表示相干性变化曲线,虚线表示纯度变化曲线。

从图8.2可以看出:随着 r 值的增大,系统的相干性衰减速度增快。当 $r = 0.05$ 时,系统相干性随时间振荡缓慢衰减,在仿真时间结束时,相干性衰减到 $Coh = 0.339$;当 $r = 0.1$ 时,系统相干性衰减速度加快,在仿真时间结束时,相干性衰减到 $Coh = 0.027\,1$;而当 $r = 1$ 时,系统的相干性呈单调衰减,在仿真时间约为 5 a.u. 时,相干性近似为零,系统状态演化到平衡态,此时系统主要呈现了马尔科夫特性。图8.2中的系统状态纯度 p 的变化可以结合图8.1来解释:当 $\beta(t) > 0$ 时,纯度 p 单调递减;当 $\beta(t) < 0$ 时,纯度 p 单调增加,系统状态的纯度演化遵循(8.7)式,对于非马尔科夫系统,纯度 p 的大小是在上下波动,这种上下波动的变化在演化过程中会逐渐消失,此时 $\beta(t) > 0$ 恒成立,系统的非马尔科夫特性消失,系统退化为马尔科夫量子系统,这就会使纯度 p 呈现单调衰减,系统状态不断向着平衡态演化。为了能够对非马尔科夫量子系统进行状态转移控制,本节系统仿真实验中的系统参数 r 值取为 0.05。

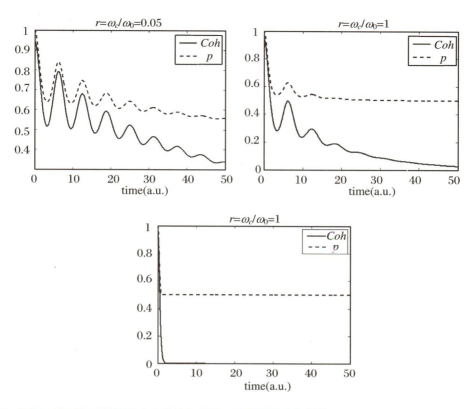

图 8.2　不同 r 值下系统相干性 Coh 及状态纯度 p 随时间的变化曲线

3. 耦合系数对系统相干性和纯度的影响

本章所研究的非马尔科夫系统(8.1)式是通过对耦合项进行二阶微扰展开的方式获得的,其限制条件是环境与系统为弱耦合,这里我们将研究耦合系数 α^2 对系统性能的影响。设置系统初态为上面的叠加态 ρ_0,参数为 $\omega_0=1, kT=300\omega_0, r=0.05$,耦合系数 α^2 取不同数值时系统状态相干性 Coh 及纯度 p 的变化情况如图 8.3 所示,其中点线、直线、点划线和虚线对应的分别是 α^2 取值为 0、0.001、0.01 以及 0.05。

从图 8.3(a)可以看出:$\alpha^2=0$ 时,系统与环境无耦合作用,此时可将被控系统当作封闭量子系统,系统状态的相干性始终保持一个常值不变,在图中为一条水平点线。由(8.3)式和(8.5)式可知,不管是 $\gamma(t)$ 还是 $\Delta(t)$,耦合系数 α^2 与两者都成正比例关系,耦合系数增大,则衰减强度以同等幅值增大,因此状态的退相干特性表现为同频率但不同幅值的特性。从图 8.3(b)可以看出:$\alpha^2=0$ 时,系统状态的纯度不变,在图中表现为一条幅值为 1 的水平线,此时系统是以幺正形式演化;随着耦合强度 α^2 的增加,系统状态趋于稳态的速度变快,但在趋于稳态的过程中,其纯度值也是在上下波动的过程中逐渐减小,而不是单调地减小,这表明非马尔科夫系统的记忆特性能够使系统失去的信息(纯度减小)部分地被补偿回来(纯度增大),并且耦合强度越大,非马尔科夫特性越明显,信息的补偿能力越大。需要特别指出的是:实验表明,当耦合强度 α^2 不断增大,如 $\alpha^2=0.1$ 时,系统将出现非物理行为,其表现为状态正定性不再保持,二阶系统的数值实验表现出状态跑出 Bloch 球外,这表明耦合系数不再满足系统(8.1)式的限制条件。基于以上分析结果,在本章的系统仿真研究中,参数 α 值取为 0.1。

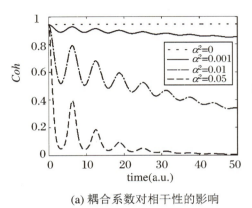
(a) 耦合系数对相干性的影响

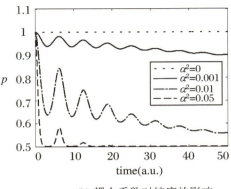
(b) 耦合系数对纯度的影响

图 8.3 不同耦合系数对系统相干性和纯度的影响

4. 振荡频率对衰减系数特性的影响

通过前面对同一个系统的不同环境参数对其特性影响的分析可知:高频截断频率 ω_c 决定了系统衰减幅值的大小,但不改变衰减频率。从(8.5)式亦可得:决定衰减频率的是系统振荡频率 ω_0。本节我们将通过考察不同的振荡频率对系统衰减系数 $\beta(t)$ 的影响来观察系统性能。设置系统初态仍为前述的叠加态 ρ_0,参数为: $\alpha=0.1$, $r=0.05$, 振荡频率 ω_0 取值为 1、5 和 10 时,衰减系数 $\beta(t)$ 的变化曲线如图 8.4 所示。

从图 8.4 可以看出:改变系统振荡频率 ω_0, 只能改变 $\beta(t)$ 的振荡频率,而不会改变其幅值,并且 ω_0 越大,衰减振荡频率 $\beta(t)$ 越大。当 $\omega_0=1$ 时,在系统仿真实验中会发现在量子李雅普诺夫控制律的作用下,可能会出现未等系统表现出非马尔科夫性质就已经完成了状态转移这种情况。为了研究非马尔科夫特性对状态转移的影响,在本章的系统仿真研究中,振荡频率 ω_0 的值选为 10。

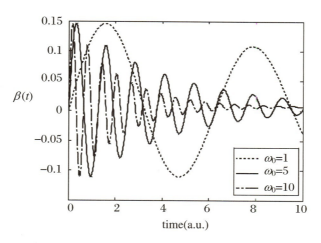

图 8.4 不同系统振荡频率 ω_0 对 $\beta(t)$ 的影响

8.1.3 状态转移控制器设计

基于李雅普诺夫稳定性定理的量子控制方法的基本思想是：通过构造一个李雅普诺夫函数 $V(x)$，同时使其满足三个条件：(1) $V(x)$ 在定义域内连续且具有连续的一阶导数；(2) $V(x)$ 是半正定的，即 $V(x) \geqslant 0$，当且仅当 $x = x_0$ 时 $V(x_0) = 0$；(3) $\dot{V}(x) \leqslant 0$。

选取基于状态距离的李雅普诺夫函数为

$$V = \frac{1}{2}\mathrm{tr}((\rho_s - \rho_f)^2) \tag{8.9}$$

其中，ρ_s 是系统状态，ρ_f 是目标状态。

记 $\boldsymbol{r}$、$\boldsymbol{r}_f$ 分别是 ρ_s、ρ_f 的 Bloch 矢量，度量两个单量子比特状态 ρ_s、ρ_f 的接近程度常用的是迹距离：$D(\rho_s, \rho_f) = \frac{1}{2}\mathrm{tr}|\rho_s - \rho_f| = \frac{1}{2}|\boldsymbol{r} - \boldsymbol{r}_f|$，其几何解释为 Bloch 球上两矢量之间的欧几里得(Euclid)距离的一半。将(8.9)式用 Bloch 矢量形式表示出来为 $V = \frac{1}{4}|\boldsymbol{r} - \boldsymbol{r}_f|^2 = D^2(\rho_s, \rho_f)$，因此可以用李雅普诺夫函数 V 的值来度量 ρ_s 与 ρ_f 的距离，并定义系统的转移误差为 ε，ε 为一个给定的充分小的正值，在系统状态转移实验过程中，当 $V \leqslant \varepsilon$ 成立，则认为此时系统状态从给定的初态转移到了目标态。

对 V 求时间的一阶导数：

$$\dot{V} = \mathrm{tr}(\dot{\rho}_s(\rho_s - \rho_f)) \tag{8.10}$$

将(8.1)式代入(8.10)式,可得

$$\begin{aligned}\dot{V} &= \mathrm{tr}(\dot{\rho}_s(\rho_s - \rho_f)) \\ &= \sum_{m=1}^{2} f_m(t)\cdot\mathrm{tr}(\mathrm{i}\cdot[H_m,\rho_s]\rho_f) + \mathrm{tr}((L_t(\rho_s) - \mathrm{i}\cdot[H_0,\rho_s])(\rho_s - \rho_f)) \\ &= f_1(t)\cdot T_1 + f_2(t)\cdot T_2 + C\end{aligned} \tag{8.11}$$

其中,$T_m = \mathrm{tr}(\mathrm{i}\cdot[H_m,\rho_s]\rho_f)\,(m=1,2)$ 是一个关于 ρ_s 的实函数;f_1 和 f_2 分别为待设计的控制律;$C = \mathrm{tr}((L_t(\rho_s) - \mathrm{i}\cdot[H_0,\rho_s])(\rho_s - \rho_f))$ 称为漂移项,其符号是不能确定的。

为了得到一个合适的控制律,希望(8.11)式满足 $\dot{V}(x) \leqslant 0$。本节设计控制律的主要思想是:通过施加其中一个控制作用来抵消漂移项 C 的影响,设计另一个控制作用来使 $\dot{V} \leqslant 0$ 成立。控制律设计过程中引入了可调阈值变量 θ,通过判断 T_m 与 θ 的大小关系,来决定设计哪个控制作用来抵消漂移项 C。控制律的具体设计过程如下:

(1) 在(8.11)式中,当 $|T_1| > \theta$ 时,设计控制律 $f_1 = -\dfrac{C}{T_1}$ 用来抵消漂移项;设计控制律 $f_2 = -g_2\cdot T_2$,$g_2 > 0$,则可使 $\dot{V} = -g_2\cdot T_2^{\,2} \leqslant 0$ 成立。控制律可以写成 $f = \begin{bmatrix} f_1 \\ f_2 \end{bmatrix} = \begin{bmatrix} -C/T_1 \\ -g_2\cdot T_2 \end{bmatrix}$,其中 g_2 是正的可调控制参数。

(2) 在(8.11)式中,当 $|T_1| < \theta$,$|T_2| > \theta$ 时,则用控制律 f_2 来消除漂移项,同(1),设计的控制律为 $f = \begin{bmatrix} f_1 \\ f_2 \end{bmatrix} = \begin{bmatrix} -g_1\cdot T_1 \\ -C/T_2 \end{bmatrix}$,其中 g_1 为正的可调控制参数,可以保证 $\dot{V} = -g_1\cdot T_1^{\,2} \leqslant 0$。

(3) 在(8.11)式中,当 $|T_1| < \theta$,$|T_2| < \theta$ 时,计算李雅普诺夫函数 V 的值来判断系统状态对目标态的逼近程度,若达到了转移误差 ε,则认为控制目标实现,否则重新选取控制参数 g_1 和 g_2 的数值。

控制律的设计过程中,在决定设计哪个控制作用来抵消漂移项 C 时,引入了变量 θ 而不直接以 $T_m \neq 0$ 为依据,其主要原因解释如下:分析系统状态在 Bloch 球上与 $T_m = 0$ 的对应关系,记 $r_f = (x_f, y_f, z_f)$,则 $\rho_f = \dfrac{1}{2}\begin{bmatrix} 1+z_f & x_f - \mathrm{i}y_f \\ x_f + \mathrm{i}y_f & 1-z_f \end{bmatrix}$。对 T_1 和 T_2 的表达式进行整理,得到

$$T_1 = y_f z - z_f y \tag{8.12}$$

$$T_2 = z_f x - x_f z \tag{8.13}$$

由(8.12)式和(8.13)式可知,当系统状态在转移过程中落在平面 $O_1: z_f y = y_f z$ 或者平面 $O_2: z_f x = x_f z$ 上时,这会使相应的 $T_m (m=1,2)$ 为零,此时与之相乘的控制律 f_m 不论设计为何值,都只能使 $\dot{V}=0$ 成立,V 值保持不变;当系统状态转移到平面 O_1 和 O_2 的交线 L(其方向向量为 r_f)上时,T_1 和 T_2 均为零,计算 $\dot{V}=C$,而 C 的符号是不确定的,基于李雅普诺夫稳定性定理设计控制律 f 的方法则不再适用,此时状态只有满足 $V \leqslant \varepsilon$ 时,才能认为完成了初态转移到目标态的控制任务,否则只能重新选取控制参数。因此,若直接以 $T_m \neq 0$ 为依据来决定设计哪个方向的控制作用来抵消漂移项 C,当且仅当 T_m ($m=1,2$)均不为零时,设计的控制律才能严格保证 $\dot{V}<0$。故在控制律设计过程中引入了可调阈值变量 θ,通过判断 T_m 与 θ 的大小关系来保证所设计出的控制律能够有效驱使系统状态不落在平面 O_1 和平面 O_2 上,尽可能满足 $\dot{V}<0$,使李雅普诺夫函数 V 的值是不断减小的,从而能够达到期望的控制精度 ε。

根据上述思想设计出的控制律的流程图如图 8.5 所示,其中,虚线箭头的执行条件需要满足以下两种情况:① 当 $|T_1|<\theta$,$|T_2|<\theta$ 同时成立时,系统状态位于交线 L 附近,若转移误差未能达到 ε,则需要重新选取控制参数;② 当系统按照(1)和(2)情况下设计的控制律演化时,若仍无法达到控制要求,则需要重新选取控制参数。

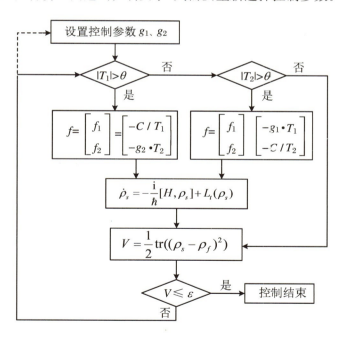

图 8.5 控制律设计流程图

需要说明的是:从控制理论的角度来看,本节中基于李雅普诺夫稳定性定理设计的状态转移控制律属于反馈控制,但是反馈状态是通过计算机对系统主方程模型进行仿真获取的,并不涉及测量等问题,属于"带有反馈的程序控制"。

8.1.4 系统仿真实验及其结果分析

本节将采用 8.1.3 节所设计的量子李雅普诺夫状态转移控制律进行系统仿真实验,同时对非马尔科夫开放量子系统在状态转移控制过程中所表现出的特性进行观察与分析。系统仿真实验分为两个部分:

(1) 未加控制时系统的自由演化。研究以本征态、叠加态为系统初态的自由演化轨迹,通过观察系统状态转移过程中状态纯度的变化情况来了解非马尔科夫系统不同于封闭量子系统以及马尔科夫开放量子系统自由演化的特性,并以自由演化轨迹为对比实验来验证所设计的控制律的有效性。

(2) 在所设计的量子李雅普诺夫控制作用下,进行系统状态转移仿真实验。通过对从本征态到本征态、本征态到叠加态、叠加态到叠加态以及叠加态到本征态四种情况的状态转移仿真实验结果的分析,我们发现:纯态与纯态之间的状态转移实验所体现的系统控制特性是相似的,所以本节将以叠加态到叠加态的状态转移仿真实验结果为例进行控制系统的特性分析和讨论。

依据 8.1.2 节中各参数对系统动力学特性影响的分析,仿真实验中系统与环境参数设置如下:$r = 0.05, \omega_0 = 10, kT = 30\omega_0, \alpha = 0.1$。考虑到 Bloch 球能够使二能级系统状态可视化,故系统仿真实验中状态演化轨迹均在 Bloch 球上表示。

1. 未加控制作用时系统状态自由演化轨迹实验

选用两组系统初态——本征态 $\rho_{s01} = \mathrm{diag}([0,1])$ 和叠加态 $\rho_{s11} = [15/16, \sqrt{15/16}; \sqrt{15/16}, 1/16]$ 来进行系统仿真实验,采样周期为 $\Delta t = 0.1$。在状态自由演化仿真实验中,为了能够观察到状态自由演化的终态,设置了足够长的系统仿真时间,当系统状态不再变化时认为到达了系统稳态。图 8.6(a) 和图 8.6(b) 分别是仿真时间为 600 a.u. 情况下初态为本征态 ρ_{s01} 和初态为叠加态 ρ_{s11} 时在 Bloch 球上的自由演化轨迹,其中"。"表示初态,"+"表示终态 ρ_f。从图 8.6 可以看出:初态为本征态 ρ_{s01} 时,其演化轨迹是在 Bloch 球上的 z 轴运动;而初态为叠加态 ρ_{s11} 时,其演化轨迹类似螺旋形渐近到达 ρ_f。

系统仿真实验中,以本征态和叠加态为初态的自由演化最终达到的状态均为 $\rho_f = \mathrm{diag}([0.4917, 0.5083])$。在时间 t 足够大时,由(8.3)式和(8.5)式可得系统的耗散系

数 $\gamma(t)$ 及扩散系数 $\Delta(t)$ 到达的稳定值分别为

$$\gamma_M = \gamma(t \to \infty) = \frac{\alpha^2 \omega_0 r^2}{1 + r^2} \tag{8.14}$$

$$\Delta_M = \Delta(t \to \infty) = 2\alpha^2 kT \frac{r^2}{1 + r^2} \tag{8.15}$$

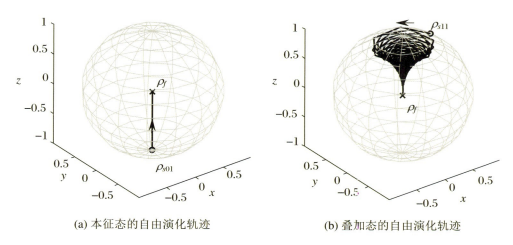

(a) 本征态的自由演化轨迹　　(b) 叠加态的自由演化轨迹

图 8.6　系统状态的自由演化轨迹

未加控制作用时,由 $\dot{\rho}_s = 0$ 可得

$$\begin{bmatrix} -(\gamma_M + \Delta_M z) & -\frac{1}{2}[\Delta_M x + y + \mathrm{i}(x - \Delta_M y)] \\ -\frac{1}{2}[\Delta_M x + y - \mathrm{i}(x - \Delta_M y)] & \gamma_M + \Delta_M z \end{bmatrix} = 0 \tag{8.16}$$

可得稳态解的坐标为

$$x = 0, \quad y = 0, \quad z = -\frac{\gamma_M}{\Delta_M} = -\frac{\omega_0}{2kT} \tag{8.17}$$

由(8.17)式可知,非马尔科夫开放二能级量子系统的稳态是由系统本身的振荡频率 ω_0 和系统所处的环境温度 kT 决定的,而与系统自由演化的初态无关。在所设定的参数下,可以由(8.17)式计算得出系统稳态的密度矩阵为 $\rho_f = \mathrm{diag}([0.491\,7, 0.508\,3])$,这与系统数值仿真实验所获结果完全吻合。

我们将以初态为本征态时为例来说明非马尔科夫系统自由演化过程中纯度 p 与 $\beta(t)$ 的关系以及演化轨迹呈现的特性。图 8.7 是初态为本征态 ρ_{s01} 时,系统在仿真时间为 6 a.u. 时自由演化过程中纯度 p、$\beta(t)$ 以及 z 坐标的变化曲线。从图 8.7 可以看出,

在初态为本征态 ρ_{s01} 的自由演化过程中,状态在 z 轴上并非是从 Bloch 球南极单向转移到系统稳态 ρ_f 的,z 坐标是振荡增加的,纯度 p 是振荡衰减的,且两者变化的时间转折点是一致的:当 $\beta(t)>0$ 时,p 是递减的,z 是递增的;当 $\beta(t)<0$ 时,p 是递增的,z 是递减的,其中纯度 p 与 $\beta(t)$ 的变化关系验证了(8.7)式的结论。

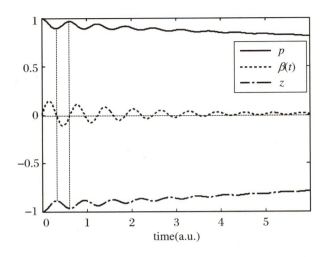

图 8.7 p、$\beta(t)$ 和 z 坐标随时间变化曲线

2. 李雅普诺夫控制作用下的系统状态转移

主要对叠加态与叠加态之间的状态转移进行数值仿真,选用的系统初态和终态分别为叠加态 $\rho_{s11}=[15/16,\sqrt{15}/16;\sqrt{15}/16,1/16]$ 与叠加态 $\rho_{s12}=[3/8,-\sqrt{15}/8;-\sqrt{15}/8,5/8]$,采样周期设置为 $\Delta t=5\times10^{-4}$,阈值均选定为 $\theta=1\times10^{-4}$。图 8.8 为两组不同控制参数下,系统不同状态之间的转移轨迹,其中"○"表示初态,"×"表示目标态,"□"表示系统状态转移的终态。

图 8.8(a)是从 ρ_{s11} 到 ρ_{s12} 的转移轨迹,在选定控制参数为:$g_1=10,g_2=30$,仿真时间为 0.638 5 a.u. 时,系统状态与目标态之间的转移误差达到 $\varepsilon=1.24\times10^{-4}$ 的性能;图 8.8(b)是从 ρ_{s12} 到 ρ_{s11} 的转移轨迹,在选定的控制参数为:$g_1=4,g_2=12$,仿真时间为 0.714 a.u. 时,系统状态与目标态之间的转移误差达到 $\varepsilon=1.03\times10^{-4}$ 的性能。从图 8.8 可以看出,在李雅普诺夫控制律的作用下,通过调整控制参数可以实现所期望的控制性能下的不同初态和目标态之间的状态转移。

图 8.9(a)和图 8.9(b)分别是从 ρ_{s11} 转移到 ρ_{s12} 以及从 ρ_{s12} 转移到 ρ_{s11} 的控制律变化曲线。图 8.9 中采用的是双 y 坐标:横坐标的标度相同,均为仿真时间,纵坐标有两个,图 8.9(a)中纵坐标表示控制律 f_1(实线)的大小,图 8.9(b)中纵坐标表示控制律 f_2(虚

线)的大小。对比系统自由演化轨迹和外加控制作用下状态转移轨迹，可以发现：在外加控制的作用下，可以有效地改变状态演化轨迹，在给定的转移误差性能指标下，实现非马尔科夫开放量子系统纯态与纯态之间的状态转移。

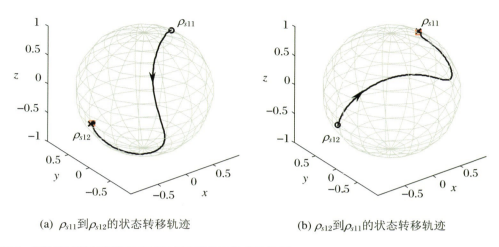

(a) ρ_{s11} 到 ρ_{s12} 的状态转移轨迹   (b) ρ_{s12} 到 ρ_{s11} 的状态转移轨迹

图 8.8   两组不同控制参数下系统不同状态之间的转移轨迹

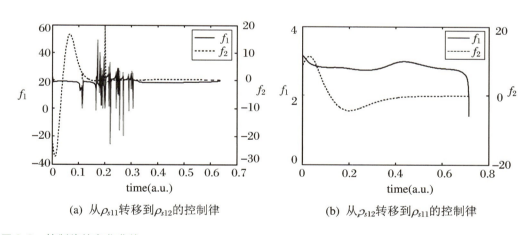

(a) 从 ρ_{s11} 转移到 ρ_{s12} 的控制律   (b) 从 ρ_{s12} 转移到 ρ_{s11} 的控制律

图 8.9   控制律的变化曲线

现以 ρ_{s12} 到 ρ_{s11} 的状态转移为例来具体说明纯态到纯态的状态转移过程中，控制参数的大小对控制性能的影响。图 8.10 是在相同的仿真时间 6 a.u. 内，在两组不同的控制参数下，ρ_{s12} 到 ρ_{s11} 的状态转移轨迹，其中"。"表示初态，"∗"表示的是运行 0.1 a.u. 时系统的状态，"×"表示目标态，"□"表示系统状态转移的终态。图 8.10(a) 中的控制参数设置为：$g_1=4$，$g_2=2$，所达到的转移误差最小值为 0.001 2；图 8.10(b)中的控制参数设置为：$g_1=4$，$g_2=30$，所达到的转移误差的最小值为 0.001 4。

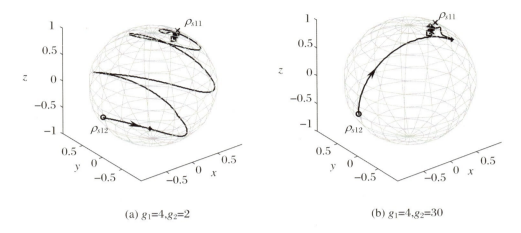

(a) $g_1=4$, $g_2=2$　　　　　　　　(b) $g_1=4$, $g_2=30$

图 8.10　不同控制参数下 ρ_{s12} 到 ρ_{s11} 的状态转移轨迹

从图 8.10 可以很清楚地看到：两种情况下，系统的终态都未能较好地逼近目标态，并且发现即使延长仿真时间也不能使转移误差继续减小。比较系统的状态转移路径可以发现控制参数的大小对初始时间段[0,0.1]的状态转移路径有明显的影响。随着控制参数 g_2 的增大，在初始时间段内系统状态会以较快的速度向目标态转移。

比较图 8.10(a)($g_1=4$，$g_2=2$)、图 8.10(b)($g_1=4$，$g_2=30$)和图 8.8(b)($g_1=4$，$g_2=12$)三种情况，可以发现图 8.10(a)的控制参数 g_2 过小，状态转移轨迹以类螺旋形旋转靠近目标态，状态转移路径最长；图 8.10(b)的控制参数 g_2 过大，状态在初始阶段的变化加快，状态转移路径缩短，但未能实现控制；只有图 8.8(b)的参数选择合适，达到了性能指标 ε。通过多次实验我们还发现，可以达到性能指标 ε 的控制参数 g_1 和 g_2 的组合有很多，同时导致系统控制量很大的参数组合也很多。

通过实验我们还研究了 $r=\omega_c/\omega_0$ 值的大小对状态转移控制性能的影响。取 $r=0.05$ 时，以 ρ_{s12} 到 ρ_{s11} 的状态转移作为对比，进一步进行当 $r=0.01$ 时的实验，调整控制参数为 $g_1=4$ 和 $g_2=10$，可以发现：在仿真时间为 0.512 a.u. 时系统能够以 $\varepsilon=2\times10^{-5}$ 的更小的转移误差实现控制要求；当取 $r=0.1$ 进行实验时，较好的一组控制参数为 $g_1=4$ 和 $g_2=8$，系统状态在仿真时间为 0.675 a.u. 时达到转移误差最小值 $\varepsilon=5.1\times10^{-4}$，对目标态的逼近程度明显下降；当取 $r=1$ 进行实验时，此时被控系统主要呈现出马尔科夫特性，通过加大控制作用量，调整控制参数为 $g_1=4$ 和 $g_2=80$，所获得的转移误差仅为 10^{-2} 量级，对目标态的逼近程度大大降低。

8.2 非马尔科夫开放量子系统的门算符制备和保持

随着社会发展对计算速度要求的不断提高,越来越多的研究者倾心于量子计算。能够执行量子计算的物理系统一般都不可避免地要和环境相互作用,从而成为一个开放系统。这些不可控的相互作用导致了量子信息的退化,并且产生计算误差。因此若想在此领域取得突破性的进展,一个关键问题是要求克服系统和环境相互作用的影响,对量子信息进行主动操作。在量子系统中,量子态是描述量子系统一切信息的载体。归根结底,对量子信息的一切作用都归结于对量子态的各种操作,也就是对算符的操作和实现过程。实现量子计算的基本操作就是实现对各种各样的量子门的操作。因此量子门的实现是量子计算的基础,这也是近几年来的研究热点。

由于量子力学的线性特性,量子门的作用都是线性的。量子门的唯一限制就是描述量子门的矩阵必须是幺正的。在封闭量子系统中,系统演化就是幺正的,任何一种量子信息的变化或传递都可以看成是多个门操作的结果。而在开放系统中,非幺正演化、耗散和控制方法等的影响都会产生不精确的门矩阵。因此,量子计算的一个难点就是可靠量子门的制备:通过施加什么样的控制作用,可使对量子态的操作等价于期望的门算符的作用。另一个难点是量子门制备好以后,量子系统利用算符进行其他操作的过程是需要一定时间的,这就需要算符能够在其操作过程中保持不变,而系统的开放特性有可能破坏所需要的门算符,这就引出有关量子门的保持问题。众所周知,任意多量子比特门都可以由单量子比特门和受控非门复合而成,即单量子比特酉运算和受控非门组成了量子计算的一个通用集合。

我们在本节中的目标是:在一个非马尔科夫量子系统中设计一个自适应控制场来实现单量子比特门。

8.2.1 算符模型的描述

量子系统中的状态是希尔伯特空间中的 n 维密度矩阵描述的一个矩阵算符,将密度算符按列堆垛可以产生一个 n^2 维的列矢量超算符 $|\rho\rangle\rangle$,则将方程(8.1)式用矢量的形式表示出来为

$$|\dot{\rho}\rangle\rangle = -(\mathrm{i}ad_H + \Gamma_L)|\rho\rangle\rangle$$

其算符方程可表示为

$$\dot{F} = -(\mathrm{i}ad_H + \Gamma_L) \circ F \tag{8.18}$$

其中，ad_H 和 Γ_L 是 $n^2 \times n^2$ 维复矩阵，且 $ad_H = I \otimes H - H^\mathrm{T} \otimes I$；$\Gamma_L$ 代表耗散项的超算符；F 是 $GL(n^2)$ 上的量子映射，满足 $|\rho\rangle\rangle = F|\rho_0\rangle\rangle$。本节中，制备量子门的任务相当于在控制的作用下，实现某一个终值 F_f，该问题可以用方程描述为

$$\dot{F} = (L_d(t) + \sum_c u_c L_c) \circ F, \quad F(0) = I \tag{8.19}$$

其中，$F(0) = I$ 代表作用于 n^2 维状态空间的单位算符，是算符控制任务中的初值；F_f 为目标算符。

方程(8.19)式中包含两部分，一部分是非受控漂移项 $L_d(t)$，由自由哈密顿项 $-\mathrm{i}ad_{H_0}$ 和耗散项 $-\Gamma_L$ 组成，即 $L_d(t) = -(\mathrm{i}ad_{H_0} + \Gamma_L)$。由于耗散是开放量子系统的特征，耗散产生的这一部分漂移项是必然存在的。另一部分是控制哈密顿项产生的演化 $-\mathrm{i}ad_{H_c}$，简记为 L_c，控制场通过这一部分与系统作用，产生期望的控制效果。控制的难点在于漂移项不仅是时变的，而且是不可控的，所需要设计的控制律一方面要能够抵消或补偿掉漂移项的作用，另一方面还要产生期望的门结果。

8.2.2 李雅普诺夫控制律设计

由于开放量子系统中的退相干作用，实现量子门的时间相对于退相干时间来说自然是越短越好。李雅普诺夫控制律的一个显著特点就是作为性能指标的李雅普诺夫函数是单调递减的，因此是一种快速实现的控制方法。为了量子门的快速制备，以及尽可能长时间地保持量子门不变，我们将基于李雅普诺夫稳定性定理来设计控制律。

1. 控制律设计

本节选择基于算符距离的李雅普诺夫函数为

$$V(F) = \beta \|F - F_f\|^2 = \beta \mathrm{tr}((F - F_f)^\dagger (F - F_f)) \tag{8.20}$$

其中，β 是一个任意正常数，一般取 $\beta = 1/2$ 来抵消李雅普诺夫一阶导函数的系数，而当 $\beta = 1/(2N)$ 时，(8.20)式对应于归一化门误差（N 是算符 F 的维数）。

方程(8.20)式衡量的是演化算符 F 和目标算符 F_f 之间的距离。由于 $F = F_f$ 是 $V = 0$ 的充要条件，$V(F = F_f)$ 对应着函数(8.20)式的最小值。对函数求导可得

$$\dot{V}(F) = 2\beta\mathcal{R}(\text{tr}((F - F_f)^\dagger L_d(t)F)) + 2\beta\sum_c u_c\mathcal{R}(\text{tr}((F - F_f)^\dagger L_c F)) \quad (8.21)$$

其中 $\mathcal{R}(\cdot)$ 表示实部。

我们希望方程(8.21)式小于等于零以满足李雅普诺夫定理的条件。然而，方程中的第一项 $\mathcal{R}(\text{tr}((F - F_f)^\dagger L_d(t)F))$ 是一个漂移项，并且与控制无关，这导致难以确定(8.21)式的正负。

从(8.21)式可以看出，在开放量子系统的相干控制中，一个突出的特性就是漂移项的存在。为了解决这个问题，我们设计控制律中的一部分来消除漂移项。因此设计一般的控制律形式为

$$u_{n_0} = -\frac{\mathcal{R}(\text{tr}(F - F_f)^\dagger L_d F)}{\mathcal{R}(\text{tr}((F - F_f)^\dagger L_{n_0} F))}, \quad n_0 \in 1,2,\cdots,r;$$

$$u_c = -k_c\mathcal{R}(\text{tr}((F - F_f)^\dagger L_c F)), \quad k_c > 0 \quad (8.22)$$

这种控制形式在现存的研究中也是比较常见的。

在控制律(8.22)式中，u_{n_0} 是专门为消除漂移项而设置的，此时出现两个问题：第一，控制场 u_{n_0} 随着漂移项的改变而改变，是不可调节的；第二，控制律 u_{n_0} 的形式是分数，一旦其分母项 $D = \mathcal{R}(\text{tr}((F - F_f)^\dagger L_{n_0} F))$ 为 0 或者比较小，就有可能导致 u_{n_0} 变成无穷大或者取一个非常大的值，即出现奇异点（这里所谓的奇异点是由于李雅普诺夫控制律的设计过程中，在孤立点处 D 为零或者非常小导致的，是数学上的奇异）。为了解决上述问题，我们对控制律进行改进。

针对第一个问题，可以在控制量 u_{n_0} 中引入附加可调项 $\lambda > 0$。由于耗散是开放量子系统的本质特征，我们希望控制律更多地能和耗散项相关，从而动态地补偿由于耗散项的存在给系统带来的变化，因此构造

$$\lambda = \text{tr}[(F - F_f)^\dagger(F - F_f)] \cdot \sum_k d_k^2(t)\text{tr}(L_k^\dagger L_k)$$

此时设计控制律为

$$u_{n_0} = -\frac{k_{n_2}\lambda + \mathcal{R}(\text{tr}((F - F_f)^\dagger L_d F))}{\mathcal{R}(\text{tr}((F - F_f)^\dagger L_{n_0} F))}, \quad n_0 \in 1,2,\cdots,r, \quad k_{n_0} > 0;$$

$$u_c = -k_c\mathcal{R}(\text{tr}((F - F_f)^\dagger L_c F)), \quad k_c > 0 \quad (8.23)$$

其中控制律 u_{n_0} 中的附加项 λ 有三个作用：

(1) 当 $F \neq F_f$ 时，$\dot{V} > 0$，函数 V 是单调递减的。此处设 $d_k(t) \not\equiv 0$，因为 $d_k(t) = 0$ 意味着系统是封闭的，不予考虑。将控制律(8.23)式代入(8.20)式可得

$$\dot V(F) = -\sum_{c\ne n_0} k_c(\mathscr{R}(\mathrm{tr}((F-F_f)^\dagger L_c F)))^2 - k_{n_0}\lambda \qquad (8.24)$$

假设对于非自治系统(8.19)式,存在一个极限集是 $E=\{F:\dot V(F)=0\}$ 的子集,那么 $\dot V(F)=0$ 意味着 $\mathscr{R}(\mathrm{tr}((F-F_f)^\dagger L_c F))=0$ 以及 $\lambda=0$。而对于 $\lambda=0$ 来说,由于 $\mathrm{tr}(L_R^\dagger L_R)$ 以及 $\mathrm{tr}((F-F_f)^\dagger(F-F_f))=0$ 成立的充要条件是 $F=F_f$,可得 $\lambda=0$ 成立当且仅当 $F=F_f$,因此引入 λ 的作用相当于限制集合 $E=\{F:\dot V(F)=0\}$ 中的状态只能为 $F=F_f$,缩小了集合容量,增加了系统向目标算符的收敛概率。

(2) 当算符 F 趋近于目标 F_f 时,不影响 u_{n_0},即 $\lim\limits_{F\to F_f} u_{n_0}=\dfrac{0}{0}(\lambda=0)$,$\lim\limits_{F\to F_f} u_{n_0}=\dfrac{0}{0}(\lambda\ne0)$。

(3) k_{n_0} 是一个可调系数,控制律 u_{n_0} 变成可调的。

控制律(8.23)式是改进后的控制律,此时 $\dot V(F)<0$,在我们所做的系统仿真实验中也可以看出来,该控制律较之(8.22)式能极大地提高控制精度,控制参数 k_{n_0} 在一定程度上决定了控制精度和控制速度。

第二个问题是奇异点的问题。u_{n_0} 奇异出现在其分母项 D 趋向于零的时候。为了尽可能地避免奇异,设置一个阈值 $\theta_1>0$(量级大约为 10^{-2}),选择满足 $|D|=|\mathscr{R}(\mathrm{tr}((F-F_f)^\dagger L_{n_0} F))|>\theta_1$ 的 L_{n_0} 来抵消漂移项。事实上,由于开放系统中各种误差的存在,比如耗散或者控制精度等,分母项完全等于0的情况很少,多数情况下是分母极小而分子较大,从而导致 u_{n_0} 非常大。从实际应用的角度看,无界的控制输入将会引起系统的不稳定。因此,我们在实验过程中也会设置一个最大控制场 θ_2,限制控制输入不超过该最大值,合适的最大值也能在一定程度上改善控制精度。

进一步,我们将设计时变的控制增益来提高控制精度。若令 $k=[k_{n_0},k_c]^\mathrm{T}$,则可定义 $k(t)\triangleq[k_{n_0}(t),k_c(t)]^\mathrm{T}$。为了简单起见,设

$$k(t)=\begin{cases}[k_{n_0}\quad k_c]^\mathrm{T}, & \exists L_{n_0}\ \mathrm{st.}\ |\mathscr{R}(\mathrm{tr}[(F-F_f)^\dagger L_{n_0}F])|>\theta_1\\ [k'_{n_0}\quad k'_c]^\mathrm{T}, & \mathrm{else}\end{cases}\qquad(8.25)$$

综上所述,时变控制律设计为

$$u_{n_0}=-\dfrac{k_{n_0}(t)\times\lambda+\mathscr{R}(\mathrm{tr}((F-F_f)^\dagger L_d F))}{\mathscr{R}(\mathrm{tr}((F-F_f)^\dagger L_{n_0}F))},\quad n_0\in 1,2,\cdots,r,\quad k_{n_0}>0;$$

$$u_c=-k_c(t)\times\mathscr{R}(\mathrm{tr}((F-F_f)^\dagger L_c F)),\quad k_c>0 \qquad(8.26)$$

其中,$k_c(t)$ 为(8.25)式。

当系统到达目标算符之后会发生什么呢?假设在时刻 $t=t'$ 时实现了目标算符 F_f,即 $F(t')=F_f$。在时间段 $t\in[t',T]$ 内,时间步长 Δt 足够小,$t_{i+1}-t_i=\Delta t$,$T=m\cdot$

Δt,则在时刻 t_{i+1},演化算符为

$$F(t_{i+1}) = \exp\left[(-iad_{H_0} + \Gamma_L(t_{i+1}) + \sum u_c(t_{i+1})L_c)\Delta t\right]F(t_i)$$
$$= \exp\left[(-iad_{H_0} + \Gamma_L(t_{i+1}) + \sum u_c(t_{i+1})L_c)\Delta t\right]\cdots$$
$$\cdot \exp\left[(-iad_{H_0} + \Gamma_L(t_1) + \sum u_c(t_1)L_c)\Delta t\right]F_f$$

根据 BCH 公式(Higham,2008;N.J.,2008),可得

$$F(T) \approx \exp\left[(-iad_{H_0}m + \sum_{i=0}^{m}\Gamma_L(t_{i+1}) + \sum_c(\sum_{i=0}^{m}u_c(t_{i+1}))L_c)\Delta t\right]F_f$$
$$+ O(\Delta t^4)$$

因此,算符距离为

$$V = \beta \mathrm{tr}((F - F_f)^\dagger(F - F_f))$$
$$= \beta \mathrm{tr}(m^2(-iad_{H_0})^\dagger(-iad_{H_0})\Delta t^2$$
$$+ (\sum_{i=0}^{m}\Gamma_L(t_{i+1}))^2\Delta t^2 + \sum_c(\sum_{i=0}^{m}u_c(t_{i+1}))^2 L_c^2\Delta t^2) + O(\Delta t^3)$$

(8.27)

在开放系统中,Δt 的量级常为 10^{-4},由于 Δt^2 的存在,则(8.27)式主要由 $m^2(-iad_{H_0})^\dagger(-iad_{H_0})\Delta t^2$ 决定,$\Gamma_L(t_{i+1})$ 作用很小,除非它的值非常大。因此,在 $[t', T]$ 内,H_0 发挥着主要作用,除非(8.19)式中某一个 u_cL_c 能够部分地抵消 $-iad_{H_0}$ 的作用,否则控制是无法阻止(8.27)式从其最小值变大的趋势,这也就是为什么在 $t > t'$ 时通常选择 $u_c = 0$。

2. 性能指标的选择

为了度量门算符的精度,常用的指标是如(8.20)式中的算符距离,且当 $\beta = 1/(2N)$ 时,(8.20)式对应归一化门算符误差度量:

$$V = \mathrm{tr}((F - F_f)^\dagger(F - F_f))/8 \tag{8.28}$$

另外一个比较常见的性能指标是算符的迹保真度:

$$f_{\text{fidetity}} = \mathscr{R}(\mathrm{tr}(F_f^\dagger F))/N \tag{8.29}$$

这两个性能指标都比较常见,我们来分析一下这两个性能指标的区别。将(8.28)式展开:

$$e_{\text{gate}} = \mathrm{tr}(F^\dagger F - F^\dagger F_f - F_f^\dagger F + F_f^\dagger F_f)/(2N)$$
$$= \frac{\mathrm{tr}(F^\dagger F)}{2N} + \frac{1}{2} - \frac{\mathscr{R}(\mathrm{tr}(F_f^\dagger F))}{N} = e_1 - \frac{\mathscr{R}(\mathrm{tr}(F_f^\dagger F))}{N} \tag{8.30}$$

由(8.30)式可见,其中的第二部分 $\mathcal{R}(\mathrm{tr}(F^\dagger F))/N$ 就是迹保真度(8.29)式。如果系统中算符演化是幺正的,那么 $e_1 = \mathrm{tr}(F^\dagger F)/8 + 1/2 = 1$,最大误差为1,且由于 F 的幺正性,算符误差与保真度之间的关系严格满足 $e_{\mathrm{gate}} = 1 - f_{\mathrm{fidelity}}$。但是在开放量子系统中,演化算符的非幺正性导致了当 $t > 0$ 时,$\mathrm{tr}(F^\dagger F)/N \neq 1$,因此,尽管考虑了系数 $1/8$,演化过程中未必能保持归一化。此时门误差和保真度不再有严格的对应关系,算符 F 的轨迹不同,导致两者之间不一样的量化关系,而误差由于考虑了演化过程中的非幺正性 e_1,作为性能指标会更准确一些。本节采用(8.28)式来衡量算符精度,量子门控制的目标是找到一组容许的控制最小化 e_{gate}。

8.2.3 数值仿真实验及其结果分析

考虑8.1.1节中的二能级系统(8.2)式,其算符模型可以表示为

$$\dot{F} = (L_d(t) + \sum_c u_c L_c) F \tag{8.31}$$

其中,控制哈密顿算符为 $H_1 = \sigma_x, H_2 = \sigma_y, H_3 = \sigma_z$,算符初态为 $F_0 = I$;$L_d(t)$

$$= \begin{bmatrix} -2d_1(t) & 0 & 0 & 2d_2(t) \\ 0 & -d_1(t) - d_2(t) - \mathrm{i}\omega_0 & 0 & 0 \\ 0 & 0 & -d_1(t) - d_2(t) + \mathrm{i}\omega_0 & 0 \\ 2d_1(t) & 0 & 0 & -2d_2(t) \end{bmatrix}。$$

在数值仿真实验中,选择时间步长为 $\Delta t = 0.0005$,阈值选为 $\theta_1 = 0.05$。量子计算的阈值理论说明如果用来执行量子计算的每一个基本操作算符的误差(失败率)低于某一阈值 ε 时,在足够的时间长度及量子比特数目下,可以达到任意精度的量子计算,本节实验中设置该误差阈值 ε 为 10^{-4} 量级。

我们首先考虑算符的稳态。在算符方程(8.31)式中,令 $u_c = 0$,由于 $L_d(t)$ 含时,根据8.2.2节的分析,在时刻 $t = T$ 时,有

$$F(t) \approx \exp\left[-\left(\mathrm{i} ad_{H_0} m + \sum_{i=0}^{m} \Gamma_L(t_{i+1})\right)\Delta t\right] F_0 + O(\Delta t^4)$$

$$= \exp\left(-\mathrm{i} ad_{H_0} T - \int_0^T \Gamma_L(t_{i+1}) \mathrm{d}t\right) F_0$$

令 $\int_0^T d_1(t)\mathrm{d}t = p_1, \int_0^T d_2(t)\mathrm{d}t = p_2$。根据本节中给出的系统参数,可以求出系统的转移矩阵,可得

$$\begin{bmatrix} \dfrac{p_2 + p_1 \mathrm{e}^{-2(p_1+p_2)T}}{p_1+p_2} & 0 & 0 & \dfrac{p_2(1-\mathrm{e}^{-2(p_1+p_2)T})}{p_1+p_2} \\ 0 & \mathrm{e}^{-(p_1+p_2+\mathrm{i}\omega_0)T} & 0 & 0 \\ 0 & 0 & \mathrm{e}^{-(p_1+p_2-\mathrm{i}\omega_0)T} & 0 \\ \dfrac{p_1(1-\mathrm{e}^{-2(p_1+p_2)T})}{p_1+p_2} & 0 & 0 & \dfrac{p_1+p_2\mathrm{e}^{-2(p_1+p_2)T}}{p_1+p_2} \end{bmatrix}$$

当 $T \to \infty$ 时，$\mathrm{e}^{-2(p_1+p_2)T}=0$，代入上式，可得算符的稳态 $F(\infty)$。由 p_1 和 p_2 的表达式可知，算符制备的稳态和非马尔科夫系统 Lindblad 项的耗散系数有关。在本文高温近似的条件下，$\gamma(t)=0$，则算符稳态为 $F(\infty)=[0.5\ 0\ 0\ 0.5;0\ 0\ 0\ 0;0\ 0\ 0\ 0;0.5\ 0\ 0\ 0.5]$。对于任意一个量子态 ρ，此算符的作用是使该态到达系统稳态 $\rho_\infty = \mathrm{diag}(p_2,p_1)/(p_1+p_2)$，在本例中系统稳态为最大混合态 $\rho_\infty=\mathrm{diag}(0.5,0.5)$，与 4.2.2 节中的结论一致。

下面我们将通过仿真实验来实现单比特量子门，并对控制特性进行分析。

1. 实验1：量子非门的制备以及控制特性分析

不管是经典计算还是量子计算，取反的非门都是最基本也是最简单的操作。非门在希尔伯特空间中可表示为 X 方向的泡利矩阵 σ_x，即 $U_{\mathrm{not}}=\sigma_x=[0\ 1;1\ 0]$，其作用就是使量子比特产生翻转，$U_{\mathrm{not}}|0\rangle=|1\rangle$，$U_{\mathrm{not}}|1\rangle=|0\rangle$。在量子非门制备的实验中，算符的制备是在超算符空间里进行讨论。通过施加控制作用，算符末态 F_f 应该产生一个非门 U_{not} 的作用，即对于任意状态 ρ，经过非门作用后的状态 $|\rho_t\rangle\rangle = F_f|\rho\rangle\rangle = |U_{\mathrm{not}}\rho U_{\mathrm{not}}^\dagger\rangle\rangle$。目标算符的形式为 $F_f=[0\ 0\ 0\ 1;0\ 0\ 1\ 0;0\ 1\ 0\ 0;1\ 0\ 0\ 0]$。实验中采用所设计的(8.26)式中的控制律来实现非门算符的制备。

由 8.2.2 节控制特性的分析可知，实验中要面临的一个重要问题是控制参数的选择问题。在封闭量子系统中，控制增益与收敛速度成正比例关系。然而在开放系统中，控制律(8.26)式中的控制增益对控制精度的影响更大于对收敛速度的影响。为此我们研究了所制备的门误差与控制增益 k_1 和 k_2 变化的关系，其实验结果如图 8.11 所示，其中参数 k_1 是附加项的增益，k_2 用来调节第二个控制函数 u_2 的幅值。从图 8.11 参数一维搜索的过程中可以看出：

(1) 仅仅依靠 $k_2(k_1=0)$ 的调节作用，e_{gate} 无法达到期望的误差 ε，换句话说，改进的控制律(8.26)式中附加项的引入大大提高了控制精度。

(2) 误差 e_{gate} 与 k_1 成严格的反比例关系，而与 k_2 呈抛物线关系。

从图 8.11 还可以看出：当选择 $\theta_2=100$ 时，最优参数为 $k_1=12\,000$，$k_2=0.098\,1$，$k_1'=100$，$k_2'=400$ 以及 $k_3=k_3'=0$。

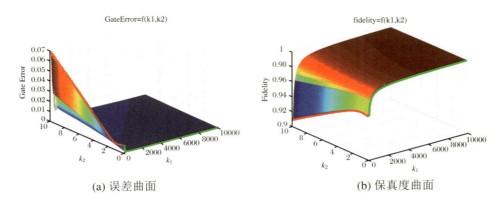

(a) 误差曲面 (b) 保真度曲面

图 8.11　非门算符制备时控制参数 (k_1,k_2) 对误差及保真度的影响

量子非门的仿真实验结果如图 8.12 所示,其中,图 8.12(a) 是门误差随时间变化曲线,图 8.12(b) 是所施加的控制场曲线。从图 8.12 可以看出:控制律 u_1 和 u_2 完全可以实现非门的制备。在完成制备过程后,加入控制律 u_3 可以改善保持时间,原因在于 u_3 可以部分消除自由哈密顿量的影响。在图 8.12(a) 中红线对应着包括控制律 u_3 的曲线,黑线对应着不加控制律 u_3 时的曲线,为了显示清楚,这部分结果放在图 8.12(a) 的内图中进行显示。点划线为保真度曲线,其最大值为 0.997 7;实线为门误差的演化曲线,最小值为 6.89×10^{-3}。若将门误差保持在误差精度 $\varepsilon(10^{-4})$ 内的时段表示出来,这里记为 t_3,在图 8.12(a) 中用粗实线画出为:$t_3=0.264\,5$。图 8.12(b) 中的实线为控制场 1 函数曲线,点划线为控制场 2 函数曲线,虚线表示控制场 3 函数曲线。实验中我们对控制场 1 进行了限幅,最大幅值 $u_{1\max}$ 不超过 100。

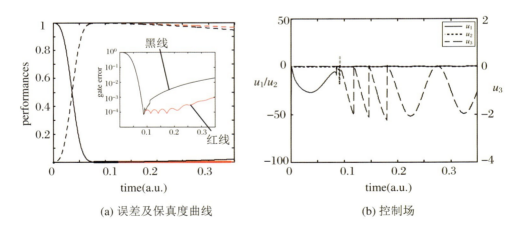

(a) 误差及保真度曲线 (b) 控制场

图 8.12　量子非门的仿真实验结果

下面讨论关于本节所提出的控制算法的一些特性。

在这一部分中,我们主要讨论控制律(8.26)式对控制任务的影响。图 8.13 显示的是当非马尔科夫系统(8.2)式的耦合强度(coupling strength)α^2 从零变化到 0.1 时,采用不同的控制律进行门算符制备时门误差(gate error)的变化。其中,三角形符号(u_0)代表控制场为零时门误差的变化,圆圈(u_g)和星号(u)分别代表采用一般控制律(8.22)式和本节的改进控制律(8.26)式所对应的误差变化。为了显示清楚,图 8.13 中框内图是控制律(8.26)式作用下针对不同耦合强度 α^2 的误差变化规律。

分析图 8.13 中的现象,即便没有控制作用,门误差随着耦合强度 α^2 从零变化到 0.04 递减,之后保持不变。定义变量 $p = \sum_{i=0}^{n} d(t_i) \Delta t = \int_0^t d(t) \mathrm{d}t \propto \alpha^2$,显然随着 α^2 的增加,p 单调增加并且在整个实验过程中 $p \geqslant 0$,则计算门误差(8.28)式可得

$$e_{\text{gate}} = \frac{1}{2} + \frac{\operatorname{tr}(F^\dagger F)}{8} - \frac{\mathscr{R}(\operatorname{tr}(F_f^\dagger F))}{4} = \frac{3}{8} + \frac{1}{8} \mathrm{e}^{-8p} + \frac{1}{2} \mathrm{e}^{-4p} \tag{8.32}$$

方程(8.32)式的值起于 1,随着 p 的增加逐渐减小到其最小值 0.375 0,这一点符合图 8.13 所示的仿真结果。

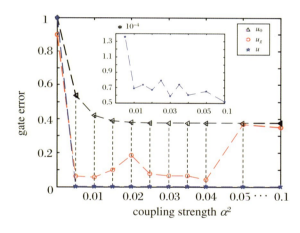

图 8.13 耦合强度 α^2 变化时,不同控制律作用下的非门误差变化规律($t_f = 5$)

从图 8.13 可以得到以下结论:

(1) 改进的控制律(8.26)式较之一般控制律(8.22)式极大地提高了控制精度。在控制律(8.26)式作用下获得的门算符显然要优于先前的结果。

(2) 在控制律(8.26)式中保持其他控制参数不变(包括控制增益),当耦合强度发生变化时仍然能够得到一个满足需求的高精度门算符,意味着该控制律作用下系统对耦合强度的鲁棒性。图 8.14 表示在控制律(8.26)式作用下,当系统参数 α^2 和 γ 发生变化

时,性能指标门误差的变化曲线,同样说明了系统对参数变化的鲁棒性。

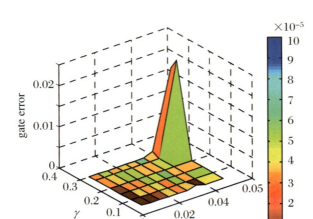

图 8.14 耦合强度 α^2 以及 γ 变化时系统在改进的控制律作用下的鲁棒性

2. 实验2:其他单比特量子门的实现

量子 Hadamard 门同非门一样都是单输入单输出的量子操作算符,在希尔伯特空间中的表示为 $H = \frac{1}{\sqrt{2}}\begin{bmatrix} 1 & 1 \\ 1 & -1 \end{bmatrix}$。Hadamard 门所产生的作用是将一个量子比特变成两个基本量子位的相干叠加,即 $H|0\rangle = \frac{|0\rangle + |1\rangle}{\sqrt{2}}, H|1\rangle = \frac{|0\rangle - |1\rangle}{\sqrt{2}}, H^2 = I$。

相位偏移门是对单量子比特进行操作的一系列逻辑门,其形式可表示为:$R(\theta) = \begin{bmatrix} 1 & 0 \\ 0 & e^{i\theta} \end{bmatrix}$,这里 θ 代表相位位移。相位门作用于量子位的作用是保持基态 $|0\rangle$ 不变,$|1\rangle$ 产生相位变化,即 $|0\rangle \rightarrow |0\rangle, |1\rangle \rightarrow e^{i\theta}|1\rangle$。量子计算中,常用门的离散集合来近似任意的酉运算,通用门的标准集合由 Hadamard 门、相位门、受控非门以及 $\pi/8$ 相位门组成。

这里的 $\pi/8$ 相位门是非常常见的一种门,也叫作 T 门,它的相位位移为 $\theta = \pi/4$;相位门也叫作 S 门,对应相位位移为 $S = \pi/2$。图 8.15 为实验仿真结果,控制参数如表 8.1 所示。最终的实验结果表明门算符误差性能指标参数为 10^{-5}。

我们知道在 8.1 节中,控制律设计是为了实现一个状态的转移,而门算符的制备是实现一组状态基的变换,鉴于这样的目的,我们对上述控制律进行验证。以 Hadamard 门为例,实现 Hadamard 门的控制律如图 8.16 所示,将该控制律作用于基态 $|0\rangle = [1, 0]^T$ 上,可得到仿真结果如图 8.17 所示,从中可以看出本节设计的控制律是有效的。

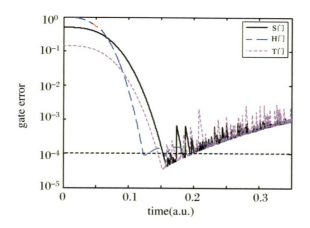

图 8.15 单比特门(H门、T门、S门)的实现

表 8.1 H门、T门、S门控制参数的选择

	k_1	k_2	k_3	k_1'	k_2'	k_3'	θ_2
H门	4 200	0	0	200	500	0	200
S门	100	10	2 000	0	0	0	100
T门	10	1	2 000	0	0	0	200

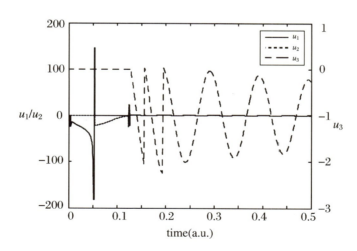

图 8.16 实现 Hadamard 门的控制律

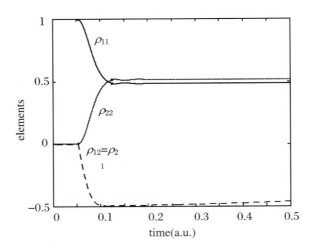

图 8.17　Hadamard 门控制律作用于基态|1⟩

3. 实验 3：李雅普诺夫控制与 GRAPE 最优控制的性能对比

在已有的制备量子门的控制方法中，最优控制占据着主导地位，其中基于 GRAPE 算法来更新控制律的最优控制应用得最为普遍（Mottonen et al.，2006；Schulte-Herbruggen et al.，2011）。本节是第一次将李雅普诺夫控制应用于量子门制备，这里我们以量子非门的制备为例，分析这两种控制方法的差异。

图 8.18 显示的是李雅普诺夫控制律以及基于 GRAPE 算法的最优控制的性能（performance）对比，虚线对应着 GRAPE 最优控制律在不同终端时间 t_f = 0.05、0.088、0.1、0.119 5、0.15、0.2、0.3 时收敛的误差曲线。

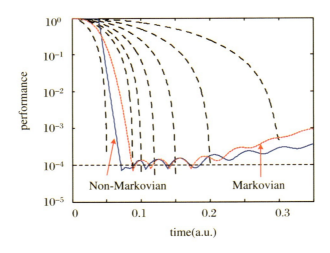

图 8.18　最优控制律和李雅普诺夫控制律作用下的非门对比

由 8.2.3 节中的分析可知,系统(8.31)式在自适应李雅普诺夫控制律下最优性能指标可达 $e_{\text{gate}} = 6.89 \times 10^{-5}$,如图 8.12(a)所示;经过多次实验得到,在最优控制作用下,经过 105 次迭代在时间 $t = 0.1195$ 时,系统达到其最优指标 $e_{\text{gate}} = 5.49 \times 10^{-5}$。然而最优控制迭代寻优算法达到最优性能的仿真时长为 12.81 a.u.,是李雅普诺夫控制下时间的 67 倍,后者只需要 0.19 a.u.。此外,李雅普诺夫控制是一种自适应控制,最优性能指标可以保持一定的时间,例如图 8.12 中的时间段[0.088,0.173]。尽管在最优控制律作用下,完成控制任务的终端时间可以人为设定,但并非任意一个终端时间都可以获得较好的控制精度,且对于量子门的实现来说不具备保持功能。

此外,不改变控制参数,图 8.18 中的红色点线显示了在马尔科夫情况下的门误差,其中衰减系数取值为(8.5)式的稳态值 $\Delta(t) = \alpha^2 kTr^2/(1+r^2) = 0.03$。由图可知,在控制律(8.26)式的作用下,不管是针对马尔科夫情况还是非马尔科夫情况,系统都可以获得一个很好的控制精度。

第 9 章

随机开放量子系统模型与控制

系统控制理论中最核心的思想就是通过状态反馈来实现高性能自动控制。对于宏观系统,可以通过对被控系统的实时测量来得到用于反馈控制的状态信息。在量子控制中,人们也希望利用系统控制理论的测量来获取被控量子系统的状态信息。但是对量子系统的直接测量会对系统状态产生本质性的破坏。为了避免直接测量对量子系统的影响,对封闭量子系统,可以通过求解系统状态演化的薛定谔方程或刘威尔方程来实时获取系统的状态,进而设计闭环反馈控制律,就是所谓的"闭环程序设计,开环控制实现"的控制策略。但是对于开放量子系统,由于环境等因素的影响,这种通过模型求解状态的反馈控制律的设计思想是不切合实际的。在过去的几十年中,随着微观实验仪器的进步,人们已经可以通过对量子系统进行实时连续的间接测量来获取量子系统的状态信息,这为实验室实现基于实际量子状态的反馈控制提供了可能性。

量子连续测量是指对量子系统进行间接连续的弱测量。弱测量是指目标量子系统和探测场之间的相互作用相对系统参数很弱,测量过程对目标量子系统产生的影响很小。在量子连续测量中,探测场与量子系统相互作用后输出带有被测量子系统部分信息的信号(Tsumura,2008;Van Handel et al.,2005),测量装置对这个输出信号进行测量,通过滤波器装置对其进行优化处理后得到系统的估计状态,人们可以利用这个估计出的状态设计控制器,通过反馈对系统进行控制,最终达到期望的控制目标。整个对系统输出信号的测量、状态的滤波和估计,直至控制器的设计与反馈都是在连续不断地进行,从而实现真正的实时控制。不过由于测量的存在,对量子系统本身会产生一些不可避免的影响,导致带有测量的量子系统模型变为更为复杂的随机开放量子系统;测量对系统的反向作用使系统的状态由于塌缩而还原到某个确定的本征态,状态估计是靠滤波器根据所获得的塌缩测量数据的优化处理来获得的。在20世纪80年代早期,布莱金(Belavkin)首先提出了量子滤波理论来估计连续测量下量子系统的估计状态(Belavkin,1983);通过量子连续测量得到的输出记录被连续不断地输入一个由数字处理器构成的量子滤波器中,根据测量到的信号,量子滤波器通过计算被控系统状态的条件期望来计算出状态估计,并根据非线性滤波器理论得到关于估计状态的演化方程。随着时间的积累,量子滤波器逐渐获得量子系统的状态估计(Bouten et al.,2009)。估计状态的演化过程可以用量子滤波器方程(quantum filter equation)来描述。

基于连续测量的量子估计状态的演化过程也可以用薛定谔图景下的随机主方程来描述。在反馈控制设计中,一般使用随机主方程来描述带有系统状态估计的演化过程。此外,对一些特殊的量子系统,如量子角动量系统,可以得到简化的随机主方程。在量子信息处理中,量子计算机需要制备许多处于脆弱的量子态的量子比特。这些量子比特与外界环境不可避免的耦合会导致量子态的破坏,这就是量子系统的退相干现象。在实验室实现量子连续测量时同样需要考虑外界环境对量子系统的退相干作用,外界环境带来的退相干作用在随机主方程中体现为一个 Lindblad 形式的退相干项。在实验室实现基于量子滤波的状态反馈控制时,还需要考虑另一种实际存在的物理限制:时间延迟。时间延迟包括估计量子态的计算导致延时(Stockton et al.,2002),执行器产生控制信号的时间延迟,以及测量输出信号的延迟。这些延迟会对系统的控制性能产生影响。所有的时间延迟都可以在随机主方程的基础上简化为控制输入的时间延迟。

对量子滤波的反馈控制最初应用于某些特殊问题的分析,比如原子自旋压缩(spin squeezing)和闭环磁强(closed-loop magnetometer)的反馈控制。基于量子滤波的状态反馈控制由魏斯曼(Wiseman)和米尔本(Milburn)在1990年提出,他们主要考虑照射到量子系统上的测量光电流的实时反馈(Bouten et al.,2009)。与量子态还原不同,通过反馈控制可以确定地驱动量子系统到目标量子态。为了便于精确分析和求解,早期量子反馈控制常采用海森伯格图景下的线性系统模型,且反馈控制场也是系统状态的线性函数,最终转化成一类量子线性二次型高斯(LQG)控制问题。这实际上是经典的 LQG 问题在量子领域的应用(James et al.,2008)。因为非线性量子的状态反馈控制一般很难求解,随机最优控制主要应用于简化的线性滤波器方程的状态反馈控制中(Bouten et al.，2005；Edwards，Belavkin，2005）。2005年之前，很少有基于连续测量的非线性量子系统的反馈控制的理论研究，最近几年，在非线性随机主方程全局稳定性的理论研究上有些突破，如提出了对高 Q 值光学腔内原子系综的状态反馈控制的系统性方法。对于基于连续测量的量子系统的反馈控制，Handel 等人利用计算机搜索的方法实现了任意本征态到某个本征态的状态转移，不过所提方法计算量大，并且所设计出的控制律不是解析的；Mirrahimi 和 Van Handel 在 2005 年首次对角动量系统提出一种开关反馈控制律，实现了量子系统状态从任意初始态到任意本征态的全局稳定的状态转移（Mirrahimi，Van Handel，2007）；2007 年，Tsumura 在 Mirrahimi 和 Van Handel 所提出控制律的基础上提出一类连续控制律实现任意初始态到某个本征态的转移（Tsumura，2007）；次年，Tsumura 又提出一类改进的连续控制律，实现了任意初始态到任意本征态的状态转移（Tsumura，2008）；2012 年，Ge 等人针对基于测量的一般量子系统，利用非光滑理论提出的控制律实现了任意初始态到任意本征态的转移（Ge et al.，2012）。到目前为止，对随机主方程进行状态转移控制的目标态均为测量算符的本征态，非本征目标态的研究成果到目前为止还未见发表。针对实验室测量和控制中遇到的时间延迟，Stech 在反馈冷原子运动时对固定时间延时控制问题提出了减少计算复杂度的方法（Steck et al.，2006）；Kashima 从理论的角度对自旋 1/2 非线性量子系统提出了延时相关（delay-dependent）的稳定判据（Kashima，Nishio，2007）；对具有固定时间延迟的一般的基于测量的量子系统，Ge 等人使用反馈控制来补偿控制输入的时间延迟（Ge et al.，2012）。测量反馈控制一般可以有效地克服系统反馈过程中的延时。状态反馈控制也可以用来保持系统的相干性。

　　针对基于测量的随机开放量子系统在模型以及在控制器设计上所具有的复杂性，本章对随机开放量子系统的模型及其反馈控制的特性进行了分析和研究。首先基于连续测量的量子滤波理论，对于受到测量影响的不同开放量子系统模型，分析模型建立的条件、模型的组成及其影响；对于简化模型，分析其简化的过程；同时对不同模型之间的关系进行对比分析。分别分析了基于连续测量的随机开放量子系统模型、采用量子条件期望和最小均方估计状态的演化方程、量子随机主方程，退相干情况下的随机主方程和考虑延时的随机主方程。之后，对比分析基于估计状态的随机开放量子系统反馈控制律设计的特性。分别对目前已有的开关控制和连续性控制在本征态之间的状态转移的控制思想、所具有的特性、控制效果、适用条件、改进过程等进行对比研究。同时还具体探讨了环境退相干影响和时间延迟影响下的反馈控制器设计。

9.1 基于测量的量子系统方程及其特性分析

9.1.1 量子滤波器方程

通过对一个量子系统 S 进行连续测量来获得系统状态信息的整个结构框图如图 9.1 所示,其中人们向被控量子系统(quantum system)S 输入一个探测光子场(probe field),量子系统 S 和探测场相互作用后的系统输出信息中带有被控量子系统 S 的状态信息。测量装置(measurement device)对系统输出进行连续不断的测量,测量到的信号 Y_t 经过滤波器,通过某种滤波计算来获得系统的状态估计值,最后根据非线性滤波器(filter)理论得到估计状态的演化方程。

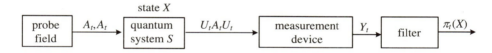

图 9.1 基于连续测量的量子系统结构框图

假设探测场和量子系统没有受到其他作用的影响,根据量子滤波器理论,探测场和量子系统组成的整体系统的动力学方程可以用状态的演化算符 U_t 来描述。U_t 满足 Hudson-Parthasarathy 方程:

$$\mathrm{d}U_t = \{-\mathrm{i}(H_0 + u_t H_b)\mathrm{d}t - \frac{1}{2}L^\dagger L \mathrm{d}t + L\mathrm{d}A_t^\dagger + L^\dagger \mathrm{d}A_t\}U_t,$$
$$U_0 = I \tag{9.1}$$

其中,U_t 是幺正的;H_0 和 H_b 分别是系统和控制哈密顿量,且均为厄米;u_t 是可调参数过程;L 为表示相互作用的有界测量算符,$L^\dagger$ 是 L 的共轭转置矩阵;A_t 是输入的探测场算符,$A_t = \int_0^t b(0^-, s)\mathrm{d}s$,$b(z, t)$ 是在 t 时刻 z 位置的湮灭算符。

系统与探测场发生相互作用之后,t 时刻的系统状态算符 X 用 U_t 表示为 $j_t(X) =$

$U_t^\dagger(X\otimes I)U_t$。根据 Itô 法则，得到海森伯格图景下系统算符 $j_t(X)$ 的演化方程为

$$\mathrm{d}j_t(X) = j_t(\mathcal{L}(X))\mathrm{d}t + j_t([L^\dagger, X])\mathrm{d}A_t + j_t([L^\dagger, X])\mathrm{d}A_t^\dagger \quad (9.2)$$

其中，$\mathcal{L}(X)$ 为 Lindblad 算符，$\mathcal{L}(X) = \mathrm{i}[H_0 + u_t H_b, X] + kL^\dagger XL - \dfrac{k}{2}(L^\dagger LX + XL^\dagger L)$。

相互作用后的系统的输出分别用 $U_t^\dagger A_t U_t$ 和 $U_t^\dagger A_t^\dagger U_t$ 描述。若采用零差测量装置接收系统输出后获得正交测量信号：$Y_t = U_t^\dagger(A_t + A_t^\dagger)U_t$。测量信号 Y_t 满足两个条件：(1) Y_t 是自非破坏的(self-nondemolition)，即 $[Y_t, Y_s] = 0$，其中 $s < t$。这说明测量信号 Y_t 等价于经典随机过程。(2) Y_t 是非破坏的(nondemolition)，即 $[j_t(X), Y_s] = 0$，其中 $s < t$。这保证了系统算符的条件期望存在性。通过量子 Itô 法则和量子动态过程(1)可以得到测量信号 Y_t 的演化方程为 $\mathrm{d}Y_t = \sqrt{k} j_t(L + L^\dagger)\mathrm{d}t + \mathrm{d}A_t^\dagger + \mathrm{d}A_t$。$\eta$ 是测量效率，$\eta = 1$ 为完美测量；实际测量过程中受到噪声的影响，使测量效率一般为 $\eta < 1$，此时采用附加的 $B_t + B_t^\dagger$ 来对噪声信号进行建模，$B_t + B_t^\dagger$ 与 $A_t + A_t^\dagger$ 不相关，且与系统没有相互作用，因此测量输出 Y_t 与探测场算符 $A_t + A_t^\dagger$ 和噪声算符 $B_t + B_t^\dagger$ 之间的动力学关系为 $\mathrm{d}Y_t = \sqrt{k\eta} j_t(L + L^\dagger)\mathrm{d}t + \sqrt{\eta}(\mathrm{d}A_t^\dagger + \mathrm{d}A_t) + \sqrt{1-\eta}(\mathrm{d}B_t + \mathrm{d}B_t^\dagger)$。

量子滤波方程利用测量过程得到的测量信号 $\{Y_s: 0 \leqslant s \leqslant t\}$ 对 t 时刻的系统算符 X 进行估计。定义量子条件期望 $\pi_t(X) = E(j_t(X)|y_t)$，其中 y_t 是由 $\{Y_s: 0 \leqslant s \leqslant t\}$ 得到的冯·诺依曼(von Neumann)代数。图 9.1 中 $\pi_t(X)$ 是量子滤波器输出，它可以是与状态 $j_t(X)$ 之间的最小均方差情况下的估计状态，或其他优化方法下的量子态估计值。$\pi_t(X)$ 将系统算符 $j_t(X)$ 映射到一个经典随机过程上。Handel 等人根据测量信号 Y_t 的无破坏测量性质以及滤波器理论，获得了量子随机微分方程(QSDE)形式的量子滤波器状态 $\pi_t(X)$ 方程(Van Handel et al.，2005)：

$$\mathrm{d}\pi_t(X) = \pi_t(\mathcal{L}(X))\mathrm{d}t + \sqrt{\eta k}(\pi_t(XL + L^\dagger X)$$
$$- \pi_t(L + L^\dagger)\pi_t(X))(\mathrm{d}Y_t - \sqrt{\eta}\pi_t(L + L^\dagger)\mathrm{d}t) \quad (9.3)$$

方程(9.3)式被称为量子滤波方程(quantum filtering equation)。实际上(9.3)式是一个带有滤波器的随机开放量子系统方程。量子滤波器方程(9.3)式与经典非线性滤波器中的 Kushner-Stratonovich 方程对应，它们都是根据观测信号得到的系统状态估计值的时间演化方程。

9.1.2 随机主方程

Altafini 和 Ticozzi 通过定义有限维状态空间 $S = \{\rho \in \mathbf{C}^{N \times N} : \rho = \rho^\dagger, \mathrm{tr}\rho = 1, \rho > 0\}$

上的一个密度算符 ρ_t，通过关系式 $\pi_t(X) = \text{tr}(X\rho_t)$ 和量子微积分法则，将方程(9.3)式转化为薛定谔图景下 N 维量子系统估计状态的非线性随机主方程(Altafini, Ticozz, 2012)：

$$d\rho_t = -i[H_0 + u(t)H_1, \rho_t]dt + D(L, \rho_t)dt + \sqrt{\eta}H(L, \rho_t)dW_t,$$

$$D(L, \rho) = L\rho L^\dagger - \frac{1}{2}(L^\dagger L\rho + \rho L^\dagger L),$$

$$H(L, \rho) = L\rho + \rho L^\dagger - \text{tr}((L^\dagger + L)\rho)\rho \tag{9.4}$$

其中，ρ_t 是根据观测过程 $\{Y_s : 0 \leq s \leq t\}$ 估计出的随机密度矩阵；H_0、H_1 是 $N \times N$ 的厄米矩阵，H_0 为系统的自由哈密顿量，H_1 是控制哈密顿量；$u(t)$ 是可调参数过程；$L \in \mathbb{C}^{N \times N}$ 称为测量算符，$L = L^\dagger$，L 是正则的且满足 L 和 H_0 对易；$\eta \in (0,1]$ 是测量装置的测量效率；在零差测量情况下，dW_t 为零差测量时测量输出带来的噪声，是一维 Wiener 过程，满足 $E(dW_t) = 0, E[(dW_t)^2] = dt$。这些假设条件在实际实验中是存在的，比如光学腔中的被囚禁的冷原子系综。

方程(9.4)式中的后两项 $D(L, \rho)$ 和 $H(L, \rho_t)dW_t$ 都是量子测量过程带来的。其中，$D(L, \rho)$ 项是一个超算符，是测量过程带来的确定性的 Lindblad 形式的漂移项，代表测量过程带来的确定的退相干作用。$D(L, \rho)$ 项与马尔科夫开放量子系统主方程中的退相干项结构一致。$H(L, \rho_t)$ 项是测量过程带来的随机扩散项，是对量子系统状态产生的干扰，也称为反向效应(back-action)。由于测量的影响，方程(9.4)式比马尔科夫开放量子系统主方程多出了一个随机项 $\sqrt{\eta}H(L, \rho_t)dW_t$。与(9.3)式相比，方程(9.4)式能更方便地描述连续测量的量子系统估计状态演化过程。实际上，在对系统进行反馈控制设计时，被控系统模型一般使用的都是随机主方程(9.4)式。方程(9.4)式中的 dW_t 称为新息过程(innovation process)，它和测量信号 Y_t 之间的关系为 $dY_t = dW_t - \text{tr}(L\rho_t + \rho_t L)dt$。因此(9.4)式也可以写成：

$$d\rho_t = -i[H_0 + u(t)H_1, \rho_t]dt + D(L, \rho_t)dt$$
$$+ \sqrt{\eta}H(L, \rho_t)(dY_t - \text{tr}(L\rho_t + \rho_t L)dt) \tag{9.5}$$

方程(9.5)式是量子滤波方程的另一种形式，也称为 Belavkin 方程。

在方程(9.4)式的基础上，在外界的环境扰动是基本交换的情况下，波顿(Bouten)还研究了一种更为简单的线性随机主方程(Bouten et al., 2005)：

$$d\rho_t = L(\rho_t)dt - i\alpha[\sigma_z, \rho_t]dW_t,$$

$$L(\rho_t) = -i[B_t\sigma_z, \rho_t] + \alpha^2(\sigma_z\rho_t\sigma_z - \frac{1}{2}\{\sigma_z^2, \rho_t\}) \tag{9.6}$$

其中，α 是实数，它由光学腔和探测场的特点决定；B_t 是外部的沿 z 轴的磁场；σ_z 是泡利矩阵。

方程(9.6)式是随机主方程(9.4)式的一种线性简化形式：通过相互作用图景使得 $H_0 = 0$，同时取控制输入 $u_t = B_t$；测量算符 $L = \sigma_z$，漂移项 $D(L, \rho)$ 前考虑系数为 α^2，扩散项为 $H(L, \rho) = -i\alpha[\sigma_z, \rho_t]$。方程(9.6)式常用在最优控制中。这些线性系统对应强驱动、高阻尼、光学腔中的二能级原子物理系统，且假设腔场频率不与原子跃迁频率共振。

除了线性随机主方程，当将角动量系统作为一类简化的被控量子系统时，取随机主方程(9.4)式中的系统哈密顿量为 $H_0 = 0$；控制哈密顿量为 $H_1 = u(t)F_y$；测量算符为 $L = F_y$，其中 F_z 和 F_y 是自旋算符，由此，得到基于连续间接测量的 N 维角动量系统方程为(Mirrahimi et al., 2007)

$$d\rho_t = -iu(t)[F_y, \rho_t]dt + D(F_z, \rho_t)dt + \sqrt{\eta}H(F_z, \rho_t)dW_t \tag{9.7}$$

当方程(9.4)式中取 $H(t) = \Delta\sigma_z$，$L = \sqrt{M}\sigma_z$ 时，可以得到只考虑 z 方向电磁场作用的二能级量子系统的随机主方程为

$$\begin{aligned}d\rho_t = &-i[\Delta\sigma_z, \rho_t]dt + (\sigma_z\rho_t\sigma_z - \rho_t)dt \\ &+ \sqrt{\eta}(\sigma_z\rho_t + \sigma_z\rho_t - 2\mathrm{tr}(\sigma_z\rho_t)\rho_t)dW_t\end{aligned} \tag{9.8}$$

其中，σ_z 是泡利矩阵。

在二能级系统中，密度矩阵可以表示为 $\rho = (1/2)\begin{bmatrix} 1+z & x-iy \\ x+iy & 1-z \end{bmatrix}$，其中 $[x, y, z]^T$ 是二能级系统的 Bloch 球直角坐标。因此方程(9.8)式也可以等价地写成 Bloch 向量的形式：

$$\begin{aligned}dx_t &= (-\Delta y_t - \frac{1}{2}Mx_t)dt - \sqrt{M}x_t z_t dW_t, \\ dy_t &= (\Delta x_t - \frac{1}{2}My_t)dt - \sqrt{M}y_t z_t dW_t, \\ dz_t &= \sqrt{M}(1 - z_t^2)dW_t\end{aligned} \tag{9.9}$$

方程(9.9)式描述了在 $\mathbf{R}^3$ 中封闭单位球中的量子系统的扩散过程。可以证明在没有控制作用的情况下，系统有两个平衡点：$[x, y, z]^T = [0, 0, -1]^T$ 和 $[x, y, z]^T = [0, 0, 1]^T$。

9.1.3 退相干影响下的随机主方程

当基于测量的量子系统所处的环境对量子系统产生退相干作用时，对应的随机主方

程可写为

$$d\rho_t = -iu(t)[F_y, \rho_t]dt + D(F_z, \rho_t)dt + \gamma D(\sigma, \rho_t)dt + \sqrt{\eta}H(F_z, \rho_t)dW_t,$$
$$D(\sigma, \rho) = \sigma\rho\sigma^\dagger - \frac{1}{2}(\sigma^\dagger\sigma\rho + \rho\sigma^\dagger\sigma) \tag{9.10}$$

其中，γ 为退相干强度系数，表示环境对系统的影响强度；σ 为环境相关的原子衰竭算符。$\gamma D(\sigma, \rho_t)dt$ 表示系统和环境相互作用下的非幺正动态过程，描述环境对量子系统的退相干影响。

与(9.4)式相比，方程(9.10)式多出了一个$(\sigma, \rho_t)dt$ 项，此项与测量带来的退相干项 $D(F_z, \rho_t)dt$ 形式类似，都是退相干作用在随机主方程上的体现，这表明(9.10)式同时考虑了测量过程和环境带来的消相干作用和影响。

9.1.4　延时影响下的随机主方程

除了测量和环境对量子系统带来的消相干作用，在基于测量的量子反馈控制中还会考虑控制回路实现时的物理限制，如时间延迟。反馈回路中存在的时间延迟可能会减弱反馈控制的作用，甚至造成系统的不稳定。所以在进行状态反馈时，必须合理地考虑延时因素的影响。一种考虑延时影响但不考虑环境对系统的消相干作用的随机主方程可以表示为(Kashima et al.，2007)

$$d\rho_t = -i[H_0 + u(t)H_1, \rho_t]dt + D(L, \rho_t)dt + \sqrt{\eta}H(L, \rho_t)dW_t \tag{9.11a}$$
$$u(t) = u(\rho_{t-\tau}) \tag{9.11b}$$

其中 τ 为时间延迟。

方程(9.11)式实际上是在随机主方程(9.4)式的基础上，同时考虑具有时延的状态反馈方程(9.11b)式。方程(9.11b)式表明用来产生反馈输入的系统状态不是实时的，而是具有$(t-\tau)$延时的状态。在基于测量的反馈控制中，反馈回路中的时间延迟是实际存在的。常见的时延有：控制器有限的计算速度造成的延迟、执行器产生控制信号的时间延迟，以及测量装置产生测量输出信号的延迟。所有的时间延迟在系统模型(9.11)式中简化为控制输入延迟 $u(t) = u(\rho_{t-\tau})$。

9.2 随机开放量子系统的反馈控制

随着量子滤波理论和非线性量子系统全局稳定性理论的发展以及实验装置进步的推动,目前理论上可以利用基于量子滤波得到的估计状态进行反馈控制,来实现具有全局稳定性的量子状态的转移。图 9.2 为基于估计状态反馈控制系统结构框图,其中,反馈控制律根据由滤波器获得的估计状态来设计控制器(controller),改变系统的哈密顿量,驱动量子系统从任意一个初始态,以概率 1 全局稳定到期望的目标态。由于滤波器的输出状态 ρ_t 是一个优化情况下的估计状态,因而量子系统的控制过程是通过先滤波估计状态,然后设计控制器的方式来实现被控量子系统状态的转移。

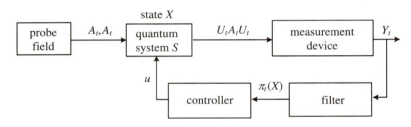

图 9.2　量子反馈控制系统结构框图

由于随机主方程是非线性随机系统,所以通常可以借助非线性随机控制方法来进行反馈控制器设计,比如随机李雅普诺夫稳定性理论。此外随机最优控制也可以用于线性量子系统的反馈控制器的设计。

9.2.1 基于随机李雅普诺夫稳定性定理的状态转移控制

针对(9.7)式描述的 N 维的量子角动量系统,Mirrahimi 等人利用随机李雅普诺夫稳定性理论,找到一个非负实值连续李雅普诺夫函数:$V(\rho) = 1 - \text{tr}(\rho \rho_f)$,通过使其无穷小算符值满足一定的限制条件来保证控制系统概率收敛,设计出一种分段控制律为(Mirrahimi et al.,2007)

$$u = \begin{cases} u_1 = -\mathrm{tr}(\mathrm{i}[F_y,\rho_t]\rho_f), & \mathrm{tr}(\rho_t\rho_f) \geqslant \gamma \\ u_2 = 1, & \mathrm{tr}(\rho_t\rho_f) \leqslant \gamma/2 \\ u_1 = -\mathrm{tr}(\mathrm{i}[F_y,\rho_t]\rho_f), & \gamma/2 \leqslant \mathrm{tr}(\rho_t\rho_f) \leqslant \gamma \text{ 且} \rho_t \text{ 最后通过边界} \\ & \mathrm{tr}(\rho_t\rho_f) = \gamma \text{ 进入集合 } B \\ u_2 = 1, & \gamma/2 \leqslant \mathrm{tr}(\rho_t\rho_f) \leqslant \gamma \text{ 且} \rho_t \text{ 最后通过边界} \\ & \mathrm{tr}(\rho_t\rho_f) = \gamma/2 \text{ 进入集合 } B \end{cases} \quad (9.12)$$

其中，ρ_t 是滤波器输出的当前估计状态；ρ_f 是目标态，$\rho_f = \psi_f\psi_f^\dagger$，$\psi_f$ 是 L 的特征向量，$L\psi_f = \lambda_f\psi_f$；$B = \{\rho_t : \gamma/2 \leqslant \mathrm{tr}(\rho_t\rho_f) \leqslant \gamma\}$；$\gamma > 0$ 是控制参数。

很显然，控制律(9.12)式是一个开关型控制律。Mirrahimi 等人证明了在控制律(9.12)式的作用下，基于连续测量的 N 维角动量系统方程(9.7)式能实现任意初始态到任意本征态的转移，其控制思想是：当初态在水平集 $S_1 = \{\rho \in S : V(\rho) = 1 - \mathrm{tr}(\rho\rho_f) = 1\}$ 中时，采用常数控制 $u_2 = 1$ 来使系统状态离开集合 S_1；当初始状态在以集合 $S_{>1-\gamma} = \{\rho \in S : 1 - \gamma < V(\rho) \leqslant 1\}$ 为半径所组成的环中时，常数控制 $u_2 = 1$ 可以使状态在有限的时间里从集合 $S_{>1-\gamma}$ 中出来，换句话说，当初始状态在集合 $S_{>1-\gamma}$ 中时，状态轨迹会在有限时间内以概率 1 离开这个集合 $S_{>1-\gamma}$；当初始状态在集合 $S_{\leqslant 1-\gamma} = \{\rho \in S : 0 \leqslant V(\rho) \leqslant 1-\gamma\}$ 中时，控制律 $u_2 = -\mathrm{tr}(\mathrm{i}[F_y,\rho_t]\rho_f)$ 使得状态轨迹永远不会离开集合 $S_{\leqslant 1-\gamma/2}$，其概率大于一个严格正值，且所有不会离开集合 $S_{\leqslant 1-\gamma/2}$ 的状态几乎全部收敛到平衡点 ρ_f。因此在反馈控制律(9.12)式作用下，系统(9.7)式的状态最终以概率 1 收敛到目标态 ρ_f。

Mirrahimi 等人还证明了存在一个控制参数 $\gamma > 0$，使得被控系统能够稳定到所转移目标态，不过并没有给出更精确的 γ 取值范围。Tsumura 在控制律(9.12)式的基础上，给出了保证系统全局稳定性的控制参数 γ 的范围：$0 < \gamma < 1/N$（N 是系统维数），此时系统能以概率 1 全局稳定地转移到目标态，不过这是一个充分条件。从反馈控制律(9.12)式可以看出，由于加入控制的作用，系统状态能够确定性地转移到测量算符的本征态。如果没有控制作用，由于测量过程的影响，量子滤波器估计出的状态以一定的概率，将随机地演化到测量算符的不同本征态，这就是随机开放量子系统自由演化情况下的量子态还原(quantum state reduction)。理论分析和实验表明：系统还原到不同本征态的概率是确定的，且与初始状态和目标本征态有关。连续测量影响下的量子态还原与状态在投影算符作用下跳跃到测量算符的本征态具有一致性。从这个角度说，连续测量过程下的量子系统可以看成受到测量过程影响的开放量子系统。

控制律(9.12)式是一个解析表达式，所以便于理论上的稳定性分析。不过由于此控制律是一种开关控制，在控制过程中，控制量将在两个不同的控制函数 u_1、u_2 之间切换，快速切换可能会产生高频噪声而遇到实现困难。对此，Tsumura 对控制律(9.12)式提出了改进控制方案:同样针对 N 维角动量系统(9.7)式,取李雅普诺夫函数为 $V = 1 - (\mathrm{tr}(\rho\rho_f))^2$,通过计算李雅普诺夫函数的无穷小算符,在控制参数 α、β 满足 $(\beta^2/8\alpha\eta)<1$ 时,保证无穷小算符值为非正的情况下,设计出收敛的连续的状态转移控制律为(Tsumura,2007)

$$u_t = \alpha u_1(\rho_t) + \beta(\lambda_i - \mathrm{tr}(F_z\rho_t)) \tag{9.13}$$

其中,$\lambda_i = J - (i-1)$;$J = N/2$;α、$\beta > 0$ 是可调参数。

连续控制律(9.13)式中前一项用来将量子态吸引到目标态,后一项用来使系统状态远离系统的其他的平衡点。对于更为一般的随机主方程(9.4)式的全局稳定状态转移会遇到对称拓扑的问题,此时经典随机李雅普诺夫稳定性理论不能确保本征态转移的全局稳定性。针对此问题,2012 年 Ge 等人,首次利用随机非线性系统中进行稳定性分析的非光滑类李雅普诺夫理论,设计出非光滑的控制律实现了从任意初始态到任意本征态的转移(Ge et al.,2010)。光滑类李雅普诺夫理论对随机系统的状态空间进行划分,每个划分对应一个光滑李雅普诺夫函数,整个李雅普诺夫是非光滑的。这与包含多个连续时间子系统的开关系统中的标准多李雅普诺夫函数不同,标准多李雅普诺夫函数是指在所划分的多个状态空间中所对应的各自的李雅普诺夫函数。在划分的边界上李雅普诺夫函数是连续的,且在光滑段是递减的(Qi,Guo,2010),即

$$V(\rho) = \begin{cases} (M-m)(1-\mathrm{tr}(\rho\rho_f)) + cU(\rho), & \rho \in \Phi_1 \\ M - \mathrm{tr}(A\rho)^2 + l\mathrm{tr}(X\rho) - a + cU(\rho), & \rho \in \Phi_2 \\ M - \mathrm{tr}(A\rho)^2 - l\mathrm{tr}(X\rho) + a + cU(\rho), & \rho \in \Phi_3 \end{cases} \tag{9.14}$$

其中,$X = [x_{ij}]_{n \times n} \in \mathbf{C}^{N \times N}$ 为自共轭和非对角矩阵,$A = [a_{ij}]_{n \times n} = -\mathrm{i}[X, H_1]$,$0 < m < \min_{i=1,\cdots,n} a_{ii}^2$,$M > \max_{i=1,\cdots,n} a_{ii}^2$,$0 < a < \min_{i=1,\cdots,n} a_{ii}^2 - m$,$l > 0$,$c > 0$ 为实数,$U(\rho) = \mathrm{tr}(L^2\rho) - \mathrm{tr}^2(L\rho)$,$\Phi_1 = \{\rho \in S: (M-m)(1-\mathrm{tr}(\rho\rho_f)) < M - \mathrm{tr}(A\rho)^2 + |l\mathrm{tr}(X\rho) - a|\}$,$\Phi_2 = \{\rho \in S: (M-m)(1-\mathrm{tr}(\rho\rho_f)) \geqslant M - \mathrm{tr}(A\rho)^2 + |l\mathrm{tr}(X\rho) - a|, l\mathrm{tr}(X\rho) \geqslant a\}$,$\Phi_3 = \{\rho \in S: (M-m)(1-\mathrm{tr}(\rho\rho_f)) \geqslant M - \mathrm{tr}(A\rho)^2 + |l\mathrm{tr}(X\rho) - a|, l\mathrm{tr}(X\rho) < a\}$。

通过对(9.14)式应用 Itô 公式和标准随机稳定性定理的推广定理(Ge et al.,2012),可以得到以下开关控制律:

$$u = \begin{cases} u_1 = -g_1(\rho), & \rho \in \Phi_1 \\ u_2 = (-h_2(\rho) - k)/g_2(\rho), & \rho \in \Phi_2 \\ u_3 = (-h_3(\rho) - k)/g_3(\rho), & \rho \in \Phi_3 \end{cases} \tag{9.15}$$

其中

$$g_1(\rho) = \text{tr}(-\text{i}[H_1,\rho](c(L^2 - 2L\text{tr}(L\rho)) - (M-m)\rho_f))$$
$$g_2(\rho) = l\text{tr}(A\rho) - 2\text{tr}(A\rho)\text{tr}(-\text{i}[H_1,\rho]A)$$
$$+ c\text{tr}(-\text{i}[H_1,\rho])(L^2 - 2L\text{tr}(L\rho))$$
$$g_3(\rho) = -l\text{tr}(A\rho) - 2\text{tr}(A\rho)\text{tr}(-\text{i}[H_1,\rho]A)$$
$$+ c\text{tr}(-\text{i}[H_1,\rho])(L^2 - 2L\text{tr}(L\rho))$$
$$h_2(\rho) = -2\text{tr}(A\rho)\text{tr}(Af(\rho)) + l\text{tr}(Xf(\rho))$$
$$f(\rho) = -\text{i}[H_0,\rho_t]\text{d}t + D(L_n,\rho_t)\text{d}t$$
$$h_3(\rho) = -2\text{tr}(A\rho)\text{tr}(Af(\rho)) - l\text{tr}(Xf(\rho))$$
$$k > 0 \text{ 为实数}$$

如果光滑的李雅普诺夫函数在边界上不要求相等,则整个李雅普诺夫函数可不连续。对于一个二维量子系统,取不连续的李雅普诺夫函数为(Qi,Guo,2010)

$$U(\rho) = \begin{cases} 1 - \text{tr}(\rho\rho_f) + cU(\rho) \\ h + \text{tr}(X\rho) \end{cases} \tag{9.16}$$

相应的控制律为

$$u = \begin{cases} u_1 = -g_U(\rho), & \rho \in \Phi_1^* \\ u_2 = \dfrac{-\text{tr}(Xf(\rho) - k)}{\text{tr}(A\rho)}, & k > 0, \rho \in \Phi_2 \\ u_3 = \dfrac{1 - 1/8 + \gamma - U_1(\rho)}{\gamma}u_1(\rho) + \dfrac{U_1(\rho) - (1 - 1/8)}{\gamma}u_2(\rho), & \rho \in \Phi \end{cases} \tag{9.17}$$

其中,$g_U(\rho) = \text{tr}(-\text{i}[H_1,\rho](L^2 - 2L\text{tr}(L\rho)))$,$\gamma$ 为实数. $c > 0$,$\Phi_1 = \{\rho \in S : U_1(\rho) < 1 - 1/8 + \gamma\}$,$\Phi_2 = \{\rho \in S : U_1(\rho) \geqslant 1 - 1/8 + \gamma\}$,$\Phi_1^* = \{\rho \in S : U_1(\rho) \leqslant 1 - 1/8\}$,$\Phi = \{\rho \in S : 1 - 1/8 < U_1(\rho) < 1 - 1/8 + \gamma\}$。

由控制律设计过程和仿真实验可以看出,控制律(9.17)式是连续的,因此在实际中(9.17)式比开关控制律(9.15)式更容易实现。Ge 提出的控制律(9.15)式和(9.17)式能够有效解决一般随机量子系统模型量子状态空间中的对称拓扑问题,而且可以获得量子状态转移的全局稳定性。但是控制律(9.17)式和(9.15)式仅适用于理想条件,也就是说,系统控制回路没有任何时间延迟。但在量子测量和反馈的实际实现时,必须考虑从测量输出计算状态和计算控制律需要的时间延迟。

9.2.2 基于随机最优控制的反馈控制

对基于连续测量的量子系统也可以使用最优控制来设计反馈控制律实现状态转移。最优控制设计中,控制性能采用性能函数 J 表示,可以通过动态规划的迭代方法,逐步寻找使性能指标函数为最优的控制律。对一般的非线性随机主方程(9.4)式,要求解非线性 Hamilton-Jacobi-Bellman(HJB)方程,这种 HJB 方程一般很难求得解析解。所以目前最优控制一般用于线性随机主方程描述的量子系统,利用 LQG 方法设计反馈控制律。对于随机主方程在无穷小形式下的动态规划,可以推导出 HJB 方程,求解 HJB 方程就可得到最优控制律。Bouten 等人对线性随机主方程(9.6)式,选择二次型性能指标:

$$J(t,\Theta_t) = E_{\Theta_t}\left[\Theta_T^2 + \int_t^T B_s^2 \mathrm{d}s\right] \tag{9.18}$$

其中,Θ_t 代表系统方程(9.6)式在末端时刻 T 的状态,B_s 是控制场,E_{Θ_t} 表示以状态 Θ_t 为条件的所有可能样本轨迹的期望。

性能指标(9.18)式表明希望在控制过程中系统状态稳定,同时控制消耗的能量最小。由方程(9.6)式可以推导出精确可求解的 HJB 方程,进而可获得控制律的解析表达式为

$$B_t = \frac{-2\Theta_t}{4(T-t)+1} \tag{9.19}$$

其中,Θ_t 是系统的状态,T 是控制的末端时间,t 是当前时间。

在 t 时刻,可以利用系统状态 Θ_t 来确定最优控制场 B_t。B_t 能够将系统(9.6)式从任意初始态转移到期望的本征态。

9.2.3 退相干影响下的量子系统的控制

对于退相干情况下的量子系统,基于测量的反馈控制可以用来保持系统的相干性。Qi 等人对方程(9.10)式表示的量子系统设计了一个简单的反馈控制律:

$$u_1 = -B(\chi + \delta) \tag{9.20}$$

其中,χ 的方程(9.10)式的二能级 Bloch 球模型是系统状态;δ 是可调参数,为系统状态初始增量;B 为控制作用的强度系数。

对系统方程和控制律构成的闭环系统进行的仿真实验说明:(1)即使考虑退相干的影响,测量过程带来的不确定性也会导致系统状态趋向本征态。但当控制作用足够大到可以克服测量带来的不确定性的影响时,测量过程带来的不确定性有助于实现控制作用。实际上,通过简单的反馈控制和合适的控制参数,许多控制律能以很高的保真度来制备目标态。因此在考虑退相干影响量子系统控制中,基于测量的反馈控制也比开环控制优越。(2)系统状态轨迹样本函数的平均值表示系统状态演化过程,样本函数的平均值会随着退相干强度的减小和控制强度的增大而减小,但是与测量过程的强度无关。这是因为测量过程强度越大,那么测量过程带来的不确定性也越大,因此需要更大的控制强度。(3)考虑退相干影响的测量反馈系统,在任何允许控制律作用下,制备目标态的平均保真度在有限时间内都不会大于一个固定值。这个固定值仅与退相干强度和测量强度有关。

对考虑其他环境影响的基于连续测量的量子系统,反馈控制设计时需考虑退相干作用对系统和控制过程的影响,此时反馈控制可以用来减轻环境对量子系统的不确定性影响,保证状态的制备、保持和稳定。

9.2.4 延时影响下的系统的控制

当系统的延迟时间 τ 不可忽略时,需要考虑延时对系统控制的影响。目前从理论上已经有反馈控制律可以对含延迟的量子系统进行状态转移控制。此时 t 时刻的控制输入 $u(t)$ 取决于 $t-\tau$ 时刻的系统估计状态 $\rho_{t-\tau}$。现有的延时控制律中一般认为延迟时间 τ 是任意长和已知的。卡希马(Kashima)对由方程(9.11)式描述的存在控制延时的量子系统,设计出控制律使状态可以从任意初始态全局稳定到期望的本征态 ρ_f(Kashima,Nishio,2007):

$$u = \begin{cases} -k\mathrm{tr}(\mathrm{i}[F_y,\rho_t]\rho_f), & V_0(\rho_{t-\tau}) \leqslant \underline{\gamma} \\ l, & V_0(\rho_{t-\tau}) \geqslant \overline{\gamma} \\ -k\mathrm{tr}(\mathrm{i}[F_y,\rho_t]\rho_f), & \underline{\gamma} < V_0(\rho_{t-\tau}) < \overline{\gamma} \text{ 且 } \rho_t \text{ 最后通过边界 } V_0(\rho_{t-\tau}) = \underline{\gamma} \\ & \text{进入集合 } \underline{\gamma} < V_0(\rho_{t-\tau}) < \overline{\gamma} \\ 1, & \text{其他} \end{cases}$$

(9.21)

其中，$V_0(\rho) = 1 - \mathrm{tr}(\rho \rho_f) : S \to [0,1]$，$\bar{\gamma}$、$\gamma$ 为控制参数。

当 $\tau = 0$ 时，控制律(9.21)式与控制律(9.12)式一致。但控制律(9.12)式中的控制参数 k 可以任意选择，延时情况下控制律(9.21)式则不可以。通过数值仿真发现控制参数 k 增大会导致最大的延时时间 τ 的上界减小。这说明不同的延迟时间对控制律的要求不同。此外较大的延迟时间 τ 会使整个系统失去全局稳定性。

对于更一般的基于连续测量的随机主方程(9.11)式，Ge 等人采用非光滑的时间延迟反馈控制来补偿延迟时间(Ge et al.，2012)。与没有延时的一般系统模型类似，考虑非光滑控制律也是为了解决一般系统的状态空间中对称拓扑问题。Ge 等人使用类 Lyapunov-LaSalle 定理来解决含时间延迟的一般系统的延时稳定性问题。对于具有延时系统模型的方程(9.11)式，将任意初始态转移到期望的本征态的全局稳定控制律为(Ge et al.，2012)

$$u_t = \begin{cases} 1, & \rho_{t-\tau} \in S_{\geq M_{V-\gamma/2}} \\ u_1 = u_s(\rho_{t-\tau}) \leqslant U(\rho_{t-\tau})2/\bar{M}, & \rho_{t-\tau} \in S_{< M_{V-\gamma}} \\ u_1 = u_s(\rho_{t-\tau}) \leqslant U^2(\rho_{t-\tau})/\bar{M}, & \rho_{t-\tau} \in \Phi := S_{< M_{V-\gamma/2}} \cap S_{> M_{V-\gamma}} \\ 1, & \text{其他} \end{cases} \quad (9.22)$$

其中，$V(\rho) = 1 - \mathrm{tr}(\rho \rho_f) + cU(\rho)$，$U(\rho) = \mathrm{tr}(L^2 \rho) - \mathrm{tr}^2(L\rho)$，$M_v := \max\limits_{\rho \in S} V(\rho)$，$\bar{M} > 0$。

通过一个自旋 1/2 系统的数值仿真，Ge 等人说明延时控制律可以有效克服即使是长的延迟时间，同时获得期望的收敛性。因为 $u_t = 0$ 是 $u_t = u_s(\rho_{t-\tau}) \leqslant U(\rho_{t-\tau})^2/\bar{M}$ 的特殊形式，所以"棒棒(bang-bang)"控制也可获得同样的控制效果。

9.3 小　　结

本章在基于连续测量的随机开放量子系统中，利用测量装置对探测场和量子系统相互作用后的输出进行间接连续测量，利用滤波器对测量得到的信息通过优化算法得到量子估计状态，获得估计态的演化方程，使随机开放量子系统的状态反馈控制成为可能。目前对随机开放量子系统的状态反馈控制理论只解决了目标态为本征态的转移控制的问题，其他目标态的状态制备、转移和保持的控制问题有待进一步深入的研究。

第 10 章

随机开放量子系统的特性分析

从量子系统控制理论角度来看,根据控制过程中是否存在测量,以及是否将测量信息应用于控制律的变量中,可以将控制策略分为开环控制和反馈控制,其中,基于测量的反馈控制(measurement-based feedback control,MFC)是通过直接或者间接的量子观测来获取量子信息进行量子状态估计,进而设计控制律进行量子状态调控。对于经典系统,测量过程对被测系统本身的状态是没有影响的,但是对于量子系统,测量会对量子系统本身产生不可避免的随机影响,系统的状态会随机收敛到某些状态,即量子态还原。在不同的测量手段或者检测方式下,量子系统状态的估计结果是不一样的,这可以归结为量子滤波问题,而量子滤波问题本质上可以看作是计算系统观测量的条件期望值。通常来说,条件期望的计算取决于相互作用系统状态的特性,因此,当被控系统处于真空态、相干态,或处在一个具备非经典光学特性的状态时,量子滤波方程的形式都是不同的。值得注意的是,检测方式不同,量子滤波方程的形式也不同,例如零差检测和光电检测下得到的量子滤波方程就有两种不同形式。量子滤波方程描述了测量下的量子态的动力学演化系统,滤波方程中包含通过测量和滤波所估计出的量子状态,可以通过将连续测量和反馈控制策略相结合,构成随机开放量子系统的反馈控制。

有关随机开放量子系统反馈控制的研究可以归纳为两大类:线性和非线性随机开放量子系统反馈控制。当量子系统处于某些特殊的初态或者某个时刻段时,可通过线性化处理加上测量将复杂的被控系统转化为线性随机开放量子系统。James 和 Petersen 的研究团队成功地将经典线性系统控制理论中的 LQG 控制、H^∞ 控制应用到了线性光学量子系统中。有关非线性随机开放量子系统的研究焦点大都集中在设计全局稳定反馈控制律上,以实现系统的控制目标。2005 年,Handel 等针对原子系综,首次给出了量子反馈控制方案,并设计出全局稳定反馈控制律制备本征态,同年,将李雅普诺夫控制引入到随机开放量子系统的稳定性研究中,解决了低维随机开放量子系统的稳定问题,但此方法不适用于高维系统。2005 年,Ticozzi 等将研究对象扩展到了 N 维系统,不过由于李雅普诺夫函数选取的局限性,他们所设计出的反馈控制律只能使系统几乎全局稳定。2007 年,Mirrahimi 和 Handel 利用李雅普诺夫稳定性定理和 LaSalle 不变原理,针对 N 维角动量系统,给出了全局收敛到观测量的任意本征态的反馈控制律;针对双比特量子系统,给出了全局收敛到纠缠态的反馈控制律,不过所设计出的控制律均为开关控制;2007 年和 2008 年,Tsumura 对开关控制进行了改进,设计出连续反馈控制律,实现了系统全局收敛到任意本征态。此外,2013 年,Ticozzi 等从哈密顿控制的角度出发,研究了随机开放量子系统的稳定性问题。

总的来说,由于对开放量子系统的测量和滤波给系统带来了随机项,使得随机开放量子系统所表现出的特性更加复杂,对其内部特性的分析和控制器的设计也更加困难。有关随机开放量子系统控制的研究时间并不长,目前只能够实现对本征态的收敛控制律的设计;在控制设计的形式上,主要有开关控制和连续控制两大类。本章在目前有关随机量子系统李雅普诺夫收敛性控制理论研究的基础上,分别对无控制作用下的随机量子系统的内部特性,以及控制作用下系统的状态转移控制性能进行了系统仿真研究;探讨开关与连续控制作用下的参数对系统控制性能的影响,并对两种控制作用下所获得的系统控制性能进行对比分析。

10.1 随机量子系统主方程及其控制

考虑在真空环境下连续测量的量子反馈控制系统,记 t 时刻的量子系统状态为 ρ_t,则量子滤波方程,或称为随机主方程(stochastic master equation,SME)的一般表达形式为

$$d\rho_t = -\frac{i}{\hbar}[H_t, \rho_t]dt + D(L, \rho_t)dt + \sqrt{\eta}H(L, \rho_t)dW_t \quad (10.1)$$
$$\rho_0 = \rho(0)$$

其中,$H_t = H_0 + u_t H_u$ 为总哈密顿量,H_0 为系统自由哈密顿量,H_u 为控制哈密顿量,u_t 是随时间变化的外部控制场;η 是测量效率,且满足 $0 < \eta \leqslant 1$;L 是测量算符,系统信号通过此测量信道被检测,由测量引起的反作用效应则通过此信道反馈给量子系统;W_t 为具有随机特性的随机过程,也被称作"新息"。为了简单起见,一般设置普朗克常数 $=1$。$D(L, \rho_t)dt$ 和 $H(L, \rho_t)dW_t$ 分别体现了测量反作用效应中确定性漂移部分和随机耗散部分,其中,$D(L, \rho_t)$ 为开放量子系统中常见的 Lindblad 算子;$H(L, \rho_t)$ 是状态更新算子;真空环境下的 W_t 就是标准的实值 Wiener 过程,dW_t 作为标准 Wiener 过程的增量,代表着对测量白噪声的建模,满足期望 $E(dW_t) = 0$,方差 $E((dW_t)^2) = dt$。Lindblad 算子 $D(L, \rho_t)$、状态更新算子 $H(L, \rho_t)$ 以及随机过程增量 dW_t 的表达式分别为

$$D(L, \rho_t) \equiv L\rho_t L^\dagger - \frac{1}{2}(L^\dagger L \rho_t + \rho_t L^\dagger L) \quad (10.2)$$

$$H(L, \rho_t) = L\rho_t + \rho_t L^\dagger - \mathrm{tr}((L + L^\dagger)\rho_t)\rho_t \quad (10.3)$$

$$dW_t = dy_t - \sqrt{\eta}\mathrm{tr}(\rho_t(L + L^\dagger))dt \quad (10.4)$$

其中,$L^\dagger$ 是 L 的共轭转置。

从所给出的随机量子系统主方程(10.1)式~(10.4)式可以看出:与确定性的开放量子系统模型相比,随机量子系统主方程多了一个随机耗散部分项,并且这个项的大小是由测量效率 η 值的大小来确定的。在实际的量子反馈控制系统中,不同的测量方式决定不同的随机项,不同的测量效率 η 也产生不同的随机项的大小。以角动量作为可观测量为例,当原子簇数目为 n 时,量子态的角动量维数为 $N = 2J - 1$,其中 $J = n/2$ 是动量的绝对值。若在实验中以 z 方向的原子簇角动量为检测量,在 y 方向上施加可控磁场,则相应的量子滤波方程可以整理为关于 ρ_t 的非线性 Itô 随机微分方程:

$$d\rho_t = -iu_t[F_y, \rho_t]dt - \frac{1}{2}[F_z, [F_z, \rho_t]]dt$$
$$+ \sqrt{\eta}(F_z\rho_t + \rho_t F_z - 2\mathrm{tr}(F_z\rho_t)\rho_t)dW_t \quad (10.5)$$

其中,F_y 是沿 y 方向的角动量;F_z 是沿 z 方向的角动量,且 F_z 为对角实矩阵,满足 $F_z = F_z^\dagger$。它们分别为

$$F_y = \frac{1}{2i} \begin{bmatrix} 0 & -c_1 & & & \\ c_1 & 0 & -c_2 & & \\ & \ddots & \ddots & \ddots & \\ & & c_{2J-1} & 0 & -c_{2J} \\ & & & c_{2J} & 0 \end{bmatrix} \quad (10.6)$$

$$F_z = \begin{bmatrix} J & & & & \\ & J-1 & & & \\ & & \ddots & & \\ & & & -J+1 & \\ & & & & -J \end{bmatrix} \quad (10.7)$$

其中 $c_m = \sqrt{(2J+1-m)m}$，$m = 1, \cdots, 2J$。

当 $N = 4$ 时，可以计算出动量的绝对值为 $J = \frac{N-1}{2} = \frac{3}{2}$，$m = 1, 2, 3$。根据(10.6)式和(10.7)式，可以确定出沿 y 与 z 方向的角动量分别为

$$F_y = -\frac{i}{2}\begin{bmatrix} 0 & -\sqrt{3} & 0 & 0 \\ \sqrt{3} & 0 & -2 & 0 \\ 0 & 2 & 0 & -\sqrt{3} \\ 0 & 0 & \sqrt{3} & 0 \end{bmatrix}, \quad F_z = \begin{bmatrix} 3/2 & 0 & 0 & 0 \\ 0 & 1/2 & 0 & 0 \\ 0 & 0 & -1/2 & 0 \\ 0 & 0 & 0 & -3/2 \end{bmatrix} \quad (10.8)$$

随机开放量子系统的全局稳定控制问题可以表述为：寻找一个反馈控制器 u_t 来使量子系统全局稳定到期望的目标态 ρ_f，且当 $t \to \infty$ 时，状态 ρ_t 的期望 $E(\rho_t)$ 能够收敛到 ρ_f，即 $E(\rho_t) \to \rho_f$。到目前为止，对于 N 维的角动量系统，基于随机李雅普诺夫理论和 LaSalle 不变原理等技术的控制策略主要分为两种：开关控制策略和连续控制策略。Mirrahimi 等于 2007 年提出一种开关控制策略，当期望的目标态为测量算符 L 的本征态 ρ_f 时，他们证明了一种收敛的控制律 u_t 的公式为

$$u_t = \begin{cases} u_1(\rho_t) = -\mathrm{tr}(i[F_y, \rho_t]\rho_f), & \mathrm{tr}(\rho_t\rho_f) \geq \gamma \\ u_2 = 1, & \mathrm{tr}(\rho_t\rho_f) \leq \gamma/2 \\ u_1(\rho_t), & \rho_t \in B, \text{且通过 } \mathrm{tr}(\rho_t\rho_f) = \gamma \text{ 进入 } B, \text{其中} \\ & B \triangleq \{\rho : \gamma/2 < \mathrm{tr}(\rho_t\rho_f) < \gamma\} \\ u_2, & \text{其他} \end{cases}$$

$$(10.9)$$

其中，γ 为控制律切换的临界参数，且 $0<\gamma\leqslant 1$。

由于开关控制需要根据不同的情况在几个控制函数之间进行快速切换，这给控制的实现带来了一定的难度。Koji Tsumura 针对这一问题对开关控制(10.9)式进行了改进，于 2008 年推导并证明出一种连续反馈控制律 u_t：

$$u_t = \alpha u_1(\rho_t) + \beta V^1_{\rho_f}(\rho_t) \tag{10.10}$$

其中，$u_1(\rho_t) = -\mathrm{tr}(\mathrm{i}[F_y,\rho_t]\rho_f)$，$V^1_{\rho_f}(\rho_t) = \lambda_i - \mathrm{tr}(F_z\rho_t)$，$\lambda_i = J - (i-1)$，$\alpha$ 和 β 是可调的控制参数，且满足系统(10.5)式全局稳定的充分条件：$(\beta^2/8\alpha\eta)<1$。

(10.10)式中的控制律 u_t 由两项组成，其中，$\alpha u_1(\rho_t)$ 主要用来控制系统状态收敛到期望目标态，$V^1_{\rho_f}(\rho_t)$ 用来驱动系统状态远离其他系统稳态。需要注意的是，虽然 $(\beta^2/8\alpha\eta)<1$ 仅仅是系统全局稳定的充分条件，但是它为实际应用中的参数选取提供了依据。在上述两种已提出的收敛控制策略的基础上，本章重点以状态转移控制为出发点，通过进行系统仿真实验，详细分析无控制作用下的系统内部特性，以及有控制作用下系统状态转移的控制性能。

10.2 无控制作用下系统内部特性分析

随机开放量子系统的独特性主要表现在由于测量引起的反作用效应会通过测量信道反馈给量子系统，测量效率 η 直接影响着系统特性。一般来说，测量效率 η 是由实际实验状况决定的，满足 $0<\eta\leqslant 1$，当 $\eta=1$ 时，其测量被称为"完美测量"，但这在实际中是无法实现的。因此，本节在对系统内部特性进行分析时，通过研究不同的测量效率 η 值对系统状态 ρ_t 的纯度 $p_t = \mathrm{tr}(\rho_t^2)$ 的影响，来揭示随机量子系统本身在没有外加控制作用（即 $u_t=0$）情况下所表现出的特性。

对于 $N=4$ 的角动量系统，根据(10.5)式可知，测量算符 L 即是(10.8)式所示的 4×4 的对角矩阵 F_z，其中有 4 个本征态 $\rho_{ei}(i=1,2,3,4)$，它们分别为 $\rho_{e1} = \mathrm{diag}\{[1\ 0\ 0\ 0]\}$，$\rho_{e2} = \mathrm{diag}\{[0\ 1\ 0\ 0]\}$，$\rho_{e3} = \mathrm{diag}\{[0\ 0\ 1\ 0]\}$ 和 $\rho_{e4} = \mathrm{diag}\{[0\ 0\ 0\ 1]\}$。在系统状态转移仿真实验中，目标态 ρ_f 应满足：$\rho_f \in \{\rho_{ei}\}$。此外，在本节的系统仿真实验中，被控系统(10.5)式的实现将采用龙格-库达(Runge-Kutta)方法，采样步长均设置为 $\Delta t = \mathrm{d}t = 0.01$，实验时间长度为 $T=20$ a.u.，$\mathrm{d}W_t$ 是服从均值为 0、方差为 $\mathrm{d}t=0.01$ 的正态分布。

选取系统初始状态 ρ_{01} 为叠加态：

$$\rho_{01} = \begin{bmatrix} 0.5 & 0.5 & 0 & 0 \\ 0.5 & 0.5 & 0 & 0 \\ 0 & 0 & 0 & 0 \\ 0 & 0 & 0 & 0 \end{bmatrix} \qquad (10.11)$$

此时有 $p_{01} = \mathrm{tr}(\rho_{01}^2) = 1$ 成立。对测量效率 η 从 $\eta_0 = 0.01$ 开始，以等间距 $\Delta\eta = 0.01$ 增大至 $\eta_f = 1$，分别进行系统状态的纯度 p_t 随测量效率 η 和时间变化的实验，在 20 a.u. 时间里，纯度 p_t 随 η 值和时间的变化的系统仿真实验结果如图 10.1 所示，其中从蓝色到绿、黄、红色的变化表示纯度 p_t 从 0.5 到 1 之间的变化情况。

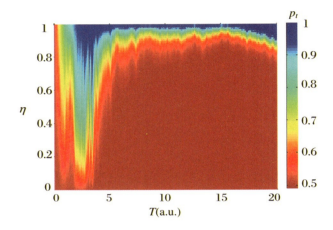

图 10.1　纯度 p_t 随 η 值和时间的变化情况

由图 10.1 可以看出：(1) 当 $\eta \in \{\eta, 0 < \eta < 0.2\}$ 时，系统状态的纯度 p_t 的幅度由小到大变化较大，但基本上都处于纯度小于 1 的情况，这表明系统从最初的纯态演化到了混合态，如果延长仿真实验的时间，系统的状态最终还是可以还原到某一纯态的。(2) 随着 η 值的增大，纯度 p_t 的变化幅度将逐渐减小，其变化过程所需要的时间也缩短。(3) 当 $\eta \in \{\eta, 0.9 < \eta \leqslant 1\}$ 时，纯度 p_t 的值基本在 0.9～1 之间，变化幅度很小，表明系统的状态能够很快地演化到纯态，并保持不变。

通过实验及其结果的分析可以发现：测量操作能够将量子信息通过测量通道反馈给被控量子系统，对系统的耗散作用进行了有效补偿，这种基于测量的反馈系统特性类似于非马尔科夫开放量子系统特性。对于所研究的 $N = 4$ 的角动量系统，当测量效率 η 取值很小(如 $\eta \in \{\eta, 0 < \eta < 0.2\}$)时，则需要较长的时间来体现对系统状态的补偿特性；当

测量效率 η 取值很大(如 $\eta \in \{\eta, 0.9 < \eta \leqslant 1\}$)时,测量对系统状态所表现出的补偿特性变化得非常迅速。为了能够充分展现出测量对系统状态的影响,在后面的控制作用下的系统仿真实验中,将测量效率取值为 $\eta = 0.5$。此外值得一提的是,由于测量噪声的随机性,图 10.1 所示的仅为 1 次实验的运行结果,当进行多次仿真实验时,纯度 p_t 具体的变化情况可能会与图 10.1 有所不同,不过所体现出的变化规律是一致的。

下面我们将在固定测量效率 $\eta = 0.5$,初态为(10.11)式的情况下,研究密度矩阵 ρ_t 在演化过程中各个元素的变化及其到达系统稳态的情况。位于初态 ρ_{01} 中非零位置的元素 ρ_{11}、ρ_{12}、ρ_{21} 和 ρ_{22} 在 5 次实验中随时间的变化曲线分别如图 10.2(a)~(d)所示,其中,黑色实线、红色虚线、蓝色点线、绿色点划线和灰色实线分别代表不同位置元素同一次的运行结果。

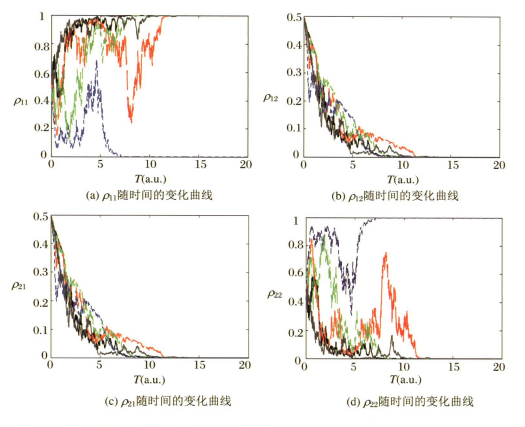

(a) ρ_{11} 随时间的变化曲线

(b) ρ_{12} 随时间的变化曲线

(c) ρ_{21} 随时间的变化曲线

(d) ρ_{22} 随时间的变化曲线

图 10.2 $\eta = 0.5$ 时状态 ρ_t 从初态 ρ_{01} 的自由演化曲线

从图 10.2 可以看出:在系统仿真实验过程中,处在非对角线位置的元素 ρ_{12}(图 10.2(b))和 ρ_{21}(图 10.2(c))的 5 次实验结果均是振荡衰减为 0;而处在对角线位置上的

元素 ρ_{11}(图 10.2(a))和 ρ_{22}(图 10.2(d))的 5 次实验结果,出现随机的振荡增加为 1 或者振荡衰减为 0。通过观察原本处在初态 ρ_{01} 零位置元素的变化情况,发现其在仿真过程中均保持不变,因此,系统从初态 ρ_{01} 可能演化到的稳态有 2 个,分别是 ρ_{s1} = diag{[1 0 0 0]}和 ρ_{s2} = diag{[0 1 0 0]}。研究发现,如果改变系统初态,系统在不同初态下所收敛到的稳态{ρ_{sj}}是与系统初态相关的,其中 j 与初态的密度矩阵中对角线非零元素的个数相等,代表着可能到达的稳态的个数,系统的稳态{ρ_{sj}}与测量算符 F_z 的本征态{$\rho_{ei}, i=1,2,3,4$}满足:{ρ_{sj}}⊆{$\rho_{ei}, i=1,2,3,4$}。此外,通过进行不同测量效率 η 值下系统从同一初态开始演化的仿真实验发现:量子态的还原时间是随着测量效率 η 值的增大而缩短的,这与图 10.2 的结论一致。

10.3 反馈控制作用下的系统状态转移性能分析

反馈控制作用下的系统状态转移性能分析将分别研究:(1) 开关控制作用下,不同的 γ 值对控制性能的影响;(2) 连续控制作用下,可调参数 α 和 β 对控制性能的影响,探讨随机量子系统控制中的参数选择问题;(3) 对两种控制方案下的系统状态转移控制性能进行对比和分析。

选取系统状态 ρ_t 与目标态 ρ_f 之间的距离 $\varepsilon(\rho_t)$ 作为状态转移的性能指标:

$$\varepsilon(\rho_t) = 1 - \mathrm{tr}(\rho_t \rho_f), \quad 0 \leqslant \varepsilon(\rho_t) \leqslant 1 \tag{10.12}$$

分析(10.12)式可知,当且仅当 $\rho_t = \rho_f$ 时,$\varepsilon(\rho_f) = 0$。因此,$\varepsilon(\rho_t)$ 值越接近于 0,系统演化终态则越接近目标态,转移精度越高。实验中设置状态转移目标值为 $\varepsilon_0 = 1 \times 10^{-5}$,在系统状态调控过程中达到转移目标 ε_0 时,则认为实现了状态转移。进一步的,若在之后的仿真时间段内能一直满足 $\varepsilon(\rho_t) < \varepsilon_0$,则认为在此实验时间段内实现了状态保持。

10.3.1 开关控制作用下参数 γ 对控制性能的影响

开关控制作用下参数 γ 对控制性能的影响将重点研究开关控制律中参数 γ($0 < \gamma \leqslant 1$)对状态转移控制性能的影响,并且通过分析 γ 取不同值的情况下系统所能达到的不同

的控制性能函数 $\varepsilon(\rho_t)$，来探讨合适的 γ 取值。系统仿真实验分为 2 组：(1) 叠加态与本征态之间的状态转移；(2) 本征态与本征态之间的状态转移，其中，参数 γ 的取值均是从 $\gamma_0 = 0.01$ 开始以等间距 $\Delta\gamma = 0.01$ 增大至 $\gamma_f = 1$。

系统初态为 (10.11) 式所示的叠加态 ρ_{01}，目标态选取为本征态：$\rho_{s1} = \text{diag}\{[1\ 0\ 0\ 0]\}$ 和 $\rho_{s2} = \text{diag}\{[0\ 1\ 0\ 0]\}$。在开关控制作用 (10.9) 式下，仿真实验时间长度设置为 $T = 20$ a.u.。系统从初态 ρ_{01} 分别转移到目标态 ρ_{s1} 和 ρ_{s2} 时，性能指标函数 $\varepsilon(\rho_t)$ 随 γ 值和时间的变化实验结果如图 10.3 所示，其中，图 10.3(a) 的目标态为 ρ_{s1}，图 10.3(b) 的目标态为 ρ_{s2}；图中的颜色从蓝色到绿、黄、红色分别代表着 $\varepsilon(\rho_t)$ 值从 0 变化到 1 的过程，黑色区域表示的是性能指标满足 $\varepsilon(\rho_t) < \varepsilon_0$ 的情况，连续的黑色区域可以认为是状态的保持阶段。

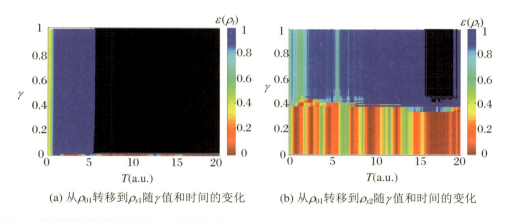

(a) 从 ρ_{01} 转移到 ρ_{s1} 随 γ 值和时间的变化　　(b) 从 ρ_{01} 转移到 ρ_{s2} 随 γ 值和时间的变化

图 10.3　开关控制作用下从叠加态转移到本征态时 $\varepsilon(\rho_t)$ 随 γ 值和时间的变化

从图 10.3(a) 可以看出：当从 ρ_{01} 转移到 ρ_{s1} 时，参数 γ 在几乎所有的可取值范围 $\{\gamma, 0.01 < \gamma < 0.95\}$ 内都能使得系统的状态转移到期望的目标态，并且仅需要花费 5.52 a.u. 的时间，同时还能够长时间地保持目标态。

从图 10.3(b) 可以看出：相较于从 ρ_{01} 转移到 ρ_{s1}，从 ρ_{01} 转移到 ρ_{s2} 时，可以使得系统达到目标态的参数 γ 的有效取值范围要小了许多，为 $\{\gamma, 0.01 < \gamma < 0.5\}$，并且到达转移目标所用的仿真时间为 15.97 a.u.，只保持到 19.15 a.u.，保持时间为 3.18 a.u.，而图 10.3(a) 中黑色区域的保持时间从 5.52 a.u. 一直到 20 a.u.，保持时间为 10.45 a.u.。这说明不同的本征态作为目标态时，参数 γ 的有效取值范围大小差别是很大的。

当控制系统状态在本征态 $\{\rho_{ei}, i=1,2,3,4\}$ 任意两个之间进行转移时，本研究一共进行了所有的 12 种情况的系统仿真实验。通过研究仿真实验的结果发现：目标态为 ρ_{s1}，初态分别为 $\{\rho_{ei}, i=2,3,4\}$ 时的 3 组实验结果所表现出的变化规律是一致的，而目标态分别为$\{\rho_{ei}, i=2,3,4\}$时的9组实验结果具有相同的变化规律。因此,以ρ_{s1}与ρ_{s2}之间的状态转移为例,在实验时间为40 a.u.情况下,我们获得的不同参数γ与系统控制性能$\varepsilon(\rho_t)$之间关系的实验结果如图10.4所示,其中,图10.4(a)是从ρ_{s1}转移到ρ_{s2},图10.4(b)是从ρ_{s2}转移到ρ_{s1}。

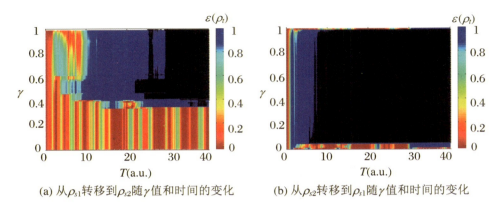

(a) 从ρ_{s1}转移到ρ_{s2}随γ值和时间的变化

(b) 从ρ_{s2}转移到ρ_{s1}随γ值和时间的变化

图10.4 开关控制作用下从本征态转移到本征态时$\varepsilon(\rho_t)$随γ值和时间的变化

从图10.4(a)可以看出:当从ρ_{s1}转移到ρ_{s2}时,能够使状态转移到目标态的参数γ的有效取值范围并不是连续的,在$\{\gamma, 0.4<\gamma<0.5\}$取值范围时,达到转移目标所用的仿真时间约为22.14 a.u.,在$\{\gamma, 0.01<\gamma<0.4\}$取值范围内,在25.12 a.u.时首次达到转移目标,之后性能指标函数$\varepsilon(\rho_t)$出现振荡增加,在29.52 a.u.时系统再次达到状态转移目标,此后对于$\{\gamma, 0.01<\gamma<0.58\}$,系统状态能够一直保持在目标态。

从图10.4(b)可以看出:当从ρ_{s2}转移到ρ_{s1}时,能够使状态转移到目标态的参数γ的有效取值范围近似为矩形,大致为$\{\gamma, 0.02<\gamma<0.95\}$,并且在$\gamma$的有效取值内,达到状态转移目标所用转移时间近似相等,大致为7.75 a.u.,之后实现了状态保持。这表明,相比于目标态为ρ_{s2}的情况,目标态为ρ_{s1}时,γ的有效取值范围要大很多,同时达到状态转移目标所用的时间明显缩短,且实现状态转移后,系统能够比较稳定地保持在目标态。

通过叠加态到本征态以及本征态之间的状态转移实验可知,较好的参数γ值是:使状态从初始态调控到目标态的过程所花费的时间较短,并且达到目标态后,系统状态能够稳定地保持在目标态的时间较长。综合图10.3和图10.4的实验结果分析可得较好的参数γ值为$\gamma=0.5$。当设置不同的系统初态和目标态时,参数γ的取值是不一样的,本研究给出的选取方法,通过大致遍历γ取值,对控制性能进行分析,是一种比较严谨的方法。

10.3.2　连续控制下参数 α 和 β 对控制性能的影响

在连续控制律(10.10)式中,可调参数 α 和 β 需要满足约束条件:$(\beta^2/8\alpha\eta)<1$,不同的可调参数 α 和 β 对控制性能的影响是不同的。本研究参数调整的策略是:固定其中一个参数,通过求解不等式 $(\beta^2/8\alpha\eta)<1$,得到另一个参数的取值范围,确定此参数取值的上下边界值,并从下边界值等间距变化到上边界值,则可以生成大量的不同参数组合对 (α,β),在此基础上,分析系统状态转移的控制性能,并选取合适的控制参数对 (α^*,β^*)。系统状态转移仿真实验分为两组:从叠加态 ρ_{01} 转移到本征态 ρ_{s1} 以及从本征态 ρ_{s2} 转移到本征态 ρ_{s1}。

固定参数 $\alpha=1$,计算满足约束条件的参数 β 取值范围为:$-2<\beta<2$。在约束条件中,参数 β 仅以平方的形式出现,故可以推断:当 $\beta\in\{-2<\beta<2\}$,分析不同控制参数对 (α,β) 下的系统性能指标函数 $\varepsilon(\rho_t)$ 的变化情况时,$\varepsilon(\rho_t)$ 将会以 $\beta=0$ 为分界线对称变化,因此,可以以 $\beta\in\{0\leqslant\beta<2\}$ 为取值范围来进行研究。在系统仿真实验中,参数 β 从 $\beta_0=0$ 开始以等间距 $\Delta\beta=0.01$ 增大至 $\beta_f=1.99$,仿真时间设置为 $T=20$ a.u.。图 10.5 所示的是连续控制作用下,系统状态转移过程中 $\varepsilon(\rho_t)$ 随参数 β 和时间的变化,其中,图 10.5(a)是从 ρ_{01} 转移到 ρ_{s1},图 10.5(b)是从 ρ_{s2} 转移到 ρ_{s1}。

从图 10.5(a)可以看出,对于初态为叠加态 ρ_{01},当 $\beta\in\{0\leqslant\beta\leqslant1.99\}$ 时,$\varepsilon(\rho_t)$ 的变化情况大致相同,在仿真时间约为 5.52 a.u. 时均到达转移目标,并且能够稳定保持在目标态 ρ_{s1},这表明:在从 ρ_{01} 转移到 ρ_{s1} 的仿真实验中,参数 β 的有效取值范围为 $\{\beta,0\leqslant\beta\leqslant1.99\}$。

从图 10.5(b)可以看出,对于初态为本征态 ρ_{s2},在 $\beta\in\{0\leqslant\beta<0.3\}$ 时,在初始时间段 $[0,10]$ 内 $\varepsilon(\rho_t)$ 振荡变化比较剧烈,之后不连续的黑色区域表明系统状态在达到转移目标 ε_0 后,不能稳定地保持在目标态,而是出现了 $\varepsilon(\rho_t)$ 振荡增加的情况;而当 $\beta\in\{0.35\leqslant\beta\leqslant1.99\}$ 时,相比于其他 β 取值,系统状态在仿真时间约为 7.73 a.u. 时均达到转移目标 ε_0,并在仿真时间内一直保持在目标态。因此,初态为本征态 ρ_{s2} 时,参数 β 的有效取值范围为 $\{\beta,0.35\leqslant\beta\leqslant1.99\}$,明显小于初态为叠加态 ρ_{01} 的情况。

对比图 10.5(a)和图 10.5(b),可以发现:在相同的参数调整策略下,对于不同的系统初态,控制参数 α 和 β 对控制性能的影响是不同的。当改变系统的初态和目标态后,控制参数 α 和 β 需要重新调整。与 10.3.1 节中参数 γ 的选取准则类似,对于从叠加态 ρ_{01} 和本征态 ρ_{s2} 转移到本征态 ρ_{s1} 的这两组实验,本研究希望状态调控过程中,在达到转移精度后能够稳定在目标态,依此确定较好的参数 α 和 β 为:$\alpha=1,\beta=1$。

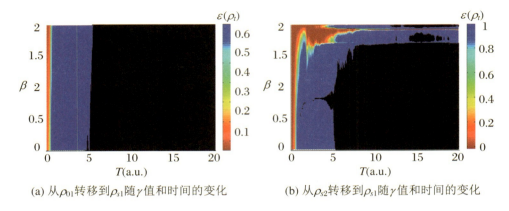

(a) 从 ρ_{01} 转移到 ρ_{s1} 随 γ 值和时间的变化　　(b) 从 ρ_{s2} 转移到 ρ_{s1} 随 γ 值和时间的变化

图 10.5　连续控制作用下 $\varepsilon(\rho_t)$ 随 β 值和时间的变化

10.3.3　两种控制作用下的控制性能对比分析

在 10.3.1 节和 10.3.2 节中详细分析了开关控制和连续控制作用下,参数对状态转移控制性能的影响,给出了两种控制作用下较好的系统仿真实验控制参数。本节将在确定的控制参数下,即 $\eta=0.5, \gamma=0.5, \alpha=1, \beta=1$,对比分析两种不同控制方案的系统状态转移控制性能。在开关控制和连续控制作用下,进行了 2 组系统仿真实验:(1) 分别以叠加态 ρ_{01} 和本征态 ρ_{s2} 为初态,转移到本征态 ρ_{s1};(2) 以任意纯态为初态,转移到本征态 ρ_{s1}。实验仿真时间均设置为 $T=40$ a.u.。由于测量噪声的随机性对实验结果会有一定的影响,本研究运行 M 次系统仿真实验,通过对性能指标函数 $\varepsilon_i(\rho_t)(i=1,\cdots,M)$ 进行平均值处理,得 $\bar{\varepsilon}(\rho_t)=(1/M)\sum_{i=1}^{M}\varepsilon_i(\rho_t)$,通过分析两种控制作用下平均性能指标函数 $\bar{\varepsilon}(\rho_t)$ 的变化情况,来对比研究不同控制作用下的状态转移控制性能。

图 10.6 所示的是以叠加态 ρ_{01} 和本征态 ρ_{s2} 为初态时,分别在开关控制作用和连续控制作用下运行 $M=200$ 次,平均性能指标函数 $\bar{\varepsilon}(\rho_t)$ 随时间的变化曲线,其中,黑色实线代表开关控制作用,红色虚线代表连续控制作用,黑色和红色实心圆点标注的均为 $\bar{\varepsilon}(\rho_t)<\varepsilon_0$ 的情况,图 10.6(a) 是从 ρ_{01} 转移到 ρ_{s1},图 10.6(b) 是从 ρ_{s2} 转移到 ρ_{s1}。从图 10.6 可以看出,以叠加态 ρ_{01} 和本征态 ρ_{s2} 为初态时,在两种控制作用下均能够实现状态转移控制目标,其中,初态为叠加态 ρ_{01} 时,开关控制作用下,达到转移目标 ε_0 所用仿真时间为 31.88 a.u.,连续控制作用下,所用仿真时间为 25.43 a.u.;初态为本征态 ρ_{s2} 时,

开关控制作用下,达到转移目标 ε_0 所用仿真时间为 35.49 a.u.,连续控制作用下,所用仿真时间为 34.74 a.u.。两种控制作用下,在达到目标态后,均能够一直保持到实验结束时间 40 a.u.。实验结果表明:以叠加态 ρ_{01} 和本征态 ρ_{s2} 为初态时,连续控制作用下所用的状态转移时间均小于开关控制下的情况;同时在两种控制作用下,初态为叠加态 ρ_{01} 时,状态调控所用时间均小于初态为本征态 ρ_{s2} 的情况。

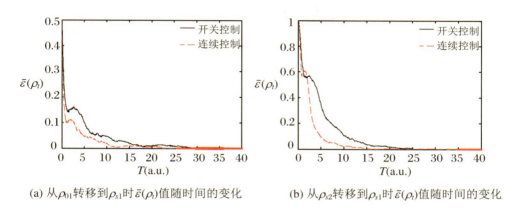

(a) 从 ρ_{01} 转移到 ρ_{s1} 时 $\bar{\varepsilon}(\rho_t)$ 值随时间的变化

(b) 从 ρ_{s2} 转移到 ρ_{s1} 时 $\bar{\varepsilon}(\rho_t)$ 值随时间的变化

图 10.6 以叠加态 ρ_{01} 和本征态 ρ_{s2} 为初态时 $\bar{\varepsilon}(\rho_t)$ 随时间的变化曲线

以本征态 ρ_{s1} 为目标态,任意选取 20 个纯态作为初始状态,分别在开关控制作用和连续控制作用下运行 $M=50$ 次,平均性能指标函数 $\bar{\varepsilon}(\rho_t)$ 的变化情况如图 10.7 所示,其中,图 10.7(a) 是在开关控制作用下的仿真结果,图 10.7(b) 是在连续控制作用下的实验结果。从图 10.7(a) 可知,开关控制作用下,在随机选取的 20 个纯态到目标态的转移过程中,平均性能指标函数 $\bar{\varepsilon}(\rho_t)$ 最快达到转移目标 ε_0 所用的时间为 20.88 a.u.,在仿真时间结束时有未能实现状态转移的情况,但是通过延长仿真时间能够达到转移目标。从图 10.7(b) 可知,连续控制作用下,在仿真时间为 16.57～32.17 a.u. 内,系统从任意初始纯态均转移到了目标态,$\bar{\varepsilon}(\rho_t)$ 最快达到转移目标 ε_0 所用的时间为 16.57 a.u.,比开关控制作用下的情况缩短了 20.64%。结合图 10.6 和图 10.7 的仿真实验结果,可以得出以下结论:不论是开关控制还是连续控制,系统能够从任意纯态转移到期望的本征态;相比于开关控制作用,连续控制作用下的平均性能指标函数 $\bar{\varepsilon}(\rho_t)$ 的衰减速度更快,达到转移目标 ε_0 所用的时间更少。

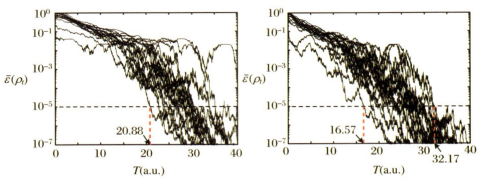

(a) 开关控制作用下 $\bar{\varepsilon}(\rho_t)$ 随时间的变化曲线   (b) 连续控制作用下 $\bar{\varepsilon}(\rho_t)$ 随时间的变化曲线

图 10.7 20 个任意纯态为初态时 $\bar{\varepsilon}(\rho_t)$ 随时间的变化曲线

10.4 小　　结

本章在目前有关随机量子系统李雅普诺夫收敛性控制理论研究的基础上，以 $N=4$ 的角动量系统为研究对象，分别对无控制作用下的随机量子系统的内部特性，以及控制作用下系统的状态转移控制性能进行了系统仿真研究。结果表明：在测量所带来的随机回馈项的作用下，在无控制作用的自由演化情况下，系统的状态最终能够随机地收敛到测量算符的某个本征态，其可能达到的本征态的个数与初态密度矩阵中对角线非零元素的个数相等；不论是开关控制还是连续控制，系统均能够从任意的初始纯态转移到期望的本征态，相比于开关控制，连续控制作用下的性能指标函数收敛速度较快，缩短了达到转移目标所用的时间。

第 11 章

基于李雅普诺夫的二能级双量子点量子位超快操纵

半导体量子点是人工固态量子系统,由于它的形状和尺寸可控,比较容易进行操纵和测量,最重要的是,它能利用经典计算机中非常成熟的半导体集成工艺,这些特点都使得半导体量子点成为非常令人憧憬的量子计算机实现物理系统。半导体量子点中对量子位的超快操纵尤其让研究人员感兴趣,这也是量子计算机最核心的组成元素。量子点中的量子位有两种:电荷量子位(charge qubit)和自旋量子位(spin qubit),分别由量子点中的自由电荷和自旋的自由度来表示。由于半导体量子点中的电荷和自旋消相干时间非常短,通常只有几纳秒(10^{-9} s),在皮秒数量级完成对量子位的操纵就显得非常必要。到目前为止,使用光脉冲和电脉冲(Cao et al.,2013)完成对半导体量子点中单量子位的操纵已经实现。对于一个相互耦合的二能级双量子点(DQD)系统,可以使用一个随时间变化的控制外场,当系统被外场驱动来回穿越能级间距时,基态与激发态之间会发生非绝热隧穿,并且累计一个斯塔克伯格(Stückerberge)相位量,此相位量能周期性地决定电荷或自旋量子位状态转移的概率,此过程就是物理上非常有名的兰道-齐纳-斯塔克伯格(Landau-Zener-Stückberge,LZS)干涉原理(Shevchenko et al.,2010)。由于其对一些特定的噪声不敏感且能保证么正门操作高保真度地完成,在过去几十年中,人们非常热衷于利用 LZS 干涉原理进行量子控制。很多电荷和自旋量子位的操纵工作都选择使用 LZS 干涉原理进行描述和实现,最常见的 LZS 干涉原理控制方案为对系统施加周期性的脉冲,驱动系统来回地穿越能级间距。最近,改进的 LZS 干涉原理方案已经实现(Ribeiro et al.,2013),此方案中裁定的控制脉冲的形状是一个"双帽子"形状,能显著地提高 LZS 干涉原理得到的振荡可视性。

量子点又称为"人造原子",人们可以向其内注入电子和空穴形成载流子,通过调节量子点的尺寸以及其载流子在各个方向的德布罗意波,量子点的载流子可以出现能谱分离,与原子的特性非常相似。载流子的调控手段一般是通过调节其隧穿电压以及源漏电极的耦合使电子在量子点之间进行隧穿,而载流子引起的量子点电学特性一般是通过在源漏电极添加辅助电流电压探测器进行测量。量子点的电学特性一般表现为库伦阻塞(Van Houten et al.,1992)和分立能级结构(Kouwenhoven et al.,2001)。

门型量子点相比其他量子点在形状和尺寸的加工方面有着非常明显的优势,人们能对其进行精确的控制,可以制造出人们所期望的性质和相互作用的量子点。其制作流程为:首先通过纳米加工技术,在半导体材料中制备出人们所期望的纳米级别的电极;随后通过向纳米电极上施加合适的控制电压,将半导体材料上的二维电子气束缚在一个"碗型"的势井中。门型量子点一般有横向量子点和纵向量子点两种,而横向量子点凭借其能大范围地调节纳米电极上的控制电压,进而可以精确地调控电子在量子点之间的隧穿,故人们在量子点方面的工作一般都在横向量子点中进行。

11.1 二能级双量子点系统描述

二能级双量子点系统被制备在一个 GaAs/AlGaAs 半导体异质结构中,图11.1(a)为该系统在扫描电子显微镜下的实验装置图,其中 A1 到 A4 和 B1 到 B4 是 8 个金属电极;QPC 是量子点接触;两个量子点的形成位置在图 11.1(a)中表示为 L 和 R;金属电极 A1 和 B1 用于控制两个量子点之间的耦合强度;A2 和 B2 使量子点与 QPC 分割开来;A3 和 B3 为两个量子点的柱塞门,且外接控制场用于操纵量子点的动力学演化过程;L 和 R 上方的开口用于增强量子点之间的耦合并增强 QPC 的灵敏度;量子点中电子的每个变化均会引起 QPC 的电导出现变化,表示为 G_{QPC},如此可以避免测量量子点中电流的变化,降低测量的困难。图 11.1(b)给出了该双量子点的电荷比特(charge qubit)的能级图,其

中 E_L 和 E_R 分别表示量子点 L 和 R 的能级,通过在电极 A3 处施加外部控制场来改变 E_L 的大小,同理 E_R 的改变可以通过在电极 B3 处施加外部控制场来实现。将 E_L 与 E_R 之差定义为系统的失谐量 ε:

$$\varepsilon = E_L - E_R \tag{11.1}$$

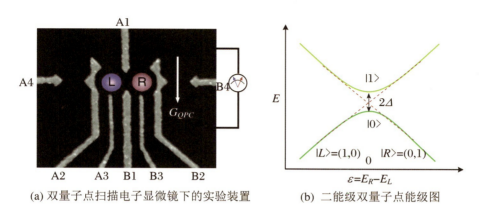

(a) 双量子点扫描电子显微镜下的实验装置   (b) 二能级双量子点能级图

图 11.1　二能级双量子点系统

11.2　基于 LZS 干涉原理的双量子点系统量子位转移

根据 LZS 干涉原理可知,对二能级双量子点系统中的状态进行转移的关键是调节系统的失谐量 ε。由(11.1)式可以看出:可以通过施加的外部控制场来调节左、右量子点 L 和 R 的能级 E_L 和 E_R,从而调控系统失谐量 ε 的大小。

下面我们将重点推导失谐量 ε 与系统状态转移概率之间的关系。

在外部施加的控制场的作用下,当系统失谐量第一次到达 $\varepsilon = 0$ 的反交叉点时,系统将发生隧穿,并以概率 P_{LZ} 从基态跃迁到激发态;随着外部控制场使系统失谐量远离 $\varepsilon = 0$ 的反交叉点,基态与激发态的两条能级轨道发生干涉。当外部控制场第二次使系统到达反交叉点,基态与激发态的两条能级轨道干涉累积的相位为 φ_i。该累积相位 $\varphi_i = 2N\pi(N=0,1,2,\cdots)$ 时,两个能级轨道发生相长干涉,系统将从初态转移到目标态;该累积相位 $\varphi_i = 2N\pi + \pi/2(N=0,1,2,\cdots)$ 时,则发生相消干涉,系统仍处于初态。

整个过程中系统从初态到目标态的转移概率为(Shevchenko et al.,2010)

$$P_{|L\rangle} = 2P_{LZ}(1 - P_{LZ})\cos(2\varphi_{LZ} - \varphi_i) \tag{11.2}$$

其中，φ_{LZ} 是一与斯托克斯（Stockes）相关的量，通常很小可以忽略（Cao et al.，2013）。P_{LZ} 和 φ_i 的计算公式为

$$P_{LZ} = \exp\left(-2\mathrm{Im}\int_0^{t_0}[E_+(t') - E_-(t')]dt\right) \tag{11.3}$$

$$\varphi_i = \int_0^{t_r}[E_+(t) - E_-(t)]dt + \int_{t_r}^{2t_r}[E_+(t) - E_-(t)]dt \tag{11.4}$$

其中，E_- 为系统成键轨道的能级，E_+ 为反键轨道的能级，它们与失谐量 ε 之间的关系为 $E_\pm = \pm\sqrt{\varepsilon^2 + \Delta^2}$，$\Delta$ 为系统在反交叉点的成键轨道和反键轨道能级差，称作反交叉能级间距（anti-crossing）。

利用 LZS 干涉原理实现量子点状态转移的外加控制场一般是一个幅值为 A 的周期函数，Cao 等人所做的实验中采用的是一个幅值为 A 的三角周期函数（Cao et al.，2013），其上升时间为 t_r，控制场的周期是 $2t_t$。在该控制场作用下，系统失谐量 ε 与外加控制场的关系为

$$\varepsilon(t) = \begin{cases} \varepsilon_0 - vt, & 0 < t \leqslant t_r \\ \varepsilon_0 - A + vt, & t_r < t \leqslant 2t_r \end{cases} \tag{11.5}$$

其中，$v = A/t_r$ 是函数上升的速度，ε_0 为二能级双量子点系统制备过程中所产生的失谐量的初始值。

将 $E_\pm = \pm\sqrt{\varepsilon^2 + \Delta^2}$ 以及（11.5）式分别代入（11.3）式、（11.4）式，通过积分可以得到：

$$P_{LZ} = \exp\left(-\frac{2\pi\Delta^2}{v}\right) \tag{11.6}$$

$$\varphi_i = \frac{2(A - \varepsilon_0)^2}{v\hbar} \tag{11.7}$$

其中，$\hbar = h/2\pi$ 为约化普朗克常量。

将（11.6）式、（11.7）式和 $v = A/t_r$ 代入转移概率（11.2）式，可得

$$P_{|L\rangle} = 2\exp\left(-\frac{2\pi\Delta^2 t_r}{A\hbar}\right)\left[1 - \exp\left(-\frac{2\pi\Delta^2 t_r}{A\hbar}\right)\right]\cos\left[2\frac{(A - \varepsilon_0)^2 t_r}{A\hbar}\right] \tag{11.8}$$

实验中控制场作用时间一般取一个周期，即 $t_p = 2t_r$，将其代入（11.8）式得到控制场幅值 A 和作用时间 t_p 与转移概率 $P_{|L\rangle}$ 之间的关系：

$$P_{|L\rangle} = 2\exp\left(-\frac{\pi\Delta^2 t_p}{A\hbar}\right)\left[1 - \exp\left(-\frac{\pi\Delta^2 t_p}{A\hbar}\right)\right]\cos\left[\frac{(A-\varepsilon_0)^2 t_p}{A\hbar}\right] \quad (11.9)$$

以上我们通过(11.9)式,以及关系式 $v = A/t_r$ 和 $t_p = 2t_r$ 推导出失谐量 ε 与系统状态转移概率之间的间接关系式。(11.9)式也是实验中用来直接调整系统状态转移的关系式。一般可以从两个方面来进行实验:(1) 固定 t_p,调整 A 和 ε_0,研究初始失谐量 ε_0 在不同取值情况下转移概率 $P_{|L\rangle}$ 与 A 的关系;(2) 固定 A,调整 t_p 和 ε_0,研究初始失谐量 ε_0 在不同取值情况下转移概率 $P_{|L\rangle}$ 与 t_p 的关系。

11.3 基于李雅普诺夫稳定性定理的控制场设计

本节我们将从系统控制理论的角度出发,针对二能级双量子点系统,采用量子李雅普诺夫控制理论来设计性能更好的控制场:在消相干时间内进一步提高系统初态到目标态的转移概率,使控制系统能够在更短时间内完成从初态到目标态的转移。本节将给出控制场的具体设计过程。

被控二能级双量子点系统的主方程为(Cao et al., 2013)

$$\frac{d\rho}{dt} = -\frac{i}{\hbar}[H, \rho] + L \quad (11.10)$$

其中,$H = H_0 + H_c$,$H_0 = \frac{1}{2}\varepsilon_0\sigma_z$,$H_c = \sum_{m=1}^{2} f_m H_m$,$L$ 为

$$L = L_1\rho L_1^\dagger + L_2\rho L_2^\dagger - \frac{1}{2}(\rho, L_1^\dagger L_1) - \frac{1}{2}(\rho, L_2^\dagger L_2) \quad (11.11)$$

$L_1 = \sqrt{\Gamma_1}\sigma_-$,$L_2 = \sqrt{\Gamma_2}\sigma_z$,$\Gamma$ 表示消相干速率,且 $\Gamma_1 = 1/T_1$,$\Gamma_2 = 1/T_2$,T_1、T_2 为左、右两个量子点消相干时间。

基于李雅普诺夫稳定性定理设计的控制律的最大优势在于控制律设计简单,另外可以得到解析解,另外经过研究已获得量子李雅普诺夫理论。利用该理论进行控制律设计,首先需要构造一个在相空间 $\Omega = (x)$ 上大于零且可微的李雅普诺夫函数 $V(x)$,然后根据保证系统稳定的条件 $\dot{V}(x) \leq 0$ 来获得系统的控制律。所以,基于量子李雅普诺夫控制理论进行控制律设计的关键在于选取合适的李雅普诺夫函数 $V(x)$。我们选取基于状态距离的李雅普诺夫函数为

$$V = \frac{1}{2}\text{tr}((\rho - \rho_f)^2) \tag{11.12}$$

其中,ρ 表示系统状态,ρ_f 为目标态。

为得到保证系统稳定的控制律,对(11.12)式中 V 求一阶时间导数,得

$$\begin{aligned}
\dot{V} &= \text{tr}(\dot{\rho}(\rho - \rho_f)) = \text{tr}\left(\left(-\frac{\text{i}}{\hbar}[H,\rho] + L\right)(\rho - \rho_f)\right) \\
&= \text{tr}\left(\left(-\frac{\text{i}}{\hbar}\Big[H_0 + \sum_{m=1}^{2} f_m(t) H_m, \rho\Big] + L\right)(\rho - \rho_f)\right) \\
&= \text{tr}\left(\left(-\frac{\text{i}}{\hbar}[H_0,\rho] + L\right)(\rho - \rho_f)\right) + \text{tr}\left(-\frac{\text{i}}{\hbar}\sum_{m=1}^{2} f_m(t)[H_m,\rho](\rho - \rho_f)\right) \\
&= f_1(t) \cdot D_1 + f_2 \cdot D_2 + C
\end{aligned} \tag{11.13}$$

其中,$D_m = \text{tr}\left(-\frac{\text{i}}{\hbar}[H_m,\rho](\rho - \rho_f)\right)(m=1,2)$ 是一关于 ρ 的实函数,$f_m(t)(m=1,2)$ 为待求控制律,$C = \text{tr}\left(\left(-\frac{\text{i}}{\hbar}[H_0,\rho] + L\right)(\rho - \rho_f)\right)$ 为系统的漂移项。

由于漂移项的符号可正可负,有可能导致 $\dot{V}(x)$ 的符号正负性不确定。为了得到保证 $\dot{V}(x) \leqslant 0$ 的控制律,我们的设计思想是:始终采用两个控制场,其中一个用来抵消漂移项,另一个用来进行状态转移控制,并通过两个控制量的协调控制,来保证 $\dot{V}(x) \leqslant 0$ 成立。经过具体推导后,可得控制场 f 为

$$f = \begin{cases} \begin{cases} f_1 = -C/D_1 \\ f_2 = -g_2 \cdot D_2 \end{cases}, & |D_1| > \theta \\ \begin{cases} f_1 = -g_1 \cdot D_1 \\ f_2 = -C/D_2 \end{cases}, & |D_1| < \theta, |D_2| > \theta \end{cases} \tag{11.14}$$

其中,θ 是避免控制律中分数表达式出现数学上的奇异性而引入的阈值;g_1 和 g_2 是控制场的调节参数。

11.4 系统仿真实验及其结果分析

为了验证本章所提出的控制策略的优越性及其可实现性,我们做了以下三件事情:
(1) 通过与实际实验结果的对比来验证基于 LZS 干涉原理实现二能级双量子点系

统状态转移的系统仿真实验的正确性。

（2）在此基础上，利用所获得的 LZS 干涉原理实现二能级双量子点系统状态转移的系统模型，进行基于量子李雅普诺夫理论作用下的状态转移实验及其结果分析。

（3）对两种实验情况下的控制系统保真度性能进行对比分析。

11.4.1 基于 LZS 干涉原理的系统仿真实验及其结果分析

我们将研究在固定 t_p，调整 A 和 ε_0，初始失谐量 ε_0 在不同取值情况下，转移概率 $P_{|L\rangle}$ 与 A 的关系，以此来证明我们所做的基于干涉原理实现二能级双量子点系统状态转移的系统仿真实验的正确性。

在考察 $P_{|L\rangle}$ 在 ε_0 和 A 作用下变化规律的实验中，需要固定控制场作用时间 t_p。由于实际控制系统中存在着消相干的影响，所以一般希望控制场作用时间 t_p 越小越好。但另一方面作用时间过短，有可能对给定的控制场幅值 A 完成不了控制任务。根据已有的实际实验结果（Cao et al.，2013），我们取 $t_p = 150$ ps。实验中其他各参数值根据已有的实际实验情况，分别取为 $h = 4.135 \times 10^{-15}$ ev·s，反交叉能级间距 2Δ 取 20.7 μeV。ε_0 的变化范围为 $[0,800]$ μeV，A 的变化范围为 $[0,800]$ μeV。

在固定 $t_p = 150$ ps 情况下，系统状态转移概率 $P_{|L\rangle}$ 随初始失谐量 ε_0 和控制场幅值 A 的变化规律如图 11.2 所示，其中，红、橙、黄、绿、青、蓝、紫分别代表 $P_{|L\rangle}$ 从 0.9 到 0.1 的逐渐变化过程。颜色越接近红色，代表 $P_{|L\rangle}$ 越接近 1，颜色越接近蓝色，则代表 $P_{|L\rangle}$ 越接近 0。

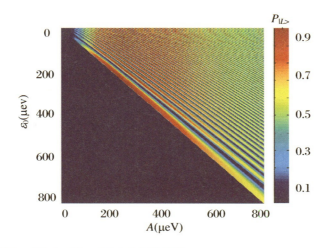

图 11.2　固定 $t_p = 150$ ps 时 $P_{|L\rangle}$ 随 ε_0 和 A 的变化规律

从图 11.2 可以看出:转移概率 $P_{|L\rangle}$ 在变化的 ε_0 和 A 的作用下,表现出一条条循环的红蓝相间的条纹。当累积相位 $\varphi_i = 2N\pi(N=0,1,2,\cdots)$ 时,系统发生相长干涉,为图中接近红色的条纹;当累积相位 $\varphi_i = 2N\pi + \pi/2$ 时,系统发生相消干涉,为图中接近蓝色的条纹。图中出现的红、蓝条纹的相互转换就是控制场幅值 A 使 LZS 干涉的累积相位不断在相长干涉与相消干涉之间转换的过程。由图 11.2 中红色条纹所在区间可以看出,实际实验最好的参数组合范围应当是:$\varepsilon_0 = [200,400]$ μeV,$A_0 = [200,400]$ μeV。根据(11.2)式可得:当 $P_{LZ} = 1/2$ 时,转移概率 $P_{|L\rangle}$ 为最大,等于 1;然后根据(11.6)式和(11.7)式,我们通过计算,可获得最佳组合值为 $\varepsilon_0 = 242$ μeV,$A = 242$ μeV,此时转移概率 $P_{|L\rangle}$ 为 95.78%。

为了更深入探讨外加控制场幅值对其干涉的影响,将 $\varphi_i = 2N\pi$ 代入(11.7)式,可得

$$A - \varepsilon_0^{(N)} = \sqrt{2\pi N A \hbar/t_r} \tag{11.15}$$

根据 Cao 等人的一组实验结果(Cao et al.,2013),我们在取 $t_r = 180$ ps,系统的初始失谐量 $\varepsilon_0 = 400$ μeV 情况下,分别做了控制场幅值 $A - \varepsilon_0^{(N)}$ 和累计相位 $2N\pi$ 中 N 的关系,以及系统状态转移概率 $P_{|L\rangle}$ 与控制场幅值 A 的关系的实验。实验结果如图 11.3 所示,从中可以看出,在 $\varepsilon_0 = 400$ μeV 下,当控制场幅值 $A \approx 520$ μeV 时,相位累积量 $\varphi_i = 2\pi$;当控制场幅值 $A \approx 570$ μeV 时,相位累积量 $\varphi_i = 4\pi$;当控制场幅值 $A \approx 612$ μeV 时,相位累积量 $\varphi_i = 6\pi$……在这些条件下,系统均发生相长干涉,能得到较好的状态转移性能。

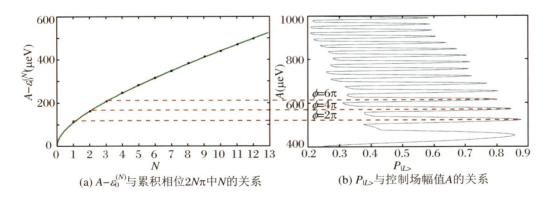

(a) $A - \varepsilon_0^{(N)}$ 与累积相位 $2N\pi$ 中 N 的关系 (b) $P_{|L\rangle}$ 与控制场幅值 A 的关系

图 11.3 $P_{|L\rangle}$ 与 A 及 $A - \varepsilon_0^{(N)}$ 与 $2N$ 中 N 关系的实验结果

为了进一步地研究系统的状态转移细节,我们取 $A = 520$ μeV,$t_p = 360$ ps,作出系统在时域下的状态转移过程如图 11.4 所示,从中可以看出,系统在此时状态转移的最大值能达到 85%,当控制场使系统远离共振点,以保持转移后的系统状态时,转移概率能稳定

在 77%左右。

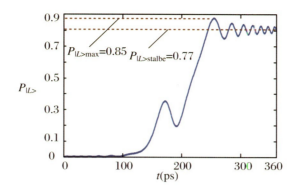

图 11.4　系统状态转移曲线

11.4.2　基于李雅普诺夫控制方法的系统仿真实验及其结果分析

根据 11.3 节中设计的控制场可知,不同的控制参数可以得到不同的控制效果,所以,首先需要确定控制律(11.14)式中的合适的控制参数值 g_1 与 g_2,其中通过多次系统仿真实验可得 g_1 与 g_2 对系统的影响是等价的,为研究方便起见,这里取 $G=g_1=g_2$ 作为统一的控制场调节参数,取值范围为 0.4~1.6。我们选取 3 组参数如下:$g_1=g_2=0.5$,$g_1=g_2=1$ 和 $g_1=g_2=1.5$。仿真实验中,作用时间 $t_p=50$ ps,系统消相干时间 T_1 和 T_2、系统初始失谐量 ε_0 的取值与 11.4.1 节相同。

在所给定的 3 组控制参数作用下系统仿真实验结果如图 11.5 所示,其中图 11.5(a) 是 $|R\rangle \to |L\rangle$ 的转移概率 $P_{|L\rangle}$,图 11.5(b) 是控制场的变化曲线,图 11.5(c) 为状态在 Bloch 球上的演化轨迹。

图 11.5(a) 中参数 g_1、g_2 分别同时取 0.5、1、1.5 时,在给定的作用时间 $t_p=50$ ps 内,状态转移的概率分别为 99.999 9%、99.954 7%、99.740 0%;转移概率到达给定的 99.500 0%的时间分别为 32.764 ps、33.625 ps、42.397 ps。从图 11.5(a)可以看出:当 $g_1=g_2=0.5$ 时,系统转移概率在 0~15 ps 时间段内上升缓慢,在 15~30 ps 内上升非常快,且到达给定的转移概率 99.500 0%最短时间为 32.764 ps;当 $g_1=g_2=1.5$ 时,系统转移概率在 0~5 ps 时间段内上升缓慢,在 5~10 ps 内上升非常快,到达给定的转移概率 99.500 0%用时最长为 42.397 ps;当 $g_1=g_2=1$ 时,系统转移概率在 0~7 ps 时间段内上

升缓慢,在 7～15 ps 内上升非常快,到达给定的转移概率 99.500 0% 时间也较短,为 33.625 ps。从图 11.5(b)的 3 幅图可以看出:当 $g_1 = g_2 = 0.5$ 时,控制场最大幅值为 200 μeV;$g_1 = g_2 = 1$ 时,控制场最大幅值达到 500 μeV;$g_1 = g_2 = 1.5$ 时,控制场最大幅值达到 800 μeV 才能满足系统的需求。即 g_1 和 g_2 越大,控制场幅值越高。从图 11.5(c)的 3 幅图可以看出:当 $g_1 = g_2 = 0.5$ 时,系统 $\rho_s \to \rho_f$ 的路径最长;$g_1 = g_2 = 1.5$ 时,系统 $\rho_s \to \rho_f$ 的路径最短;$g_1 = g_2 = 1$ 时,系统 $\rho_s \to \rho_f$ 的路径介于前两者之间。

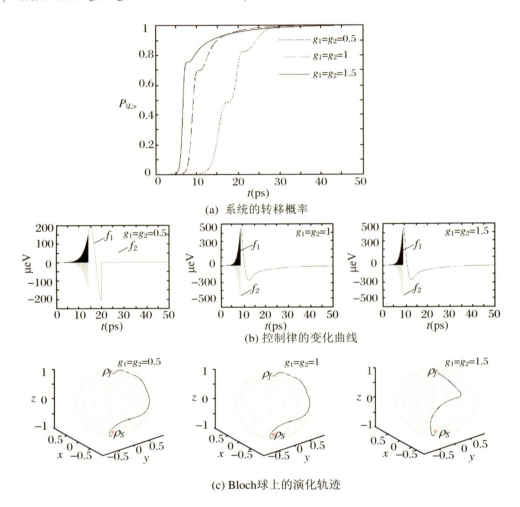

图 11.5　g_1 与 g_2 不同取值下系统仿真实验结果

考虑到由 Agilent81134A 脉冲发生器提供的外部控制场的时间分辨率为 1 ps,我们对李雅普诺夫的控制参数进行进一步研究。为了得到能达到较好控制性能的参数,我们研究了转移概率 $P_{|L\rangle}$ 与调节参数 G($g_1 = g_2$)和初始失谐量 ε_0 的关系,实验结果如图

11.6(a)所示,其中调节参数 G 的取值范围为 $[0.12,0.2]$,初始失谐量 ε_0 的取值范围为 $[0,100]$ μeV,图中白色区域表明在这些调节参数 G 和初始失谐量 ε_0 条件下,所设计的控制场不能驱动系统进行有效的状态转移。从图 11.6(a)可以看出,当初始失谐量 ε_0 的取值范围为 $[50,70]$ μeV 时所对应的状态转移性能最好,能达到 99% 以上。事实上,我们还研究了不同调节参数 G 对转移概率达到最高点的时间进行了研究,结果表明,越大的调节参数 G 会得到越短的转移时间,但会导致状态转移的性能变差,折中起见,这里将调节参数 G 取为 $0.18(g_1 = g_2)$。

在此条件和不同初始失谐量 ε_0 下,系统在时域的状态转移性能结果如图 11.6(b)所示,从中可以看出:当初始失谐量取为 $\varepsilon_0 = 60$ μeV 时,系统的转移概率性能和完成状态转移的时间能达到较好的平衡。图 11.6(c)为李雅普诺夫控制场。

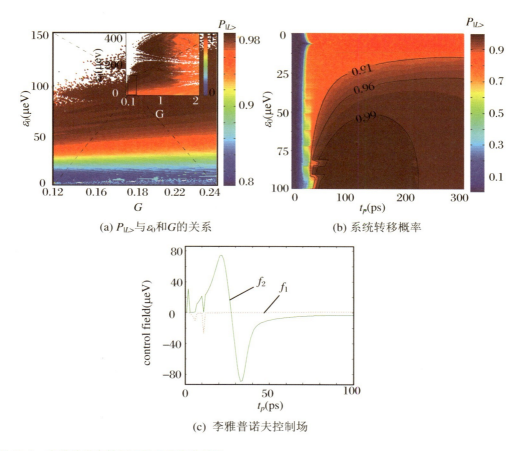

图 11.6 李雅普诺夫控制下的系统实验结果

为了分别对基于 LZS 干涉原理和量子李雅普诺夫理论所设计出的控制系统的状态

转移性能进行分析对比,我们分别在两个控制场作用下,进行了系统密度矩阵状态转移实验,实验结果如图 11.7 所示,其中,图 11.7(a) 为 LZS 干涉原理控制场作用下系统状态转移图,图 11.7(b) 为李雅普诺夫控制场作用下系统状态转移图,ρ_{11} 代表系统从初态 $|R\rangle$ 转移到目标态 $|L\rangle$ 的概率 $P_{|L\rangle}$,ρ_{22} 代表系统仍处于初态的概率,ρ_{12} 和 ρ_{21} 代表系统初态与目标态的相干性。

对比图 11.7(a) 和图 11.7(b) 可以看出:

(1) 在 LZS 干涉原理控制场作用下,系统转移概率在 t_p = 116 ps 时取得最大值为 67.68%。

(2) 在李雅普诺夫控制场作用下,在 t_p = 110 ps 时,系统转移概率 $P_{|L\rangle}$ 达到 99.48%。

(3) 在李雅普诺夫控制场作用下系统的转移概率随时间的推移而逐渐逼近概率 1。

由此可得:在李雅普诺夫控制场作用下,系统状态从 $|R\rangle$ 转移到 $|L\rangle$ 的性能比 LZS 干涉原理所得的控制性能不论是在状态转移时间上,还是在状态转移的概率上,都有明显的优越性。

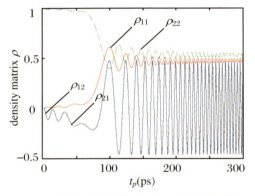

(a) LZS干涉原理控制场作用下的密度矩阵　　(b) 李雅普诺夫控制场作用下的密度矩阵

图 11.7　系统状态转移实验结果

11.4.3　控制系统保真度性能对比研究

保真度是衡量两个量子态接近程度的一种度量,是量子计算领域中一个重要的性能指标,其中布雷斯(Bures)保真度的使用最广泛,其定义为(Shevchenko et al.,2010;

Cao et al., 2013)

$$F = \text{tr}[\sqrt{\rho_f}\rho_s\sqrt{\rho_f}] \tag{11.16}$$

其中，ρ_s 代表系统实际的密度矩阵；ρ_f 是期望的密度矩阵，$\rho_f = |L\rangle\langle L| = \begin{pmatrix} 0 \\ 1 \end{pmatrix}(0\ 1) = \begin{pmatrix} 0 & 0 \\ 0 & 1 \end{pmatrix}$。

本节将研究 LZS 干涉原理控制场和李雅普诺夫控制场作用下系统的保真度，并对其结果进行对比分析。(11.16)式中的保真度 F 的计算是分别利用 11.4.1 节和 11.4.2 节实验中所获得的状态转移概率来获得的。在固定参数 $\varepsilon_0 = 400\ \mu eV$，$A = 800\ \mu eV$，$T_1 = 5$ ns 的情况下，LZS 干涉原理控制场作用下的系统保真度 F 随控制场作用时间 t_p 和消相干时间 T_2 的变化规律如图 11.8(a)所示，其中，红、橙、黄、绿、青、蓝、紫分别代表保真度 F 从 0.95 到 0.65 的逐渐变化过程，颜色越接近向上的红色，代表 F 越接近 0.95，颜色越接近向下的蓝色，则代表 F 越接近 0.65。在固定实验参数 $\varepsilon_0 = 400\ \mu eV$，控制场调节参数 $g_1 = g_2 = 0.18$，消相干时间 $T_1 = 5$ ns 的情况下，李雅普诺夫控制场作用下系统保真度 F 随控制场作用时间 t_p 和消相干时间 T_2 的变化规律如图 11.8(b)所示，其中，红、橙、黄、绿、青、蓝、紫分别代表保真度 F 从 1 到 0 的逐渐变化过程，颜色越接近红色，代表 F 越接近 1，颜色越接近蓝色，则代表 F 越接近 0。控制场作用时间 t_p 的变化范围为 [0,300] ps，消相干时间 T_2 的变化范围为 [1,10] ns。

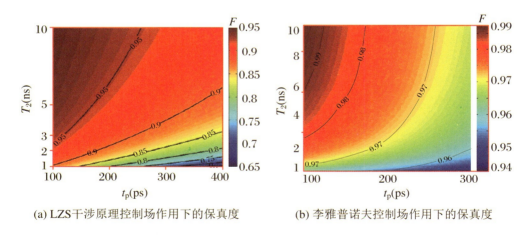

(a) LZS 干涉原理控制场作用下的保真度   (b) 李雅普诺夫控制场作用下的保真度

图 11.8　系统保真度 F 随控制场作用时间 t_p 和消相干时间 T_2 的变化规律

从图 11.8(b)可以看出：在李雅普诺夫控制场作用下，保真度随控制场作用时间增加的衰减很小；消相干时间长短对系统保真度的大小影响不大。我们可以得出以下结论：

LZS 干涉原理控制场作用下系统状态的转移概率低于 65%,系统保真度随控制场作用时间的增加和消相干时间的缩短发生明显的衰减;李雅普诺夫控制场作用下,系统状态的转移概率可达 96% 以上,系统保真度随着控制场作用时间的增加仍能一直保持在非常高的水平,且系统对消相干时间具有非常强的鲁棒性。

11.5 两种控制方法之间的关系分析

本节将对量子李雅普诺夫控制方法与 LZS 干涉原理控制方法之间的关系进行分析,探讨 LZS 干涉原理控制方法与李雅普诺夫控制方法中各个参数之间的对应关系。

由(11.10)式知 LZS 干涉原理控制场作用于实际系统,得到系统哈密顿量为 $H = \frac{1}{2}\varepsilon_0\sigma_z + \frac{1}{2}f(t)\sigma_z + \Delta\sigma_x = H_0 + H_c$,为了分析方便,我们将系统哈密顿量写为

$$H = H_0^{\mathrm{LZS}} + H_c^{\mathrm{LZS}} = \frac{1}{2}\varepsilon_0\sigma_z + \Delta(t)\sigma_x + \frac{1}{2}f(t)\sigma_z \tag{11.17}$$

其中,$H_0^{\mathrm{LZS}} = \frac{1}{2}\varepsilon_0\sigma_z$,$H_c^{\mathrm{LZS}} = f_1^{\mathrm{LZS}}\sigma_x + \frac{1}{2}f_2^{\mathrm{LZS}}\sigma_z$,$f_1^{\mathrm{LZS}}(t) = \Delta$,$f_2^{\mathrm{LZS}}(t) = \begin{cases} -vt, & 0 < t < t_r \\ -A + v(t - t_r), & t_r < t < 2t_r \end{cases}$。同样,在李雅普诺夫控制场作用下,系统哈密顿量可以写为

$$H = H_0^{\mathrm{LY}} + H_c^{\mathrm{LY}} = \frac{1}{2}\varepsilon_0\sigma_z + f_1^{\mathrm{LY}}\sigma_x + f_2^{\mathrm{LY}}\sigma_y \tag{11.18}$$

其中,$H_0^{\mathrm{LY}} = \frac{1}{2}\varepsilon_0\sigma_z$,$H_c^{\mathrm{LY}} = f_1^{\mathrm{LY}}\sigma_x + f_2^{\mathrm{LY}}\sigma_y$。

当 $|D_1| > \theta$ 时,有

$$f_1^{\mathrm{LY}}(t) = -\frac{\mathrm{tr}\left(\left(-\frac{\mathrm{i}}{\hbar}[H_0,\rho(t)] + L\right)(\rho(t) - \rho_f)\right)}{\mathrm{tr}\left(-\frac{\mathrm{i}}{\hbar}[H_1,\rho(t)](\rho(t) - \rho_f)\right)}$$

$$f_2^{\mathrm{LY}}(t) = -g_2 \cdot \mathrm{tr}\left(-\frac{\mathrm{i}}{\hbar}[H_2,\rho(t)](\rho(t) - \rho_f)\right) \tag{11.19}$$

当 $|D_1| < \theta$,同时 $|D_1| > \theta$ 时,有

$$f_1^{\text{LY}}(t) = -g_1 \cdot \text{tr}\left(-\frac{i}{\hbar}[H_1,\rho(t)](\rho(t)-\rho_f)\right)$$

$$f_2^{\text{LY}}(t) = -\frac{\text{tr}\left(\left(-\frac{i}{\hbar}[H_0,\rho(t)]+L\right)(\rho(t)-\rho_f)\right)}{\text{tr}\left(-\frac{i}{\hbar}[H_2,\rho(t)](\rho(t)-\rho_f)\right)} \quad (11.20)$$

通过上面的分析可得：

(1) 对比分析控制哈密顿量 H_c^{LZS} 和 H_c^{LY} 可知两种控制方法中的控制哈密顿量均由两个控制量 f_1 和 f_2 组成，即控制场数量是相同的。

(2) H_c^{LZS} 和 H_c^{LY} 中的控制场 f_1^{LZS} 和 f_1^{LY} 施加方向一致，均在 σ_x 方向。不同点为：H_c^{LZS} 和 H_c^{LY} 中的控制场 f_2^{LZS} 和 f_2^{LY} 施加方向不同，f_2^{LZS} 施加在 σ_z 方向，f_2^{LY} 施加在 σ_y 方向。

利用 Bloch 球模型能够非常直观地观察二能级系统状态转移的演化轨迹，且这些轨迹能分解为一序列幺正矩阵操纵，其中基本的幺正矩阵形式为

$$R_y(\theta) = \exp(-i\theta\sigma_y/2)$$
$$R_z(\varphi) = \exp(-i\varphi\sigma_z/2) \quad (11.21)$$

其中，$R_y(\theta)$ 表示该操作绕 Bloch 球的 y 轴旋转 θ 角度，$R_z(\varphi)$ 表示该操作绕 Bloch 球的 z 轴旋转 φ 角度。

对于二能级双量子点系统，其初态 $|R\rangle$ 和目标态 $|L\rangle$ 分别用 Bloch 球的北极 $|0\rangle$ 和南极 $|1\rangle$ 表示，根据状态转移过程系统在 Bloch 球上的演化轨迹如图 11.9 所示，图 11.9(b)

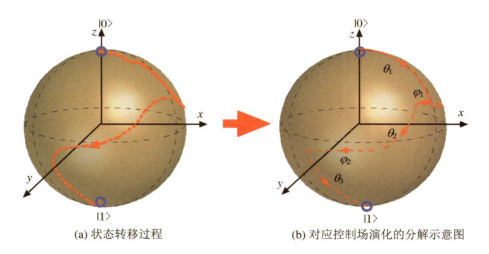

(a) 状态转移过程　　　　　　(b) 对应控制场演化的分解示意图

图 11.9 系统在 Bloch 球上的演化轨迹

为图11.9(a)对应控制场(11.21)式的演化分解示意图。由图11.9(b)可以看出,在控制场 f_1^{LY} 驱动下系统的演化轨迹为绕 y 轴旋转 θ_1;然后系统的初始失谐量使演化轨迹绕 z 轴旋转 φ_1;随之控制场 f_1^{LY} 驱动系统绕 y 轴再次旋转 θ_2;系统失谐量使其再绕 z 轴旋转 φ_2;最后控制场 f_1^{LY} 驱动系统绕 y 轴旋转 θ_3。在整个过程中,控制场 f_2^{LY} 的作用是抵消系统演化过程中的消相干耗散。这样五个阶段结束后,系统便能有效地从初态 $|0\rangle$ 转移到末态 $|1\rangle$,并且在 $|1\rangle$ 附近保持稳定。

11.6 小 结

本章通过系统仿真实验,详细研究了LZS干涉原理控制场参数对系统转移概率的影响,分析了系统在该控制场作用下保真度与消相干时间的关系。同时从量子系统控制理论出发,设计了基于量子李雅普诺夫稳定性定理的控制场并进行了系统仿真实验。分别对两种控制方法下二能级双量子点系统的状态转移概率及其保真度进行了性能对比研究。研究结果表明:(1) 在李雅普诺夫控制场作用下系统状态从 $|R\rangle$ 转移到 $|L\rangle$ 较LZS干涉原理控制场具有更高的状态转移概率,并且具有更短的状态转移时间;(2) 李雅普诺夫控制场能够对系统中消相干引起的耗散进行补偿,使系统对消相干耗散有较强的鲁棒性并保持较高的保真度。显示出量子李雅普诺夫控制方法的优越性。最后对LZS干涉原理控制方法和李雅普诺夫控制方法的控制场进行了关系分析,对如何在实际物理实验中实现李雅普诺夫控制方法进行了理论上的推导。

第 12 章

可实现的二能级双量子点操纵方案

本章将设计出一种李雅普诺夫控制方法应用于二能级双量子点系统以进一步提高状态转移的概率。为了能够在所给实验装置中实现,所设计出的控制方案由 3 部分组成:首先施加斜坡控制脉冲将系统从远离共振点的初始状态带到系统共振点;然后在系统共振的非绝热演化过程中,施加由李雅普诺夫控制理论设计的控制场使系统进行状态转移;最后再施加斜坡控制脉冲使系统远离共振点,保持转移后系统状态的稳定。通过研究系统在不同控制参数下的状态转移性能及其控制场形式,确定出合适的系统控制参数,保证系统高性能的状态转移和可实现控制场。

第 11 章中介绍了基于李雅普诺夫定理设计的控制场,其控制场方向选取在 σ_x 和 σ_y 方向,并且我们已经完成设计并仿真验证了 σ_x 和 σ_y 方向控制场的有效性。但是,在现有的实际双量子点实验装置中,有以下 3 个限制条件:

(1) σ_x 方向的控制场希望为常数。
(2) 控制场用的是 σ_z 方向,并且 σ_y 方向的控制场不是很容易实现。
(3) 控制场的变化规律要在激光脉冲器所能提供的范围之内。

根据这 3 个限制条件,本章中基于李雅普诺夫定理设计的控制场为 σ_x 和 σ_z 方向,并

将 σ_x 方向的控制场定为常数,且保证 σ_z 方向的控制场变化规律在激光脉冲器提供的范围内。

12.1 可实现的控制器设计

系统的哈密顿量 H 可描述为(Hayashi et al.,2003)

$$H = \frac{1}{2}\varepsilon(t)\sigma_z + \Delta\sigma_x \tag{12.1}$$

其中,$\varepsilon(t)$ 为系统失谐量,Δ 为系统能级间距。

根据量子系统控制理论,(12.1)式中的哈密顿量形式还可以写为

$$H = H_0 + H_c \tag{12.2}$$

其中,$H_0 = \frac{1}{2}\varepsilon_0\sigma_z$,$H_c = \frac{1}{2}f_z\sigma_z + f_x\sigma_x$,且有 $f_x = \Delta$,$\varepsilon(t) = \varepsilon_0 + f_z$。

对比(12.1)式和(12.2)式可知两个表达式中的哈密顿量 H 是等价的。对此二能级双量子点系统,可以用开放马尔科夫主方程来研究其动态演化过程,系统主方程描述为(Nielsen,Chuang,2000)

$$\frac{d\rho}{dt} = -\frac{i}{\hbar}[H,\rho] + L \tag{12.3}$$

其中,ρ 为系统密度矩阵,$\hbar$ 为约化普朗克常量,L 为系统耗散项。L 用 Lindblad 项描述为

$$L = L_1\rho L_1^\dagger + L_2\rho L_2^\dagger - \frac{1}{2}(\rho, L_1^\dagger L_1) - \frac{1}{2}(\rho, L_2^\dagger L_2) \tag{12.4}$$

其中,$L_1 = \sqrt{\Gamma_1}\sigma_-$,$L_2 = \sqrt{\Gamma_2}\sigma_z$,$\Gamma$ 表示消相干速率,且 $\Gamma_1 = 1/T_1$,$\Gamma_2 = 1/T_2$,T_1 为量子点中价电子弛豫时间,T_2 为量子点中价电子消相干时间。

我们还是基于李雅普诺夫稳定性定理来设计控制器,它的基本思想是通过构造一个李雅普诺夫函数 $V(x)$,使其同时满足 3 个条件:(1) $V(x)$ 在定义域内连续且具有连续的一阶导数;(2) $V(x)$ 是半正定的,即 $V(x) \geqslant 0$,且当 $x = x_0$ 时有 $V(x_0) = 0$;(3) 在定义域内恒有 $\dot{V}(x) \leqslant 0$ 成立。同时满足上述 3 个条件后,设计的控制律总能保证系统是

稳定的。该控制律设计方法的关键在于选出合适的李雅普诺夫函数。本节中我们选取基于状态距离的李雅普诺夫函数 V 为

$$V = \frac{1}{2}\text{tr}\,(\rho - \rho_f)^2 \tag{12.5}$$

其中 ρ_f 为系统目标状态。

对(12.5)式中的李雅普诺夫函数对时间求一阶导数,得到 $\dot{V}$ 为

$$\dot{V} = \text{tr}(\dot{\rho}(\rho - \rho_f)) \tag{12.6}$$

将(12.3)式代入(12.6)式中可得

$$\dot{V} = -\frac{\text{i}}{\hbar}\left\{\frac{1}{2}\varepsilon(t)\cdot\text{tr}([\sigma_z,\rho](\rho - \rho_f)) + f_x\cdot\text{tr}([\sigma_x,\rho](\rho - \rho_f))\right\}$$
$$+ \text{tr}(L\cdot(\rho - \rho_f)) \tag{12.7}$$

其中

$$\text{tr}([\sigma_z,\rho](\rho-\rho_f)) = \text{tr}\left\{\left[\begin{pmatrix} 1 & 0 \\ 0 & -1 \end{pmatrix}\begin{pmatrix} \rho_{11} & \rho_{12} \\ \rho_{21} & \rho_{22} \end{pmatrix} - \begin{pmatrix} \rho_{11} & \rho_{12} \\ \rho_{21} & \rho_{22} \end{pmatrix}\begin{pmatrix} 1 & 0 \\ 0 & -1 \end{pmatrix}\right](\rho-\rho_f)\right\}$$

$$= \text{tr}\left\{\left[\begin{pmatrix} \rho_{11} & \rho_{12} \\ -\rho_{21} & -\rho_{22} \end{pmatrix}\begin{pmatrix} \rho_{11} & -\rho_{12} \\ \rho_{21} & -\rho_{22} \end{pmatrix}\right]\begin{pmatrix} \rho_{11} & \rho_{12} \\ \rho_{21} & \rho_{22}-1 \end{pmatrix}\right\}$$

$$= 0$$

$$\text{tr}([\sigma_x,\rho](\rho-\rho_f)) = \text{tr}\left\{\left[\begin{pmatrix} 0 & 1 \\ 1 & 0 \end{pmatrix}\begin{pmatrix} \rho_{11} & \rho_{12} \\ \rho_{21} & \rho_{22} \end{pmatrix} - \begin{pmatrix} \rho_{11} & \rho_{12} \\ \rho_{21} & \rho_{22} \end{pmatrix}\begin{pmatrix} 0 & 1 \\ 1 & 0 \end{pmatrix}\right](\rho-\rho_f)\right\}$$

$$= \text{tr}\left\{\begin{pmatrix} \rho_{21}-\rho_{12} & \rho_{22}-\rho_{11} \\ \rho_{11}-\rho_{22} & \rho_{12}-\rho_{21} \end{pmatrix}\begin{pmatrix} \rho_{11} & \rho_{12} \\ \rho_{21} & \rho_{22}-1 \end{pmatrix}\right\}$$

$$= \text{tr}\begin{pmatrix} \rho_{11}(\rho_{21}-\rho_{12}) & * \\ * & \rho_{12}(\rho_{11}-\rho_{22})+(\rho_{22}-1)(\rho_{12}-\rho_{21}) \end{pmatrix}$$

$$\cdot (\rho_{21}-\rho_{12})$$

经过整理,可将(12.7)式变形为

$$\dot{V} = -\frac{\text{i}}{\hbar}f_x(\rho_{21}-\rho_{12}) + \text{tr}(L\cdot(\rho-\rho_f)) \tag{12.8}$$

我们令 $\chi(t) = -\frac{i}{\hbar}f_x(\rho_{21} - \rho_{12})$，$\gamma(t) = \text{tr}(L \cdot (\rho - \rho_f))$，则(12.8)式可以写为 $\dot{V} = \chi(t) + \gamma(t)$。在系统演化过程中，我们发现 $\gamma(t)$ 的数量级在 10^{-2}，而 $\chi(t)$ 的数量级在 10^0，它们之间相差两个数量级，所以在系统演化过程中，$\gamma(t)$ 并不会影响 $\dot{V}$ 的正负。因此，为了简便起见，又不失有效性，我们在后面的推导过程中忽略 $\gamma(t)$，则(12.8)式中李雅普诺夫函数的一阶时间导数 $\dot{V}$ 可简化为

$$\dot{V} = \chi(t) = -\frac{i}{\hbar}f_x(\rho_{21} - \rho_{12}) \tag{12.9}$$

在系统演化过程中，$\dot{V}$ 的正负性由控制哈密顿量 $H_c = (1/2)f_z\sigma_z + f_x\sigma_x$ 决定。从(12.9)式中我们能看到 f_x 对 $\dot{V}$ 的影响。而 f_z 对 $\dot{V}$ 的影响实际上是通过(12.9)式中的 $(\rho_{21} - \rho_{12})$ 的变化来间接实现的。下面我们将对(12.9)式进行分析，研究 f_x 和 f_z 对 $\dot{V}$ 的影响，并且得到满足条件 $\dot{V} \leqslant 0$ 的控制场 f_x 和 f_z。由于实际实验中 $f_x = \Delta$ 为固定的常值，所以我们的主要工作为：通过限制条件 $\dot{V} \leqslant 0$，获得控制场 f_z 应满足的表达式。

详细写出(12.3)式中密度矩阵的各个元素，可得

$$\begin{bmatrix} \dot{\rho}_{11} & \dot{\rho}_{12} \\ \dot{\rho}_{21} & \dot{\rho}_{22} \end{bmatrix} = -\frac{i}{\hbar} \begin{bmatrix} \frac{1}{2}\varepsilon(t) & \Delta \\ \Delta & -\frac{1}{2}\varepsilon(t) \end{bmatrix} \cdot \begin{bmatrix} \rho_{11} & \rho_{12} \\ \rho_{21} & \rho_{22} \end{bmatrix} + L \tag{12.10}$$

(12.10)式中的 L 项在系统演化过程中比其他项小 2 个数量级，故我们在分析中可以忽略 L 的影响。(12.9)式中的李雅普诺夫函数的一阶时间导数 $\dot{V}$ 是一个关于密度矩阵非对角元素 ρ_{12} 和 ρ_{21} 的关系式，可以写出 ρ_{12} 和 ρ_{21} 的演化规律为

$$\begin{cases} \dot{\rho}_{12} = -\frac{i}{\hbar}[\varepsilon(t)\rho_{12} + \Delta(\rho_{22} - \rho_{11})] \\ \dot{\rho}_{21} = -\frac{i}{\hbar}[-\varepsilon(t)\rho_{21} - \Delta(\rho_{22} - \rho_{11})] \end{cases} \tag{12.11}$$

根据微分中值定理，$(\rho_{21} - \rho_{12})(t)$ 在下一个时间增量 dt 下的值 $(\rho_{21} - \rho_{12})(t + dt)$ 为

$$(\rho_{21} - \rho_{12})(t + dt) = (\rho_{21} - \rho_{12})(t) + (\dot{\rho}_{21} - \dot{\rho}_{12}) \cdot dt \tag{12.12}$$

其中 dt 对应为控制场的时间分辨率(实验中取 $dt = 1$ ps)。

把(12.11)式代入(12.12)式，可得

$$(\rho_{21} - \rho_{12})(t + \mathrm{d}t) = (\rho_{21} - \rho_{12})(t) + \frac{\mathrm{i}}{\hbar}[\varepsilon(t)(\rho_{12} + \rho_{21})$$
$$+ 2\Delta(\rho_{22} - \rho_{11})] \cdot \mathrm{d}t \tag{12.13}$$

将(12.13)式代入(12.9)式,可以得到 $\dot{V}$ 在下一个时间增量 $\mathrm{d}t$ 下的值 $\dot{V}(t + \mathrm{d}t)$ 为
$$\dot{V}(t + \mathrm{d}t)$$
$$= -\frac{\mathrm{i}}{\hbar} \cdot f_x \cdot \left\{ (\rho_{21} - \rho_{12})(t) + \frac{\mathrm{i}}{\hbar}[\varepsilon(t)(\rho_{12} + \rho_{21}) + 2\Delta(\rho_{22} - \rho_{11})] \cdot \mathrm{d}t \right\}$$
$$\tag{12.14}$$

在系统初始时刻有$(\rho_{21} - \rho_{12})(t) = 0$,由(12.9)式可得初始时刻也有$\dot{V}(t) = 0$成立。故在系统演化过程中,若有(12.14)式中的 $\dot{V}(t + \mathrm{d}t) \leqslant 0$ 成立,就有(12.9)式中的 $\dot{V} \leqslant 0$ 成立。

下面我们来推导满足(12.14)式中 $\dot{V}(t + \mathrm{d}t) \leqslant 0$ 条件下的控制律 $\varepsilon(t)$,这样便能够获得保证控制系统稳定的控制场 f_z。

由 $f_x = \Delta > 0$,结合(12.14)式可知,当满足
$$-\frac{\mathrm{i}}{\hbar}\left\{ (\rho_{21} - \rho_{12})(t) + \frac{\mathrm{i}}{\hbar}[\varepsilon(t)(\rho_{12} + \rho_{21}) + 2\Delta(\rho_{22} - \rho_{11})] \cdot \mathrm{d}t \right\} \leqslant 0 \tag{12.15}$$

时,可以得到 $\dot{V}(t + \mathrm{d}t) \leqslant 0$。根据(12.15)式可知,当满足
$$\varepsilon(t)(\rho_{12} + \rho_{21}) \leqslant 2\Delta(\rho_{11} - \rho_{22}) + \mathrm{i}\hbar(\rho_{21} - \rho_{12})/\mathrm{d}t \tag{12.16}$$

时,有 $\dot{V}(t + \mathrm{d}t) \leqslant 0$ 成立。为了表达的简便,我们令
$$\lambda(t) = 2\Delta(\rho_{11} - \rho_{22}) + \mathrm{i}\hbar(\rho_{21} - \rho_{12})/\mathrm{d}t \tag{12.17}$$

则(12.16)式变为
$$\varepsilon(t)(\rho_{12} + \rho_{21}) \leqslant \lambda(t) \tag{12.18}$$

为了得到较为平滑简洁的控制律 $\varepsilon(t)$,经过一些尝试后,我们令
$$\varepsilon(t) = k\lambda(t) \tag{12.19}$$

其中,k 为控制律的调节参数。将(12.19)式代入(12.18)式可得:$k\lambda(t) \cdot (\rho_{12} + \rho_{21}) \leqslant \lambda(t)$,而在此阶段的系统演化过程中,我们发现有 $0 \leqslant (\rho_{12} + \rho_{21}) \leqslant 1$。为了能约去不等式两边的 $\lambda(t)$,首先需要考虑 $\lambda(t)$ 的正负,故这里我们做两个分类讨论:

(1) 当 $\lambda(t) \geqslant 0$ 时,有 $k(\rho_{12} + \rho_{21}) \leqslant 1$,而根据此时系统的状态有 $0 \leqslant (\rho_{12} + \rho_{21}) \leqslant 1$,取 $k \leqslant 1$,则不等式(12.18)成立。

(2) 当 $\lambda(t) < 0$ 时,则有 $k \geqslant 1/(\rho_{12} + \rho_{21})$ 能满足不等式(12.18)成立。当不等式

(12.18)成立时,通过前面的讨论可知,能得到李雅普诺夫的一阶时间导数 $\dot{V}\leqslant 0$ 成立。

基于李雅普诺夫理论获得的控制律作用于系统的非绝热演化阶段,所以在验证所设计的控制场的过程中,我们要使系统处于非绝热演化阶段,此时有 $\varepsilon_0=0$,系统的哈密顿量为 $H=(1/2)\varepsilon(t)\sigma_z+\Delta\sigma_x$,其中 $\varepsilon(t)$ 由(12.19)式决定,我们取系统的能级间距为 $2\Delta=20.7\,\mu eV$,对应于 5 GHz 的 Rabi 频率,此时系统在时域下的状态转移过程和控制场形式如图 12.1 所示。从图中可以看出,在所设计的控制场作用下,系统的状态转移非常平稳,且状态转移概率能够达到 94% 以上。

在图 12.1 的仿真实验中,我们设定的是 $\varepsilon_0=0$ 的系统初始状态,然而在实际系统中,$\varepsilon_0=0$ 并不是一个稳定的状态,一般都要使系统的初始状态远离共振点才能保证系统的状态稳定。根据 $\varepsilon(t)=\varepsilon_0+f_z$,结合(12.19)式,得到根据李雅普诺夫定理设计的 σ_z 方向的控制场 f_z 为

$$f_z = \varepsilon(t) - \varepsilon_0 = k\lambda(t) - \varepsilon_0 \tag{12.20}$$

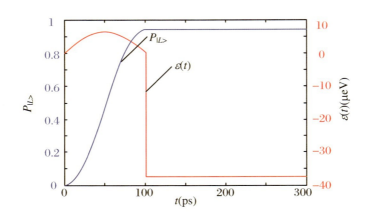

图 12.1 李雅普诺夫控制场作用下系统的状态转移和控制场

(12.20)式就是基于李雅普诺夫稳定性定理设计出的控制场。量子点系统在(12.20)式控制场 f_z 以及 $f_x=\Delta$ 的共同作用下,将能够保证系统从初态向目标态以高精度转移概率进行演化。

系统本身有一个不为 0 的失谐量 ε_0,为了保证控制系统是处在非绝热演化阶段进行状态转移,我们需要设计一组完整的控制序列来完成控制任务。为此,对应于双量子点系统中系统处于共振状态的非绝热演化过程,我们在施加基于李雅普诺夫方法设计的控制场之前,需要有一段控制场将系统从远离共振点的绝热演化状态带到共振点处,且在李雅普诺夫的控制场结束后,还需要加上一段控制场将系统带到远离共振点的地方,以

保证转移后的状态稳定。按照此设计方案，我们设计完整的控制场的表达形式为

$$f_z(t) = \begin{cases} -vt, & 0 \leqslant t < t_o \\ k\lambda(t) - \varepsilon_0, & t_o \leqslant t < t_o + \tau \\ -\varepsilon_0 + v(t - t_o - \tau), & t_o + \tau \leqslant 2t_o + \tau \end{cases} \quad (12.21)$$

其中，v 为控制脉冲的上升速度；t_o 为系统第一次到达共振点的时间，且满足 $t_o = \varepsilon_0/v$；τ 为李雅普诺夫控制场持续的时间，且满足 $t \in [t_o, t_o + \tau]$ 时，有 $\lambda(t) > 0$，否则 $\lambda(t) \leqslant 0$。

在(12.21)式的控制场作用下，完整的系统控制场的变化过程如图 12.2 所示，其中控制场由 3 部分组成：

(1) $t \in [0, t_o)$，控制场将系统从远离共振点的 ε_0 带到共振点 $\varepsilon(t) = 0$ 处，在此阶段系统进行绝热演化，状态转移并不明显。

(2) $t \in [t_o, t_o + \tau)$，系统共振，我们根据李雅普诺夫定理，设计一段长度为 τ 的控制场，此时系统进行非绝热演化，能够非常显著地进行状态转移。

(3) 控制场使系统远离共振点再次到达失谐量为 ε_0 的状态，保证转移后的状态稳定。

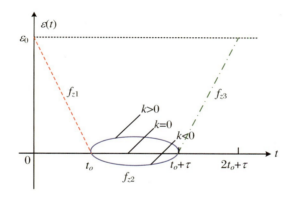

图 12.2　控制场示意图

12.2　控制场参数选择及系统仿真实验

在系统初始状态选择上，为方便与基于 LZS 干涉原理实现的量子点量子位转移性能

对比，系统的初始失谐量均选取为 $\varepsilon_0 = 400\ \mu eV$，能级间距 $2\Delta = 20.7\ \mu eV$，电子弛豫时间 T_1 和消相干时间 T_2 均取为 5 ns，且性能指标均为量子位从状态 $|R\rangle$ 转移到状态 $|L\rangle$ 的转移概率 $P_{|L\rangle}$。在仿真实验中，我们主要做了 3 件事：

(1) 研究系统在不同脉冲上升速度 v 和调节参数 k 的条件下系统状态转移的性能，给出合适的脉冲上升速度 v 和调节参数 k 的取值范围。

(2) 选取合适的脉冲上升速度 v 和调节参数 k，研究系统状态转移的性能，并与 LZS 干涉原理实现的状态转移性能相对比，进一步分析(12.21)式中调节参数 k 对控制场 f_{z2} 形式的影响，确定出合适的调节参数 k，使其既便于实际实验的实现，又能取得较好的状态转移性能。

(3) 验证(12.21)式中基于李雅普诺夫定理设计的控制场 f_{z2} 的持续时间 τ 为最优值。

12.2.1 基于 Agilent81134A 脉冲发生器的仿真实验及其结果分析

系统在不同调节参数 k 和脉冲上升速度 v 的条件下状态转移性能 $P_{|L\rangle}$ 与控制场作用时间 t 的关系如图 12.3 所示，其中图 12.3(a) 为固定 $k=0$ 条件下，脉冲上升速度 v 随时间变化的系统状态转移概率曲线，图 12.3(b) 为固定 $v=4\ \mu eV/ps$ 条件下，参数 k 随时间变化的系统状态转移概率曲线。

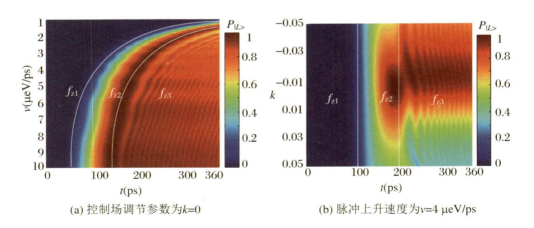

(a) 控制场调节参数为 $k=0$　　(b) 脉冲上升速度为 $v=4\ \mu eV/ps$

图 12.3　不同 k 和 v 条件下系统的状态转移性能

由图12.3(a)可以看出,系统状态转移分为明显的三个阶段:状态稳定在初态、状态快速从初态转移到目标态和状态转移后的一个小幅衰减振荡,这三个阶段分别对应控制场(12.21)式中的f_{z1}、f_{z2}和f_{z3}。当脉冲上升速度v较小,如$v=2$ μeV/ps时,系统在~300 ps时转移概率达到最高的~95%,但在第三阶段的衰减振荡过程中衰减很大,最终稳定在~75%;随着脉冲上升速度的增大,系统转移概率在第三阶段的振荡衰减减小,当v增大到4 μeV/ps时,系统转移概率能稳定在~85%;进一步加大脉冲上升速度到$v=8$ μeV/ps时,系统转移概率能稳定在~92%。

由于在脉冲速度v的选择上同时还需满足实际实验中Agilent81134A脉冲发生器的上升时间应大于75 ps的条件,当初始失谐量为$\varepsilon_0=400$ μeV时,脉冲最大上升速度应满足:$v_{max}=400$ μeV/75 ps$=5.3$ μeV/ps。综合考虑后,脉冲上升速度v的取值范围应满足:$v\in[2.5,5.3]$ μeV/ps。

由图12.3(b)可以看出,系统状态转移也同样分为三个阶段,状态转移的高概率范围出现在参数$k\in[-0.02,0]$范围内,系统的最高转移概率能达到~98%,经过第三阶段的振荡衰减后,最少也能够稳定在~85%;最高转移概率所对应的最优调节参数$k=-0.01$。

在利用LZS干涉原理实现双量子点状态转移的一组实验中,当系统初始失谐量$\varepsilon_0=400$ μeV和能级间距$2\Delta=20.7$ μeV,且施加的三角脉冲宽度t_p为360 ps时,可以确定当脉冲幅值A为520 μeV时系统状态转移性能最优,由此得到实验中脉冲上升速度为$v=A/t_r=520$ μeV/180 ps$=2.89$ μeV/ps。为了更方便地对比两种控制方案的性能,脉冲上升速度v取为一致,均为$v=2.89$ μeV/ps,基于李雅普诺夫定理设计的控制场的调节参数选为$k=-0.01$。在此条件下,两种控制方案下系统状态转移的密度矩阵和控制场曲线如图12.4所示,其中密度矩阵元素ρ_{22}即为系统状态转移概率$P_{|L\rangle}$。

由图12.4(a)可以看出,在基于李雅普诺夫定理设计的控制场作用下,系统状态转移性能最高能达到~98%,最后能稳定在~91%。由图12.4(b)可以看出,在基于LZS干涉原理的控制场作用下,系统状态转移性能最高能达到~85%,最后稳定在~77%。由此可得:基于李雅普诺夫定理设计的控制场能使系统获得更高的状态转移概率。由图12.4(c)可以看到:基于李雅普诺夫理论设计的控制场(12.21)式中的f_{z2}在选择$k=-0.01$的情况下为一段凸函数曲线。结合图12.2分析(12.21)式可知:当$k>0$时,f_{z2}为一凹函数;当$k<0$时,f_{z2}为一凸函数;当$k=0$时,f_{z2}为一段直线。为了实际实验实现的方便性,取$k=0$。

当选定$k=0$后,可以保证控制场f_{z2}的形状为常数直线,控制场f_{z1}和控制场f_{z3}的上升速度选定为$v=4$ μeV/ps,此时控制场的上升时间为$t_r=\varepsilon_0/v=100$ ps,为了让所设计的控制场落在Agilent81134A脉冲发生器的范围内,需要使控制场f_{z2}的持续时间也为~100 ps。此时通过调整系统能级间距2Δ至18.8 μeV,三段控制场持续时间均能保证在~100 ps,得到系统的状态转移性能和控制场变化曲线如图 12.5 所示。

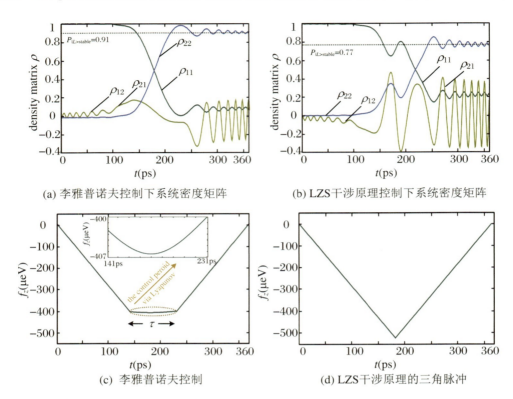

图 12.4　两种控制方案下系统状态转移结果

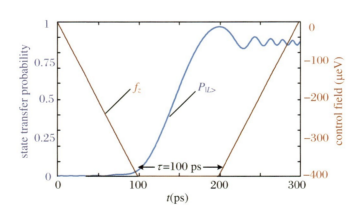

图 12.5　李雅普诺夫控制场作用下系统状态转移性能以及控制场曲线

从图 12.5 可以看出,在李雅普诺夫定理设计的控制场作用下,系统的最高状态转移概率能达到~96%,状态转移概率最终能稳定在~86%,控制性能与基于 LZS 干涉原理的最优参数条件的性能相比,仍然有明显的提升。从图 12.5 还可以看出,根据李雅普诺夫定理设计的控制场 f_{z2} 是数值为 $-400\,\mu\text{eV}$、持续时间为 τ 的常值控制量,其中 τ 根据(12.16)式中的 $\lambda(t)$ 的正负来确定:当控制场 f_{z1} 在 $t=t_o$ 时将系统带到共振点,此时有 $\lambda(t_o)>0$;通过取 $k=0$ 设计控制场 f_{z2} 使系统进行状态转移,当 $t\in[t_o,t_o+\tau]$ 时,一旦有 $\lambda(t_o+\tau)\leqslant 0$,控制场 f_{z2} 结束;从 $\lambda(t)>0$ 到 $\lambda(t)\leqslant 0$ 的时间段为 $(t_o+\tau)-t_o=\tau$,得到控制场 f_{z2} 的最优持续时间 $\tau=100\,\text{ps}$。

利用 Bloch 球模型能够非常直观地观察二能级系统状态转移的演化轨迹,且这些轨迹能分解为一序列幺正矩阵操纵,其中基本的幺正矩阵形式为

$$R_y(\theta) = \exp(-i\theta\sigma_y/2)$$
$$R_z(\varphi) = \exp(-i\varphi\sigma_z/2) \tag{12.22}$$

其中,$R_y(\theta)$ 表示该操作绕 Bloch 球的 y 轴旋转 θ 角度,$R_z(\varphi)$ 表示该操作绕 Bloch 球的 z 轴旋转 φ 角度。

对于二能级双量子点系统,其初态 $|R\rangle$ 和目标态 $|L\rangle$ 分别用 Bloch 球的北极 $|0\rangle$ 和南极 $|1\rangle$ 表示,根据状态转移过程得到系统在 Bloch 球上的演化轨迹如图 12.6 所示,其中 12.6(b) 为图 12.6(a) 对应控制场 (12.22) 式的演化分解示意图。由图 12.6(b) 可以看出,在控制场 f_{z1} 驱动下系统的演化轨迹只是一段(period①)接近北极的微小振荡,在控制场 f_{z2} 驱动下系统的演化轨迹为一段(period②)绕 y 轴旋转 θ 的曲线,在控制场 f_{z3} 驱动下系统的演化轨迹为一段(period③)绕 z 轴旋转 φ 的曲线。这样三个阶段结束后,系统便能有效地从初态 $|0\rangle$ 转移到末态 $|1\rangle$,并且在 $|1\rangle$ 附近保持稳定。

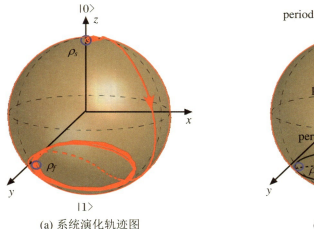

(a) 系统演化轨迹图　　(b) 系统演化轨迹分解图

图 12.6　系统在 Bloch 球上的演化轨迹

12.2.2 基于 Tektronix AWG70000A 脉冲发生器的仿真实验及其结果分析

为了使设计的控制场能在实际实验中实现,这里我们考察 Tektronix AWG70000A 脉冲发生器的性能,发现该款脉冲发生器的最大脉冲发射频率为 50 GHz,对应于控制场的上升时间为 20 ps,故需要(12.21)式中每段控制场的持续时间均为 20 ps 的整数倍。控制方案的设计安排如下:控制场 f_{z1} 和控制场 f_{z3} 的上升时间 t_r 设计为 20 ps,控制场 f_{z2} 的持续时间 τ 为 20 ps 的整数倍,由(12.17)式中的 $\lambda(t)$ 可知,τ 主要由能级间距 2Δ 和调节参数 k 决定,通过一序列仿真实验可知,控制场 f_{z2} 的持续时间有 $\tau \approx 1\,000/\Delta$ 的关系。为此我们作出系统量子位转移概率 $P_{|L\rangle}$ 与能级间距 2Δ 和调节参数 k 的关系图如图 12.7 所示。从图 12.7 可以看出,通过适当的能级间距 2Δ 和调节参数 k 的组合,系统状态转移概率能达到 ~96%。这里假定控制场 f_{z2} 的持续时间为 100 ps,则根据 $\tau \approx 1\,000/\Delta$ 可知,此时的能级间距 2Δ 应为 ~20 μeV,而精确的能级间距有 $2\Delta = 19.6$ μeV,通过图 12.7 可知,此时取 $k \in [-0.01, 0]$ 可以取得较好的状态转移效果,且当 $k = -0.005$ 时控制效果最优。

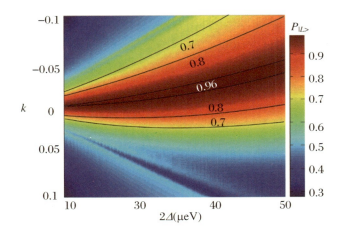

图 12.7 系统状态转移概率与能级间距 2Δ 和调节参数 k 的关系

在固定参数 $k = -0.005$ 和能级间距 $2\Delta = 19.6$ μeV 情况下,系统的状态转移性能以及在 Bloch 球上的演化轨迹在时域的变化规律如图 12.8 所示。图 12.8(a)为控制场的精确形式,其中控制场 f_{z1} 和 f_{z3} 的持续时间均为 20 ps,控制场 f_{z2} 的持续时间正是所期

望的 100 ps。图 12.8(b)为系统的状态转移图,其中的插图为系统在 Bloch 球上的演化轨迹,可以清晰地将其分为 3 部分,分别对应于三段控制场:f_{z1}、f_{z2} 和 f_{z3},且控制场 f_{z1} 和 f_{z3} 分别使 $R_z(\varphi)$ 旋转角度 φ_1 和 φ_2,控制场 f_{z2} 使 $R_x(\theta)$ 旋转角度 θ;系统在 Bloch 球上的总旋转角度为 $R(\theta,\varphi) = R_z(\varphi_1)R_x(\theta) \cdot R_z(\varphi_2)$;控制场 f_{z2} 足以使系统从初态 $|R\rangle$ 转移到目标态 $|L\rangle$。从图 12.8(b)还可以看出:系统的状态转移概率 $P_{|L\rangle}$ 能够达到 95.5%。

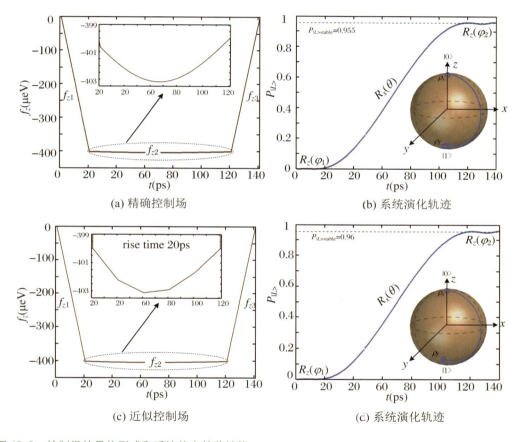

图 12.8　控制场的具体形式和系统状态转移性能

具体考虑能够在 Tektronix AWG70000A 脉冲发生器上实现的控制场 f_{z2} 的函数形式。此时将 f_{z2} 的持续时间 100 ps 分割为 5 个相等的部分,每个部分的持续时间为 20 ps,在每一个部分的持续时间里,采用两点连一线的直线段来实现相应的控制曲线函数,所对应的控制场形式如图 12.8(c)所示,相应的状态转移图如图 12.8(d)所示。从图 12.8(d)可以看出,此时系统的状态转移概率能够达到~96%。

12.2.3 控制系统保真度性能对比研究

保真度是衡量两个量子态接近程度的一种度量,是量子计算领域中一个重要的性能指标,其中 Bures 保真度的使用最广泛,其定义为(11.16)式。

系统在李雅普诺夫控制场结束后的保真度 F 与系统消相干时间 T_2 和电子弛豫时间 T_1 的关系如图 12.9 所示,从中可以看出,系统的保真度 F 随 T_1 和 T_2 的增大而增加,当 $T_1=10$ ns,$T_2=10$ ns 时,系统保真度能达到 98%,当 $T_1=1$ ns,$T_2=1$ ns 时,系统保真度也能维持在 94%以上。与基于 LZS 干涉原理实现状态转移的保真度 F 维持在 80%以上相比,基于李雅普诺夫方法设计出的控制场实现状态转移的保真度 F 有明显的提升。

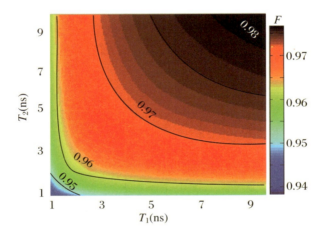

图 12.9 系统保真度 F 与 T_1 和 T_2 的关系

12.3 小 结

本章研究了基于李雅普诺夫方法设计具有高转移概率和实用的控制场来完成二能级双量子点的状态转移任务。我们在追求高性能指标控制场的同时,还根据实际实验中的脉冲发生器可实现控制信号的具体要求,对控制场的方向和函数形状进行了相应改进，得到了便于在实际双量子点系统中实现的控制场。与基于 LZS 干涉原理实现的状态转移的性能相比，本章所采用的基于李雅普诺夫控制理论设计出的控制场的状态转移性能更加优越。系统仿真实验研究了不同控制参数条件下，系统的状态转移性能和控制场的形式。实验结果表明：在满足 Agilent81134A 脉冲发生器最小上升时间～75 ps，以及 Tektronix AWG70000A 脉冲发生器最小上升时间～20 ps 的前提下，所设计出的控制场能保证系统的状态转移概率分别稳定在～85%和～96%以上，同时系统的保真度能够提高到94%以上。

第 13 章

核磁共振中双比特同核自旋系统的建模及其算法设计

20世纪初诞生的量子力学发展至今,已经成为人类研究微观世界最精密的理论体系,它让人类对于分子、原子乃至亚原子级结构的微观世界理解更加精准。在此基础上的核磁共振、超导物理、选键化学、纳米材料、基因工程等领域发展得日趋丰富成熟,研究者们有越来越多的实验手段研究微观量子体系,并且越来越对直接地操控量子系统感兴趣。正如经典计算中,图灵的计算理论超前于冯·诺依曼结构的计算机实现,量子计算理论(Deutsch,1985;Shor,1994;Deutsch,1995)已经向人们展示了量子计算的强大力量。到目前为止,量子计算机还处于实验探索阶段,研究者们已经提出了多种利用不同的物理机制来实现量子计算的方案,如核磁共振(nuclear magnetic resonance,NMR)、光腔、离子阱和量子点等等。由于实验条件和实验技术的限制,这些量子计算的方案目前都还难以达到实用的量子计算机所需要的稳定性、可扩展性等要求。

液体核磁共振量子计算是一种利用已经研究了六十多年的非常完善的核磁共振技术所实现的量子计算方案。近十几年,液体核磁共振计算方案取得了非常大的进展,成为探索量子计算的典型代表。1997年,Chuang和Cory分别在室温下使用液体核磁共振技术进行了量子计算的验证实验(Gershenfeld, Chuang, 1997; Coryet et al., 1997)。核磁共振量子计算方案由于其成熟的实验技术和比较长的退相干时间(见表13.1)等优势,实验研究快速发展(Vandersypen et al., 2001; Long et al., 2001; Lu et al., 2007),成为量子计算研究的引领者。

表 13.1 不同量子系统特性的比较

量子系统	退相干时间(s)	操作时间(s)	可操作次数
离子阱	10^{-1}	10^{-14}	10^{13}
光腔	10^{-5}	10^{-14}	10^{9}
微波腔	10^{0}	10^{-4}	10^{4}
量子点	10^{-6}	10^{-9}	10^{3}
电子自旋	10^{-3}	10^{-7}	10^{4}
核自旋	$10^{0} \sim 10^{1}$	$10^{-6} \sim 10^{-3}$	$10^{-3} \sim 10^{7}$

液体核磁共振量子计算是利用样品分子中的1/2自旋如质子、碳13核、氮15核、氟19核和磷31核等表示不同的量子比特或量子位,通过控制射频脉冲磁场来操作量子比特,实现不同的量子逻辑门,再进一步组合成复杂的量子算法。为了有效地实现核磁量子计算,需要解决一些非常基本的控制上的问题,例如,如何设计射频脉冲磁场来驱动自旋系统实现期望的量子逻辑门?而且核磁共振计算系统会受到环境噪声的影响,实验条件对于控制磁场有物理约束,如何设计和寻找消耗最少资源,在最少时间内驱动系统实现高准确度的量子逻辑的控制磁场?这些问题无法凭借简单的理论、直觉或者实验经验来解决,需要求助于控制理论和控制技术。核磁共振技术为研究量子计算和量子控制提供了重要平台。

在量子控制中,封闭自旋系统的开环最优控制问题尤其是时间最优控制问题由于其重要性和复杂性成为探讨热点,并取得了不少进展。如达来桑德罗(D'Alessandro)利用极大值原理给出了单自旋的能量最优控制问题的解析解(D'Alessandro, Dahleh, 2001); Boozer 对单自旋系统控制中射频磁场幅度恒定控制方向可变情况下的时间最优问题给出了解析解(Boozer, 2012); Wu 和 Boscain 等人分析了控制有界下的 Bang-Bang 控制策略(Wu et al., 2002; Boscain, Chitour, 2005; Boscain, Mason, 2006); 卡林(Carlini)等人根据变分原理把量子演化的时间最优控制问题转化为量子最速下降问题(Carlini et al., 2007; Carlini et al., 2008; Carlini et al., 2012),并给出了一些情况的解。汗贾(Khaneja)及其合作者对于无界控制情况给出了利用约当分解来分析时间最优控制的方法,系统地给出了双比特异核系统的最短时间控制策略(Khaneja et al.,

2001），并对一类三比特异核系统进行了类似的分析（Khaneja et al.，2002）。在数值算法方面，根据极大值原理，Zhu、Ho 和 Grivopoulos 等人针对一般的量子系统的以保真度和能量为优化目标的最优控制问题，提出通过迭代求解状态方程和协状态方程，且保持目标函数单调递增的数值算法（Zhu et al.，1998；Ho et al.，2011；Grivopoulos et al.，2002）。Ho 等人则在此基础上改进了其优化效率（Ho et al.，2010）；拉配尔特（Lapert）等人通过时间尺度变换，将时间变量从状态方程转移到目标函数中，实现了一种迭代优化控制函数达到时间和能量两者之间综合最优的算法（Lapert et al.，2012）。斯里达兰（Sridharan）和詹姆斯（James）将贝尔曼动态规划原理应用到量子系统的最短时间控制问题中，通过迭代求解哈密尔顿－雅克比－贝尔曼方程来获得时间最优解（Sridharan，James，2008），这个算法对控制无界限或者脉冲控制下的自旋系统分析很有效果。对于在固定时间上优化控制序列使得保真度达到最大的问题，一种策略是利用单纯形法来搜寻固定时间上保真度最大化的控制解（Fortunato et al.，2002）；一种是利用梯度上升算法，早期的算法直接使用数值计算梯度效率低下且准确度不高，后来莱万特（Levante）等人给出了脉冲梯度的解析算法（Levante et al.，1996），但是需要计算传播子的特征值和特征向量，直到汗贾等人（Khaneja et al.，2005）根据变分原理提出了一种梯度的近似计算方法，也即是 GRAPE 算法来搜寻最优解，在效率上实现了很大的提升，得到广泛使用（Ryan et al.，2008；Schirmer，2009；Machnes et al.，2011；Fouquieres et al.，2012）。

同核自旋系统的控制问题特别是最优控制问题也得到广泛关注。如林登（Linden）等人讨论了利用同核系统去实现一类特殊的量子逻辑门（Linden et al.，1999），这类门实现对部分自旋的操作，而其他的比特在操作前后一致；已经有大量研究详细地讨论过同核自旋系统的能控性和李代数结构（Albertini，D'Alessandro，2002；D'Alessandro，2003a；Vaidya et al.，2003；D'Alessandro，2007）。特别是对于控制有界的单自旋和有相互作用的多自旋如何实现期望的酉变换的控制问题，D'Alessandro 给出了非常理想的解析的控制算法（D'Alessandro，2003a），并且对双比特自旋的同时翻转的最优控制问题利用极大值原理可得到一个 Bang-Bang 控制解（Assemat et al.，2010）。其他的研究，Pry 和 Khaneja 讨论了在开放环境下，耦合的双自旋比特如何最优化信噪比的问题（Pry，Khaneja，2006）；Kehlet 等人在同核系统中利用 GRAPE 算法优化控制脉冲实现了解耦（Kehlet et al.，2005），等等。

目前同核自旋系统量子逻辑门（包括局域门和非局域门）的实现问题，以典型的双比特同核模型的局域门实现为例，需要用一个频率通道将两个自旋核同时实现不同的旋转。如何控制两个同核自旋同步达到不同的旋转操作，以及如何在尽可能短的时间里实现等这些问题还没有有效的解决方案。

除了单比特自旋系统，对于多比特同核自旋控制系统，一般没有最短时间解析控制解。在数值算法上,广泛使用的 GRAPE 算法是一种在固定时间上优化控制函数的策略,在时间的优化上比较盲目,在实际系统优化中,不同的参数变化会导致仿真计算代价比较大。因此恰当地估计最短时间 T 将能有效地提高优化效率。

本书中主要考虑双同核操控的时间最优控制问题,基于以下几点原因:

(1) 在核磁共振实验中可用的不同种类的核资源有限且同核自旋普遍存在(Linden et al.,1999),如常见的三氯乙烯(Trichloroethylene)分子(分子结构见图 13.1),其中含有一个氢自旋比特,两个碳自旋比特。当实现高比特数量子计算时,同核自旋既是可以利用的量子比特资源,又是不可避免的复杂的控制难题。

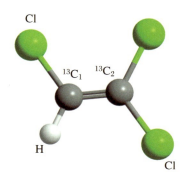

图 13.1　三氯乙烯分子

(2) 同核的控制受到约束,体现在两个方面:① 控制频率的单一,导致不能单独控制各个自旋核,如图 13.2 所示,由于频率接近,施加的控制会同时作用于所有的同核自旋比特;② 控制的强度受到实验条件的约束,这些条件限制了常规的异核控制方法无法用于设计同核系统的控制磁场。

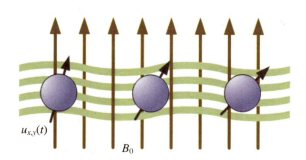

图 13.2　双比特同核自旋在同一频率的射频场控制下发生共振演化

(3) 由于核磁共振中对自旋的操控必须在自旋的弛豫时间内完成,因此期望控制时间越短越好,这样在弛豫时间内可以实现多次逻辑操作,进而在量子计算中在有限的时间里实现更加复杂的算法,所以如何设计控制脉冲序列在尽可能短的时间内实现各个同核的操作尤其重要。

13.1 核磁量子自旋控制系统

量子计算实验常用的液体核磁共振谱仪平台及其工作原理如图13.3所示。液体核磁共振谱仪由操作台、磁体系统和机柜等主要器件组成。实验方案设计、程序编写与执行和信号数据分析都在操作台的计算机及相关设备上完成。磁体系统包括磁体、探头系统、匀场系统、前置放大器等,磁体和匀场系统提供均匀而又高强度的磁场,探头系统用于放置实验样品和发射与检测共振信号,前置放大器用于放大微弱的自由衰减信号。机柜主要是一些电子硬件,如功率放大器、温控系统、采样系统等。整个系统的内部结构如图13.4所示,其工作的基本原理为:在超低温中的超导螺线管产生高强度磁场5~15 T;

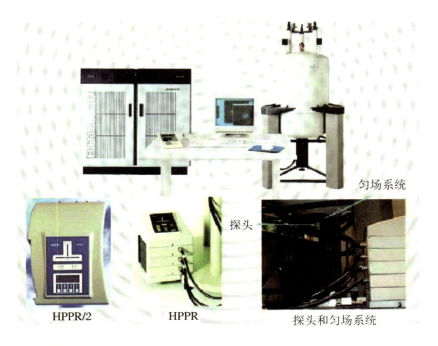

图13.3 Bruker公司核磁共振实验系统实物图

可移出的探头里面装有射频线圈和实验样品;探头放置在均匀的超导磁场中;可调节探头上的射频线圈的谐振频率为观测核(如^{1}H、^{13}C)的共振频率(拉莫尔频率);射频线圈与射频发射系统相连,通过计算机输入控制指令就可以生成射频脉冲信号作用于样品中的核自旋;核自旋的自由衰减信号也可以被射频线圈检测,信号依次经过前置放大器、信号检测器,再经过模拟/数字转换,在计算机上生成共振信号。

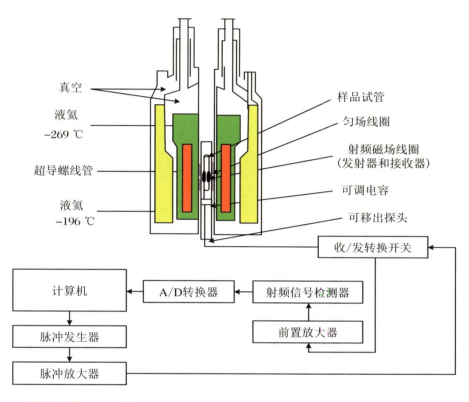

图 13.4 核磁共振谱仪的内部结构

样品中的自旋核系统的演化主要由系统哈密顿量和控制哈密顿量驱动。系统哈密顿量来自于单个自旋核子在超导静磁场中的塞曼(Zeeman)效应和多个核之间的耦合作用。当射频磁场的频率被调节到等于或者接近系统的谐振频率时,就能够很方便地按照需要设计控制哈密顿量。

13.1.1 系统哈密顿量

1. Zeeman 哈密顿量

一个自旋为 1/2 的粒子在一个沿着 z 方向的静磁场 B_0 中的演化哈密顿量为

$$H_z = -\hbar \gamma B_0 S_z = \begin{bmatrix} -\omega_0/2 & 0 \\ 0 & \hbar\omega_0/2 \end{bmatrix} \tag{13.1}$$

其中 $\hbar$ 是普朗克常数，γ 是核子的旋磁比，$\omega_0/2\pi$ 是拉莫尔频率，S_z 是沿着 z 方向的自旋角动量算符。S_x、S_y、S_z 和著名的泡利矩阵的关系为

$$S_x = \frac{1}{2}\sigma_x, \quad S_y = \frac{1}{2}\sigma_y, \quad S_z = \frac{1}{2}\sigma_z \tag{13.2}$$

其中

$$\sigma_x = \begin{bmatrix} 0 & 1 \\ 1 & 0 \end{bmatrix}, \quad \sigma_y = \begin{bmatrix} 0 & -i \\ i & 0 \end{bmatrix}, \quad \sigma_z = \begin{bmatrix} 1 & 0 \\ 0 & -1 \end{bmatrix} \tag{13.3}$$

从方程 (13.1) 式可得，基态 $|0\rangle$ 的能量 $\langle 0|H_0|0\rangle$（也就是 H_z 的左上角元素）比激发态 $|1\rangle$ 的能量 $\langle 1|H_0|1\rangle$（也就是 H_z 的右下角元素）低 ω_0。如图 13.5 所示，这种能级的分裂就是 Zeeman 效应。自旋粒子在哈密顿量 H_z 下的时间演化 $U = \exp(-\mathrm{i}(H_z t/\hbar))$，如图 13.6 所示，可以看作一个 Bloch 向量沿着 B_0 的进动。

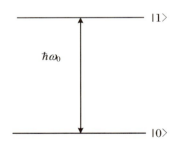

图 13.5 两态之间的能量图

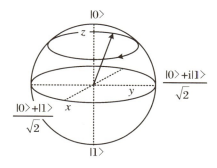

图 13.6 粒子自由演化示意图

对于液体核磁共振系统,静磁场 B_0 的强度一般为 5~15 T,从而拉莫尔频率 ω_0 为几百兆赫兹,达到射频场的频率范围。不同类型的核子的旋磁比 γ 的差别很大,进而拉莫尔频率差别很大(如表 13.2 所示),它们很容易从频率上区分。同一种原子的不同核子也就是同核在频率上有微小的差别,可以区分开来,一般用化学偏移 δ 表示。一个包含 N 个不耦合的自旋核子的分子的哈密顿量可表示为

$$H_z = -\sum_{i=1}^{N} \hbar (1-\delta_i) \gamma_i B_0 S_z^i = -\sum_{i=1}^{N} \hbar \omega_0^i S_z^i \tag{13.4}$$

其中上标 i 表示不同的核子,并且

$$S_\alpha^k = \frac{1}{2} I_2^{\otimes(k-1)} \otimes \sigma_\alpha \otimes I_2^{\otimes(k-1)} \tag{13.5}$$

其中 $\otimes$ 是克罗内克积(Kronecker product), $\alpha = x, y, z$, $k = 1, \cdots, N$, I_2 是二维的单位矩阵。

表 13.2 一些原子核在 11.7 T 磁场下的拉莫尔频率

Nucleus	^{1}H	^{2}H	^{13}C	^{15}N	^{9}F	^{31}P
$\omega_0/2\pi$	500	77	126	−51	470	202

化学偏移 δ 源自于自旋核子周围的电子云所产生的不同程度的局域范围的屏蔽效应。屏蔽作用的强度取决于各个自旋核子周围的电子环境,所以同样的自旋核子在不同的电子环境中会有不一样的化学偏移 δ。样品分子中显著的不对称结构会导致很大的化学偏移 δ。不同类型的自旋核子的化学偏移 δ 取值范围不相同,比如 ^{1}H 的化学偏移大约为 10 ppm(parts per million,百万分之一),^{19}F 的化学偏移大约为 200 ppm,^{13}C 的化学偏移大约为 200 ppm。当 $B_0 = 10$ T 时,它们对应于几百赫兹到几万赫兹(相对于 ω_0 达到几百兆赫兹)。比如,表 13.3(Negrevergne et al., 2006)中展示了液体核磁共振实验

中测得的 L-组氨酸分子中的自旋核子化学偏移参数,其中 H 核的拉莫尔频率为 600 MHz,C 核的拉莫尔频率为 150 MHz,表中对角元素是化学偏移量,非对角元素是 J 耦合项(单位为 Hz)。从表 13.3 中可见,同核之间的化学位移差别远远小于不同核之间的拉莫尔频率差。

表 13.3　L-组氨酸分子结构图和在 600 MHz 核磁共振仪下的哈密顿量参数

	H_1	H_2	H_3	$H_{4/5}$	C_1	C_2	C_3	C_4	C_5	C_6
H_1	−5 800									
H_2	1.0	−4 989								
H_3	0.0	0.0	−2 700							
$H_{4/5}$	0.0	−0.7	7.3	−2 205						
C_1	0.0	0.0	−5.0	3.5	−30 443					
C_2	0.0	0.0	146.6	−4.3	26.80	−94.5				
C_3	1.5	0.6	−4.5	132.5	−1.0	34.8	−4 589			
C_4	6.5	0.7	5.0	−6.9	2.4	−2.6	52.8	−22 562		
C_5	−5.4	198.2	0.0	0.0	0.0	1.5	4.7	72.9	−20 657	
C_6	218.5	−6.8	0.0	0.0	0.0	0.0	0.8	2.9	−1.6	−23 633

2. J 耦合哈密顿量

分子中的自旋核子之间存在两种相互作用,一种是直接的偶极相互作用,一种是间接的 J 耦合相互作用。在液体核磁共振中由于溶液剧烈的翻滚运动,偶极相互作用被平均化为零,只剩下各向同性的微弱的 J 耦合相互作用。自旋 i 和 j 之间的耦合哈密顿量为以下形式:

$$H_j = 2\pi\hbar\sum_{i<j}J_{ij}(S_x^i S_x^j + S_y^i S_y^j + S_z^i S_z^j) \tag{13.6}$$

其中 J_{ij} 是自旋 i 和 j 之间的耦合强度。这种耦合模型一般称为海森伯格模型。如果两个自旋之间的谐振频率差远大于耦合强度,也就是 $|\omega_i - \omega_j| \gg 2\pi J_{ij}$,那么 J 耦合哈密顿量可以简化为

$$H_j = 2\pi\hbar\sum_{i<j}J_{ij}S_z^i S_z^j \tag{13.7}$$

这一条件对于异核和很多的同核自旋能够满足,这种耦合模型一般也叫作 Ising 模型。典型的 J_{ij} 耦合强度对于单键耦合能达到几百赫兹,对于多键耦合只有几赫兹,如表 13.3 所示 L-组氨酸的哈密顿量参数。自旋间的耦合相互作用可以解释为一个自旋不仅和静

磁场相互作用,还能感受到相邻的自旋核子的作用。

3. 射频磁场控制哈密顿量

这一节介绍控制核磁共振系统的物理机制,外加控制作用如何作用到量子自旋系统的哈密顿量中,进而影响系统的动力学演化,使得系统状态按照期望轨迹演化,实现最终的量子逻辑门。

对在沿着 z 轴方向的静磁场 $\boldsymbol{B}_0$ 中的自旋粒子,施加电磁场 $\boldsymbol{B}_1$,只要 $-\boldsymbol{B}_1$ 在 $\hat{x}-\hat{y}$ 平面旋转,而且其频率在自旋的进动频率 ω_0 附近,那么就可以通过 $\boldsymbol{B}_1$ 来操纵自旋粒子。单自旋核子受到射频(radio frequency,RF)磁场的作用,其哈密顿量为

$$H_{\mathrm{RF}} = -\gamma B_1 [\cos(\omega_{\mathrm{rf}} t + \varphi) S_x + \sin(\omega_{\mathrm{rf}} t + \varphi) S_y] \tag{13.8}$$

其中 ω_{rf} 是射频磁场频率,φ 是射频磁场相位,B_1 是幅度。

一般而言,在液体核磁共振中,$\omega_1 = \gamma B_1$ 的取值达到几十到几百赫兹,包含 N 个自旋系统的哈密顿量为

$$H_{\mathrm{RF}} = -\sum_i^N \gamma_i B_1 [\cos(\omega_{\mathrm{rf}} t + \varphi) S_x^i + \sin(\omega_{\mathrm{rf}} t + \varphi) S_y^i] \tag{13.9}$$

从中可以看到,不像拉莫尔频率和耦合项,射频磁场的幅度 B_1 和相位 φ 都可以随着时间变化,通过控制射频磁场的幅度 B_1、相位 φ 和频率 ω_{rf},就可以实现对量子核磁系统的控制,进而实现量子计算。

13.1.2 旋转坐标系下单个自旋核子的运动模型

在通常的实验室坐标系下描述同时受到静磁场和旋转射频磁场作用的单自旋核子的运动会非常复杂,在沿着 z 轴方向的以 ω_{rf} 频率旋转的坐标系下,核子的运动可以得到简化。在旋转坐标系下系统的状态为

$$|\psi\rangle^{\mathrm{rot}} = \exp(-\mathrm{i}\omega_{\mathrm{rf}} t S_z) |\psi\rangle \tag{13.10}$$

把 $|\psi\rangle$ 代入到薛定谔方程 $\mathrm{i}\hbar \dfrac{\mathrm{d}}{\mathrm{d}t} |\psi\rangle = H |\psi\rangle$,其中

$$H = -\hbar\omega_0 I_z - \hbar\omega_1 [\cos(\omega_{\mathrm{rf}} t + \varphi) S_x + \sin(\omega_{\mathrm{rf}} t + \varphi) S_y] \tag{13.11}$$

这里 $\omega_1 = \gamma_0 B_1$。那么,可以得到旋转坐标系下的薛定谔方程为

$$\mathrm{i}\hbar \dfrac{\mathrm{d}}{\mathrm{d}t} |\psi\rangle^{\mathrm{rot}} = H^{\mathrm{rot}} |\psi\rangle^{\mathrm{rot}} \tag{13.12}$$

其中

$$H^{\text{rot}} = -(\omega_0 - \omega_{\text{rf}})I_z - \hbar\omega_1[\cos\varphi S_x + \sin\varphi S_y] \qquad (13.13)$$

从中可以看出,在以频率 ω_{rf} 旋转的坐标系下,射频场沿着一个固定的方向。进一步,如果 $\omega_{\text{rf}} = \omega_0$,哈密顿量(13.13)式中的第一项消失。在这种情况下,如图 13.7 所示,旋转坐标系中的观察者将看到自旋核子沿着 $\boldsymbol{B}_1$ 方向简单进动,通过选择 φ 就能改变进动轴;实验室坐标系里的观察者则会看到自旋核子沿着 Bloch 球面作螺旋运动。

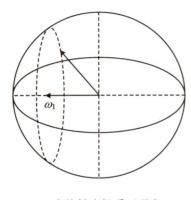 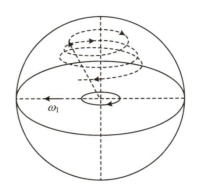

(a) 在旋转坐标系下观察　　　　　(b) 在实验室坐标系下观察

图 13.7　射频磁场下单个自旋核子的运动

如果射频磁场与自旋核子不共振,偏离自旋频率 $\Delta\omega = \omega_0 - \omega_{\text{rf}}$,那么自旋沿着一个倾斜的轴进动,如图 13.8 所示。

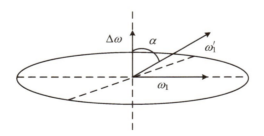

图 13.8　旋转坐标系中非共振的射频场作用下的自旋核子的旋转轴

进动轴相对于 z 轴倾斜的角度为 $\alpha = \arctan(\omega_1/\Delta\omega)$,并且进动频率为 $\omega_1' = \sqrt{\Delta\omega^2 + \omega_1^2}$。这里以单自旋比特的演化为例,初始状态处于 $|0\rangle$,射频场的频率分别偏离共振频率 $\Delta\omega = 0\text{ kHz}, 0.5\text{ kHz}, 1\text{ kHz}, \cdots, 4\text{ kHz}$ 时,自旋比特在强度 $\omega_1 = 1\text{ kHz}$ 的射频

场持续作用 250 μs 的轨迹如图 13.9 所示。

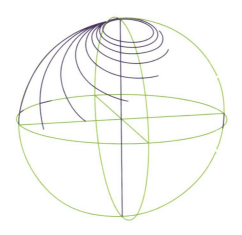

图 13.9　自旋比特的运动轨迹

当射频磁场的频率处于共振频率时,自旋比特产生 90°的旋转;当远离共振频率时,自旋比特很难旋转离开 $|0\rangle$,基本不受影响。当射频磁场远离共振频率 $|\Delta\omega|\gg\omega_1$ 时,α 很小,射频磁场对于自旋几乎没有影响。如果所有的自旋核子的拉莫尔频率相互之间间隔很大,那么可以选择性地单独控制其中的任何一个自旋核子而不影响其他的核子。而当射频磁场偏离共振频率一定范围,如 $|\Delta\omega|\approx\omega_1$ 时,自旋核子会沿着倾斜的轴旋转,一个简单的控制脉冲无法轻易地实现自旋从状态 $|0\rangle$ 跳转到 $|1\rangle$。所以控制一个多自旋比特的系统时,如果系统中各个自旋核的进动频率(拉莫尔频率)差别很大,例如异核自旋系统,可以在其中的一个自旋的共振频率处进行选择性控制,而另一个核的共振频率距离控制射频磁场频率很远,基本不受影响;如果系统中各个自旋核的进动频率很接近,例如常见的同核自旋系统,在其中的一个自旋的共振频率处进行控制的时候,另一个核的共振频率接近控制射频磁场频率,也会受到其驱动而发生复杂演化,所以无法对整个系统中的各个自旋比特实现选择性操作,这就是同核自旋系统控制的难点所在。

13.1.3　退相干和弛豫时间

量子退相干指的是一量子系统状态间相互干涉的性质随着时间逐步丧失。因为量子系统与外界环境的相互作用会导致相位信息的丧失。当两者相互作用时,在能量上会出现随机扰动的热交换,而相位信息上就会因随机扰动而发生退相干,常用的模型是量子布朗运动。若以密度算符表示形式写出系统量子态,可以发现退相干所造成的影响就是非对角线元素随时间而变为零。利用核磁共振系统中的核子自旋表示量子比特的非常重要的优势在于自旋系统几乎是一个与环境隔离的孤立系统,从而退相干时间相对于系统的演化时间要长得多。

核磁共振系统和环境的耦合项可以通过附加的哈密顿量 H_{env} 来描述,它的强度要远远地弱于系统哈密顿量 H_{sys} 和控制哈密顿量 H_{RF}。这个耦合项会导致系统的退相干,也就是会丢失量子信息。一般来讲可以通过两个比率参数来描述其作用:能量弛豫速率 T_1 和相位随机化率 T_2。对于液体核磁共振系统,一般来讲 $T_1 \gg T_2$。比如选择恰当的分子和溶剂液体样品,T_1 可以很容易达到几十秒级别,T_2 则一般在秒级别。

对于量子计算而言,退相干造成量子信息丧失,计算过程中的量子相干特性被破坏,量子计算就会产生错误。所以弛豫时间对于量子计算实施过程提出了时间限制,只有高速的量子操控,才能在有限的时间内实现复杂的量子算法,并且更少丢失信息。最优控制理论特别是时间最优控制理论在这里找到了用武之地。利用控制理论分析量子逻辑门实现所需要的最短时间和最优控制,设计相关算法生成最短时间或者接近最短时间的脉冲控制序列,能有效地改进量子计算,实现更加快速有效的量子算法。

13.1.4 多同核自旋控制系统模型

现在将旋转坐标系下单自旋运动推广到多同核自旋系统的一般情形。对于 N 个拉莫尔频率很接近的同核自旋系统,施加的控制脉冲会作用于全部的自旋比特。对于各个自旋使用同样频率的旋转坐标系

$$|\psi\rangle^{rot} = \left[\prod_i \exp(-i\omega_{rf} t S_z^i)\right]|\psi\rangle \tag{13.14}$$

其中 ω_{rf} 为控制脉冲频率。系统的哈密顿量为(为了简单起见,不再标注上标"rot")

$$H_z = -\hbar \sum_{i=1}^{N} [(1-\delta_i)\omega_0 - \omega_{rf}] S_z^i \tag{13.15}$$

$$H_j = 2\pi \hbar J_{ij} \sum_{i<j} (S_x^i S_x^j + S_y^i S_y^j + S_z^i S_z^j) \tag{13.16}$$

$$H_{RF} = -\hbar \sum_{i=1}^{N} [(1-\delta_i)][u_x(t) S_x^i - u_y(t) S_y^i] \tag{13.17}$$

其中控制哈密顿场强为

$$u_x(t) = \omega_1(t)\cos\varphi(t), \quad u_y(t) = \omega_1(t)\sin\varphi(t)$$

射频磁场强度受到实验功率的限制：

$$u_x^2(t) + u_y^2(t) \leqslant \Omega^2 \tag{13.18}$$

其中上界 Ω 取决于核磁共振仪器的最大功率。

为了方便从控制理论的角度分析系统，这里定义：

$$H_0 = -\sum_{i=1}^{N} [(1-\delta_i)\omega_0 - \omega_{rf}] S_z^i + 2\pi \sum_{i<j} (S_x^i S_x^j + S_y^i S_y^j + S_z^i S_z^j) \tag{13.19}$$

$$H_x = -\sum_{i=1}^{N} (1-\delta_i) S_x^i \tag{13.20}$$

$$H_y = -\sum_{i=1}^{N} (1-\delta_i) S_y^i \tag{13.21}$$

其中约化掉了参数 $\hbar$，相应的方程变为

$$H = H_0 + \sum_{i \in \{x,y\}} u_i(t) H_i \tag{13.22}$$

$$i\dot{U}(t) = H(t)U(t) \tag{13.23}$$

(13.23)式是封闭量子系统的半经典时域模型，它是一个典型的双线性系统，系统从初始时刻 0 到时刻 T 的演化为

$$U(t) = \Gamma \exp\{-i\int_0^T [H_0 + \sum_{i \in \{x,y\}} u_i(t) H_i] dt\} \in \text{SU}(2^N) \tag{13.24}$$

其中 Γ 是戴森时序算子（Dyson time-ordering operator）。

为了衡量系统演化到终端时间 T 后的传播子 $U(T)$ 和期望的目标逻辑门 U_f 之间的相似度，这里定义它们之间的相似度为

$$\Phi = 2^{-N} \mathcal{R}\{\text{tr}[U_f^\dagger U(T)]\} \tag{13.25}$$

(13.25)式来源于量子通信中的保真度（Bennett et al., 1996），其中 tr(·) 表示计算矩阵的迹，$\mathcal{R}$(·) 表示取实部。

13.1.5　同核系统的近似模型

参考表 13.3 所示 L-组氨酸的哈密顿量参数，一般来讲同核自旋的相对于 ω_0 的化学偏移频率要远远大于（2～3 个数量级）J 耦合强度。因此当初略分析用同核实现非耦合的局域门的时候，可以忽略耦合量，得到系统近似的幺正演化：

$$U(t) \approx U_1(t) \otimes U_2(t) \otimes \cdots \otimes U_N(t) \tag{13.26}$$

其中幺正矩阵 $U_1(t), U_2(t), \cdots, U_N(t) \in \mathrm{SU}(2)$。$\mathrm{SU}(2)$是二维特殊酉群。它们的演化满足 Schrödinger 方程:

$$\dot{U}_k(t) = -\mathrm{i}[H_c(t) - \delta_k H_d(t)]U_k(t) \tag{13.27}$$

其中 $k = 1, 2, \cdots, N$,并且

$$H_c(t) = (\omega_{\mathrm{rf}} - \omega_0)S_z - u_x(t)S_x - u_y(t)S_y \tag{13.28}$$

$$H_d(t) = \omega_0 S_z - u_x(t)S_x - u_y(t)S_y \tag{13.29}$$

当射频场频率 $\omega_{\mathrm{rf}} = \omega_0$ 时,有

$$H_c(t) = -u_x(t)S_x - u_y(t)S_y \tag{13.30}$$

系统从初始时刻 0 到时刻 T 的演化为

$$U(t) = \bigotimes_{k=1}^{N} \Gamma \exp\{-\mathrm{i}[H_c(t) - \delta_k H_d(t)]\mathrm{d}t\} \in [\mathrm{SU}(2)]^{\otimes N} \tag{13.31}$$

适当的控制可以实现任意的局域演化:

$$U_f = \bigotimes_{k=1}^{N} U_{kf} \in [\mathrm{SU}(2)]^{\otimes N} \tag{13.32}$$

13.2 双比特同核系统的时间最优控制设计

对于包含两个及以上比特的自旋系统的最短时间控制问题,可以利用最优控制理论中的极大值原理分析,状态方程和协状态方程往往会归化到高阶的非线性微分方程或者多种奇异情况,除了一些特定的简单情况可以求解出解析解,没有通用的时间最优解析解。因此很有必要用数值优化的手段来搜寻最短时间控制函数。本章主要探索双比特同核系统上实现局域逻辑门的最短时间控制算法。

利用数值优化来求解最短时间脉冲控制序列主要有两种思路,一种是通过时间尺度变换,将时间变量从状态方程转移到目标函数中,根据极大值原理列出协状态的微分方程组,然后选择一个能保持目标函数单调递增的控制函数代入状态方程和协状态方程组,不断迭代优化直到收敛;一种是将控制函数按时间等分切割离散化为一组控制序列

变量，然后在固定时间上优化控制序列使其满足控制目标，在此基础上逐步地缩短时间或者增大时间，继续迭代优化直到得到满足控制目标且时间收敛到最短的控制序列。在固定时间上优化脉冲控制序列时，如果变量比较少可以采用单纯形法；如果变量比较多，一般采用脉冲梯度优化 GRAPE 算法，这两种策略相比后一种算法拥有更多优化的自由度，得到更广泛的使用。本章采用第二种时间优化的算法，对在固定时间上如何优化同核的控制序列提出新的高效率的算法，并利用最优时间控制的最短时间信息来改进时间优化的迭代过程。再进一步通过 L-组氨酸和三氯乙烯的仿真实验来测试算法的可行性和效率。

Khaneja 提出的梯度上升脉冲优化技术（GRAPE）被设计用来优化固定时间 T 上的射频脉冲控制来实现高保证度的逻辑门。这个算法得到广泛使用和实验验证。在固定时间 T 下，将控制函数离散化为一个等时间间隔的离散序列，每个时间段上的控制幅度不变，对应核磁共振仪的输入为一系列矩形脉冲序列。GRAPE 算法的基本思想是以保真度为目标函数，沿着目标函数对控制脉冲序列的梯度方向（或者其他方法如共轭梯度，BFGS 方法）更新控制序列，不断迭代这个过程，直到目标函数收敛。

13.2.1 脉冲梯度优化算法基本原理

以自旋控制系统(13.22)式和(13.23)式在时间段 $[0, T]$ 上的演化为例，算法通过优化控制序列以达到系统的相似（保真）度(13.25)式最大。

首先，将固定的时间 T 离散化为等长的 M 段，每一小段时间为 $\Delta t = T/M$。这里用 $u_i(j)$ 表示第 $i(i=1,2,\cdots,n)$ 个控制序列在第 j 段时间的分量，并且在这个小时间片里看作常量。那么对于每一段时间，系统的演化幺正矩阵为

$$U_j = \exp\{-\mathrm{i}\Delta t(H_0 + \sum_i^n u_i(j)H_i)\} \tag{13.33}$$

系统在时间 T 的幺正传播子为

$$U(T) = U_M U_{M-1}, \cdots, U_2 U_1 \tag{13.34}$$

并且最大化系统的目标函数也就是保真度

$$\Phi = \frac{1}{2^N}\mathcal{R}\{\mathrm{tr}(U_f^\dagger U_M U_{M-1}, \cdots, U_2 U_1)\} \tag{13.35}$$

当控制脉冲序列在 j 时段的幅度 $u_i(j)$ 变化为 $u_i(j) + \delta u_i(j)$ 时，目标函数 Φ 不变

化。根据(13.33)式，幺正传播子 U_j 相对于 $\delta u_i(j)$ 的一阶变分为

$$\delta U_j = -\mathrm{i}\Delta t \delta_i(j) \bar{H}_i U_j \tag{13.36}$$

其中

$$\bar{H}_i \Delta t = \int_0^{\Delta t} U_j(\tau) H_i U_j(-\tau) \mathrm{d}\tau \tag{13.37}$$

如果 Δt（也就是射频脉冲周期）足够小，满足

$$\Delta t \ll \| H_0 + \sum_i^n u_i(j) H_i \|^{-1} \tag{13.38}$$

那么

$$\bar{H}_k \approx H_k \tag{13.39}$$

则可以通过如下近似公式来计算幺正传播子相对于控制场的梯度：

$$\frac{\delta U_j}{\delta u_i(j)} \approx -\mathrm{i}\Delta t H_i U_j \tag{13.40}$$

目标函数相对于控制场的梯度具有如下形式：

$$\frac{\delta \Phi}{\delta u_i(j)} = \frac{1}{2^N} \mathscr{R}\{\mathrm{tr}(U_j^\dagger U_M \cdots U_{j+1} \frac{\delta U_j}{\delta u_i(j)} U_{j-1} \cdots U_1)\} \tag{13.41}$$

如果沿着梯度方向调整更新控制序列，如图 13.10 所示，也就是

$$u_i(j) \to u_i(j) + \varepsilon \frac{\delta \Phi}{\delta u_i(j)} \tag{13.42}$$

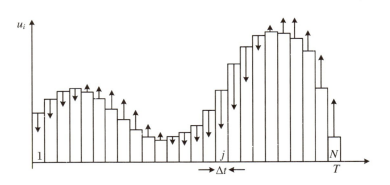

图 13.10 控制 $u_i(t)$ 优化过程，其中垂直箭头代表 $\delta\Phi/\delta u_i(j)$ 方向的调整

其中 ε 是一个小步长，那么就能进一步提高目标函数。

基本的 GRAPE 算法步骤如下：

(1) 对固定时间 T，等分离散化为 M 份，即 $T = M\Delta t$，设置初始的控制幅 $u_i^0 \in U \subseteq \mathbf{R}$，其中 $j \in \Gamma^{(0)} := \{1, 2, \cdots, M\}$。

(2) 计算每一步的幺正演化：$U_j = \exp\{-\mathrm{i}\Delta t H_j\}$。其中 $j \in \Gamma^r$，$H_j = H_0 + \sum_i u_i(j) H_i$。

(3) 计算系统演化的前向传播子：$X_{j;0} = U_j U_{j-1} \cdots U_1 U_0$。

(4) 计算系统演化的反向传播子：$\Lambda_{M+1;j+1}^{\dagger} := U_j^{\dagger} U_M U_{M-1} \cdots U_{j+1}$。

(5) 计算保真度 $\Phi = \frac{1}{2^N} \mathcal{R}\{\mathrm{tr}[\Lambda_{M+1;j+1}^{\dagger} X_{j;0}]\}$。如果保真度满足精度要求 $\Phi \geqslant 1 - \varepsilon_{\mathrm{threshold}}$ 或者迭代次数超过限制 $r > r_{\mathrm{limit}}$，就退出循环，否则继续。

(6) 对所有 $j \in \Gamma^r$，计算梯度 $\frac{\delta \Phi(U(j))}{\delta u_i(j)} = \frac{1}{2^N} \mathcal{R}\{\mathrm{tr}(\Lambda_{M+1;j+1}^{\dagger} \frac{\delta U_j}{\delta u_i(j)} X_{j-1;0})\}$，其中 $\frac{\delta U_j}{\delta u_i(j)}$ 根据(13.40)式计算。

(7) 沿着梯度方向 $u_i^{r+1}(j) = u_i^r(j) + \alpha_k \frac{\delta \Phi(U(j))}{\delta u_i(j)}$，对所有 $j \in \Gamma^r$ 更新控制幅度。

13.2.2　GRAPE 算法中的问题

在实际优化控制脉冲序列中还会遇到一系列问题：

(1) 鲁棒性问题。在实际应用中，由于静磁场的不均匀性导致哈密顿量参数与模型假设并不完全一致，而射频磁场的不均匀性和校准不精确导致控制输出与期望控制曲线有所偏差，这样数值优化得到的控制脉冲在实验中往往得不到理想的结果。参数的波动在实验中不可避免，我们需要数值仿真中优化得到的脉冲对于这些扰动有比较好的鲁棒性，也就是在一定的参数范围内（一般认为参数在有限的范围内小幅度变化），算法都能生成具有很高的保真度的脉冲序列。这里将需要考虑的波动参数离散化，设系统的某个参数波动到 ω_p 的概率为 p，那么总目标函数 Φ_{tot} 为系统在离散的参数 ω_p 各个值上所得到的目标函数之和：

$$\Phi_{\mathrm{tot}} = \sum_p p \Phi(\omega_p)$$
$$= \frac{1}{2^N} \sum_p p \mathcal{R}\{\mathrm{tr}[U_f^{\dagger} U_M(\omega_p) U_{M-1}(\omega_p) \cdots U_2(\omega_p) U_1(\omega_p)]\} \quad (13.43)$$

并且总目标函数对控制变量的导数为

$$\frac{\partial \Phi_{\text{tot}}}{\partial u_i(j)} = \frac{1}{2^N} \sum_p p \mathcal{R} \{ \text{tr}[U_f^\dagger U_M(\omega_p) \cdots U_{j+1}(\omega_p) \frac{\partial U_j(\omega_p)}{\partial u_i(j)} U_{j-1}(\omega_p) \cdots U_1(\omega_p)] \}$$

(13.44)

以表 13.3 所示的 L -组氨酸中的 H_1 和 H_2 同核系统为例,静磁场存在不同误差情况下保真度的变化曲线如图 13.11(a)所示,射频控制磁场存在波动时保真度的变化曲线如图 13.11(b)所示,从中可以看出:在固定时间 $T=323\ \mu\text{s}$ 时间区间上实现了局域逻辑门 $I_2 \otimes R_x(\pi/2)$。在合理的参数波动范围内(静磁场偏差 $-100 \sim 100\ \text{Hz}$,射频控制磁场波动 $0.9 \sim 1.1$),算法能够保证优化得到的控制序列都能拥有比较高的保真度。

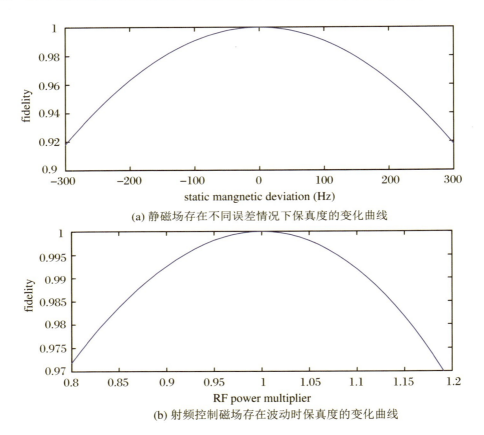

(a) 静磁场存在不同误差情况下保真度的变化曲线

(b) 射频控制磁场存在波动时保真度的变化曲线

图 13.11 参数波动下控制精度的变化

(2) 控制约束问题。在梯度优化算法中处理变量约束问题一般有以下方法:① 可行方向法(Zoutendijk,1960)。从可行点出发沿着下降的可行方向进行搜索,求出使得目标函数下降的新的可行点。② 罚函数方法（Karmarkar，1984）。借助惩罚函数将约束问题转换成无约束问题，用无约束最优化方法求解；或采用逐步二次规划方法，通过解一系列的二次规划问题来求解近似解等。本节对于控制约束(13.18)式，将控制变量从 $x-y$ 坐标系转换到极坐标系，控制约束转化成线性不等式约束，进而采用可行方向法中的投影梯度算法（Rosen，1960）来处理线性不等式约束。

（3）控制曲线的光滑性问题。一般来讲，最短时间控制总是趋近于尽可能地使用最大功率（如 Bang-Bang 控制），这会导致控制序列中出现陡峭的脉冲，而这时由于信号迟滞，实际中的核磁共振设备难以准确生成变化迅速的磁场。为了减小由于控制磁场的陡峭变化导致的附加误差，这里采取两种措施：一是选择光滑的初始控制脉冲，先随机生成以长时间 20 μs 间隔的脉冲序列，然后以短时间 1 μs 间隔平滑随机序列，得到光滑的初始控制曲线；二是在优化迭代过程中对控制序列做平滑化处理，这样会导致保真度的小幅度减小，然后以平滑后的脉冲作为初始脉冲进一步优化。通常，只需要经过几步的迭代优化过程，就可以得到平滑的且有高保真度的控制脉冲序列。如图 13.12 所示，同样以表 13.3 中所示的 L-组氨酸的 H_1 和 H_2 同核系统为例，在固定时间 $T=323$ μs 时间区间上实现局域逻辑门 $I_2 \otimes R_x(\pi/2)$。图 13.12(a)中利用 GRAPE 算法所得到的控制序列，由于控制时间非常短，控制脉冲序列变化剧烈；图 13.12(b)中以图 13.12(a)中的控制序列为初值进行平滑再优化多次迭代处理后的控制曲线非常光滑，同时保真度也足够高。这样的控制序列对实验设备友好，易于其在实际实验中准确生成，从而利于实现高精度控制。

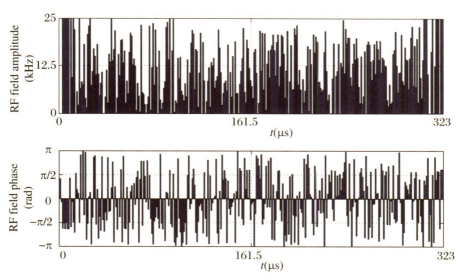

(a) GRAPE算法优化得到的控制脉冲磁场序列的幅度和相角曲线

图 13.12　平滑前后的控制序列对比

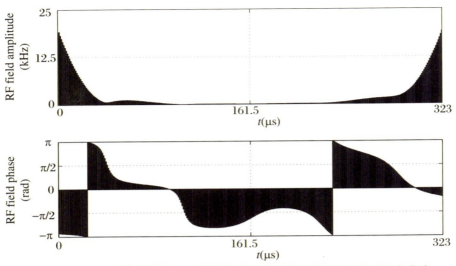

(b) 平滑再优化迭代5次后得到的控制脉冲磁场序列的幅度和相角曲线

续图 13.12　平滑前后的控制序列对比

13.2.3　同核系统演化和梯度计算方法

GRAPE算法中自旋系统的演化和目标函数对控制的梯度的计算方法(13.33)式~(13.41)式,在实际仿真计算中存在严重的计算效率问题:第一,通过(13.41)式计算梯度存在一定误差,其中假设(13.38)式要求控制场只有Δt非常小,才能满足近似成立条件,而在实际液体核磁共振中更高的时间精度(时间间隔小于$1\,\mu s$)较难准确实现,而且高精度的离散化需要更大的计算量,仿真时间会更长;第二,对于每一个时间片段系统的演化需要计算矩阵指数,而对于一个有N个自旋的系统,其幺正演化计算的复杂度为$O(2^{3N})$,这导致计算量指数级增长。

为了避免目前的GRAPE算法数值计算上的缺点,本节将根据同核系统的特点以及自旋旋转公式(Sakurai,1994),提出一种更加准确和有效的方式计算自旋的演化和目标函数对控制的梯度。根据近似模型(13.31)式,先计算单个自旋的演化,再将其组合成整个系统的演化。单个自旋的演化可以用如下公式计算:

$$U_j^k(t) = \exp\{-\mathrm{i}[u_x^k(j)S_x + u_y^k(j)S_y + \omega_z^k(j)S_z]\}$$
$$= \cos(\varphi_j^k) - \mathrm{i}[u_x^k(j)S_x + u_y^k(j)S_y + \omega_z^k(j)S_z]\sin(\varphi_j^k)$$

$$= \begin{bmatrix} \cos(\varphi_j^k) - \mathrm{i}\omega_z^k \sin(\varphi_j^k) & [-\mathrm{i}u_x^k(j) + u_y^k(j)]\sin(\varphi_j^k) \\ [-\mathrm{i}u_x^k(j) - u_y^k(j)]\sin(\varphi_j^k) & \cos(\varphi_j^k) + \mathrm{i}\omega_z^k \sin(\varphi_j^k) \end{bmatrix} \quad (13.45)$$

其中

$$\varphi_j^k = \sqrt{u_x^k(j)^2 + u_y^k(j)^2 + \delta_z^{k\,2}}, \quad \omega_z^k = -[(1-\delta_k)\omega_0 - \omega_{\mathrm{rf}}] \quad (13.46)$$

$$u_x^k(j) = -(1-\delta_k)u_x(j), \quad u_y^k(j) = -(1-\delta_k)u_y(j) \quad (13.47)$$

那么第 k 个自旋的整体的演化传播子和目标函数为

$$U^k(T) = U_M^k U_{M-1}^k \cdots U_{j+1}^k U_j^k U_{j-1}^k \cdots U_2^k U_1^k \quad (13.48)$$

$$\Phi^k = |\mathrm{tr}[U_{kf}^\dagger U^k(T)]|^2/2 \quad (13.49)$$

把(13.26)式、(13.48)式和(13.49)式代入(13.25)式,整个系统的保真度化简为

$$\Phi = \prod_{k}^{N} \Phi^k \quad (13.50)$$

然后,系统的演化传播子相对于控制场的导数可以写为

$$\frac{\partial U_j^k}{\partial u_{x,y}^k(j)} = -\sin(\varphi_j^k)\frac{\mathrm{d}\varphi_j^k}{\mathrm{d}u_{x,y}^k(j)} - \mathrm{i}S_{x,y}\sin(\varphi_j^k)\frac{\mathrm{d}\varphi_{x,y}^k(j)}{\mathrm{d}u_{x,y}^k(j)}$$

$$+ \mathrm{i}[u_x^k(j)S_x + u_y^k(j)S_y + \omega_z^k(j)S_z]\cos(\varphi_j^k)\frac{\mathrm{d}\varphi_j^k}{\mathrm{d}u_{x,y}^k(j)} \quad (13.51)$$

那么每一个自旋的梯度和整个系统演化的梯度为

$$\frac{\partial \Phi^k}{\partial u_{x,y}^k(j)} = -\frac{1}{2}(1-\delta_k)\mathcal{R}\left\{\mathrm{tr}[U_{kf}^\dagger U_M^k U_{M-1}^k \cdots U_{j+1}^k \frac{\partial U_j^k}{\partial u_{x,y}^k(j)} U_{j-1}^k \cdots U_2^k U_1^k]\right\}$$

(13.52a)

$$\frac{\partial \Phi}{\partial u_{x,y}^k(j)} = \sum_{k=1}^{N} \Phi^1 \Phi^2 \cdots \Phi^{k-1} \frac{\partial \Phi^k}{\partial u_{x,y}^k(j)} \Phi^{k+1} \cdots \Phi^N \quad (13.52b)$$

很显然,这个计算演化和梯度方法的复杂度是 $O(N^3)$,相比于标准 GRAPE 算法中的计算方法复杂度 $O(2^{3N})$ 有本质改进。同时也得看到这种自旋之间的微弱的耦合的解耦算法,并不是理论上的精确解。

13.2.4 准确度与效率仿真比较

在梯度优化算法中,只要选择优化方向始终和梯度方向的夹角为锐角,那么目标函

数总能保持单调上升(最大化)或者单调下降(最小化),并且选择的优化方向和梯度的夹角越小,那么目标函数单调上升或减小的值越大。接下来将从实际的核磁共振自旋系统参数模型来看同核系统近似梯度计算的误差,以及如何选择恰当的参数范围以提高准确度。

可以利用以下级数展开(Levante,1996):

$$\frac{\partial}{\partial x}e^{(A+xB)}\bigg|_{x=0} = \frac{\partial}{\partial x}\sum_{n=0}^{\infty}\frac{1}{n!}(A+xB)^n\bigg|_{x=0}$$

$$= \sum_{n=0}^{\infty}\frac{1}{n!}\sum_{q=1}^{n}A^{q-1}+BA^{n-q} \tag{13.53}$$

来求解梯度的精确值。设 λ_v 是 A 矩阵的正交的特性向量且对应的特征值为 $\langle\lambda_v\rangle$,那么有

$$\langle\lambda_l\,|\,\sum_{n=0}^{\infty}\frac{1}{n!}\sum_{q=1}^{n}A^{q-1}+BA^{n-q}\,|\,\lambda_m\rangle$$

$$= \sum_{n=0}^{\infty}\frac{1}{n!}\sum_{q=1}^{n}\lambda_l^{q-1}\langle\lambda_l\,|\,B\,|\,\lambda_m\rangle\lambda_m^{n-q}$$

$$= \langle\lambda_l\,|\,B\,|\,\lambda_m\rangle\sum_{n=0}^{\infty}\frac{1}{n!}\sum_{q=1}^{n}\lambda_l^{q-1}\lambda_m^{n-q}$$

$$= \begin{cases} \langle\lambda_l\,|\,B\,|\,\lambda_m\rangle\dfrac{e_l^{\lambda}}{\lambda_l}, & \lambda_l = \lambda_m \\[2mm] \langle\lambda_l\,|\,B\,|\,\lambda_m\rangle\dfrac{e_l^{\lambda}-e_m^{\lambda}}{\lambda_l-\lambda_m}, & \lambda_l \neq \lambda_m \end{cases} \tag{13.54}$$

利用(13.53)式和(13.54)式可以精确计算梯度,但是这种计算方式中涉及矩阵特征分解导致效率非常低,在多核系统的仿真计算上并不适用。这里以这个准确计算公式作为参考标准,比较两种近似算法的准确度和效率。为了方便阅读,基于矩阵特征分解精确计算方法(13.53)式~(13.54)式记为算法1,标准 GRAPE 算法中基于假设(13.38)式的近似计算方法(13.33)式~(13.41)式记为算法2,同核自旋系统的解耦近似计算方法(13.45)式~(13.52)式记为算法3。

本节提出的算法误差的根源在于忽略了耦合项。为了全面衡量算法的准确性,分别以典型的弱耦合双同核和强耦合双同核自旋系统为例进行测试。弱耦合系统以 L-组氨酸分子中的 H_1 和 H_2 所组成的系统为例子,其中 H_1 和 H_2 通过一系列的碳核才发生相互作用,两者之间的耦合强度只有 7.76 Hz;强耦合系统以 C_1 和 C_2 组成的三氯乙烯分子系统为例子,其中 C_1 和 C_2 之间通过直接的碳碳双键耦合,两者之间的耦合强度达到 103.49 Hz。而标准 GRAPE 算法误差的根源在于假设(13.38)式成立的条件,也就是时间间隔 Δt 即控制脉冲周期时间的大小。

对上述两种自旋系统在 Δt 取不同大小的情况下,利用两种近似算法计算梯度。以

算法1为参考,其中θ_{12}表示标准GRAPE中算法2计算的近似梯度的偏角;θ_{13}表示本文中提出的同核计算算法3计算的近似梯度的偏角。夹角θ_{13}和θ_{23}反映了两种近似计算方法获得的近似梯度和准确梯度之间的差别,夹角越大代表误差越大,夹角越小代表误差越小。在数值仿真中,按照不同的方法和不同的脉冲周期来计算系统在$T=500~\mu s$时间上演化以及目标函数对控制的梯度。这里的目标函数是系统演化幺正矩阵和期望逻辑门$R_x(\pi/2)R_y(\pi/2)$之间的保真度。对$T=500~\mu s$时间按照不同的脉冲周期Δt离散化,弱耦合模型和强耦合模型两种双比特同核自旋系统在某个随机控制下的近似梯度相对于准确梯度的偏角的变化如图13.13所示。从图中数据可见,在控制脉冲周期小于$1~\mu s$时,两种

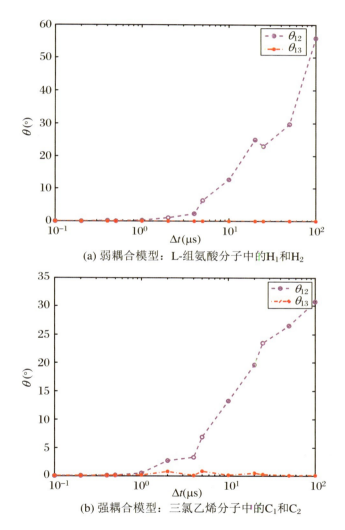

图 13.13 两种双比特同核自旋系统的近似梯度相对于准确梯度的偏角变化

近似计算方法的梯度偏差都很小，差别不大，但是当脉冲周期大于 1 μs 时，标准 GRAPE 算法的梯度偏差越来越大，而本节算法的梯度误差仍然很小，无论是强耦合系统还是弱耦合系统，相对准确梯度的偏角都在 1° 以内。在自旋系统的仿真实验中，一般使用的时间间隔都在 1 μs 以上，这样能使得优化算法的控制变量限制在几百个以内，目前的优化算法对几百个变量的复杂非线性模型能够很有效。如果将脉冲周期设置到微秒以下，那么控制变量会达到几千个甚至上万个，仿真的时间会大大延长，而且无论多么优秀的数值优化算法对这么多变量的复杂非线性模型都会显得无能为力。所以从数值优化的实际经验看，算法 3 可以在相对较长的脉冲周期上有很高的准确度，可以减少优化算法中的变量个数，从而高效地找到最优解。

分别针对单核至八核同核自旋系统，用三种算法计算其演化和梯度，进行效率比较。测试平台为实验室的一台服务器，其硬件为 16 核心单核 2.9 GHz 的 Intel Xeon E5-2690 CPU 和 1333 MHz 的 64 GB 内存，软件为 MATLAB 2012 版本。对于每次仿真，计算相应规模系统 500 个脉冲的演化和梯度，得到的时间曲线如图 13.14 所示，其中，横坐标为同

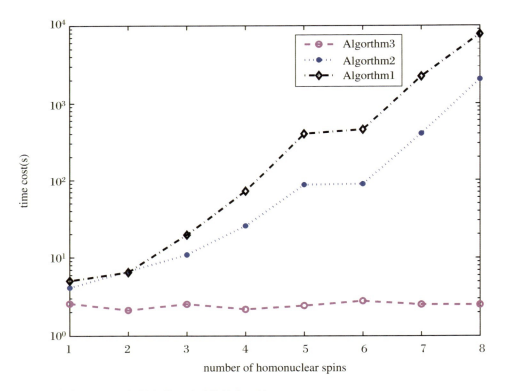

图 13.14　三种算法对不同规模自旋系统计算效率比较

核自旋的核数目(number of homonuclear spins),纵坐标为所耗时间(time cost),单位为秒(s)。由图可见其中同核算法 3 复杂度随着系统的规模线性增长,而标准 GRAPE 算法 2 和准确算法 1 都是指数增长,准确算法 1 最消耗计算资源。这里需要指出的是,按照理论分析,同核算法 3 计算演化和梯度方法的复杂度是 $O(N^3)$,而标准 GRAPE 算法 2 和准确算法 1 的计算方法复杂度为 $O(2^{3N})$,但是实验结果显示算法 3 的复杂度是线性增长的,这是因为将系统解耦后每个独立的系统的计算是可以并行化的,这能直接利用目前多核心多线程的优势,从而实现时间消耗变为线性增长。

第 14 章

核磁共振中双比特同核自旋系统的时间最优控制

对于双比特同核系统模型的局域门实现的最短时间控制问题,本章提出根据不同的时间尺度来分解其运动为高速的单核运动和缓慢的相对运动。通过分析缓慢的相对运动在最短测地线上所需消耗的时间来估计最短控制时间,从而可以在邻近的区间内搜索最短时间的高保真度控制函数。进一步,在对非局域门约当分解的基础上,本章提出邻近时间最优的组合控制算法。然后通过一系列数值仿真实验和量子层析实验测试和验证所提出的估算公式的准确性和时间优化算法的有效性。最后将实验结果与理想情况对比,分析实验误差来源。

14.1 单核系统最优时间控制分析

对于一个单核自旋系统,在旋转坐标系下的控制模型为

$$i\dot{U}(t) = [(\omega_0 - \omega_{rf})S_z + u_x S_x + \omega_y S_y]U(t), \quad U(0) = I \tag{14.1}$$

（14.1）式满足演化的末端条件 $U(T) = U_f$，并且控制受到不等式（13.18）式 $u_x^2(t) + u_y^2(t) \leqslant \Omega^2$ 约束。

将射频控制场的频率设置到自旋核的拉莫尔频率 $\omega_{rf} = \omega_0$，这样方程（14.1）式中的其余项是完全可控的，从而能够简化控制方案。根据李群中的最大值原理，设 $U^*(t)$ 是最优控制轨迹，那么存在常数矩阵 $M \in SU(N)$ 和非负常数 λ，且它们不能同时为 0，使得以下哈密顿量最大化：

$$H(U^*, M, \lambda u^*) = \max_{u_x^2 + u_y^2 \leqslant \Omega^2} \{\langle M, U^\dagger(t)[-i(H_0 + u_x(t)H_x + u_y(t)H_y]U(t)\rangle - \lambda\} \tag{14.2}$$

不难得到最优时间控制曲线是正弦函数曲线，也就是

$$u_x(t) = \Omega\cos(\omega t + \phi), \quad u_y(t) = \Omega\sin(\omega t + \phi) \tag{14.3}$$

其中 Ω 是幅度。

通过旋转变换 $U_r(t) = \exp[i(\omega t + \phi)S_z]U(t)$，可以得到：

$$i\dot{U}_r(t) = (\omega S_z + \Omega S_x)U_r(t), \quad U_r(0) = \exp(i\phi S_z) \tag{14.4}$$

那么可以得到最优时间控制解是如下形式：

$$U(t) = \exp[-i(\omega t + \phi)S_z]\exp[-i(\omega S_z + BS_x)t]\exp(i\phi S_z) \tag{14.5}$$

考虑系统演化的末态条件，则

$$U_f(t) = U(T) = \exp[-i(\omega T + \phi)S_z]\exp[-i(\omega S_z + BS_x)T]\exp(i\theta S_z) \tag{14.6}$$

不失一般性，对于目标逻辑门可表示成：

$$U_f(t) = \exp(-iS\hat{n}\phi) \tag{14.7}$$

其中，$\hat{n} = (n_x, n_y, n_z), n_x^2 + n_y^2 + n_z^2 = 1, S = (S_x, S_y, S_z)$。

将（14.5）式和（14.6）式展开，对比系数，可得

$$n_x \sin\left(\frac{\theta}{2}\right) = \frac{\Omega}{\omega'}\sin\left(\frac{\omega' t}{2}\right)\cos\left(\frac{\omega t}{2} + \phi\right) \tag{14.8a}$$

$$n_y \sin\left(\frac{\theta}{2}\right) = -\frac{\Omega}{\omega'}\sin\left(\frac{\omega' t}{2}\right)\sin\left(\frac{\omega t}{2} + \phi\right) \tag{14.8b}$$

$$n_z \sin\left(\frac{\theta}{2}\right) = \frac{\omega}{\omega'}\sin\left(\frac{\omega' t}{2}\right)\cos\left(\frac{\omega t}{2}\right) + \cos\left(\frac{\omega' t}{2}\right)\sin\left(\frac{\omega t}{2}\right) \quad (14.8c)$$

$$\cos\left(\frac{\phi}{2}\right) = \frac{\omega}{\omega'}\sin\left(\frac{\omega' t}{2}\right)\sin\left(\frac{\omega t}{2}\right) + \cos\left(\frac{\omega' t}{2}\right)\cos\left(\frac{\omega t}{2}\right) \quad (14.9)$$

其中 $\omega' = \sqrt{\Omega^2 + \omega^2}$。这里计算一些典型的常见的逻辑门的解,也就是计算参数 $\{\omega, \phi, T_{\text{optimal}}\}$。

情况 1:$U_f(t) = R_x(\theta) = \exp(-iS_x\theta)$,也就是绕 $\hat{x}$ 旋转 θ 弧度,其最优时间解为 $T_{\text{optimal}} = \theta/\Omega, \omega = 0, \phi = 2n\pi, n \in \mathbf{Z}$。

情况 2:$U_f(t) = R_y(\theta) = \exp(-iS_y\theta)$,也就是绕 $\hat{y}$ 旋转 θ 弧度,其最优时间解为 $T_{\text{optimal}} = \theta/\Omega, \omega = 0, \phi = \pi/2 + 2n\pi, n \in \mathbf{Z}$。

情况 3:$U_f(t) = R_z(\theta) = \exp(-iS_z\theta)$,也就是绕 $\hat{z}$ 旋转 θ 弧度,其最优时间解为 $T_{\text{optimal}} = \min\left\{\frac{\sqrt{(2m\pi)^2 - (\theta + 2n\pi)^2}}{\Omega}; m, n \in \mathbf{Z}\right\}, \omega = \frac{\theta + 2n\pi}{T_{\text{optimal}}}, \phi \in \mathbf{R}$。

情况 4:$U_f = \begin{pmatrix} 0 & -e^{i\theta} \\ e^{i\theta} & 0 \end{pmatrix}$,也就是量子计算中的 NOT 操作,其最优时间解为 $T_{\text{optimal}} = \pi/\Omega, \omega = 0, \phi = \theta + n\pi + \pi/2, n \in \mathbf{Z}$。

14.2 双比特同核系统局域门的最短控制时间估计

类比单核系统的最优控制分析,易得到一组二阶的非线性微分方程组,除某些特定的情况下方程的解是雅可比(Jaccobi)椭圆曲线外,难以直接获得一般解析形式的解,需要利用数值算法来寻找最优控制解。下文不再探讨一般情形下双核系统的最优时间控制函数,而是分析双同核自旋系统的运动特点来寻找最短时间控制的有效信息,以指导改进数值优化算法。

考虑双比特自旋控制模型:

$$\dot{U}_1(t) = -i[H_c(t) - \delta_1 H_d(t)]U_1(t) \quad (14.10)$$

$$\dot{U}_2(t) = -i[H_c(t) - \delta_1 H_d(t)]U_2(t) \quad (14.11)$$

目标逻辑门为双比特的量子局域门 $U_f = U_{1f} \otimes U_{2f}$,其中 U_{1f} 和 U_{2f} 分别是在自旋 1 和自旋 2 上期望实现的逻辑门。令 $V(t) = U_1^\dagger(t)U_2(t)$ 表示自旋 2 相对于自旋 1 的运

动，那么 $V_f(t) = U_{1f}^{\dagger} U_{2f}$。这个双比特自旋同核系统可以表示为

$$\dot{U}_1(t) = -\mathrm{i}[H_c(t) - \delta_1 H_d(t)]U_1(t) \tag{14.12}$$

$$\dot{V}(t) = -\mathrm{i}(\delta_1 - \delta_2)[U_1^{\dagger}(t)H_d(t)U_1(t)]V(t) \tag{14.13}$$

在液体核磁共振中，拉莫尔频率 ω_0 达到几百兆赫兹，远远大于只有几十千赫兹的控制磁场场强。所以可以将 $H_d(t)$ 近似为其中的常数主项 $-\omega_0 S_z$，$H_d(t) \approx -\omega_0 S_z$，那么 $V(t)$ 的演化近似于常量速度 $(\delta_1 - \delta_2)\omega_0$，当然演化的方向是时变的。

另一方面，控制磁场强度 Ω 又远远大于同核自旋之间的化学位移频率差 $(\delta_1 - \delta_2)\omega_0$，自旋 1 的演化 $U_1(t)$ 速度远远快于自旋 2 相对于自旋 1 的运动 $V(t)$ 的速度。所以，实现双自旋局域门的最短时间主要取决于较慢的相对运动 $V(t)$ 从初始的 $V(0) = I_2$ 状态演化到最终的 $V_f(t) = U_{1f}^{\dagger} U_{2f}$ 状态所需要的时间。

相对运动 $V(t)$ 的演化速度近似为常数，那么所需要的时间正比于在 SU(2) 空间中的 $V(t)$ 从 $V(0) = I_2$ 到 $V_f(t) = U_{1f}^{\dagger} U_{2f}$ 的路径长度。$V(t)$ 的最短时间轨迹就是 SU(2) 中的测地线，也就是最短路径。由于 $U_1(t)$ 演化速度远远大于（大约 100 到 1 000 倍）$V(t)$，进而可以合理地假设 $U_1^{\dagger}(t)S_z U_1(t)$ 可以在任意时间内调整到任意方向，也就是说能够选择恰当的控制保证 $V(t)$ 能够沿着任意曲线演化。因此，由于速度基本恒定，时间最短的控制策略也是路程最短的控制策略，即最优演化轨迹必然是沿着测地线的。实际系统中，由于控制能量受限，其运动轨迹很接近但无法完全沿着测地线运动。如图 14.1 所示，其中黑实线表示测地线曲线，红虚线表示实际的最短时间演化曲线，可以看到两者很接近。

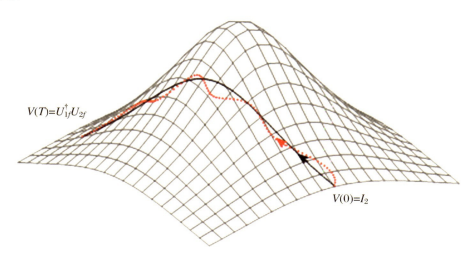

图 14.1 在 SU(2) 中从 $V(0)$ 演化到 $V(T)$ 的测地线路径和实际演化路径

所以,可以用测地线路径长度除以演化速度来估计最短时间为

$$T_{\text{minimum}} \underset{\approx}{\geqslant} T_{\text{geodesic}} = \frac{\|\log(U_{1f}^{\dagger} U_{2f})\|}{\|(\delta_1 - \delta_2)\omega_0 S_z\|} \tag{14.14}$$

其中,$\log(\cdot)$是矩阵对数,$\|\cdot\|$表示矩阵的酉不变范数,如 Frobenius 范数 $\|M\|_F = \sqrt{\text{tr}(M^{\dagger}M)}$。分子计算从 $V(0) = I_2$ 到 $V_f(t) = U_{1f}^{\dagger} U_{2f}$ 的测地线距离,分母计算演化速度。

实际最优控制时间 T_{minimum} 应该会比理想的估计时间更长,但是,只要条件 $\Omega \gg (\delta_1 - \delta_2)\omega_0 \gg J$ 能充分地满足,那么两者会非常接近。

14.3 局域门的时间最优控制序列搜索算法

改进的 GRAPE 算法可以用来高效地寻找固定时间 T 上的同核系统最优控制脉冲序列。如果要寻找最短时间控制磁场序列,一般需要不断地通过试错的方式和仿真经验来逐步地调整控制时间;如果设定的时间 T 比较大,就可以用 GRAPE 算法优化搜索到满足精度要求的控制序列,那么缩短控制所需要的时间 T;如果设定的时间 T 比较小,就无法用 GRAPE 算法优化搜索到满足精度要求的控制序列,那么增大控制所需要的时间 T。这样的迭代过程非常低效且难以得到最短时间控制磁场。利用上一节提出的关于最短时间控制的估计信息,可以在估计时间的附近来寻找最短时间控制磁场序列,这样可以显著地改进搜索过程。

在 GRAPE 算法的基础上可以通过迭代的方式调整时间 T 来寻找最短时间控制函数。合理的搜索区间能够减少优化次数,缩短仿真时间。在 14.2 节中的最短时间的估计能够提供一个时间下界,同时还需要一个时间上界来缩短搜索区间。仿真实验需要一个合适控制的时间上界 T。它必须足够大以能够控制实现逻辑门 U_f,同时也不能太大,否则退相干作用就会影响系统。这里给出一个经验上界:$T_{\text{geodesic}} + 2\Delta T$,其中 $\Delta T = \max\{T_{\text{op},1}, T_{\text{op},2}\}$,$T_{\text{op},k}$ 是各单自旋到达其目标逻辑门的最短时间。后续的仿真实验显示这不是一个很保守的时间上界。选定在区间 $[T_{\text{geodesic}}, T_{\text{geodesic}} + 2\Delta T]$ 内的固定时间 T,在固定时间段上优化控制序列,采用二分法来调整控制时间 T,直到确定最短时间为止。对于双比特同核自旋的最短时间控制磁场优化算法,整个算法流程图如图 14.2 所示,其中:

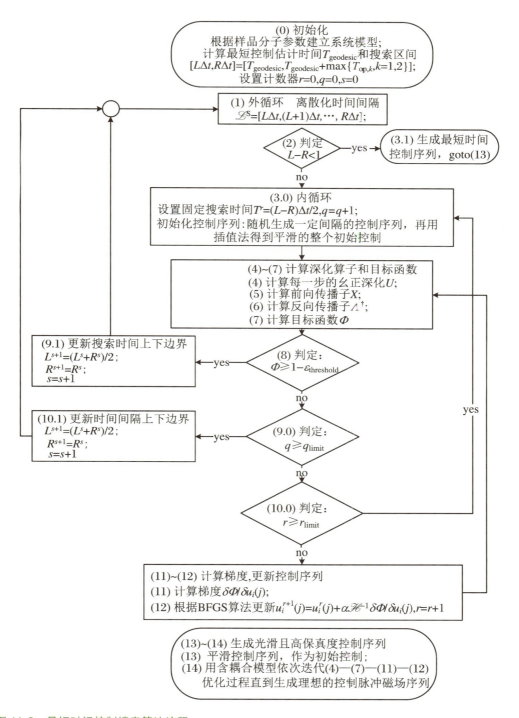

图 14.2 最短时间控制搜索算法流程

(1) 根据给定的双比特同核系统参数和目标逻辑门，计算最短时间估计 T_{geodesic}，确定最短时间搜索区间 $[T_{\text{geodesic}}, T_{\text{geodesic}} + 2\Delta T]$，其中 $\Delta T = \max\{T_{\text{op},1}, T_{\text{op},2}\}$。

(2) 从 $[T_{\text{geodesic}}, T_{\text{geodesic}} + 2\Delta T]$ 开始搜索，将时间区间 $[0, T]$ 离散化成均匀的 M 段，每一段上的控制认为是恒定的，定义控制序列为控制函数 $u_x(t)$ 和 $u_y(t)$ 在离散时间段上的值。基于模型(13.26)式和(13.27)式及控制约束(13.18)式，利用同核 GRAPE 算法优化控制序列。

(3) 根据二分法更新时间 T，如果可以优化到足够高的保真度那么减小 T，否则增大 T；跳转到步骤(2)，循环直到时间 T 收敛到一个值 T_{minimum}。

(4) 对含耦合项的控制模型(13.19)式，迭代地反复平滑处理和再优化控制序列，直到光滑并且高保真度的最优时间控制序列产生。

14.4 局域门的最短时间控制仿真实验

这一节用三氯乙烯 C_2HCl_3 和 L-组氨酸样品的数值仿真实验来测试算法的有效性和效率。后续章节中在核磁共振平台上设计实验测试本节生成的最短时间控制序列的可行性。

14.4.1 最短时间控制脉冲优化

采用如图 13.1 所示的三氯乙烯中的分子结构，Bruker Avance-400 核磁共振仪中的哈密顿量参数见表 14.1，两个碳核之间的化学位移分别是 $\omega_{C_1} = 11\,930.18$ Hz 和 $\omega_{C_2} = 11\,202.80$ Hz，它们之间的 J 耦合常数为 $J_{C_1C_2} = 103.49$ Hz。液体核磁共振中，三氯乙烯中的碳原子和氯原子之间的相互作用可以忽略，碳原子和氢原子之间的相互作用可以近似解耦。这里不失一般性，控制磁场限制最大幅度为 12.5 kHz。

表 14.1 三氯乙烯分子中双碳核的哈密顿量参数

	C_1	C_2
C_1	11 202.80	103.49
C_2	103.49	11 930.18

以目标门 $I_2 \otimes R_z(\pi/2)$ 为例。这个局域门的作用在于将 C_2 绕 z 轴旋转 90°，同时 C_1 在时间 T 最终不变。在 400 MHz 的核磁共振仪上 C_1 和 C_2 的化学位移差为 727.38 Hz，这远远小于控制磁场的最大功率，同时远大于 J 耦合常数。所以 (14.14) 式能够给出一个比较准确的最小时间的估计 $T_{\text{geodesic}} = 344\ \mu s$。由于在 C_2 上实现 $U_{2f} = R_z(\pi/2)$ 所需要的最短时间为 $\Delta T = 10\ \mu s$，所以这里限制在 344 μs 和 364 μs 之间搜索最短时间控制，那么以 1 μs 为最小时间精度，最多需要 5 次二分迭代就可以找到最短时间控制磁场序列。

经过 5 次二分迭代，最短时间收敛到 352 μs 且保真度不小于 0.999 9，这个时间比估计时间 $T_{\text{geodesic}} = 344\ \mu s$ 仅仅大 8 μs。这里用常用的 $T = 3$ ms 优化的脉冲序列进行对比，GRAPE 算法优化的脉冲序列如图 14.3 所示，其中控制幅度（RF field amplitude）$u_r(t) = \sqrt{u_x^2(t) + u_y^2(t)}$。观察可以发现，352 μs 的脉冲序列大多数时间维持在很高的射频功率，而 3 ms 的脉冲序列的功率则很小。

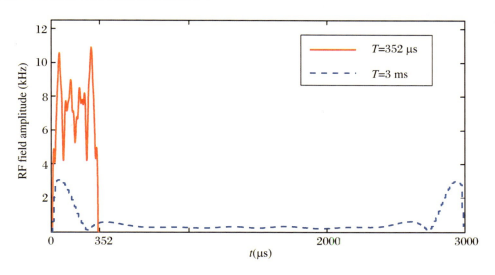

图 14.3　实现局域门 $I_2 \otimes R_z(\pi/2)$ 的脉冲控制序列的幅度 $u_r(t)$ 曲线

如图 14.4 所示，自旋 1 和自旋 2 都从相同的初始态 $(|0\rangle - i|1\rangle)/\sqrt{2}$ 出发，控制驱动自旋 C_2 绕 z 轴旋转 90°，与此同时自旋 C_1 最终回到初始态，也即是实现逻辑门 $I_2 \otimes R_z(\pi/2)$。在 Bloch 轨迹图中，点迹越密代表耗时越长，在 352 μs 的控制磁场下自旋所走过的路径要远远小于 3 ms 的控制磁场下的路径。而且在最短时间的控制下，大部分时间花费在两个自旋分离阶段，这和 14.2 节中的分析是一致的。

进一步，分别用三氯乙烯中的双同核 C_1 和 C_2，L-组氨酸中的双同核 H_1 和 H_2 分别在控制磁场大小不超过 12.5 kHz 和 25 kHz 的约束下，测试 12 个量子局域逻辑门。这些量子局域逻辑门是核磁共振量子计算实验中非常常用的逻辑门，在后续的量子层析实验中会用到。数值结果总结在表 14.2 和表 14.3 中，可以看到估计时间和算法优化得到的最短时间差距很小，进一步验证了最短时间公式估计的准确性。而准确地给出合适范围的最短时间搜索区间使得只需要不超过 5 次仿真优化过程就可以找到最短时间控制序列，可见算法效率很高。

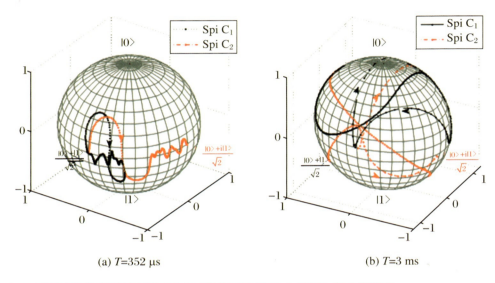

图 14.4　两种时间控制序列驱动下自旋 1 和自旋 2 在 Bloch 球面上的运动轨迹

表 14.2　三氯乙烯中双同核（$C_1 - C_2$）自旋系统常用局域逻辑门的数值仿真结果

（其中控制幅度不超过 12.5 kHz，保真度误差不超过 10^{-4}）

Target Gate	$T_{geodsic}(\mu s)$	$T_{geodsic} + 2\Delta T(\mu s)$	Times of Halving	$T_{minimum}(\mu s)$
$I_2 \otimes R_x\left(\frac{\pi}{2}\right)$	344	364	5	359
$I_2 \otimes R_y\left(\frac{\pi}{2}\right)$	344	364	5	356
$I_2 \otimes R_z\left(\frac{\pi}{2}\right)$	344	364	5	352
$R_x\left(\frac{\pi}{2}\right) \otimes I_2$	344	364	5	356
$R_y\left(\frac{\pi}{2}\right) \otimes I_2$	344	364	5	356
$R_z\left(\frac{\pi}{2}\right) \otimes I_2$	344	364	5	352

续表

Target Gate	$T_{\text{geodsic}}(\mu s)$	$T_{\text{geodsic}}+2\Delta T(\mu s)$	Times of Halving	$T_{\text{minimum}}(\mu s)$
$R_x\left(\frac{\pi}{2}\right)\otimes R_y\left(\frac{\pi}{2}\right)$	459	479	5	476
$R_y\left(\frac{\pi}{2}\right)\otimes R_x\left(\frac{\pi}{2}\right)$	459	479	5	476
$R_y\left(\frac{\pi}{2}\right)\otimes R_z\left(\frac{\pi}{2}\right)$	459	479	4	468
$R_z\left(\frac{\pi}{2}\right)\otimes R_y\left(\frac{\pi}{2}\right)$	459	479	5	466
$R_x\left(\frac{\pi}{2}\right)\otimes R_z\left(\frac{\pi}{2}\right)$	459	479	5	467
$R_z\left(\frac{\pi}{2}\right)\otimes R_x\left(\frac{\pi}{2}\right)$	459	479	5	466

表 14.3　L-组氨酸中双同核(H_1-H_2)自旋系统常用局域逻辑门的数值仿真结果
（其中控制幅度不超过 25 kHz，保真度误差不超过 10^{-4}）

Target Gate	$T_{\text{geodsic}}(\mu s)$	$T_{\text{geodsic}}+2\Delta T(\mu s)$	Times of Halving	$T_{\text{minimum}}(\mu s)$
$I_2\otimes R_x\left(\frac{\pi}{2}\right)$	308	328	4	323
$I_2\otimes R_y\left(\frac{\pi}{2}\right)$	308	328	5	320
$I_2\otimes R_z\left(\frac{\pi}{2}\right)$	308	328	4	313
$R_x\left(\frac{\pi}{2}\right)\otimes I_2$	308	328	5	322
$R_y\left(\frac{\pi}{2}\right)\otimes I_2$	308	328	4	320
$R_z\left(\frac{\pi}{2}\right)\otimes I_2$	308	328	5	312
$R_x\left(\frac{\pi}{2}\right)\otimes R_y\left(\frac{\pi}{2}\right)$	411	431	5	429
$R_y\left(\frac{\pi}{2}\right)\otimes R_x\left(\frac{\pi}{2}\right)$	411	431	4	428
$R_y\left(\frac{\pi}{2}\right)\otimes R_z\left(\frac{\pi}{2}\right)$	411	431	5	420
$R_z\left(\frac{\pi}{2}\right)\otimes R_y\left(\frac{\pi}{2}\right)$	411	431	4	418
$R_x\left(\frac{\pi}{2}\right)\otimes R_z\left(\frac{\pi}{2}\right)$	411	431	5	419
$R_z\left(\frac{\pi}{2}\right)\otimes R_x\left(\frac{\pi}{2}\right)$	411	431	5	418

14.4.2 系统和控制参数对优化结果的影响

为了进一步测试估计公式的准确度,接下来再分别逐渐改变控制允许最大功率 Ω 和化学位移频率差 $\Delta\omega$ 的大小,来看看估计时间 T_{geodesic} 和最短时间之间的差别。

图 14.5(a)演示了随着射频脉冲的最大功率的变化也就是控制磁场界的变化过程中仿真实现逻辑门 $I_2 \otimes R_z(\pi/2)$ 时估计下界 T_{geodesic}、估计上界 $T_{\text{geodesic}} + 2\Delta T$ 和实际的最短

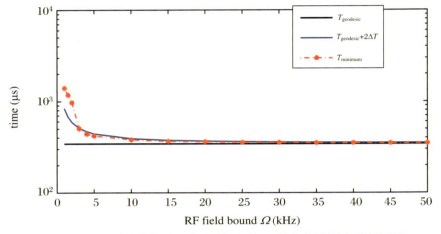

(a) 最大功率变化时,估计时间上界、下界和实际最短时间的变化

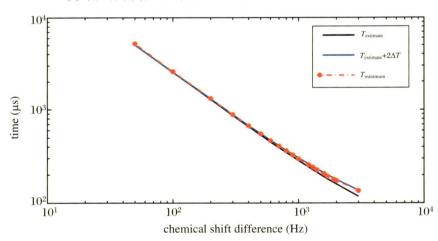

(b) 频率差变化时,估计时间上界、下界和实际最短时间的变化

图 14.5 系统和控制参数对优化结果的影响

时间 $T_{minimum}$ 之间差别的变化。很明显可以看到,随着控制界越来越大,估计时间越来越和实际的最短时间一致。图 14.5(b)演示了随着双自旋之间的频率差(chemical shift difference)变化,仿真实现逻辑门 $I_2 \otimes R_z(\pi/2)$ 时估计下界 $T_{geodesic}$、估计上界 $T_{geodesic} + 2\Delta T$ 和实际的最短时间 $T_{minimum}$ 之间差别的变化。可以看到随着双自旋之间的频率差越来越小,也就是越来越在频谱上难以区分时,估计时间更加准确。在这种情况下,控制时间会越来越长,在数值优化中搜索的区间更加不确定,那么最短时间的估计信息将会更加有用。

常见的液体核磁共振中,控制磁场强度在几十兆赫兹范围内,而同核比特之间的频率差在几赫兹到几百赫兹之间。从图 14.5(a)和图 14.5(b)可以看到这些范围内估计最短时间和实际最短时间之间的差别非常小,所以最短估计时间和以此为基础的算法在具体的核磁共振实验环境中非常具有实用性。

14.5 非局域门实现的邻近最优时间控制

Khaneja 讨论了双比特异核自旋系统的非局域门在控制无界情况下的最优时间控制方法(Khaneja et al.,2001)。任何 $\frac{SU(4)}{SU(2) \otimes SU(2)}$ 空间中的酉矩阵 U_f 可以约当分解为

$$U_f = Q_1 \exp\{i(\alpha_1 S_x^1 \otimes S_x^2 + \alpha_2 S_y^1 \otimes S_y^2 + \alpha_3 S_z^1 \otimes S_z^2)\} Q_2 \tag{14.15}$$

其中,Q_1 和 Q_2 属于 $SU(2) \otimes SU(2)$,且 $\alpha > 0$。

传播子 $\exp\{S_x^1 \otimes S_x^1\}$、$\exp\{S_y^1 \otimes S_y^1\}$ 和 $\exp\{S_z^1 \otimes S_z^1\}$ 可以分解为

$$\exp\{S_x^1 \otimes S_x^1\} = R_y^{\pm} \exp(\pm i S_z^1 \otimes S_z^1)(R_y^{\pm})^{-1} \tag{14.16}$$

$$\exp\{S_y^1 \otimes S_y^1\} = (R_x^{\pm})^{-1} \exp(\pm i S_z^1 \otimes S_z^1) R_x^{\pm} \tag{14.17}$$

$$\exp\{S_z^1 \otimes S_z^1\} = (R_x^+ R_x^-)^{-1} \exp(-i S_z^1 \otimes S_z^1)(R_x^+ R_x^-) \tag{14.18}$$

其中

$$R_x^{\pm} = \exp(\pm i\pi/2 S_x^1) \otimes \exp(-i\pi/2 S_x^2) \tag{14.19}$$

$$R_y^{\pm} = \exp(\pm i\pi/2 S_y^1) \otimes \exp(-i\pi/2 S_y^2) \tag{14.20}$$

所以任何 $\frac{SU(4)}{SU(2) \otimes SU(2)}$ 中的非局域门可以分解为局域门和自由演化 $\exp\{\alpha S_z^1 \otimes S_z^1\}$ 的

组合：

$$U_f = Q_1 \exp\{i2\pi J(S_x^1 \otimes S_x^2)T_{\text{free}}^1\}\exp\{i2\pi J(S_y^1 \otimes S_y^2)T_{\text{free}}^2\}$$
$$\cdot \exp\{i2\pi J(S_z^1 \otimes S_z^2)T_{\text{free}}^3\}Q_2$$
$$= Q_1 R_y^+ \exp\{-i2\pi J(S_z^1 \otimes S_z^2)T_{\text{free}}^1\}(R_y^+)^{-1}(R_x^+)^{-1}$$
$$\cdot \exp\{-i2\pi J(S_z^1 \otimes S_z^2)T_{\text{free}}^2\}(R_x^+)(R_x^+R_x^-)^{-1}$$
$$\cdot \exp\{-i2\pi J(S_z^1 \otimes S_z^2)T_{\text{free}}^3\}R_x^+R_x^-Q_2$$
$$= U_{\text{loacal}}^1 U_{\text{free}}^1 U_{\text{loacal}}^2 U_{\text{free}}^2 U_{\text{loacal}}^3 U_{\text{free}}^3 U_{\text{loacal}}^4 \tag{14.21}$$

其中

$$T_{\text{free}}^1 = \frac{\alpha_1}{2\pi J}, \quad T_{\text{free}}^2 = \frac{\alpha_2}{2\pi J}, \quad T_{\text{free}}^3 = \frac{\alpha_3}{2\pi J}$$
$$U_{\text{free}}^i = \exp\{-i2\pi J(S_z^1 \otimes S_z^2)T^i\}, \quad i = 1,2,3$$
$$U_{\text{local}}^1 = Q_1 R_y^+, \quad U_{\text{local}}^2 = (R_y^+)^{-1}(R_x^+)^{-1}$$
$$U_{\text{local}}^3 = R_x^+(R_x^+R_x^-)^{-1}, \quad U_{\text{local}}^4 = R_x^+R_x^-Q_2$$

在异核系统中，每一个自旋核可以通过不同的频率通道选择性地控制，其中的局域门可以在非常短的时间内实现。在 Ising 相互作用模型中，自由演化项 $\exp\{\alpha(S_z^1 \otimes S_z^2)\}$ 在不施加控制下实现。那么在控制无界的理想情况下异核系统实现非局域门需要的最短时间为

$$T_{\text{minimum}}^{\text{ideal}} = \frac{1}{2\pi J}\min\{\sum_{i=1}^{3}\alpha_i | \alpha_i > 0\} \tag{14.22}$$

对于控制受到约束的同核系统而言，显然 $T_{\text{minimum}} > T_{\text{minimum}}^{\text{ideal}}$。自由演化的时间只和目标逻辑门及系统参数有关，是无法通过控制改变的。

由于在同核系统中 J 耦合常数比较小，一般局域门所需要的时间远远小于自由演化所需要的时间，两者至少相差两个数量级，所以通过生成最短时间的局域门然后和自由演化组合就可以得到近似最短时间的非局域门的实现，如图 14.6 所示，也就是

$$T_{\text{near}} = T_{\text{local}}^1 + T_{\text{free}}^1 + T_{\text{local}}^2 + T_{\text{free}}^2 + T_{\text{local}}^3 + T_{\text{free}}^3 + T_{\text{local}}^4$$

其中 T_{local}^i 表示生成非局域门 U_{local}^i 所需要的最短时间，T_{free}^i 表示生成非局域门 U_{free}^i 所需要的最短时间且它很接近 $T_{\text{minimum}}^{\text{ideal}}$。

这里以 L-组氨酸中的 C_2 和 C_3 双比特同核系统为例，控制磁场的最大幅度为 15 kHz，实现非局域门 CNOT：

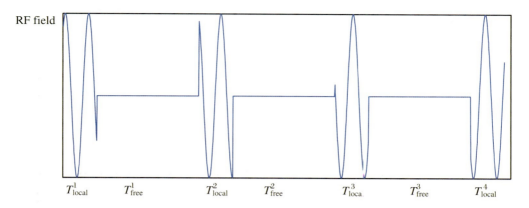

图 14.6 非局域门组合式实现方案

$$U_{\text{CNOT}} = \begin{pmatrix} 1 & 0 & 0 & 0 \\ 0 & 1 & 0 & 0 \\ 0 & 0 & 0 & 1 \\ 0 & 0 & 1 & 0 \end{pmatrix} = \exp\left(\frac{\pi i}{4}\right) \left[\exp\left(\frac{-\pi i S_z}{2}\right) \otimes \left(\exp\left(\frac{\pi i S_x}{2}\right) \exp\left(\frac{\pi i S_y}{2}\right) \right) \right]$$

$$= \exp(-\pi i S_z \otimes S_z) \left[I \otimes \left(\exp\left(\frac{-\pi i S_y}{2}\right) \right) \exp(-\pi i S_y) \right] \qquad (14.23)$$

根据以上分析，$T_{\text{minimum}}^{\text{ideal}} = \dfrac{\pi}{4J} = 3\,592\ \mu s$，$T_{\text{near}} = T_{\text{minimum}}^{\text{ideal}} + \sum\limits_{i=1}^{4} T_{\text{local}}^{i} = 4\,034\ \mu s$，利用图 14.6 中组合式实现方案得到的控制序列如图 14.7 所示。

更进一步，在得到理想的最短时间和近似最优时间后，我们可以在区间 [$T_{\text{minimum}}^{\text{ideal}}$, T_{near}] 内来搜寻最短时间控制，仿真优化得到的控制序列如图 14.8 所示。由于非局域门所需要的时间很长（毫秒级别），按照微秒时间间隔将控制离散化后往往会生成一个几千至上万个控制分量的向量。利用数值算法优化含几千至上万个分量的非线性系统往往效率非常低，不一定能达到全局最优。相比较而言，图 14.6 所示方案在控制时间增加很小的情况下，搜寻最优解的时间大大缩短。这种工程上的折中有利于在大规模量子计算逻辑门电路设计中提高效率。

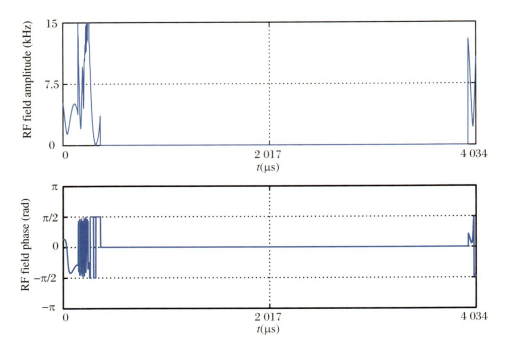

图 14.7 邻近时间最优实现非局域门

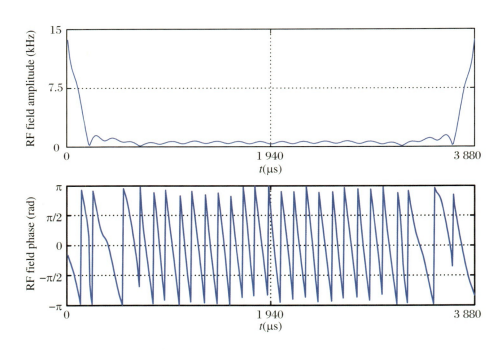

图 14.8 数值优化最短时间实现非局域门

14.6 双比特同核系统的时间最优控制实验验证

在核磁共振量子逻辑门实验中,先测量样品的哈密顿量参数,然后根据实验参数和系统模型来进行数值仿真,以保真度(13.25)式为目标迭代优化得到控制脉冲序列。再将控制序列输入到核磁共振平台的计算机,在探头线圈上生成控制信号,驱动核磁自旋系统演化,从而实现期望的目标逻辑门或者复杂的算法。

为了验证控制磁场是否能驱动系统实现期望的量子操作,需要获取系统演化的信息。对于经典控制而言,对系统的测量能够保证不对系统产生影响或者影响很小。但是在量子世界,测量会导致量子态塌缩,也就是会对系统造成不可逆转的破坏。如何获取量子系统的演化信息是一件非常复杂的事情。量子层析技术是解决量子系统测量问题的一种很有效的思路。CT 技术利用大量断层扫描的二维图像重新构造出系统的三维图像,与之类似,量子层析技术通过从不同的角度获取量子态的可测信号,然后根据这一系列的可观测量来重构量子态,进一步重构量子演化过程。为了测量施加控制后的真实量子系统的状态以及所实现量子逻辑门的准确度,我们在核磁共振实验中对自旋系统施加控制后,对系统进行量子层析,重构演化过程。

根据量子层析技术理论,本节中在 Bruker Avance-400 核磁共振仪上以三氯乙烯 (C_2HCl_3) 样本中的同核 C_1 和 C_2 自旋系统来设计实验重构量子过程以验证上一章提出的算法优化的结果。基本过程是将数值优化得到的控制脉冲序列施加到一组完备的初始态上,得到对应的一组输出态,进而重构量子逻辑门所对应的 χ 矩阵。将实验所得的 χ_{exp} 矩阵和理论计算值 χ_{th} 比较,验证其是否一致。实验可分为如下的步骤:

(1) 测定系统哈密顿量参数。

(2) 根据系统参数和所期望实现的目标逻辑门,进行数值优化得到射频磁场控制序列。

(3) 设计一组完备的初始态 $\{\rho_1, \rho_1, \cdots, \rho_{15}, \rho_{16}\}$,对每一个初始态 ρ_i 进行步骤(4)~(6)。

(4) 将系统制备到初始态 $\rho_i (i=1,2,\cdots,15,16)$。

(5) 对系统施加步骤(2)生成的控制脉冲序列。

(6) 对系统末态进行量子层析得到系统的末态输出 $\rho'_i (i=1,2,\cdots,15,16)$。

(7) 根据系统的初态 $\{\rho_1, \rho_1, \cdots, \rho_{15}, \rho_{16}\}$ 和末态输出 $\{\rho'_i, i=1,2,\cdots,15,16\}$,重构量

子过程(量子逻辑门)的 χ_{exp} 矩阵。

(8) 比较实验所得的 χ_{exp} 矩阵和理论计算值 χ_{th}，计算保真度，分析实验结果。

实验流程总结如图 14.9 所示。

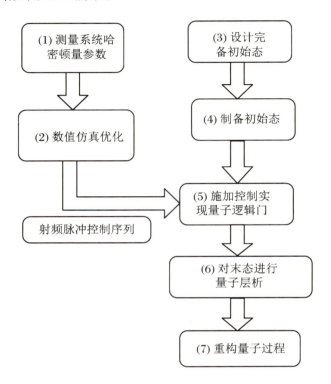

图 14.9　实验流程图

14.6.1　设计双比特系统完备初始态

对于双比特系统，理论上来讲可以用任意一组独立完备的 16 个 ρ 矩阵作为初始态，但是很显然特定的基底在后续重构计算中会简化大量的计算。定义 $\rho_{ij} = E(i,j)$，$E(i,j)$ 表示 4×4 的矩阵，其中只有第 i 行第 j 列为 1，其他元素为零。

本节选择这组最简单的标准正交基底 $\{\sigma_{ij}(i,j=1,2,3,4)\}$ 以简化后续的计算。但是由于基底 $\{\sigma_{ij}(i,j=1,2,3,4)\}$ 除了对角元基底态可以直接制备外，其余的态是混合态，在核磁共振实验中并不能直接制备。根据超级算子的线性性，可以通过其他的纯态输入利用线性组合来构造出标准正交基底所对应的输出态。为了方便表达，这里定义以下记号：

$$|0\rangle = \begin{bmatrix}1\\0\\0\\0\end{bmatrix}, \quad |1\rangle = \begin{bmatrix}0\\1\\0\\0\end{bmatrix}, \quad |2\rangle = \begin{bmatrix}0\\0\\1\\0\end{bmatrix}, \quad |3\rangle = \begin{bmatrix}0\\0\\0\\1\end{bmatrix} \tag{14.24}$$

以及纯态基底 $\{\sigma_{ij}(i,j=1,2,3,4)\}$：

$$\begin{aligned}
&\widetilde{\sigma}_{11} = |0\rangle\langle 0|, \quad \widetilde{\sigma}_{22} = |1\rangle\langle 1|, \quad \widetilde{\sigma}_{33} = |2\rangle\langle 2|, \quad \widetilde{\sigma}_{44} = |3\rangle\langle 3|,\\
&\widetilde{\sigma}_{12} = \left(\frac{|0\rangle+|1\rangle}{\sqrt{2}}\right)\left(\frac{|0\rangle+|1\rangle}{\sqrt{2}}\right)', \quad \widetilde{\sigma}_{21} = \left(\frac{|0\rangle+\mathrm{i}|1\rangle}{\sqrt{2}}\right)\left(\frac{|0\rangle+\mathrm{i}|1\rangle}{\sqrt{2}}\right)',\\
&\widetilde{\sigma}_{13} = \left(\frac{|0\rangle+|2\rangle}{\sqrt{2}}\right)\left(\frac{|0\rangle+|2\rangle}{\sqrt{2}}\right)', \quad \widetilde{\sigma}_{13} = \left(\frac{|0\rangle+\mathrm{i}|2\rangle}{\sqrt{2}}\right)\left(\frac{|0\rangle+\mathrm{i}|2\rangle}{\sqrt{2}}\right)',\\
&\widetilde{\sigma}_{14} = \left(\frac{|0\rangle+|3\rangle}{\sqrt{2}}\right)\left(\frac{|0\rangle+|3\rangle}{\sqrt{2}}\right)', \quad \widetilde{\sigma}_{14} = \left(\frac{|0\rangle+\mathrm{i}|3\rangle}{\sqrt{2}}\right)\left(\frac{|0\rangle+\mathrm{i}|3\rangle}{\sqrt{2}}\right)',\\
&\widetilde{\sigma}_{23} = \left(\frac{|1\rangle+|2\rangle}{\sqrt{2}}\right)\left(\frac{|1\rangle+|2\rangle}{\sqrt{2}}\right)', \quad \widetilde{\sigma}_{23} = \left(\frac{|1\rangle+\mathrm{i}|2\rangle}{\sqrt{2}}\right)\left(\frac{|1\rangle+\mathrm{i}|2\rangle}{\sqrt{2}}\right)',\\
&\widetilde{\sigma}_{24} = \left(\frac{|1\rangle+|3\rangle}{\sqrt{2}}\right)\left(\frac{|1\rangle+|3\rangle}{\sqrt{2}}\right)', \quad \widetilde{\sigma}_{24} = \left(\frac{|1\rangle+\mathrm{i}|3\rangle}{\sqrt{2}}\right)\left(\frac{|1\rangle+\mathrm{i}|3\rangle}{\sqrt{2}}\right)',\\
&\widetilde{\sigma}_{34} = \left(\frac{|2\rangle+|3\rangle}{\sqrt{2}}\right)\left(\frac{|2\rangle+|3\rangle}{\sqrt{2}}\right)', \quad \widetilde{\sigma}_{34} = \left(\frac{|2\rangle+\mathrm{i}|3\rangle}{\sqrt{2}}\right)\left(\frac{|2\rangle+\mathrm{i}|3\rangle}{\sqrt{2}}\right)',
\end{aligned}\tag{14.25}$$

设以纯态基底 $\{\widetilde{\sigma}_{ij}(i,j=1,2,3,4)\}$ 作为初始态施加控制后得到的末态为 $\{\varepsilon(\widetilde{\sigma}_{ij})(i,j=1,2,3,4)\}$，那么可以构造出标准正交基底 $\{\sigma_{ij}(i,j=1,2,3,4)\}$ 作为初始态施加控制后得到的末态 $\{\sigma'_{ij}(i,j=1,2,3,4)\}$ 如下：

$$\begin{aligned}
&\sigma'_{11} = \varepsilon(\widetilde{\sigma}_{11}), \quad \sigma'_{22} = \varepsilon(\widetilde{\sigma}_{22}), \quad \sigma'_{33} = \varepsilon(\widetilde{\sigma}_{33}), \quad \sigma'_{44} = \varepsilon(\widetilde{\sigma}_{44}),\\
&\sigma'_{12} = \varepsilon(\widetilde{\sigma}_{12}) - \varepsilon(\widetilde{\sigma}_{21}) - (1-\mathrm{i})(\sigma'_{11}+\sigma'_{22})/2,\\
&\sigma'_{21} = \varepsilon(\widetilde{\sigma}_{12}) + \varepsilon(\widetilde{\sigma}_{21}) - (1+\mathrm{i})(\sigma'_{11}+\sigma'_{22})/2,\\
&\sigma'_{13} = \varepsilon(\widetilde{\sigma}_{13}) - \varepsilon(\widetilde{\sigma}_{31}) - (1-\mathrm{i})(\sigma'_{11}+\sigma'_{33})/2,\\
&\sigma'_{31} = \varepsilon(\widetilde{\sigma}_{13}) + \varepsilon(\widetilde{\sigma}_{31}) - (1+\mathrm{i})(\sigma'_{11}+\sigma'_{33})/2,\\
&\sigma'_{14} = \varepsilon(\widetilde{\sigma}_{14}) - \varepsilon(\widetilde{\sigma}_{41}) - (1-\mathrm{i})(\sigma'_{11}+\sigma'_{44})/2,\\
&\sigma'_{41} = \varepsilon(\widetilde{\sigma}_{14}) + \varepsilon(\widetilde{\sigma}_{41}) - (1+\mathrm{i})(\sigma'_{11}+\sigma'_{44})/2,\\
&\sigma'_{23} = \varepsilon(\widetilde{\sigma}_{23}) - \varepsilon(\widetilde{\sigma}_{32}) - (1-\mathrm{i})(\sigma'_{22}+\sigma'_{33})/2,
\end{aligned}$$

$$\sigma'_{32} = \varepsilon(\widetilde{\sigma}_{23}) + \varepsilon(\widetilde{\sigma}_{32}) - (1+\mathrm{i})(\sigma'_{22} + \sigma'_{33})/2,$$

$$\sigma'_{24} = \varepsilon(\widetilde{\sigma}_{24}) - \varepsilon(\widetilde{\sigma}_{42}) - (1-\mathrm{i})(\sigma'_{22} + \sigma'_{44})/2,$$

$$\sigma'_{42} = \varepsilon(\widetilde{\sigma}_{24}) + \varepsilon(\widetilde{\sigma}_{42}) - (1+\mathrm{i})(\sigma'_{22} + \sigma'_{44})/2,$$

$$\sigma'_{34} = \varepsilon(\widetilde{\sigma}_{34}) - \varepsilon(\widetilde{\sigma}_{43}) - (1-\mathrm{i})(\sigma'_{33} + \sigma'_{44})/2,$$

$$\sigma'_{43} = \varepsilon(\widetilde{\sigma}_{34}) + \varepsilon(\widetilde{\sigma}_{43}) - (1+\mathrm{i})(\sigma'_{33} + \sigma'_{44})/2 \tag{14.26}$$

这样可以用上述纯态基底的输出态 $\{\widetilde{\sigma}_{ij}(i,j=1,2,3,4)\}$ 来构造出标准基底的输出态 $\{\sigma'_{ij}(i,j=1,2,3,4)\}$ 来。

理论上来讲,进行量子操作需要制备纯态 $\{\widetilde{\sigma}_{ij}(i,j=1,2,3,4)\}$ 作为系统的初始态。但是通常难以通过冷却措施使核磁共振系统处在纯量子态,而是制备赝纯态(pseudo pure state)或有效纯态(effective pure state)来等效量子控制的初态。对于 N 比特的自旋系统,赝纯态可以表示为

$$\rho_j^{\mathrm{pp}} = \frac{1-\kappa}{4^N} + \kappa \mid \psi_j \rangle \langle \psi_j \mid \tag{14.27}$$

其中,κ 是系综中 $|\psi_j\rangle$ 态超出其他量子态的布居数量。将所需要的输入态 ρ_j 制备为赝纯态 ρ_j^{pp},根据量子运算的线性,有

$$\varepsilon(\rho_j^{\mathrm{pp}}) = \frac{1-\kappa}{4^N} + \kappa \varepsilon(\mid \psi_j \rangle \langle \psi_j \mid) \tag{14.28}$$

注意到酉演化过程对单位算符 I 不起作用,同时在核磁共振自旋系统中单位算符 I 是不可观测的,因此真正的纯态和赝纯态在演化上是等价的。那么,对过程层析的每个输入纯态 ρ_j,实验中只需要制备一个对应的赝纯态 ρ_j^{pp},然后只需要考虑偏移部分 $\rho_j = |\psi_j\rangle\langle\psi_j|$ 就可以了。

总而言之,在量子过程重构计算中为了简化计算过程,这里使用标准基底 $\{\sigma_{ij}(i,j=1,2,3,4)\}$,而在实验中采用纯态基底 $\{\widetilde{\sigma}_{ij}(i,j=1,2,3,4)\}$ 作为输入,获得输出末态组 $\{\varepsilon(\widetilde{\sigma}_{ij})(i,j=1,2,3,4)\}$。通过线性关系(14.26)式能用纯态输出末态组 $\{\varepsilon(\widetilde{\sigma}_{ij})(i,j=1,2,3,4)\}$ 构造出标准基底的输出态组。并且,在液体核磁共振中很难用直接冷却的方法生成所需要的纯态基底 $\{\sigma_{ij}(i,j=1,2,3,4)\}$,而是制备纯态所对应的赝纯态 $\{\rho_{ij}^{\mathrm{pp}}(i,j=1,2,3,4)\}$ 来进行实验,两者的差别在理论上可以忽略。

14.6.2 双比特量子密度矩阵重构

在核磁共振自由衰减信号测量中,利用一次观测信号只能计算出密度矩阵 ρ 的一部

分非对角元的值。通过对系统的末态进行旋转操作，也就是施加读脉冲操作，能够把密度矩阵中的其他元素转移到可以直接观测的位置，这样我们再次进行测量可以计算出其他矩阵元。对于双比特系统来说，可以施加 9 个不同的选择变换：

$$\{I_1 \otimes I_2, I_2 \otimes R_x\left(\frac{\pi}{2}\right), I_2 \otimes R_y\left(\frac{\pi}{2}\right), R_x\left(\frac{\pi}{2}\right) \otimes I_2, R_x\left(\frac{\pi}{2}\right) \otimes R_x\left(\frac{\pi}{2}\right),$$

$$R_x\left(\frac{\pi}{2}\right) \otimes R_y\left(\frac{\pi}{2}\right), R_y\left(\frac{\pi}{2}\right) I_2, R_y\left(\frac{\pi}{2}\right) \otimes R_x\left(\frac{\pi}{2}\right), R_y\left(\frac{\pi}{2}\right) \otimes R_y\left(\frac{\pi}{2}\right)\} \quad (14.29)$$

其中，I_2、$R_x(\pi/2)$、$R_y(\pi/2)$ 分别代表恒等变换、绕 x 轴旋转 90° 和绕 y 轴旋转 90°。它们的矩阵表示为

$$I_2 = \begin{bmatrix} 1 & 0 \\ 0 & 1 \end{bmatrix}, \quad R_x\left(\frac{\pi}{2}\right) = \begin{pmatrix} \frac{1}{\sqrt{2}} & \frac{i}{\sqrt{2}} \\ -\frac{i}{\sqrt{2}} & \frac{1}{\sqrt{2}} \end{pmatrix}$$

$$R_y\left(\frac{\pi}{2}\right) = \begin{pmatrix} \frac{1}{\sqrt{2}} & \frac{1}{\sqrt{2}} \\ -\frac{1}{\sqrt{2}} & \frac{1}{\sqrt{2}} \end{pmatrix}, \quad I_2 \otimes I_2 = \begin{pmatrix} 1 & 0 & 0 & 0 \\ 0 & 1 & 0 & 0 \\ 0 & 0 & 1 & 0 \\ 0 & 0 & 0 & 1 \end{pmatrix}$$

$$I_2 \otimes R_x\left(\frac{\pi}{2}\right) = \begin{pmatrix} \frac{1}{\sqrt{2}} & -\frac{i}{\sqrt{2}} & 0 & 0 \\ -\frac{i}{\sqrt{2}} & \frac{1}{\sqrt{2}} & 0 & 0 \\ 0 & 0 & \frac{1}{\sqrt{2}} & -\frac{i}{\sqrt{2}} \\ 0 & 0 & -\frac{i}{\sqrt{2}} & \frac{1}{\sqrt{2}} \end{pmatrix}$$

$$I_2 \otimes R_y\left(\frac{\pi}{2}\right) = \begin{pmatrix} \frac{1}{\sqrt{2}} & \frac{1}{\sqrt{2}} & 0 & 0 \\ -\frac{1}{\sqrt{2}} & \frac{1}{\sqrt{2}} & 0 & 0 \\ 0 & 0 & \frac{1}{\sqrt{2}} & \frac{1}{\sqrt{2}} \\ 0 & 0 & -\frac{1}{\sqrt{2}} & \frac{1}{\sqrt{2}} \end{pmatrix}$$

$$R_x\left(\frac{\pi}{2}\right)\otimes I_2 = \begin{pmatrix} \frac{1}{\sqrt{2}} & 0 & -\frac{i}{\sqrt{2}} & 0 \\ 0 & \frac{1}{\sqrt{2}} & 0 & -\frac{i}{\sqrt{2}} \\ -\frac{i}{\sqrt{2}} & 0 & \frac{1}{\sqrt{2}} & 0 \\ 0 & -\frac{i}{\sqrt{2}} & 0 & \frac{1}{\sqrt{2}} \end{pmatrix}$$

$$R_x\left(\frac{\pi}{2}\right)\otimes R_x\left(\frac{\pi}{2}\right) = \begin{pmatrix} \frac{1}{2} & -\frac{i}{2} & -\frac{i}{2} & -\frac{1}{2} \\ -\frac{i}{2} & \frac{1}{2} & -\frac{1}{2} & -\frac{i}{2} \\ -\frac{i}{2} & -\frac{1}{2} & \frac{1}{2} & -\frac{i}{2} \\ -\frac{1}{2} & -\frac{i}{2} & -\frac{i}{2} & \frac{1}{2} \end{pmatrix}$$

$$R_x\left(\frac{\pi}{2}\right)\otimes R_y\left(\frac{\pi}{2}\right) = \begin{pmatrix} \frac{1}{2} & \frac{1}{2} & -\frac{i}{2} & -\frac{i}{2} \\ -\frac{1}{2} & \frac{1}{2} & \frac{i}{2} & -\frac{i}{2} \\ -\frac{i}{2} & -\frac{i}{2} & \frac{1}{2} & \frac{1}{2} \\ \frac{i}{2} & -\frac{i}{2} & -\frac{1}{2} & \frac{1}{2} \end{pmatrix}$$

$$R_y\left(\frac{\pi}{2}\right)\otimes I_2 = \begin{pmatrix} \frac{1}{\sqrt{2}} & 0 & \frac{1}{\sqrt{2}} & 0 \\ 0 & \frac{1}{\sqrt{2}} & 0 & \frac{1}{\sqrt{2}} \\ -\frac{1}{\sqrt{2}} & 0 & \frac{1}{\sqrt{2}} & 0 \\ 0 & -\frac{1}{\sqrt{2}} & 0 & \frac{1}{\sqrt{2}} \end{pmatrix}$$

$$R_y\left(\frac{\pi}{2}\right)\otimes R_x\left(\frac{\pi}{2}\right) = \begin{pmatrix} \frac{1}{2} & -\frac{i}{2} & \frac{1}{2} & -\frac{i}{2} \\ -\frac{i}{2} & \frac{1}{2} & -\frac{i}{2} & \frac{1}{2} \\ \frac{1}{2} & -\frac{i}{2} & -\frac{i}{2} & \frac{1}{2} \\ \frac{i}{2} & -\frac{1}{2} & -\frac{i}{2} & \frac{1}{2} \end{pmatrix}$$

$$R_y\left(\frac{\pi}{2}\right)\otimes R_y\left(\frac{\pi}{2}\right) = \begin{pmatrix} \frac{1}{2} & \frac{1}{2} & \frac{1}{2} & \frac{1}{2} \\ -\frac{1}{2} & \frac{1}{2} & -\frac{1}{2} & \frac{1}{2} \\ -\frac{1}{2} & -\frac{1}{2} & \frac{1}{2} & \frac{1}{2} \\ \frac{1}{2} & -\frac{1}{2} & -\frac{1}{2} & \frac{1}{2} \end{pmatrix}$$

在实验中使用三氯乙烯中的双碳原子核 C_1 和 C_2 自旋来表示量子比特。设双量子比特的末输出态矩阵为

$$\rho = \begin{pmatrix} \rho_{11} & \rho_{12} & \rho_{13} & \rho_{14} \\ \rho_{21} & \rho_{22} & \rho_{23} & \rho_{24} \\ \rho_{31} & \rho_{32} & \rho_{33} & \rho_{34} \\ \rho_{41} & \rho_{42} & \rho_{43} & \rho_{44} \end{pmatrix} \tag{14.30}$$

通过量子比特 C_1 上的自由衰减信号数据，可以计算出矩阵元 ρ_{12} 和 ρ_{34}；通过量子比特 C_2 上的自由衰减信号数据，可以计算出矩阵元 ρ_{13} 和 ρ_{24}。对末输出态施加前面提到的 9 个读脉冲操作，可以将密度矩阵中的其他元素变换到能通过实验数据直接观测计算的位置。最后可以得到含有 16 个未知数的 $4\times 2\times 9 = 72$ 个方程：

$$\sum_{i=1}^{16} A_{\alpha i} x_i = B_\alpha, \quad \alpha \in 1,2,\cdots,72 \tag{14.31}$$

用矩阵形式表示为 $AX=B$，待定参数数量少于方程数量，可以使用最小二乘法来求解 X，从而重构出末态矩阵 ρ。

14.6.3 双比特量子过程 χ 矩阵重构

对于双比特系统，本节选择量子操作基底：

$$e_k \in \{I_2 \otimes I_2, I_2 \otimes \sigma_x, -\mathrm{i}I_2 \otimes \sigma_y, I_2 \otimes \sigma_z,$$
$$\sigma_x \otimes I_2, \sigma_x \otimes \sigma_x, -\mathrm{i}\sigma_x \otimes \sigma_y, \sigma_x \otimes \sigma_z,$$
$$-\mathrm{i}\sigma_y \otimes I_2, -\mathrm{i}\sigma_y \otimes \sigma_z, -\sigma_y \otimes \sigma_y, -\mathrm{i}\sigma_y \otimes \sigma_z,$$
$$\sigma_z \otimes I_2, \sigma_z \otimes \sigma_x, -\mathrm{i}\sigma_z \otimes \sigma_y, \sigma_z \otimes \sigma_z\} \tag{14.32}$$

任何双比特量子过程都可以用 $\{e\}_{k=1}^{16}$ 下的一个 16×16 矩阵描述。可以通过标准坐标基底输入态组 $\{\sigma_{ij}(i,j=1,2,3,4)\}$ 及相应的输出态组 $\{\sigma'_{ij}(i,j=1,2,3,4)\}$，重构 χ 矩阵如下：

$$\chi = \Lambda \overline{\rho}' \Lambda \tag{14.33}$$

其中

$$\Lambda = \frac{1}{2}\begin{bmatrix} I_2 & \sigma_x \\ \sigma_x & I_2 \end{bmatrix} \otimes \frac{1}{2}\begin{bmatrix} I_2 & \sigma_x \\ \sigma_x & I_2 \end{bmatrix},$$

$$\overline{\rho}' = P^{\mathrm{T}}\begin{bmatrix} \sigma'_{11} & \sigma'_{12} & \sigma'_{13} & \sigma'_{14} \\ \sigma'_{21} & \sigma'_{22} & \sigma'_{23} & \sigma'_{24} \\ \sigma'_{31} & \sigma'_{32} & \sigma'_{33} & \sigma'_{34} \\ \sigma'_{41} & \sigma'_{42} & \sigma'_{43} & \sigma'_{44} \end{bmatrix} P,$$

$$P = I_2 \otimes [(\sigma_{11} + \sigma_{23} + \sigma_{32} + \sigma_{44}) \otimes I_2] \tag{14.34}$$

理论上来讲，可通过比较 4×4 的幺正演化 $U(T)$ 和目标逻辑门 U_f 的差别，计算其保真度 $\Phi_U = 2^{-N}\mathcal{R}\{\mathrm{tr}[U_f^{\dagger}U(T)]\}$，来验证实验控制的效果。但是在核磁共振实验中，会受到环境噪声的影响，重构出的 16×16 的厄米矩阵 χ 包括了量子过程的全部信息，不能直接用实验数据所得的 χ_{exp} 矩阵和目标逻辑门 U_f 直接比较。这里将目标逻辑门 U_f 进行相似的量子层析过程计算，如图 14.10 所示，得到对应的理论上的 χ_{th} 矩阵。从而可以通过比较 χ_{exp} 和 χ_{th}，来分析控制效果。

为了量化比较 χ_{exp} 和 χ_{th} 之间的相似度，定义它们的保真度为

$$\Phi_\chi = |\mathrm{tr}(\chi_{\mathrm{exp}}\chi_{\mathrm{th}}^{\dagger})| \tag{14.35}$$

由于在核磁共振实验中存在系统性的信号损失，这里也采用非衰减保真度：

$$\Phi_\chi = |\mathrm{tr}(\chi_{\mathrm{exp}}\chi_{\mathrm{th}}^{\dagger})| / \sqrt{\mathrm{tr}(\chi_{\mathrm{exp}}\chi_{\mathrm{exp}}^{\dagger})\mathrm{tr}(\chi_{\mathrm{th}}\chi_{\mathrm{th}}^{\dagger})} \tag{14.36}$$

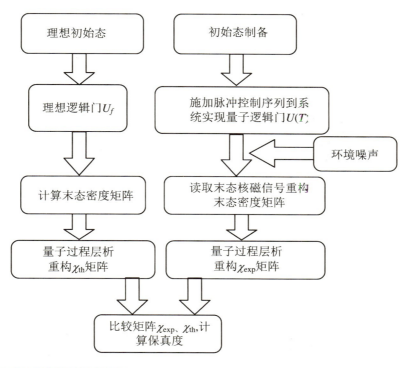

图 14.10 量子过程保真度计算流程

14.6.4 实验结果和分析

基于数值仿真的结果,本节进一步以三氯乙烯(C_2HCl_3)样本在 Bruker Avance-400 核磁共振仪上来测试优化所得到的控制序列。

以三个典型的逻辑门 $I_2\otimes R_x\left(\frac{\pi}{2}\right)$、$I_2\otimes R_z\left(\frac{\pi}{2}\right)$ 和 $R_x\left(\frac{\pi}{2}\right)\otimes R_z\left(\frac{\pi}{2}\right)$ 为例,它们优化得到的最短时间如表 14.4 所示,分别是 359 μs、352 μs 和 467 μs。

利用前文所提到的量子层析技术,对控制所实现的逻辑门结果进行量子层析测量,图 14.11 显示了根据三个最短时间控制序列所得到的实验数据重构出来的 χ_{exp} 矩阵和理论计算出来的 χ_{th} 矩阵,其中坐标轴上的 1~16 依次对应基底(14.32)式,可以看到两者很接近。为了定量地比较试验所得的 χ_{exp} 和理论 χ_{th} 的相似度,计算其衰减 χ 保真度,得到结果分别为 0.660 7、0.653 1 和 0.670 3。这些 χ_{th} 和 χ_{exp} 之间的保真度低于理想值主要是因为系统性的信号损失。这里进一步用非衰减保真度来比较 χ_{exp} 和 χ_{th} 之间的相似度,这个非衰减保真度忽略了由于信号损失所导致的误差,得到的结果分别是 0.935 8、0.940 1 和 0.934 3。这个精度在目前核磁共振计算实验里面有一定的实用价值。

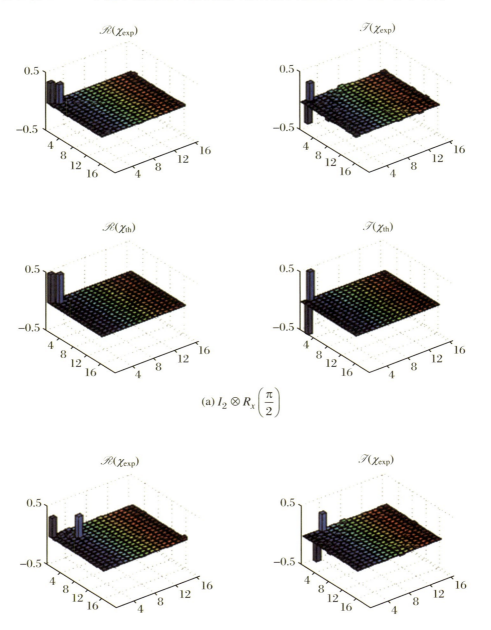

图 14.11 最短时间实现的三种局域门对应的 χ 矩阵的实部和虚部示意图

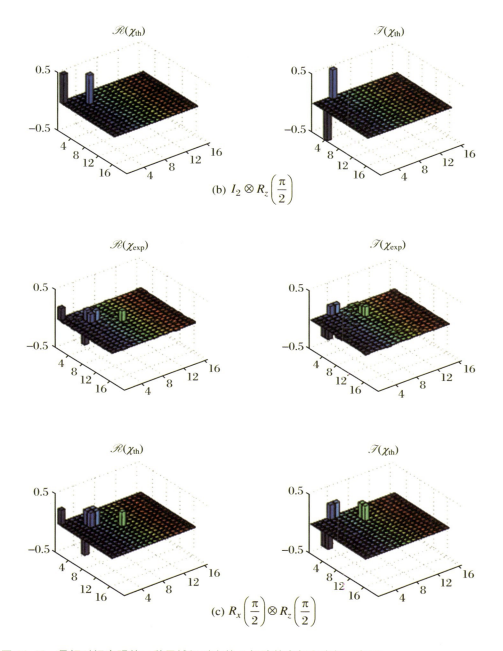

续图 14.11　最短时间实现的三种局域门对应的 χ 矩阵的实部和虚部示意图

在接下来的实验中，将最短时间控制脉冲和常用的 3 ms 的控制脉冲两种方案进行对比，实验结果总结在表 14.4 中。从中不难发现两者实现的结果存在细微差别：以衰减保真度为衡量标准，最短时间控制脉冲得到的保真度要比长时间控制脉冲得到的保真度大一些,这是因为在长时间段内退相干效应更加明显;以非衰减保真度为衡量标准,最短时间控制脉冲得到的保真度要比长时间控制脉冲得到的保真度小一些,这是由于短时间控制脉冲的鲁棒性差一些,对于静磁场和控制磁场的细微变化更加敏感导致的。

表 14.4 三种量子局域逻辑门的实验结果

(a) 最短时间控制脉冲实验结果

逻辑门	持续时间(μs)	衰减保真度	非衰减保真度
$I_2 \otimes R_x\left(\frac{\pi}{2}\right)$	359	0.660 7	0.935 8
$I_2 \otimes R_z\left(\frac{\pi}{2}\right)$	352	0.653 1	0.940 1
$R_x\left(\frac{\pi}{2}\right) \otimes R_z\left(\frac{\pi}{2}\right)$	467	0.670 3	0.934 3

(b) 长时间控制脉冲实验结果

逻辑门	持续时间(μs)	衰减保真度	非衰减保真度
$I_2 \otimes R_x\left(\frac{\pi}{2}\right)$	3 000	0.641 6	0.947 0
$I_2 \otimes R_z\left(\frac{\pi}{2}\right)$	3 000	0.630 1	0.947 2
$R_x\left(\frac{\pi}{2}\right) \otimes R_z\left(\frac{\pi}{2}\right)$	3 000	0.630 1	0.940 5

14.6.5 误差分析

实验中得到的保真度仍然要比尼尔(Knill)等人提到的大规模量子计算所需要的精度要低(Knill et al.,1998)。我们观察到主要有以下因素会影响到保真度:

(1) 初始赝纯态制备不理想。

(2) 静磁场和射频磁场的均匀性和稳定性都不够理想。

(3) 作用到自旋系统上的脉冲和优化计算得到的脉冲有所差别,这是核磁谱仪硬件的非线性特性所导致的。

(4) 环境噪声。

(5) 核磁信号数据读取误差。

实验里进一步测试了误差的源头,主要在于量子层析过程中量子态制备和核磁信号数据读取过程中射频磁场的不均匀性和控制磁场不理想的校准。为了更好地理解这一点,这里对一个空门也就是 $U = I$ 操作进行量子层析,衰减保真度和非衰减保真度分别为 0.654 5 和 0.951 1，这意味着有 0.05 的系统误差。如果能够找到合适的方法校正系统误差，如准确测量静磁场的不均匀性、用传感线圈调整探头线圈等，那么算法生成的控制序列能够实现更加准确的逻辑门，可以直接应用于核磁共振量子计算实验中，以提高计算速度。

14.7 小　　结

　　本章在液体核磁共振实验平台上测试了上一章提出的最短时间脉冲优化算法。通过测量一组完备的可观察量，可以重构量子系统的状态；而通过一组完备的基底状态作为输入，对自旋系统施加控制脉冲后得到一组系统的输出状态再进行态重构，以这组完备的输入态和对应的输出态，就可以重构量子演化过程。本章设计并实现了三氯乙烯中的两个碳核系统上的量子过程层析实验，包括通过本文提出的最短时间控制脉冲序列和一般常用的控制脉冲序列分别在三氯乙烯双碳核上实现的量子过程重构，并在核磁共振实验平台上以三氯乙烯为样本设计并实现了一系列量子层析实验，对算法所生成的最短时间脉冲控制序列的实际控制效果进行测试。先测量系统的哈密顿量参数，根据薛定谔方程仿真系统的演化过程，并利用最短时间优化算法获得最短时间控制；将控制脉冲施加于系统后得到实际的量子操作，通过量子层析过程获取量子过程的信息；最后将实验结果与理想情况对比，分析实验误差来源，可以发现本章提出的算法所实现的量子操作时间短且保真度高，可以用于改进的同核量子计算中更加复杂算法的实验。实验结果显示本章算法优化得到的最短时间脉冲控制在真实的物理系统上所实现的量子逻辑门是很准确的，保真度达到 0.93 以上。如果能够改善量子层析过程中量子态制备和核磁信号数据读取过程，校正系统误差后的精度会更高，可以直接应用于核磁共振的同核自旋量子计算实验中，从而提高计算速度。

参考文献

Adrián A Budini. 2009. Open quantum system approach to single-molecule spectroscopy[J]. Physical Review A, 79(4): 126-136.

Ahn C, Doherty A C, Landahl A J. 2002. Continuous quantum error correction via quantum feedback control[J]. Physical Review A, 65(4): 042301.

Albertini F, D'Alessandro D. 2003. Notions of controllability for bilinear multilevel quantum systems [J]. IEEE Transactions on Automatic Control, 48(8): 1399-1403.

Albertini F, D'Alessandro D. 2002. The Lie algebra structure and controllability of spin systems[J]. Linear Algebra and its Applications, 350(1): 213-235.

Altafini C, Ticozzi F. 2008. Almost global stochastic feedback stabilization of conditional quantum dynamics[OL]. http://arXiv.org/abs/quant-ph/0510222v1.

Altafini C, Ticozzi F. 2012. Modeling and control of quantum systems: an introduction[J]. IEEE Transactions on Automatic Control, 57(8): 1898-1917.

Altafini C. 2003. Controllability properties for finite dimensional quantum Markovian master equations[J]. Journal of Mathematical Physics, 44(6): 2357-2372.

Altafini C. 2004. Coherent control of open quantum dynamical systems[J]. Physical Review A, 70

(6): 102.

Altafini C. 2007a. Feedback control of spin systems[J]. Quantum Information Processing, 6(1): 9-36.

Altafini C. 2007b. Feedback stabilization of isospectrol control systems on complex flag manifolds: Application to quantum ensembles[J]. IEEE Transactions on Automatic Control, 52(11): 2019-2028.

Amini H, Somaraju R A, Dotsenko I, et al. 2013. Feedback stabilization of discrete-time quantum systems subject to non-demolition measurements with imperfections and delays[J]. Automatica, 49(9): 2683-2692.

Anastopoulos C, Shresta S, Hu B L. 2009. Non-Markovian entanglement dynamics of two qubits interacting with a common electromagnetic field[J]. Quantum information processing, 8(6): 549-563.

Armen M A, Au J K, Stockton J K, et al. 2002. Adaptive homodyne measurement of optical phase[J]. Physical Review Letters, 89(13): 377-389.

Ashburn J R, Cline R A, Vanderburgt P J M, et al. 1990. Experimentally determined density matrices for H(n=3) formed in H+-He collisions from 20 to 100 keV[J]. Physical Review A, 41(5): 2407-2422.

Assemat E, Lapert M, Zhang Y, et al. 2010. Simultaneous time-optimal control of the inversion of two spin-1/2 particles[J]. Physical Review A, 82(1): 1.

Banaszek K, D'Ariano G M, Paris M G A, et al. 2000. Maximum-likelihood estimation of the density matrix[J]. Physical Review A, 61(1): 010304.

Baraniuk R. 2007. Compressive sensing[J]. IEEE signal processing magazine, 24(4): 128-133.

Bardroff P J, Mayr E, Schleich W P, et al. 1996. Simulation of quantum state endoscopy[J]. Physical Review A, 53: 2736-2741.

Barenco A, Bennett C H, Cleve R, et al. 1995. Elementary gates for quantum computation[J]. Physical Review A, 52(5): 3457-3467.

Barreiro J T, Schindler P, Guhne O, et al. 2010. Experimental multiparticle entanglement dynamics induced by decoherence[J]. Nat Phys, 6(12): 943-946.

Bassano V, Heinz-Peter B. 2010. Exact master equations for the non-Markovian decay of a qubit[J]. Phys. Rev. A, 81(4): 82.

Beauchardi K, Coron J, Mirrahimi M, et al. 2007. Implicit Lyapunov control of finite dimensional Schrödinger equations[J]. Systems & Control Letters, 56(5): 388-395.

Bergeal N, Vijay R, Manucharyan V E, et al. 2010. Analog information processing at the quantum limit with a Josephson ring modulator[J]. Nature Physics, 6(4): 296-302.

Bermudez A, Schmidt P O, Plenio M B, et al. 2012. Robust trapped-ion quantum logic gates by microwave dynamical decoupling[J]. Physical Review A, 85(4): 9335-9340.

Berry D W, Wiseman H M, Breslin J K. 2001. Optimal input states and feedback for interferometric phase estimation[J]. Physical Review A, 63(5): 053804.

Biercuk M J, Uys H, Van Devender A P, et al. 2009. Optimized dynamical decoupling in a model quantum memory[J]. Nature, 458(7241): 996-1000.

Bin H, Hsi-Sheng G. 2012. Optimal control for non-Markovian open quantum systems[J]. Physical Review A, 85(3): 1431-1435.

Blatt R, Wineland D. 2008. Entangled states of trapped atomic ions[J]. Nature, 453(7198): 1008-1015.

Bloembergen N, Yablonovitch E. 1978. Infrared-laser-induced unimolecular reactions[J]. Physics Today, 31(5): 23-31.

Bodenhausen G, Vold R. 1980. Multiple quantum spin-echo spectroscopy[J]. Journal of Magnetic Resonance (1969), 37(1): 93-106.

Bonnard B, Cots O, Glaser S J, et al. 2012. Geometric optimal control of the contrast imaging problem in Nuclear Magnetic Resonance[J]. Automatic Control, IEEE Transactions on, 57(8): 1957-1969.

Boozer A. 2012. Time-optimal synthesis of SU(2) transformations for a spin-1/2 system[J]. Physical Review A, 85(1): 278-279.

Boscain U, Chitour Y. 2005. Time optimal synthesis for left-invariant control systems on SO(3)[J]. SIAM Journal on Control and Optimization, 44(1): 111-139.

Boscain U, Mason P. 2006. Time minimal trajectories for a spin 1/2 particle in a magnetic field[J]. Journal of Mathematical Physics, 47(6): 2006.

Bouten L, Edwards S, Belavkin V P. 2005. Bellman equations for optimal feedback control of qubit states[J]. Journal of Physics B-Atomic Molecular and Optical Physics, 38(3): 151-160.

Brakhane S, Alt W, Kampschulte T, et al. 2012. Bayesian feedback control of a two-atom spin-state in an atom-cavity system[J]. Physical Review Letters, 109(17): 5505-5511.

Branczyk A M, Mendonca P E M F, Gilchrist A, et al. 2007. Quantum control of a single qubit[J]. Physical Review A, 75(1): 012329.

Breuer H P, Petruccione. 2002. The Theory of Open Quantum Systems[M]. Oxford: Oxford University Press.

Breuer H P. 2004. Genuine quantum trajectories for non-Markovian processes[J]. Physical Review A, 70(1): 235-238.

Brumer P, Shapiro M. 1986. Control of unimolecular reactions using coherent light[J]. Chemical Physics Letters, 126(6): 541-546.

Burkard G, Engel H, Loss D. 2002. Spintronics and quantum dots for quantum computing and quantum communication[M]. Netherlands: Springer.

Burkard G, Loss D, DiVincenzo D P. 1999. Coupled quantum dots as quantum gates[J]. Physical Review B, 59(3): 2070-2078.

Bushev P, Rotter D, Wilson A, et al. 2006. Feedback cooling of a single trapped ion[J]. Physical Review Letters, 96(4): 043003.

Buzek V, Drobny G, Adam G, et al. 1997. Reconstruction of quantum states of spin systems via the Jaynes principle of maximum entropy[J]. Journal Of Modern Optics, 44: 2607-2627.

Cahill K E, Glauber R J. 1969. Density operators and quasiprobability distributions[J]. Physical Review, 177(5): 1882-1902.

Campagne-Ibarcq P, Flurin E, Roch N, et al. 2013. Persistent control of a superconducting qubit by stroboscopic measurement feedback[J]. Physical Review X, 3(2): 336-344.

Candès E J, Plan Y. 2011. Tight oracle inequalities for low-rank matrix recovery from a minimal number of noisy random measurements[J]. IEEE Transactions on Information Theory, 57(4): 2342-2359.

Candès E J, Romberg J, Tao T. 2006. Robust uncertainty principles: Exact signal reconstruction from highly incomplete frequency information[J]. IEEE Trans. Inform. Theory, 52(2): 489-509.

Candès E J, Tao T. 2006. Near optimal signal recovery from random projections: Universal encoding strategies[J]. IEEE Trans. Inform. Theory, 52(12): 5406-5425.

Candès E J. 2008. The restricted isometry property and its implications for compressed sensing[J]. Comptès Rendus Mathematique, 346(9): 589-592.

Cao G, Li H O, Tu T, et al. 2013. Ultrafast universal quantum control of a quantum-dot charge qubit using Landau-Zener-Stuckelberg interference [J]. Nature Communications, 4(1): 1401.

Carlini A, Hosoya A, Koike T, et al. 2007. Time-optimal unitary operations[J]. Physical Review A, 75(4): 810-814.

Carlini A, Hosoya A, Koike T, et al. 2008. Time optimal quantum evolution of mixed states[J]. Journal of Physics A: Mathematical and Theoretical, 41(4): 75-97.

Carlini A, Koike T. 2012. Time-optimal transfer of coherence[J]. Physical Review A, 86(5): 11781.

Carmichael H J. 1993. An open systems approach to quantum optics[M]// Lecture Notes in Physics Vol. 18. Berlin: Springer.

Castellanos-Beltran M A, Lehnert K W. 2007. Widely tunable parametric amplifier based on a superconducting quantum interference device array resonator[J]. Applied Physics Letters, 91(8): 083509.

Chase B A, Landahl A J, Geremia J M. 2008. Effcient feedback controllers for continuous-time quantum error correction[J]. Physical Review A, 77(3): 156.

Chen G, Church D A, Englert B G, et al. 2003. Mathematical models of contemporary elementary quantum computing devices[J]. RM Proceedings and Lecture Notes, 33: 79-118.

Chuang I L, Gershenfeld N, Kubinec M G. 1998a. Experimental implementation of fast quantum searching[J]. Physical Review Letters, 80(15): 3408-3411.

Chuang I L, Gershenfeld N, Kubinec M G, et al. 1998b. Bulk quantum computation with nuclear magnetic resonance: theory and experiment[C]//Proceedings of the Royal Society of London. Series A: Mathematical, Physical and Engineering Sciences, 454(1969):447-467.

Chuang I L, Vandersypen L M, Zhou X, et al. 1998. Experimental realization of a quantum algorithm[J]. Nature, 393(6681):143-146.

Cirac J I, Zoller P. 1995. Quantum computations with cold trapped ions[J]. Physical Review Letters, 74(20): 4091-4094.

Clark J W, Ong C K, Tarn T J, et al. 1985. Quantum nondemolition filters [J]. Mathematical Systems Theory, 18(1): 33-55.

Combes J, Jacobs K. 2006. Rapid state reduction of quantum systems using feedback control[J]. Physical Review Letters, 96(1): 1-2.

Cong S, Hu L, Yang F, et al. 2013. Characteristics analysis and state transfer for non-markovian open quantum systems[J]. Acta Automatica Sinica, 39(4): 360-370.

Cong S, Kuang S. 2007. Quantum control strategy based on state distance[J]. Acta Automatica Sinica, 33(1): 28-31.

Cong S, Kuang S. 2008. Review of state estimation methods in quantum systems[J]. Control and Decision, 23(2): 121-126.

Cong S, Liu J. 2012. Trajectory tracking control of quantum systems[J]. Chinese Science Bulletin, 57 (18): 2252-2258.

Cong S, Meng F. 2013. A survey of quantum Lyapunov control methods[J]. The Scientific World Journal, 2013(1): 66-67.

Cong Shuang, Zhang Yuanyuan. 2008. Superposition states preparation based on Lyapunov stability theorem in quantum systems[J]. Journal of University of Science and Technology of China, 38(7): 821-827.

Cong S. 2014. Control of quantum systems: theory and methods[M]. John Wiley & Sons, Singapore Pte. Ltd.

Cory D G, Fahmy A F, Havel T F. 1997. Ensemble quantum computing by NMR spectroscopy[J]. Proceedings of the National Academy of Sciences, 94(5):1634-1639.

Cui Wei, Nori F. 2013. Feedback control of Rabi oscillations in circuit QED[J]. Physical Review A,

88(6): 147-152.

Cui Wei, Xi Zairong, Pan Yu. 2008. Optimal decoherence control in non-Markovian open dissipative quantum systems[J]. Phys. Rev. A, 77(3):1012-1015.

Cui Wei, Xi Zairong, Pan Yu. 2009. Controlled population transfer for quantum computing in Non-Markovian noise environment[C]. Joint 48th IEEE Conference on Decision and Control and 28th Chinese Control Conference, 2504-2509.

Dahleh M, Peirce A, Rabitz H A, et al. 1996. Control of molecular motion [J]. Proceedings of the IEEE, 84(1): 7-15.

Damodarakurup S, Lucamarini M, Di Giuseppe G, et al. 2009. Experimental inhibition of decoherence on flying qubits via bang-bang control[J]. Physical Review Letters, 103(4): 040502.

De Fouquieres P, Schirmer S, Glaser S, et al. 2011. Second order gradient ascent pulse engineering [J]. Journal of Magnetic Resonance, 212(2):412-417.

De Fouquieres P. 2012. Implementing quantum gates by optimal control with doubly exponential convergence[J]. Physical Review Letters, 108(11): 110504.

Dehmelt H G. 1967. Radio-frequency spectroscopy of stored ions[J]. I. Storage. Adv. At. Mol. Phys,3: 53-72.

Deutsch D, Barenco A, 1995. Ekert A. Universality in quantum computation[C]. Proceedings of the Royal Society of London. Series A: Mathematical and Physical Sciences, 449(1937):669-677.

Deutsch D. 1985. Quantum theory, the church-turing principle and the universal quantum computer [J]. Proceedings of the Royal Society of London Series A Mathematical Physical and Engineering Sciences, 400(1818):97-117.

Di Vincenzo D. 2000. The Physical implementation of quantum computation[R].

Diosi L. 1988a. Continuous quantum measurement and Ito formalism[J]. Physics Letters A, 129(8): 419-423.

Diosi L. 1988b. Localized solution of a simple nonlinear quantum Langevin equation[J]. Physics Letters A, 132(5): 233.

Doherty A C, Jacobs K. 1999. Feedback control of quantum systems using continuous state estimation [J]. Physical Review A, 60(4): 2700-2711.

Doherty A, Habib S, Jacobs K, et al. 2000. Quantum feedback control and classical control theory [J]. Physical Review A, 62(1): 437-447.

Dong D, Petersen I R. 2009. Sliding mode control of quantum systems[J]. New Journal of Physics, 11 (10): 105033.

Dong D, Petersen I R. 2010. Quantum control theory and applications: a survey[J]. IET Control Theory & Applications, 4(12): 2651-2671

Dong D, Zhang C, Rabitz H, et al. 2008. Incoherent control of locally controllable quantum systems [J]. Journal of Chemical Physics, 129(15): 154103.

Donoho D L. 2006. Compressed sensing, information theory[J]. IEEE Transactions on, 52(4): 1289-1306.

Dunn T J, Walmsley I A, Mukamel S. 1995. Experimental determination of the quantum mechanical state of a molecular vibrational mode using fluorescence tomography[J]. Physical Review Letters, 74(6): 884-887.

D'Ariano G M, Paris M G A, Sacchi M F. 2004. Quantum tomographic methods[J]. Lecture Notes in Physics, 649: 189-204.

D'Alessandro D, Dahleh M. 2001. Optimal control of two-level quantum systems [J]. IEEE Transactions on Automatic Control, 46(6): 866-876.

D'Alessandro D. 2002. The optimal control problem on SO(4) and its applications to quantum control. Automatic Control, IEEE Transactions on, 47(1): 87-92.

D'Alessandro D. 2003a. Controllability of one spin and two interacting spins[J]. Mathematics of Control, Signals and Systems, 16(1): 1-25.

D'Alessandro D. 2003b. On quantum state observability and measurement[J]. Journal of Physics A: Mathematical and General, 36(37): 9721-9735.

D'Alessandro D. 2007. Introduction to quantum control and dynamics[M]. Boca Raton, Chapman and Hall/CRC.

D'Ariano G M, Macchiavello C, Paris M G A. 1994. Detection of the density matrix through optical homodyne tomography without filtered back projection[J]. Physical Review A, 50(5): 4298-4302.

D'Ariano G M, Paris M G A. 1999. Adaptive quantum homodyne tomography[J]. Physical Review A, 60(1): 518-528.

D'Ariano G M. 2000. Universal quantum estimation[J]. Physical Review A, 268(3): 151-157.

D'Helon C, James M R. 2006. Stability, gain, and robustness in quantum feedback networks[J]. Physical Review A, 73(5): 180.

Economou S E. 2012. High-fidelity quantum gates via analytically solvable pulses[J]. Physical Review B, 85(24): 762-767.

Eduardo V, Jordan K. 2010. Transient dynamics of confined charges in quantum dots in the sequential tunneling regime[J]. Phys. Rev. B 81(8), 101.

Ekimov A I, Efros A L, Onushchenko A A. 1985. Quantum size effect in semiconductor microcrystals [J]. Solid State Communications, 56(11): 921-924.

Escher B M, Bensky G, Clausen J, et al. 2011. Optimized control of quantum state-transfer from noisy to quiet qubits[J]. Journal of Physics B: Atomic, Molecular and Optical Physics, 44(15):

2464-2475.

Fano U. 1957. Description of states in quantum mechanics by density matrix and operator techniques [J]. Reviews Of Modern Physics, 29(1): 74-93.

Feng S, Mianlai Z, Alexander P, et al. 2008. Control of quantum dynamics by optimized measurements[J]. Physical Review A, 78(6): 5175-5179.

Ferrante A, Pavon M, Raccanelli G. 2002. Driving the propagator of a spin system: A feedback approach[C]. Proceedings of the 41th IEEE Conference on Decision and Control, Las Vegas, USA: 46-50.

Fick E, Sauermann G. 2012. The quantum statistics of dynamics processes[M]. Berlin: Springer-Verlag.

Fischer T, Maunz P, Pinkse P W H, et al. 2002. Feedback on the motion of a single atom in an optical cavity[J]. Physical Review Letters, 88(16): 861-866.

Fortunato E M, Pravia M A, Boulant N, et al. 2002. Design of strongly modulating pulses to implement precise effective Hamiltonians for quantum information processing[J]. The Journal of chemical physics, 116(17):7599-7606.

Fortunato M, Raimond J M, Tombesi P, et al. 1999. Autofeedback scheme for preservation of macroscopic coherence in microwave cavities[J]. Physical Review A, 60(2): 1687-1697.

Ge S S, Vu T L, Hang C C. 2012. Non-smooth Lyapunov function-based global stabilization for quantum filters[J]. Automatica, 48(6): 1031-1044.

Ge S S, Vu T L, He W, Hang C C. 2010. Non-smooth Lyapunov function-based global stabilization for 2-dimensional quantum filters[C]. In 49th IEEE Conference on Decision and Control, Atlanta, USA: 3772-3777

Ge S S, Vu T L, Lee T H. 2012. Quantum measurement-based feedback control: A nonsmooth time delay control approach[J]. Siam Journal on Control and Optimization, 50(2): 845-863.

Gershenfed N A, Chuang L. 1997. Bulk spin-resonance quantum computation [J]. Science, 275 (5298): 350-356.

Gershenfeld N, Chuang I L. 1998. Quantum computing with molecules[J]. Scientific American, 278 (6): 66-71.

Gieseler J, Deutsch B, Quidant R, et al. 2012. Subkelvin parametric feedback cooling of a laser-trapped nanoparticle[J]. Physical Review Letters, 109(10): 1-6.

Gillett G G, Dalton R B, Lanyon B P, et al. 2010. Experimental feedback control of quantum systems using weak measurements[J]. Physical Review Letters, 104(8): 65-85.

Goan H S, Milburn G J, Wiseman H M, et al. 2001. Continuous quantum measurement of two coupled quantum dots using a point contact: a quantum trajectory approach[J]. Physical Review B,

63(12): 125326-125337.

Gong J, Rice S A. 2004. Measurement-assisted coherent control[J]. Journal of Chemical Physics, 120(21): 9984-9988.

Gough J E, James M R. 2009. The series product and its application to quantum feedforward and feedback networks[J]. IEEE Transactions on Automatic Control, 54(11): 2530-2544.

Gradshtein I S, Ryzhik I M. 1994. Tables of integrals, series and products[M]. San Diego: Academic Press Inc.

Grivopoulos S, Bamieh B. 2003. Lyapunov-based control of quantum systems[C]. IEEE Conference on Decision and Control, Maui, Hawaii USA: 434-438.

Grivopoulos S, Bamieh B. 2008. Optimal population transfers in a quantum system for large transfer time[J]. IEEE Transactions on Automatic Control, 53(4): 980-992.

Gross D, Liu Y K, Flammia S T, et al. 2010. Quantum state tomography via compressed sensing[J]. Physical review letters, 105(15): 2903-2947.

Grover L K. 1997. Quantum computers can search arbitrarily large databases by a single query[J]. Physical Review Letters, 79(23): 4709-4712.

Guha S, Habif J L, Takeoka M. 2011. Approaching Helstrom limits to optical pulse-position demodulation using single photon detection and optical feedback[J]. Journal of Modern Optics, 58(3-4): 257-265.

Haikka P, Maniscalco S. 2010. Non-Markovian dynamics of a damped driven two-state system[J]. Phys. Rev. A, 81(5): 90.

Handel R V, Stockton J K, Mabuchi H. 2005a. Feedback control of quantum state reduction[J]. IEEE Transactions on Automatic Control, 50(6): 768-780.

Hayashi T, Fujisawa T, Cheong H D, et al. 2003. Coherent manipulation of electronic states in a double quantum dot[J]. Physical Review Letters, 91(22): 226804.

Heisenberg W. 1927. Über den anschaulichen Inhalt der quantentheoretischen Kinematik und Mechanik[J]. Zeitschrift für Physik. 43(3-4): 172-198.

Helstrom C W. 1976. Quantum detection and estimation theory[M]. New York: Academic Press.

Higgins B L, Berry D W, Bartlett S D, et al. 2007. Entanglement-free Heisenberg-limited phase estimation[J]. Nature, 450(7168): 393-396.

Ho T S, Rabitz H, Chu S I. 2011. A general formulation of monotonically convergent algorithms in the control of quantum dynamics beyond the linear dipole interaction[J]. Computer Physics Communications, 182(1):14-17.

Ho T S, Rabitz H. 2010. Accelerated monotonic convergence of optimal control over quantum dynamics[J]. Physical Review E, 82(2): 1961.

Hofmann H F, Mahler G, Hess O. 1998. Quantum control of atomic systems by homodyne detection and feedback[J]. Physical Review A, 57(6): 4877-4888.

Hou S C, Huang X L, Yi X X. 2010. Suppressing decoherence and improving entanglement by quantum-jump-based feedback control in two-level systems[J]. Physical Review A, 82(1): 131-133.

Hou S C, Khan M A, Yi X X, et al. 2012. Optimal Lyapunov-based quantum control for quantum systems[J]. Physical Review A, 86(2): 20790-20799.

Hou S C, Wang L C, Yi X X. 2014. Realization of quantum gates by Lyapunov control[J]. Physics Letters A, 378(9): 699-704.

Hradil Z, Rehacek J, Fiurasek J. 2004. Maximum-likelihood methods in quantum mechanics[J]. Lecture Notes in Physics, 649: 59-112.

Hradil Z. 1997. Quantum-state estimation[J]. Physical Review A, 55(3): 1561-1564.

Huang G M, Tarn T J, Clark J W. 1983. On the controllability of quantum-mechanical systems[J]. Journal of Mathematical Physics, 24(11): 2608-2618.

Huebl H, Hoehne F, Grolik B, et al. 2008. Spin Echoes in the Charge Transport through Phosphorus Donors in Silicon[J]. Physical Review Letters, 100(17): 3539-3540.

Iida S, Yukawa M, Yonezawa H, et al. 2012. Experimental demonstration of coherent feedback control on optical field squeezing[J]. IEEE Transactions on Automatic Control, 57(8): 2045-2050.

Inoue R, Tanada S I R, Namiki R, et al. 2013. Unconditional quantum-noise suppression via measurement-based quantum feedback[J]. Physical Review Letters, 110(16): 163602.

Jacobs K, Wang X, Wiseman H M. 2014. Coherent feedback that beats all measurement-based feedback protocols[J]. New Journal of Physics, 16(7): 073036.

Jacobs K. 2003. How to project qubits faster using quantum feedback?[J]. Physical Review A, 67(3): 535-542.

James M R, Nurdin H I, Petersen I R. 2008. Control of linear quantum stochastic systems[J]. IEEE Transactions on Automatic Control, 53(8): 1787-1803.

Ji Yinghua, Xu Lin. 2011. Entanglement decoherence of coupled superconductor qubits entangled states in non-Markovian environment[J]. Chinese Journal of Quantum Electronics, 28(1): 58-64.

Jin G S, Ahmad A, Li S S. 2002. Laser cooling of trapped three-level ions: Designing two-level systems for sideband cooling[J]. Physical Review A, 31(12): 773-778.

Jin J S, Li X Q, Yan Y J. 2006. Quantum coherence control of solid-state charge qubit by mean of a suboptimal feedback algorithm[J]. Physical Review B, 73(23): 233302.

Jones J A. 2001. NMR quantum computation[J]. Progress in Nuclear Magnetic Resonance Spectroscopy, 38(4): 325-360.

Jones K R W. 1991. Principles of quantum inference[J]. Annals of Physics, 207(1): 140-170.

Jordan A N, Korotkov A N. 2006. Qubit feedback and control with kicked quantum nondemolition measurements: a quantum Bayesian analysis[J]. Physical Review B, 74(8):085307.

Josephson B D. 1962. Possible new effects in superconductive tunnelling[J]. Physics Letters, 1(7):251-253.

Judson R S, Rabitz H. 1992. Teaching lasers to control molecules[J]. Physical Review Letters, 68(10):1500-1503.

Karmarkar N. 1984. A new polynomial-time algorithm for linear programming[C]. Proceedings of the sixteenth annual ACM symposium on theory of computing. ACM, 302-311.

Kashima K, Nishio K. 2007. Global stabilization of two-dimensional quantum spin systems despite estimation delay[C]. The 46th IEEE Conference on Decision and Control. New Orleans, LA, USA, 2007:6352-6357.

Keane K, Korotkov A N. 2012. Simplified quantum error detection and correlation for superconducting qubits[J]. Physical Review A, 86(1):18515-18524.

Kehlet C, Vosegaard T, Khaneja N, et al. 2005. Low-power homonuclear dipolar recoupling in solid-state NMR developed using optimal control theory[J]. Chemical physics letters, 414(1):204-209.

Kerckhoff J, Lehnert K W. 2012. Superconducting microwave multivibrator produced by coherent feedback[J]. Physical Review Letters, 109(15):4172-4181.

Kerckhoff J, Nurdin H I, Pavlichin D S, et al. 2010. Designing quantum memories with embedded control: photonic circuits for autonomous quantum error correction[J]. Physical Review Letters, 105(4):113.

Kerckhoff J, Pavlichin D S, Chalabi H, et al. 2011. Design of nanophotonic circuits for autonomous subsystem quantum error correction[J]. New Journal of Physics, 13(5):5314-5317.

Khaneja N, Brockett R, Glaser S J. 2001. Time optimal control in spin systems[J]. Physical Review A, 63(3):222-224.

Khaneja N, Glaser S J, Brockett R. 2002. Sub-Riemannian geometry and time optimal control of three spin systems: quantum gates and coherence transfer[J]. Physical Review A, 65(3):032301.

Khaneja N, Li J S, Kehlet C, et al. 2004. Broadband relaxation optimized polarization transfer in magnetic resonance[J]. Proceedings of the National Academy of Sciences of the United States of America, 101(41):14742-14747.

Khaneja N, Reiss T, Kehlet C, et al. 2005. Optimal control of coupled spin dynamics: design of NMR pulse sequences by gradient ascent algorithms [J]. Journal of Magnetic Resonance, 172(2):296-305.

Khaneja N, Reiss T, Luy B, et al. 2003. Optimal control of spin dynamics in the presence of relaxation[J]. Journal of Magnetic Resonance, 162(2):311-319.

Khodjastehand K, Lidar D A. 2005. Fault-tolerant quantum dynamical decoupling[J]. Physical review letters, 95(18): 180501.

Kilina S, Kilin D, Prezhdo O. 2009. Breaking the phonon bottleneck in PbSe and CdSe quantum dots: Time-domain density functional theory of charge carrier relaxation[J]. Acs Nano, 3(1): 93-99.

Kingdon K H. 1923. A method for the neutralization of electron space charge by positive ionization at very low gas pressures[J]. Physical Review, 21(4): 408-418.

Klose G, Smith G, Jessen P S. 2001. Measuring the quantum state of a large angular momentum[J]. Physical Review Letters, 86(21): 4721-4724.

Knill E, Laflamme R, Zurek W H. 1998. Resilient quantum computation: error models and thresholds[C]. Proceedings of the Royal Society of London. Series A: Mathematical, Physical and Engineering Sciences, 454(1969):365-384.

Koppens F, Nowack K, Vandersypen L. 2008. Spin echo of a single electron spin in a quantum dot [J]. Physical Review Letters, 100(23): 1151-1156.

Kraus K. 1983. States, effects, and operations[M]. Berlin Heidelberg: Springer-Verlag.

Krotov V F, Feldman I N. 1983. Iteration method of solving the problems of optimal control[J]. Engineering Cybernetics, 31: 123.

Kuang S, Cong S. 2008. Lyapunov control methods of closed quantum systems[J]. Automatica, 44(1): 98-108.

Kuang S, Cong S. 2010. Lyapunov stabilization strategy of mixed-state quantum systems with ideal conditions[J]. Control and Decision, 25(2): 273-277.

Kuzmich A, Bigelow N R, Mandel L. 1998. Atomic continuous variable processing and light-atoms quantum interface[J]. Europhysics Letters, 42: 481.

Lan C, Tarn T J, Chi Q S, et al. 2005. Analytic controllability of time-dependent quantum control systems[J]. Journal of Mathematical Physics, 46(5): 116-130.

Lapert M, Salomon J, Sugny D. 2012. Time-optimal monotonically convergent algorithm with and application to the control of spin systems[J]. Physical Review A, 85(3): 1178-1187.

Leibfried D, Meekhof D M, King B E, et al. 1996. Experimental determination of the motional quantum state of a trapped atom[J]. Physical Review Letters, 77(21): 4281-4285.

Leonhardt U. 1995. Quantum state tomography and discrete wigner function[J]. Physical Review Letters, 74(21): 4101-4105.

Levante T, Bremi T, Ernst R. 1996. Pulse-sequence optimization with analytical derivatives. Application to deuterium decoupling in oriented phases[J]. Journal of Magnetic Resonance, Series A, 121(2):167-177.

Li K Z, Cong Shuang. 2014. A robust compressive quantum state tomography algorithm using ADMM

[C]. Preprint of the 19th World Congress of the International Federation of Automation Control, Cape Town, South Africa: 6878-6883.

Lidar D A, Schneider S. 2005. Stabilizing qubit coherence via tracking-control [J]. Quant. Info. and Computation, 5(4-5): 350-363.

Linden N, Kupˇce¯ E, Freeman R. 1999. NMR quantum logic gates for homonuclear spin systems[J]. Chemical physics letters, 311(3):321-327.

Liu J, Cong S, Zhu Y. 2012. Adaptive trajectory tracking of quantum systems [C]. The 12th International Conference on Control, Automation and Systems. Jeju, Korea: 322-327.

Liu J, Cong S. 2014. Manipulation of NOT gate in non-Markovian open quantum systems[C]. The 11th World Congress on Intelligent Control and Automation, Shenyang, China: 1231-1236.

Liu W T, Zhang T, Liu J Y, et al. 2012. Experimental quantum state tomography via compressed sampling[J]. Physical review letters, 108(17): 345-350.

Liu Y K. 2011. Universal low-rank matrix recovery from Pauli measurements[C]. NIPS: 1638-1646.

Liu Y, Chen T Y, Wang L J, et al. 2013. Experimental measurement-device-independent quantum key distribution[J]. Physical Review Letters, 111(13): 130502.

Lloyd S. 2000. Coherent quantum feedback[J]. Physical Review A, 62(2): 117-134.

Loffe B L, Geshkenbein V B, Feigelman M V. 1999. Environmentally decoupledsds-wave Josephson junctions for quantum computing[J]. Nature, 398(6729): 679-681.

Long G, Yan H, Li Y, et al. 2001. Experimental NMR realization of a generalized quantum search algorithm[J]. Physics Letters A, 286(2):121-126.

Loss D, Di Vincenzo D P. 1998. Quantum computation with quantum dots[J]. Physical Review A, 57 (1): 120-126.

Lou Y, Cong S. 2011. State transfer control of quantum systemss on the bloch sphere[J]. Journal of Systems Science and Complexity, 24(3): 506-518.

Lu C Y, Browne D E, Yang T, et al. 2007. Demonstration of a compiled version of Shor's quantum factoring algorithm using photonic qubits[J]. Physical Review Letters, 99(25):250504.

Lvovsky A I. 2004. Iterative maximum-likelihood reconstruction in quantum homodyne tomography [J]. Journal Of Optics B-quantum and Semiclassical Optics, 6: S556-S559 .

Mabuchi H. 2008. Coherent-feedback quantum control with a dynamic compensator[J]. Physical Review A, 78(3): 108.

Mabuchi H. 2011. Nonlinear interferometry approach to photonic sequential logic[J]. Applied Physics Letters, 99(15): 153103.

Machnes S, Sander U, Glaser S, et al. 2011. Comparing, optimizing, and benchmarking quantumcontrol algorithms in a unifying programming framework[J]. Physical Review A, 84

(2): 1892.

Mancini S, Wiseman H M. 2007. Optimal control of entanglement via quantum feedback[J]. Physical Review A, 75(1): 012330.

Mandilara A, Clark J W. 2005. Probabilistic quantum control via indirect measurement[J]. Physical Review A, 71(1): 013406.

Manin Y I. 1980. Vychislimoe i nevychislimoe (Computable and Noncomputable)[R]. Moscow: Sov, Radio.

Marklin Y, Schon G, Shnirman A. 2001. Quantum-state engineering with Josephson junction devices [J]. Reviews of Modern Physics, 73(2): 357-400.

Matteo P, Jaroslav R, et al. 2004. Quantum state estimation[M]. Berlin: Springer.

Mazyar M, Pierre R, Gabriel T. 2005. Lyapunov control of bilinear Schrodinger equations[J]. Automatica, 41(11): 1987-1994.

Mendes R V, Man'ko V I. 2003. Quantum control and the Strocchi map[J]. Physical Review A, 67 (5): 785-788.

Meng Fang Fang, Cong Shuang. 2013. Implicit Lyapunov control of multi-control Hamiltonians systems based on the state error[C]. World Academy of Science, Engineering and Technology, Issue 79: 1333-1339.

Menicucci N C, Caves C M. 2002. Local realistic model for the dynamics of bulk-ensemble NMR information rrocessing[J]. Physical Review Letters, 88(16): 861-866.

Mirrahimi M, Rouchon P. 2004. Trajectory generation for quantum systems based on Lyapounov techniques[C]. Proceedings of the 6th IFAC Symposium on Nonlinear Control (NOLCOS).

Mirrahimi M, Turinici G, Rouchon P. 2005. Reference trajectory tracking for locally designed coherent quantum controls[J]. J. Phys. Chem. A, 109(1): 2631-2637.

Mirrahimi M, Van Handel R. 2007. Stabilizing feedback controls for quantum systems[J]. SIAM Journal on Control and Optimization, 46(2): 445-467.

Misra B, Sudarshan E. 1997. The Zeno's paradox in quantum theory[J]. J. Math. Phys., 18(4): 756-763.

Montangero S, Calarco T, Fazio R. 2007. Robust optimal quantum gates for josephson charge qubits [J]. Physical Review Letters, 99(17): 170501.

Mooij J E, Orlanso T P, Levitov L. 1999. Josephson persistent current qubit[J]. Science, 285 (5403): 1036-1039.

Morrow N V, Dutta S K, Raithel G. 2002. Feedback control of atomic motion in an optical lattice [J]. Physical Review Letters, 88(9): 386-389.

Nejad S M, Mehmandoost M. 2010. Realization of quantum Hadamard gate by applying optimal control fields to a spin qubit[C]. 2010 2nd International Conference on Mechanical and Electronics Engineering. Kyoto, Japan. 2: 292-296.

Nielson M A, Chuang I L. 2000. Quantum computation and quantum information[M]. Cambridge: Cambridge University Press.

Nurdin H I, James M R, Petersen I R. 2009. Coherent quantum LQG control [J]. Automatica, 45(8): 1837-1846.

Oksman P. 1995. A Fourier transform time-of-flight mass spectrometer. A SIMION calculation approach[J]. International Journal of Mass Spectrometry and Ion Processes, 141(1): 67-76.

Ong C K, Huang G M, Tarn T J, et al. 1984. Invertibility of quantum-mechanical control systems [J]. Mathematical Systems Theory, 17(1): 335-350.

Opatrny T, Welsch D G, Vogel W. 1997. Least-squares inversion for density-matrix reconstruction [J]. Physical Review A, 56(3): 1788.

Oxtoby N P, Wiseman H M, Sun H B. 2006. Sensitivity and back action in charge qubit measurements by a strongly coupled single-electron transistor [J]. Physical Review B, 74(4): 045328.

Pechen A, Rabitz H. 2006. Teaching the environment to control quantum systems[J]. Physical Review A, 73(6): 184.

Peirce A, Dahleh M, Rabitz H. 1988. Optimal control of quantum mechanical systems: Existence, numerical approximations, and applications[J]. Physical Review A, 37(12): 4950-4964.

Peirce A. 2003. Fifteen years of quantum control: from concept to experiment [J]. Multidisciplinary Research in Control, 289: 65-72.

Peng X, Suter D, Lidar D A. 2011. High fidelity quantum memory via dynamical decoupling: theory and experiment [J]. Journal of Physics B: Atomic, Molecular and Optical Physics, 44(15): 4229-4233.

Petta J R, Johnson A C, Taylor J M, et al. 2005. Coherent manipulation of coupled electron spins in semiconductorquantumdots[J]. Science, 309(5744): 2180-2184.

Plastina F, Fazio R, Palma G M. 2001. Macroscopic entanglement in Josephson nanocircuits[J]. Physical Review B, 64(11): 113306.

Press D, De Greve K, McMahon P L, et al. 2010. Ultrafast optical spin echo in a single quantum dot [J]. Nature Photonics, 4(6): 367-370.

Pry B, Khaneja N. 2006. Optimal control of homonuclear spin dynamics subject to relaxation[C]. Proceedings of Decision and Control, 2006 45th IEEE Conference on. IEEE: 3121-3125.

Purcell E M, Torrey H, Pound R V. 1946. Resonance absorption by nuclear magnetic moments in a solid[J]. Physical review, 69(1-2):37-38.

Qi B, Guo L. 2010. Is measurement-based feedback still better for quantum control systems? [J].

Systems & Control Letters, 59(6): 333-339.

Qi B, Pan H, Guo L. 2013. Further results on stabilizing control of quantum systems[J]. IEEE Transactions on Automatic Control, 58(5): 1349-1354.

Rabitz H A, Hsieh M M, Rosenthal C M. 2004. Quantum optimally controlled transition landscapes [J]. Science, 303(5666): 1998-2001.

Rabitz H, De Vivie-Riedle R, Motzkus M, et al. 2000. Whither the future of controlling quantum phenomena? [J]. Science, 288(5467): 824-828.

Ramakrishna V, Salapaka M V, Dahleh M, et al. 1995. Controllability of molecular systems[J]. Physical Review A, 51(2): 960-966.

Rebentrost P, Serban I, Schulte-Herbrüggen T, et al. 2009. Optimal control of a qubit coupled to a non-Markovian environment[J]. Physical Review Letters, 102(9): 090401.

Rice S A, Zhao M. 2000. Optical Control of Molecular Dynamics[M]. New York: Wiley.

Riste D, Bultink C C, Lehnert K W, et al. 2012. Feedback control of a solid-state qubit using high-fidelity project measurement[J]. Physical Review Letters, 109(24): 6380-6383.

Riste D, Dukalski M, Watson C A, et al. 2013. Deterministic entanglement of superconducting qubits by parity measurement and feedback[J]. Nature, 502(7471): 350-354.

Roa L, Delgado A, De Guevara M L, et al. 2006. Measurement-driven quantum evolution[J]. Physical Review A, 73(1): 5689-5693.

Robert L C. 2013. Continuous measurement and stochastic methods in quantum optimal systems[D]. New Mexico: Department of Physics, University of New Mexico Albuquerque.

Roloff R, Wenin M, Pötz W. 2009. Optimal control for open quantum systems: qubits and quantum gates[J]. Journal of Computational and Theoretical Nanoscience, 6(8): 1837-1863.

Rosen J B. 1960. The gradient projection method for nonlinear programming. Part I. Linear constraints[J]. Journal of the Society for Industrial & Applied Mathematics, 8(1):181-217.

Ryan C, Negrevergne C, Laforest M, et al. 2008. Liquid-state nuclear magnetic resonance as a testbed for developing quantum control methods[J]. Physical Review A, 78(1): 124.

Sabrina M, Francesco P. 2006. Non-Markovian dynamics of a qubit[J]. Physical Review A, 73(1): 5689-5693.

Sabrina M, Stefano O, Matteo G A. 2007. Paris, Entanglement oscillations in non-Markovian quantum channels[J]. Physical Review A, 75: 062119-062123.

Sackett C A, Kielpinski D, King B E, et al. 2000. Experimental entanglement of four particles[J]. Nature, 404(6775): 256-259.

Sakurai J J, Tuan S F. 1994. Modern quantum mechanics, volume 104[M]. Addison-Wesley Reading (Mass.).

Sandhya S N. 2007. Four-level atom dynamics and emission statistics using a quantum jump approach [J]. Physical Review A, 75: 013809.

Sayrin C, Dotsenko I, Zhou X X, et al. 2011. Real-time quantum feedback prepares and stabilizes photon number states[J]. Nature, 477(7362): 73-77.

Schack R, Brun T A, Caves C M. 2001. Quantum Bayes rule[J]. Physical Review A, 64: 014305.

Schirmer S. 2009. Implementation of quantum gates via optimal control[J]. Journal of Modern Optics, 56(6): 831-839.

Schleier-Smith M H, Leroux I D, Vuletic V. 2010. States of an ensemble of two-level atoms with reduced quantum uncertainty[J]. Physical Review Letters, 104(7): 2509-2510.

Schulte-Herbruggen T, Sporl A, Khaneja N, et al. 2011. Optimal control for generating quantum gates in open dissipative systems[J]. Journal of Physics B: Atomic, Molecular and Optical Physics, 44(15): 154013-154021.

Scully M O, Zubairy M S. 1997. Quantum optics[M]. Carnbride: Cambridge University Press.

Shaiju A J, Petersen I R, James M R. 2007. Guaranteed cost LQG control of uncertain linear stochastic quantum systems[C]//Proceedings of the 2007 American Control Conference. New York, USA: IEEE: 2118-2123.

Shannon C. 1949. Communication in the presence of noise[C]. Proceedings of the IRE, 37(1): 10-21.

Shapiro M, Brumer P. 2003. Principles of the quantum control of molecular processes[M]. New York: John Wiley & Sons.

Shevchenko S N, Ashhab S, Nori F. 2010. Landau-Zener-Stückelberg interferometry[J]. Physics Reports, 492(1): 1-30.

Shi Y. 2003. Both Toffoli and Controlled-NOT need little help to do universal quantum computation [J]. Quantum Information and Computation, 3(1): 84-92.

Shi Z C, Zhao X L, Yi X X. 2015. Robust state transfer with high fidelity in spin-1/2 chains by Lyapunov control [J]. Physical Review A, 91(3).

Shor P W. 1994. Algorithms for quantum computation: discrete logarithms and factoring[C]. Proceed-ings of Foundations of Computer Science, 1994 Proceedings., 35th Annual Symposium on. IEEE: 124-134.

Shuang F, Pechen A, Ho T S, Rabitz H. 2007. Observation-aaaisted optimal control of quantum dynamycs[J]. J. Chem. Phys., 126: 134303.

Silberfarb A, Jessen P S, Deutsch I H. 2005. Quantum state reconstruction via continuous measurement[J]. Physical Review Letters, 95(3): 030402.

Smith W P, Reiner J E, Orozco L A, et al. 2002. Capture and release of a conditional state of a cavity QED system by quantum feedback[J]. Physical Review Letters, 89(13): 377-389.

Smithy D T, Beck M, Raymer M G, et al. 1993. Measurement of the wigner distribution and the density matrix of a light mode using optical homodyne tomography: Application to squeezed states and the vacuum[J]. Physical Review Letters, 70(9): 1244-1247.

Somaraju R A, Mirrahimi M, Rouchon P. 2013. Approximate stabilization of an infinite dimensional quantum stochastic system[J]. Reviews in Mathematical Physics, 25(1): 6248-6253.

Somaraju R, Mirrahimi M, Rouchon P. 2011. Semi-Global Approximate stabilization of an infinite dimensional quantum stochastic system[OL]. arXiv.org/abs/1103.1732.

Sridharan S, James M R. 2008. Minimum time control of spin systems via dynamic programming[C]. Proceedings of CDC: 4558-4563.

Srinivas M D, Davies E B. 1981. Photon counting probabilities in quantum optics[J]. Journal of Modern Optics, 28(7): 981-996.

Stevenson R N, Carvalho A R R, Hope J J. 2011. Production of entanglement in Raman three-level systems using feedback[J]. The European Physical Journal D-Atomic, Molecular, Optical and Plasma Physics, 61(2): 523-529.

Stick D, Hensinger W K, Olmschenk S, et al. 2006. Ion trap in a semiconductor chip[J]. Nat Phys, 2(1): 36-39.

Strogatz S. 2003. The Emerging Science of Spontaneous Order[M]. Hyperison.

Sugawara M. 2002. Local control theory for coherent manipulation of population dynamics[J]. Chemical Physics Letters, 358(3-4): 290-297.

Sugny D, Kontz C, Jauslin H R. 2007. Time-optimal control of a two-level dissipative quantum system[J]. Physical Review A, 76(2): 1188-1190.

Sugny D, Kontz C, Jauslin H R. 2007. Time-optimal control of a two-level dissipative quantum system[J]. Physical Review A, 76(2): 1188-1190.

Szigeti S S, Carvalho A R R, Hush J G M R. 2014. Ignorance is bliss: general and robust cancellation of decoherence via no-knowledge quantum feedback[J]. Physical Review Letters, 113(2): 020407.

Tai J S, Lin K T, Goan H S. 2014. Optimal control of quantum gates in an exactly solvable non-Markovian open quantum bit system[J]. Physical Review A, 89(6): 4172-4183.

Tannor D J, Rice S A. 1985. Control of selectivity of chemical reaction via control of wave packet evolution[J]. Journal of Chemical Physics, 83(10): 5013-5018.

Ticozzi F, Viola L. 2006. Single-bit feedback and quantum dynamical decoupling[J]. Physical Review A, 74(5): 150.

Tombesi P, Vitali D. 1995. Macroscopic coherence via quantum feedback[J]. Physical Review A, 51(6): 4913-4917.

Tong QingJun, An Junhong, Luo Honggang, et al. 2009. Decoherence suppression of a dissipative qubit by the non-Markovian effect[J]. J. Phy. B:At. Mol. Opt. Phys., 43(15): 155501-155507.

Tsumura K. 2007. Global stabilization of N-dimensional quantum spin systems via continuous feedback [C]. In 2007 American Control Conference: 2129-2134.

Tsumura K. 2008. Global stabilization at arbitrary eigenstates of N-dimensional quantum spin systems via continuous feedback[C], 2008 American Control Conference: 4148-4153.

Turchette Q A, Hood C J, Lange W. 1995. Measurement of conditional phase shifts for quantum logic [J]. Physical Review Letters, 75(25): 4710-4713.

Turinici G, Rabitz H. 2001. Quantum wavefunction controllability[J]. Chemical Physics, 267(1): 1-9.

Turinici G, Rabitz H. 2003. Wavefunction controllability for finite-dimensional bilinear quantum systems[J]. Journal of Physics A: Mathematical and General, 36(10): 2565-2576.

Twardy M, Olszewski D. 2013. Realization of controlled NOT quantum gate via control of a two spin system[J]. Bulletin of the Polish Academy of Sciences: Technical Sciences, 61(2): 379-390.

Uhrig G S. 2007. Keeping a quantum bit alive by optimized π-pulse sequences [J]. Physical Review Letters, 98(10): 100504.

Vaidya U, D'Alessandro D, Mezic I. 2003. Control of Heisenberg spin systems: Lie algebraic decompositions and action-angle variables [C]. Proceedings of Decision and Control, 2003. Proceedings. 42nd IEEE Conference on, volume 4. IEEE: 4174-4178.

Van Handel R, Stockton J K, Mabuchi H. 2005. Feedback control of quantum state reduction[J]. Automatic Control, IEEE Transactions on, 50(6): 768-780.

Vanderbruggen T, Kohlhass R, Bertoldi A, et al. 2013. Feedback control of trapped coherent atomic ensembles[J]. Physical Review Letters, 110(21): 325-329.

Vandersypen L M K, Steffen M, Breyta G, et al. 2001. Experimental realization of Shor's quantum factoring algorithm using nuclear magnetic resonance[J]. Nature, 414(6866): 883-887.

Vandersypen L M, Chuang I L. 2005. NMR techniques for quantum control and computation[J]. Reviews of modern physics, 76(4): 1037-1069.

Vettori P. 2002. On the convergence of a feedback control strategy for multilevel quantum systems [C]. Proceedings of the Fifteenth International Symposium on Mathematical Theory of Networks and Systems, South Bend, Indiana, USA: 1-6.

Vijay R, Macklin C, Slichter D H, et al. 2012. Stabilizing Rabi oscillations in a superconducting qubit using quantum feedback[J]. Nature, 490(7418): 77-80.

Vilela Mendes R, Man'ko V I. 2003. Quantum control and the strocchi map[J]. Phys. Rev. A, 67 (5): 785-788.

Viola L, Knill E, Lloyd S. 1999. Dynamical decoupling of open quantum systems[J]. Physical Review

Letters, 82(12): 2417-2421.

Viola L, Lloyd S. 1998. Dynamical suppression of decoherence in two-state quantum systems[J]. Physical Review A, 58(4): 2733-2744.

Vitali D, Tombesi P, Milburn G J. 1997. Controlling the decoherence of a "meter" via stroboscopic feedback[J]. Physical Review Letters, 79(13): 2442-2445.

Vogel K, Risken H. 1989. Determination of quasiprobability distributions in terms of probability distributions for the rotated quadrature phase[J]. Physical Review A, 40(5): 2847-2849.

Vourdas A, Spiller T P. 1997. Quantum theory in the interaction of Josephson junctions with non-classical microwaves[J]. Physical Review B, 102(1): 43-54

Vourdas A. 1994. Mesoscopic Josephson junction in the presence of nonclassical electromagnetic fields [J]. Physical Review B, 49(17): 12040-12046.

Vu T L, Dhupia J S. 2013. Realtime generation of the bell states by linear-nonlocal measurements and bang-bang control[C]. American Control Conference, Washington, USA: 2556-2561.

Vu T L, Ge S S, Hang C C. 2012a. Real-time deterministic generation of maximally entangled two-qubit and three-qubit states via bang-bang control [J]. Physical Review A, 85(1): 3353-3366.

Vu T L, Ge S S, Hang C C. 2012b. Deterministic generation of the bell states via real-time quantum measurement-based feedback[C]. 2012 American Control Conference, Montréal, Canada: 5831-5836.

Wang J, Wiseman H M. 2001. Feedback-stabilization of an arbitary pure state of a two-level atom[J]. Physical Review A, 64(6): 063810.

Wang S, James M R. 2015. Quantum feedback control of linear stochastic systems with feedback-loop time delays[J]. Automatica, 52: 277-282.

Wang W, Wang L C, et al. 2010. Lyapunov control on quantum open systems in decoherence-free subspaces[J]. Phys. Rev. A, 82(3): 193-200.

Wang X, Schirmer G S. 2010a. Analysis of Lyapunov method for control of quantum states[J]. IEEE Transactions on Automatic Control, 55(10): 2259-2270.

Wang X, Schirmer G S. 2010b. Analysis of effectiveness of Lyapunov control for Non-Generic quantum states[J]. IEEE Transactions on Automatic Control, 55(6): 1406-1411.

Wang X, Schirmer S G. 2009. Entanglement generation between distant atoms by Lyapunov control [J]. Physical Review A, 80(4): 3383-3387.

Wang Yaoxiong, Wu Rebing, Chen Xin, et al. 2011. Quantum state transformation by optimal projective measurements[J]. J. Math. chem., 49: 507-519.

Warren W S. 1997. The usefulness of NMR quantum computing[J]. Science, 277(5332): 1688-1690.

Weber S J, Chantasri A, Dressel J, et al. 2014. Mapping the optimal route between two quantum states[J]. Nature, 511(7511): 570-557.

Wen Jie, Cong Shuang, Zou Xubo. 2012. Realization of quantum Hadamard gate based on Lyapunov method, proceedings of the 10th World Congress on intelligent control and automation (WCICA2012), Beijing, China: 5096-5101.

Wen Jie, Cong Shuang. 2011. Transfer from arbitrary pure state to target mixed state for quantum systems[C]. The 18th World Congress of the International Federation of Automatic Control. Milano, Italy: 4638-4643.

West J R, Lidar D A, Fong B H, et al. 2010. High fidelity quantum gates via dynamical Decoupling [J]. Physical Review Letters, 105(23): 3425-3426.

Wheatley T A, Berry D W, Yonezawa H, et al. 2010. Adaptive optical estimation using time-symmetric quantum smoothing[J]. Physical Review Letters 104(9): 093601.

White A G, James D F V, Eberhard P H, et al. 1999. Nonmaximally entangled states: Production, characterization, and utilization[J]. Physical Review Letters, 83(16): 3103-3107.

Wineland D, Bolinger J, Itano W, et al. 1992. Spin squeezing and reduced quantum noise in spectroscopy[J]. Physical Review Letters, 46: R6797.

Wiseman H M, Doherty A C. 2005. Optimal unravellings for feedback control in linear quantum systems[J]. Physical review letters, 94(7): 070405.

Wiseman H M, Milburn G J. 1993a. Quantum theory of field-quadrature measurements[J]. Physical Review A, 47(1): 642-662.

Wiseman H M, Milburn G J. 1993b. Quantum theory of optical feedback via homodyne detection[J]. Physical Review Letters, 70(5): 548-551.

Wiseman H M, Milburn G J. 2010. Quantum measurement and control[M]. Cambridge, U: Cambridge University Press.

Wiseman H M. 1994. Quantum theory of continuous feedback[J]. Physical Review A, 49(3): 2133-2150.

Wiseman H M. 1995. Adaptive phase measurement of optical modes: going beyond the marginal Q distribution[J]. Physical Review Letters, 75(25): 4587-4590.

Woolley M J, Doherty A C, Milburn G J. 2010. Continuous quantum nondemolition measurement of fock states of a nanoresonator using feedback-controlled circuit QED[J]. Physical Review B, 82(9): 4079-4085.

Wu J W, Li C W, Tarn T J, et al. 2007. Optimal bang-bang control for SU(1,1) coherent states[J]. Physical Review A, 76(5): 053403.

Wu R B, Tarn T J, Li C W. 2006. Smooth controllability of infinite-dimensional quantum-mechanical systems[J]. Physical Review A, 73(1): 5689-5693.

Wu R, Chakrabarti R, Rabitz H. 2008. Optimal control theory for continuous variable quantum gates

[J]. Physical Review A, 77(5): 2533-2536.

Wu R, Pechen A, Brif C, et al. 2007. Controllability of open quantum systems with Kraus-map dynamics[J]. Journal of Physics A: Mathematical and Theoretical. 40(21): 5681-5693.

Xi Zairong, Cui Wei, Pan Yu. Optimal control of non-Markovian open quantum systems via feedback [R]. arXiv:1004.4659[quant-ph].

Xue D, Zou J, Li J G, et al. 2010. Controlling entanglement between two separated atoms by quantum-jump-based feedback[J]. Journal of Physics B: Atomic, Molecular and Optical Physics, 43(4): 045503-045508.

Xue Shibei, Wu Rebing, Zhang Weiming, et al. 2012. Decoherence suppression via non-Markovian coherent feedback control[J]. Phys. Rev. A, 86(5): 10870.

Yamamoto T, Inomata K, Watanabe M, et al. 2008. Flux-driven Josephson parametric amplifier[J]. Applied Physics Letters, 93(4): 042510.

Yan Z H, Jia X J, Xie C D, et al. 2011. Coherent feedback control of multipartite quantum entanglement for optical fields[J]. Physical Review, A 84(6): 6543-6547.

Yanagisawa M, Kimura H. 1998. A control problem for gaussian states[M]. London: Springer.

Yanagisawa M, Kimura H. 2003a. Transfer function approach to quantum control-part I: Dynamics of quantum feedback systems[J]. IEEE Transactions on Automatic Control, 48(12): 2107-2120.

Yanagisawa M, Kimura H. 2003b. Transfer function approach to quantum control-part II: Control concepts and applications[J]. IEEE Transactions on Automatic Control, 48(12): 2121-2132.

Yang Fei, Cong Shuang, Feng Shuang. 2013. Coherence preservation of Markovian open quantum systems in N-level Ξ Configuration[C]. 2013 American Control Conference (ACC), Washington, DC, USA: 2101-2105.

Yang Feng, Cong Shuang. 2012. Preparation of entanglement states in a two-spin system by Lyapunov-based method[J]. Journal of Systems Science and Complexity, 25(3): 451-462.

Yang J, Cong S, Yang F. 2012. State transfer based on decoherence-free target state by Lyapunov-based control[J]. Journal of Control Theory and Applications, 10(4): 549-553.

Yi X X, X L H, Wu C F, et al. 2009. Driving Quantum System into Decoherence-free Subspaces by Lyapunov Control[J]. Phys. Rev. A, 80(5): 052316.

You J Q, Tsai J S, Nori F. 2002. Scalable quantum computing with Josephson charge qubits[J]. Physical Review Letters, 89(19): 197902.

Yuan H, Khaneja N. 2005. Time optimal control of coupled qubits under nonstationary interactions [J]. Physical Review A, 72(4): 040301.

Yuan H. 2013. Reachable set of open quantum dynamics for a single spin in Markovian environment [J]. Automatica, 49(4): 955-959.

Zewail A H. 1980. Laser selective chemistry-is it possible[J]. Physics, Today 33(November): 27-33.

Zhang C B, Dong D Y, Chen Z H. 2005. Control of non-controllable quantum systems: a quantum control algorithm based on Grover iteration[J]. Journal of Optics B: Quantum and Semiclassical Optics, 7(10): S313-S317.

Zhang G, James M R. 2012. Quantum feedback networks and control: A brief survey[J]. Chinese Science Bulletin, 57(18): 2200-2214.

Zhang J, Liu Y X, Nori F. 2009. Cooling and squeezing the fluctuations of a nanomechanical beam by indirect quantum feedback control[J]. Physical Review A, 79(5): 1744-1947.

Zhang J, Wu R B, Liu Y X, et al. 2012. Quantum coherent nonlinear feedbacks with applications to quantum optics on chip[J]. IEEE Transactions on Automatic Control, 57(8): 1997-2008.

Zhang M, Dai H Y, Xi Z R, et al. 2007. Combating dephasing decoherence by periodically performing tracking control and projective measurement[J]. Physical Review A, 76(4): 538.

Zhang Z. 2008. Effect of input noise on a magnetometer with quantum feedback[J]. SIAM Journal on Control and Optimization, 47(2): 639-660.

Zhao S W, Lin H, et al. 2012a. Switching control of closed quantum systems via the Lyapunov method[J]. Automatica, 48(8): 1833-1838.

Zhao S W, Lin H, et al. 2012b. An implicit Lyapunov control for finite-dimensional closed quantum systems[J]. International Journal of Robust and Nonlinear Control, 22(11): 1212-1228.

Zhou Z, Liu C J, Fang Y M, et al. 2012. Optical logic gates using coherent feedback[J]. Applied Physics Letters, 101(19): 191113.

Zhu W, Rabitz H. 1998. A rapid monotonically convergent iteration algorithm for quantum optimal control over the expectation value of a positive definite operator[J]. The Journal of Chemical Physics, 109(2): 385-391.

Zoutendijk G. 1960. Methods of feasible directions: a study in linear and non-linear programming[R].

Zu C, Wang W B, He L, et al. 2014. Experimental realization of universal geometric quantum gates with solid-state spins[J]. Nature, 514(7520): 72-75.

Zurek W H. 2001. Decoherence, einselection, and the quantum origins of the classical[J]. Reviews of Modern Physics, 75(3): 715-775.

曹天元. 2013. 上帝掷骰子吗?:量子物理史话[M].北京:北京联合出版公司.

曾谨言.2013.量子力学[M].5版.北京:科学出版社.

陈宗海,董道毅,张陈斌.2005.量子控制导论[M].合肥:中国科学技术大学出版社.

丛爽,胡龙珍,薛静静,等.2014.基于李雅普诺夫控制的随机开放量子系统特性分析[J].科技导报,32(22):15-22.

丛爽,胡龙珍,杨霏,等.2013.Non-Markovian 开放量子系统的特性分析与状态转移[J].自动化学报,39(4):360-370.

丛爽,匡森.2014.量子系统控制理论与方法[M].合肥:中国科学技术大学出版社.

丛爽,薛静静.2015.随机开放量子系统模型及其反馈控制的特性分析[J].量子电子学报,32(2):186-197.

丛爽.2006.量子力学系统控制导论[M].北京:科学出版社.

丛爽.2012.基于李雅普诺夫量子系统状态调控[J].控制理论与应用,3:273-281.

丛爽.2014.量子系统控制做什么?[C].第14届中国系统仿真年会:26-35.

高明勇.2015.李雅普诺夫控制方法在半导体量子点状态转移中的应用[D].合肥:中国科学技术大学.

胡龙珍.2014.开放量子系统特性分析及其状态控制[D].合肥:中国科学技术大学.

刘建秀.2014.量子系统的状态跟踪控制及其算符制备[D].合肥:中国科学技术大学.

陆晓铭.2011.开放系统中的量子信息[D].杭州:浙江大学.

孟芳芳.2013.量子隐李雅普诺夫控制方法及相关应用研究[D].合肥:中国科学技术大学.

史加荣,郑秀云,魏宗田,等.2013.低秩矩阵恢复算法综述[J].计算机应用研究,30(6):1601-1605.

温杰.2016.量子系统的算符制备和状态转移及其收敛控制[D].合肥:中国科学技术大学.

薛静静.2015.开放量子系统的特性分析及其状态保持控制[D].合肥:中国科学技术大学.

杨霏.2013.量子系统的状态控制及相干保持[D].合肥:中国科学技术大学.

杨靖北,丛爽.2014.量子层析中的几种量子状态估计方法的研究[J].系统科学与数学,34(12):1532-1546.

张慧.2015.量子系统状态估计及其跟踪控制[D].合肥:中国科学技术大学.

张天明.2014.核磁共振中双比特同核自旋系统的时间最优控制研究[D].北京:清华大学.

张永德.2005.量子信息物理原理[M].北京:科学出版社.